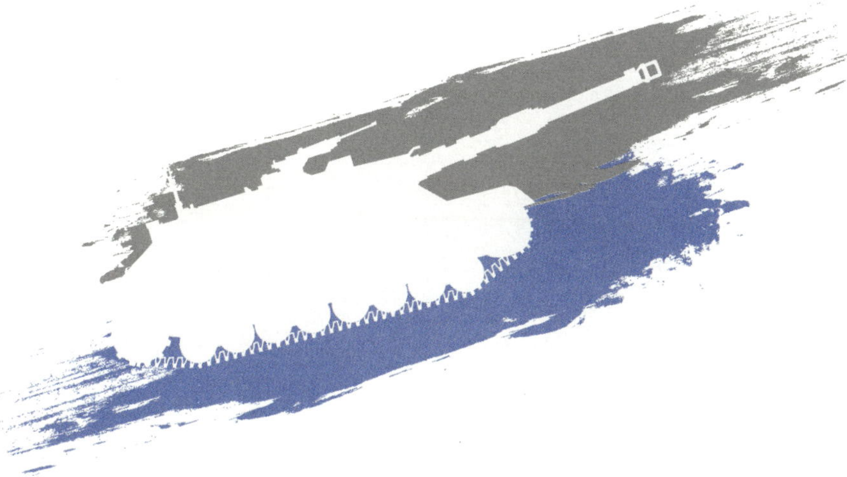

6.25전쟁 70주년에 발간하는

신편

한국 군사사

Korean Military History

육군사관학교 군사사학과

Department of Military History, KMA

박일송·나종남·이상훈·김연옥·심호섭·정경두

정상혁·김혜영·최큰별·김민식·정일태·정진욱

도서출판 양서각

| 책을 펴내며 |

이 책은 6·25전쟁 발발 70주년을 맞는 해에 출간하는 군사사 연구 편저(編著)이다. 군사사와 전쟁사를 공부한 12명의 역사가들이 동참하였다. 이 편저를 통해 1950년 6월 25일에 시작되어 1129일 동안 지속되다, 1953년 7월 27일에 정전(停戰)을 맞은 6·25전쟁의 역사적 의미를 되새기고자 한다. 이 책 출간의 또 다른 목적은 군사사 연구방법과 최근 연구동향의 소개이다. 군사사 연구방법에 대한 별도의 책을 쓰기 보다는 군사사의 특성이 잘 드러난 검증된 글들을 묶어서 출간하는 것이 독자들에게 다가가기 수월할 것이라고 생각했다.

육군사관학교 군사사학과는 사관생도들에게 군사사(軍事史, Military History)와 전쟁사(戰爭史, History of Warfare)를 교육하고 연구하는 학과이다. 장차 육군 장교로 임관하여 각급 부대의 지휘관과 참모로 활약할 인재들에게는 군대, 군사(軍事), 전쟁, 전략 등에 대한 교육이 필요하고 또한 중요하다. 그런데 아쉽게도 군사사와 전쟁사는 국내 역사학계에서조차 소외된 분야이다. 국방부와 각 군 군사연구소, 사관학교, 몇몇 대학의 군사학과를 제외하면 전공자를 찾기 힘들다. 국내 서점의 군사 및 전쟁 서가는 초라하다 못해 안쓰러울 지경이다. 이 책이 사관생도를 포함한 장교 후보생의 군사사와 전쟁사 교육에 널리 쓰이면 좋겠다. 군사사 입문자에게도 일독(一讀)을 권한다. 그리고 여러 도서관과 서점에 비치되어 많은 독자들과 만나기를 희망한다.

이 책에는 육군사관학교 군사사학과 전·현직 교수들이 2010년대에 국내 저명 학술지에 게재한 한국 군사사 및 전쟁사 관련 연구논문 12편이 수록되어 있다. 6·25전쟁을 기준으로 이전 시기를 다룬 논문 6편을 1부로, 6·25전쟁과 이후 시기를 다룬 논문 6편을 2부로 편성하였다. 개성이 강한 여러 편의 논문을 단행본으로 묶는 작업은 쉽지 않았다. 각 논문의 장점을 최대한 살리되, 일부 제목의 수정과 장절 표기 및 구성을 통일하는 등 편집은 줄였다. 외국어는 가독성을 높이기 위해 한글을 먼저 적고, 원어(原語)를 괄호 속에 넣어 표기하였다.

6·25전쟁 발발 70주년의 의미를 되새기는 이 책의 발간 과정에는 많은 분들의 격려와 지원이 있었다. 이름은 나열할 수 없지만, 수업 시간 내내 교수들을 자극할 정도로 군사사와 전쟁사에 열정을 보여준 군사사 전공생도들에게 감사를 전한다. 이 책에 포함된 글들은 대부분 생도들의 자극에 영감을 받아 시작한 연구의 결과들이다. 또한 재직 중 전쟁사 교육에 헌신하였던 선배 교수님들께도 감사한다. 그리고 군사사학과에 남다른 애정을 보여주신 육군사관학교 학교장님과 교수부장님, 동료 교수들께 진심으로 감사드린다. 마지막으로 비인기 학술서 출간을 흔쾌히 자처한 도서출판 양서각에 경의를 표한다.

2020년 6월

저자를 대표하여 박일송, 나종남, 이상훈 함께 씀

| 원전 |

이상훈, 「삼국통일기 신라군의 행군편성 구조」『한국고대사탐구』 30, 한국고대사탐구학회, 2018

정일태, 「여말선초 병제개혁 논의와 사병혁파(私兵革罷)를 통한 '공가지병(公家之兵)'의 구현」『군사』 112, 국방부 군사편찬연구소, 2019

최근별, 「병인양요 시기 양헌수의 리더십 분석: Mumford의 기술모델을 중심으로」『군사』 108, 국방부 군사편찬연구소, 2018

김혜영, 「갑오개혁 이후『육군징벌령』과『육군법률』의 제정과 의의」『군사』 89, 국방부 군사편찬연구소, 2013

김연옥, 「일본군의 '간도출병' 전략과 실태:『간도출병사』자료를 중심으로」『일본역사연구』 50, 일본사학회, 2019

심호섭, 「근대 일본 육군의 '독단전행(獨斷專行)'과 만주사변」『만주연구』 12, 만주학회, 2011

정진욱, 「6·25전쟁 초기 정부의 전쟁지도: 행정부와 국회의 대응을 중심으로」『화랑대논문집』 12-2, 육군사관학교 화랑대연구소, 2019

정상혁, 「6·25전쟁 초기 북한군 도하작전의 실패요인 연구: 한강 도하 사례를 중심으로」『군사』 110, 국방부 군사편찬연구소, 2019

박일송, 「대전 전투와 미군의 전투효율성」『군사연구』 130, 육군 군사연구소, 2010

나종남, 「백마고지 전투의 재조명: 국군 제9사단의 향상된 작전수행 능력 분석을 중심으로」『군사』 105, 국방부 군사편찬연구소, 2017

김민식, 「1950년대 한국군의 미국 군사유학 시행과 그 영향」『군사』 98, 국방부 군사편찬연구소, 2016

정경두, 「트럼프 행정부의 제3차 상쇄전략 조정분석: 4차 산업혁명과 전략 환경 변화에 대한 대응을 중심으로」『군사논단』 100, 한국군사학회, 2019

| 차례 |

2부 6·25전쟁 이후

1부

6·25전쟁 이전

삼국통일기 신라군의 행군편성 구조

| 이상훈 |

1 머리말

7세기 신라는 삼국을 통일하여 민족 국가의 원형을 만들어 냈다. 신라는 당과 연합하여 660년 백제를 멸망시키고 668년 고구려를 멸망시켜 삼국을 통일했다. 삼국 통일의 원동력은 여러 요인이 있겠지만, 가장 기본적인 것은 군사력(軍事力)이라 할 수 있다. 이러한 신라의 군사력은 군사조직(軍事組織)[1]을 통해 발현되기 마련이다.

신라의 군사조직에 관한 연구는 일찍부터 광범위하게 진행되어 많은 부분이 밝혀졌다.[2] 하지만 군사조직이 실제 전장(戰場)에서 어떻게 편제되어 운용되었는지에 대한 논의는 미흡한 편이다. 관련 사료

1) 군사조직은 일반적으로 효율적인 군사력의 결집과 그것의 원활한 운용을 위해 국가가 마련한 제도적 장치를 말한다(이문기, 『신라병제사연구』, 일조각, 1997, p.13).

2) 신라 군사제도에 대한 전반적 연구사 정리는 이문기, 「신라 군사조직 연구의 성과와 과제」, 『역사교육논집』 12, 1988가 자세하며, 최근 연구사 정리는 최상기, 「6~7세기 신라 六停의 戰時 운용」, 서울대학교 석사학위논문, 2012를 참조하기 바란다.

와 사례가 부족한 것이 1차적 원인이다.

군사조직의 실상은 '행군(行軍)'을 통해 확인할 수 있다.[3] 행군이 대규모로 폭발적으로 편성된 시기는 삼국간 전쟁이 격화된 통일전쟁 시기이다.[4] 『삼국사기』에는 신라가 고구려를 공격하기 위해 대규모 행군을 편성한 661년과 668년의 기록이 남아 있다.[5] 두 시기 모두 부대명, 장수명, 인원수 등이 구체적으로 기록되어 행군편성 상황을 어느 정도 유추해 볼 수 있다.

당시 신라는 당의 행군제도에 영향을 받았고,[6] 이러한 맥락에서 행군편성과 운용도 영향을 받았다고 보는 것이 일반적이다. 이와 관련하여 신라가 중국의 행군제도를 완벽히 모방했다고 보기는 어렵다는 견해[7]와 신라가 당의 행군제도를 원형에 가깝게 도입했을 가능성이 크다는 견해[8]가 나와 있다. 다만 신라의 행군제도 자체에 관한 분석을 통한 논의는 큰 진전을 보이지 않고 있다.[9]

여기에서는 기존의 연구성과를 참조하면서 삼국통일기 신라군의 행군편성 관련 사료를 분석하여, 신라군의 행군편성 구조를 이해해보

---

3) 행군은 군대를 운용하는 '용병(用兵)'을 의미한다(孫繼民, 『唐代行軍制度硏究』, 文津出版社, 1995, p.5).

4) 삼국통일전쟁기의 시점(始點)에 관해서는 4세기 후반설, 6세기 중엽설, 수·당제국 등장 시기설, 642년설 등 다양한 논의가 진행되었다(노태돈, 『삼국통일전쟁사』, 서울대학교출판부, 2009, pp.43~53 참조). 다만 본고에서 사용된 삼국통일기는 백제(660)와 고구려(668)가 직접 멸망하고 삼국이 통일되는 시기를 중심으로 서술되었음을 미리 밝혀둔다.

5) 660년 이전 신라군의 군사활동에 관해서는 강종훈, 「7세기 삼국통일전쟁과 신라의 군사활동」, 『신라문화』 24, 2004 참조.

6) 村上四男, 「新羅の摠管と都督」, 『朝鮮古代史硏究』, 開明書院, 1978, pp.160~162 및 정경숙, 「신라시대의 '장군'의 성립과 변천」, 『한국사연구』 48, 1985, p.20.

7) 최상기, 「6~7세기 신라 장군의 역할과 운용」, 『역사와현실』 97, 2015, p.80.

8) 한준수, 「신라 통일기 罽衿幢·二衿幢의 설치와 확대」, 『한국학논총』 47, 2017, p.91.

9) 당의 행군제도에 관해서는 孫繼民, 『唐代行軍制度硏究』, 文津出版社, 1995가 자세하며, 고대의 행군 속도에 관해서는 김주성, 「7세기 삼국 고대 전투모습의 재현」, 『군사』 81, 2011을 참조하기 바란다.

고자 한다. 먼저 대규모 행군편성시 신라군의 규모와 기본 체제를 살펴보고, 다음으로 행군을 어떤 방식으로 편제하였는지 검토한 후, 실제 행군이 어떻게 운용되었는지 확인하고자 한다. 이를 통해 단편적이나마 신라군의 행군편성 구조에 대한 윤곽이 드러나기를 기대한다.

2 신라군의 규모와 체제

668년 6월, 신라는 고구려 원정군을 편성하여 평양으로 향했다. 평양 일대에서 조우한 나당연합군은 9월에 평양성을 함락하고 고구려를 멸망시켰다.[10] 이때 신라는 대규모 행군을 편성하여 고구려 공격에 나섰다.

668년 신라의 고구려 원정군 편성 상황은 신라의 행군제도를 파악할 수 있는 중요한 단서가 된다. 삼국통일기 신라군의 행군편성 가운데 총관명, 관등명, 장수명, 인원수 등을 모두 확인할 수 있기 때문이다.

668년 행군편성에는 총 10개의 부대가 나열되어 있고, 장수들은 총관 혹은 행군총관으로 임명되었다. 장수들의 관등을 보면 부대의 나열 순서와 장수의 관등 위계가 일치함을 알 수 있다. 대당은 각간, 경정 · 귀당 · 비열도는 이찬, 한성주 · 비열성주는 잡찬, 하서주 · 서당은 파진찬, 계금당은 아찬으로 되어 있다. 이는 부대의 위계를 나타내는 것으로 이해할 수 있다.

668년 고구려 원정시 편성된 군단은 10개이며, 장수는 29명이다. 이 가운데 대당대총관에 임명된 김유신은 총사령관이므로, 그 예하 장수는 28명이라 할 수 있다. 하지만 고구려 원정군의 병력수는 얼마

10) 『삼국사기』 권6, 신라본기6, 문무왕 8년.

〈표 1〉 668년 신라의 행군편성표

구분	부대	총관	관등	장수	인원(명)	
1	대당	대총관	대각간	김유신	1	29
2	대당	총관	① 각간 ③ 잡찬 ④ 파진찬 ⑤ 대아찬	인문, 흠순, 천존, 문충 진복 지경 양도, 개원, 흠돌	9	
3	경정	총관	② 이찬	진순, 죽지	2	
4	귀당	총관	② 이찬 ③ 잡찬 ⑤ 대아찬	품일 문훈 천품	3	
5	비열도	총관	② 이찬	인태	1	
6	한성주	행군총관	③ 잡찬 ⑤ 대아찬 ⑥ 아찬	군관 도유 용장	3	
7	비열성주	행군총관	③ 잡찬 ⑤ 대아찬 ⑥ 아찬	숭신 문영 복세	3	
8	하서주	행군총관	④ 파진찬 ⑥ 아찬	선광 장순, 순장	3	
9	서당	총관	④ 파진찬 ⑥ 아찬	의복 천관	2	
10	계금당	총관	⑥ 아찬	일원, 흥원	2	

인지 구체적으로 나타나 있지 않다. 660년 백제 원정시와 비슷한 규모였던 것으로 짐작된다. 660년 당시 신라군은 5만명이 동원되었지만 참가한 장수는 몇 명인지 알 수 없다. 삼국통일기 신라의 대규모 병력동원 상황을 통해 668년의 병력수를 추산해보자.

신라 장군의 경우 등급이 구분되어 있었으며,[11] 장군 1명당 평균

11) 신라의 장군은 대장군, 상장군, 좌장군, 우장군, 장군, 부장군 등 장군직의 구별이 이루어졌으며, 장군 상호간 상하의 서열관계가 인정되고 있다(이문기, 앞의 책, p.303).

〈표 2〉 삼국통일기 신라의 대규모 병력동원표[12)]

시기	660.6	661.2	661.7	662.1	662.8	663.5	667.8	668.6
장수	미상	15	24	10	19	28	30	28
병력	50,000	29,250	46,800	19,500	37,050	54,600	58,500	54,600

1,500명 내외를 거느렸던 것으로 추정된다.[13)] 장수 28명이 각각 1,500명을 거느렸다고 가정한다면 42,000명이다. 여기에 치중병 즉 전투지원병 30%를 더하면[14)] 행군의 병력수를 가늠해 볼 수 있다. 668년 신라의 고구려 원정군은 장수 28명이 동원되었던 점을 감안하면, 이들의 규모는 약 5만여 명으로 추산된다. 신라의 전략적인 대규모 원정에는 장군 30명 내외와 5만여 명이 동원되었고, 신라의 장군 수가 36명 혹은 39명이므로 신라군의 총 병력은 약 7만 6천여 명으로 추산된다.[15)]

그렇다면 5만명이 넘는 신라의 대규모 부대는 어떤 체제 하에서 운용되었을까?

A. 좌장군(左將軍) 품일이 그의 아들 관창을 불러 말 앞에 세우고 여러 장수들에게 보이며 말하기를 "우리 아이의 나이는 겨우 16세지만 지기(志氣)는 자못 용맹하니 오늘의 싸움에서 능히 3군(三軍)의 모범이 되겠느냐"라고 하였다. 관창은 "그리하겠습니다"라고 하고 무장을 하고 말을 탄 후 단창을 들고 곧 적진으로 달려 들어갔다.[16)]

---

12) 이상훈, 「신라의 군사 편제단위와 편성규모」, 『역사교육논집』 37, 2011; 『나당전쟁 연구』, 주류성, 2012, p.302.

13) 당시 중국의 경우를 참고할 경우 하급장군이 1,000명, 중급장군이 1,500명, 상급장군이 2,000명 가량 거느렸던 것으로 추정해 볼 수 있다(이상훈, 앞의 책, pp.298~299).

14) 당의 표준행군의 경우 1개 행군인원 2만 명 가운데 30%인 6천 명을 치중병으로 편성한다(孫繼民, 앞의 책, 1995, p.238). 신라가 당의 행군제도를 도입했다고 본다면 당과 유사한 규모의 치중병을 동원했다고 가정할 수 있다.

15) 이상훈, 앞의 논문; 앞의 책, p.302 참조.

A사료는 660년 황산벌 전투의 상황을 나타내고 있다.[17] 당시 신라군의 수뇌부는 김유신, 김흠순, 김품일이었다. 먼저 김흠순의 아들 반굴이 적진에 뛰어들어 사망하자, 김품일의 아들 관창이 나서게 된다. 이 때 김품일의 직책은 좌장군으로 나온다. 총사령관 김유신을 중심으로 볼 때, 김품일이 좌장군이므로 장군으로 기록된 김흠순은 우장군이었을 가능성이 높다.[18] 백제의 계백이 3영을 설치하여 방어한 점, 신라가 3길로 나누어 백제를 공격한 점 그리고 김품일이 관창에게 3군의 모범이 되라고 한 점 등으로 미루어 볼 때, 신라군은 3군체제로 편성되었다고 할 수 있다.

B. "내가 어릴 때부터 그대와 함께 지내서 그대의 지조와 절개를 잘 안다. 지금 소정방 장군에게 의사를 전달하려고 하는데 사람을 구하기 어렵다. 그대가 갈 수 있겠는가"라고 하였다. 열기가 답하기를 "제가 비록 불초하지만 외람되이 중군직(中軍職)에 있고, 더구나 장군의 명령을 받음에 있어서리요. 죽는 날이 사는 해와 같겠습니다"라고 하였다.[19]

B사료는 661년 김유신이 평양으로 군량을 수송하던 상황을 전하고 있다.[20] 평양과 그리 멀지 않는 곳에 도착하자, 김유신은 당의 진영에 신라군이 인근에 도착한 사실을 알리고자 하였다. 평양에 가까워지다 보니 고구려군의 감시와 견제는 더욱 강화되어 있었다. 이 때 김유신은 보기감 열기를 불러 대화를 나누었는데,[21] 열기는 자신이

---

16) 『삼국사기』 권5, 신라본기5, 태종무열왕 7년.

17) 황산벌 전투에 관한 최근 연구로는 문동석, 「660년 7월 백제와 신라의 황산벌 전투」, 『신라사학보』 38, 2016 및 김주성, 「660년 7월 8일간의 전투 재구성」, 『백제문화』 56, 2017 등이 있다.

18) 윤일영, 「황산벌전투의 신라군 전투서열 연구」, 『군사』 79, 2011, p.199.

19) 『삼국사기』 권42, 김유신열전(중).

20) 당시 군량 수송에 관해서는 이상훈, 「662년 김유신의 군량 수송작전」, 『국방연구』 55~3, 2012 참조.

중군(中軍)에 있다고 하였다. 여기에서 중군이라는 것은 김유신이 통솔하는 부대임에 틀림없다.[22)]

A와 B사료를 통해 볼 때 신라군은 중군, 좌군, 우군의 3군 체제로 편성됨을 알 수 있다. 이러한 3군 체제는 신라가 삼국을 통일한 후에도 지속된다.

> C. 드디어 원장(員將) 8명을 차정(差定)하여 왕도(王都)의 8방(方)을 지키게 한 후 군사를 출동하였다. 일길찬 장웅은 먼저 나아가고, 잡찬 위공·파진찬 제릉은 그 뒤를 잇고, 이찬 균정·잡찬 웅원·대아찬 우징 등은 <u>3군(軍)</u>을 통솔해 나갔다.[23)]

822년 웅천주 도독 김헌창은 아버지 김주원이 왕이 되지 못한 것에 불만을 품고 반란을 일으켰다.[24)] 당시 통일신라의 절반이 김헌창의 영향력 아래에 들어갔으나, 신라군의 신속하고 대대적인 출동으로 인해 반란은 손쉽게 진압되었다. 이 때 신라군은 수도를 먼저 방어한 후 선발대와 본대 그리고 별동부대로 나누어 출진했다.[25)] 신라군의 본대를 3군이라 표현하고 있는 점에서 9세기에도 신라군의 3군 체제는 유지되었음을 알 수 있다.

3군 체제는 중군, 좌군, 우군으로 부대를 세 개로 나누어 편성하고

---

21) 열기는 김유신이 지휘하는 부대의 보기감으로서 평소에 사적 유대관계를 지니고 있었다고 볼 수 있다(노태돈, 「羅代의 門客」, 『한국사연구』 21·22, 1978, p.16). 위의 사례는 이러한 사적 유대관계를 지닌 군관들이 장군에 임명되는 부대에 같이 배속되는 경향이 있었음을 암시하고 있다(이문기, 앞의 책, pp.206~207).

22) 이문기, 「신라 6停군단의 운용」, 『대구사학』 29, 1986, p.28.

23) 『삼국사기』 권10, 신라본기10, 헌덕왕 14년 3월.

24) 김헌창의 난에 관한 일반적 내용은 주보돈, 「신라 하대 김헌창의 난과 그 성격」, 『한국사고대사연구』 51, 2008 참조.

25) 당시 신라군의 운용에 관해서는 이상훈, 「김헌창의 난과 신라군의 대응」, 『군사연구』 138, 2014 참조.

행군하는 것이다. 이러한 3군 체제는 일종의 야전군 행군 편성의 기본이었다.[26] 3군 체제는 이미 중국 주(周)나라 시기에 등장한 부대 구분방식으로, 당(唐) 이후 중국에서 널리 사용되었다.[27] 신라가 어느 시기부터 3군 체제를 운용하였는지는 명확하지 않다. 하지만 7세기 나당연합군을 형성하고 당의 행군제도를 수용하면서 3군 체제는 신라군에 확고하게 자리잡았다.

936년 왕건이 8만여 명을 거느리고 후백제를 공격할 때, 중군(中軍)·좌익(左翼)·우익(右翼) 3군 체제로 편성했다.[28] 이후 중군은 2군(軍)으로 분화되고, 좌익과 우익은 6위(衛)로 분화되어 고려 중앙군의 근간이 되었다. 고려 시기에는 3군 체제를 근간으로 전군(前軍)과 후군(後軍)을 추가하여 5군으로 편성하기도 했다. 이러한 5군 체제는 3군 체제의 변형으로 볼 수 있다. 1388년 고려말 요동 원정군을 편성할 때 최영은 팔도도통사(八道都統使), 조민수는 좌군도통사(左軍都統使), 이성계는 우군도통사(右軍都統使)로 임명되었는데,[29] 기본적으로 3군 체제로 편성되었음을 알 수 있다.[30]

3 신라군의 행군 편제

신라의 행군 편제를 구체적으로 알 수 있는 시기는 661년과 668년의 고구려 원정군 편성이다. 삼국통일기 신라는 여러 차례 대규모

---

26) 전덕재, 「신라 하대 鎭의 설치와 성격」, 『군사』 35, 1997, p.50.
27) 김종수, 「신라 중대 군제의 구조」, 『한국사연구』 126, 2015, p.16.
28) 『삼국사기』 권50, 열전10, 견훤.
29) 『고려사』 권137, 신우 14년 4월.
30) 위화도 회군 이후 1391년 이성계는 전군과 후군을 줄이고 다시 중군·좌군·우군 3군 체제를 확립하여 삼군도총부(三軍都摠府)를 신설했다.

행군을 편성하였지만, 유독 두 시기만 부대명, 장수명, 인원수 등이 『삼국사기』에 자세히 기록되어 있기 때문이다.

661년 신라는 총사령관으로 김유신을 임명하고 10개 부대를 편성하였고, 668년에는 총사령관으로 김유신을 임명하고 9개 부대를 편성하였다. 부대 숫자로만 본다면 668년이 661년에 비해 편성 부대수가 하나 모자란다. 하지만 편제된 전체 장군수에서는 668년이 29명으로 661년의 25명 보다 많다.

661년의 경우 백제 부흥세력이 완전히 평정되지 않은 상태였기 때문에, 신라군의 총 전력을 기울인 행군편성이라 볼 수 없다. 하지만 668년의 경우 이미 백제 부흥세력을 진압하였고 임시 편성군단으로 여겨지는 경정(京停)이 참가하는 점에서 볼 때 신라군이 총력을 기울인 것으로 여겨진다.[31] 그렇기 때문에 668년의 편성은 신라의 행군제도를 파악하는 것에 가장 효과적이다. 661년과 668년의 행군 편성이 어떻게 다른지 그 차이점을 살펴보자.

661년은 장수의 명칭이 '장군'과 '총관'이라는 용어로 혼용되었다. 김유신과 대당의 장수들은 장군으로, 나머지 장수들은 모두 총관으로 표현되었다. 그런데 668년은 모든 장수들이 '총관'으로 임명되었다.[32] 661년은 당군의 영향을 받아 장군과 총관이라는 용어가 혼용되던 시기였고, 668년에는 당의 총관제도가 정착한 상태였기 때문에 용어가 통일되었다고 볼 수 있다.

661년과 668년의 부대 편성의 공통점과 차이점을 확인해보자. 대당, 귀당, 하서주, 서당, 계금당은 두 시기 모두 편성되고 있다. 그런데 661년에 보이는 남천주와 수약주는 사라지고, 668년에는 한성주와 비열홀주가 등장하고 있다. 주치(州治)의 이동에 따라 주치명(州

---

31) 이문기, 앞의 책, p.118.

32) 신라의 총관제 도입에 관해서는 다음 장에서 후술한다.

〈표 3〉 661년·668년 신라의 행군편성 비교표

구분	661년			668년		
	총 관	장 수	인원	총 관	장 수	인원
1	대장군	김유신	1	대당대총관	김유신	1
2	대당장군	인문, 진주, 흠돌	3	대당총관	인문, 흠순, 천존 문충, 진복, 지경 양도, 개원, 흠돌	9
3	귀당총관	천존, 죽지, 천품	3	경정총관	진순, 죽지	2
4	상주총관	품일, 충상, 의복	3	귀당총관	품일, 문훈, 천품	3
5	하주총관	진흠, 중신, 자간	3	비열도총관	인태	1
6	남천주총관	군관, 수세, 고순	3	한성주행군총관	군관, 도유, 용장	3
7	수약주총관	술실, 달관, 문영	3	비열성주행군총관	숭신, 문영, 복세	3
8	하서주총관	문훈, 진순	2	하서주행군총관	선광, 장순, 순장	3
9	서당총관	진복	1	서당총관	의복, 천관	2
10	낭당총관	의광	1	계금당총관	일원, 흥원	2
11	계금대감	위지	1	합 계		29
합 계			25			

治名)·광역주명(廣域州名)·광역정명(廣域停名)의 변화가 일어나는데, 남천주와 한산주 그리고 수약주와 비열홀주는 대체로 광역의 행정단위로서 그 영역이 동일한 범위를 가리킨다고 할 수 있다.[33] 즉 남천주는 한성주로, 수약주는 비열성주로 명칭이 바뀐 지역이라고 볼 수 있다.

특징적인 점은 661년에 편성되었던 상주, 하주, 낭당의 3개 군단

---

33) 상주정(→일선정)은 문무왕 원년(661) 이후, 신주정(→남천정→한산정)은 무열왕 8년(661) 이후, 비열홀정(→우수정→비열홀정→우수정)은 선덕왕 6년 이후, 실직정(→하서정)은 무열왕 5년 이후 각각 주치의 이동에 따라 주치명(州治名)·광역주명(廣域州名)·광역정명(廣域停名)의 변화가 일어난다. 하주정의 경우 칭호가 개명된 흔적은 발견되지 않지만, 이러한 맥락에서 볼 때 문무왕 원년 이후 주치명과 함께 변화했을 가능성이 크다(이문기, 앞의 책, p.116).

이 사라지고, 668년에는 경정, 비열도의 2개 군단이 새롭게 편성되는 점이다. 신라군의 전력을 기울인 668년에 상주, 하주, 낭당의 군단이 출전하지 않고 있다는 것은 분명 이상한 느낌을 주고 있다. 이는 문무왕 시기에 삽량주와 거열주가 새롭게 설치되면서 상주와 하주에 큰 변화를 준 것으로 파악되고 있다.[34] 새롭게 광역주가 설치되면서 기존의 상주와 하주의 지역적·군사적 기반에 영향을 미친 것으로 풀이해 볼 수 있다.

또 668년에는 대당에 비정상적으로 많은 장수가 임명되었다. 661년 대당, 상주, 하주에 각 3명씩 9명의 장수가 임명되었는데, 668년에는 대당에만 9명의 장수가 임명되고 있다. 대당을 강화하기 위해 9명의 장수를 임명하였다고 볼 수도 있지만, 인원수를 감안할 때 실제 내부적으로는 3개 부대로 구성되었을 가능성이 크다. 그렇다고 한다면 앞서 재편된 상주와 하주의 장수들이 대당으로 흡수·통합된 것으로 보는 것이 자연스럽다.[35]

낭당(郎幢)은 525년에 설치되어 677년에는 자금서당(紫衿誓幢)으로 개편되는데, 9서당(誓幢) 성립의 한 축을 이루는 군단이다.[36] 따라서 661년 서당과 낭당으로 구분되어 있던 단일 부대들이 668년에는 서당이라는 하나의 군단으로 확대되면서, 낭당은 군단 속으로 흡수·재편된 것으로 여겨진다. 661년에는 서당과 낭당에 각 1명의 장수가 임명되었지만, 668년에는 서당 군단에 2명의 장수가 임명되고 있기 때문이다. 지금까지 언급된 내용을 정리하면 [그림 1]과 같다.

668년 행군편성에서 주목할 것은 경정과 비열도 군단의 신설이다.

---

34) 이문기, 앞의 책, pp.118~119.

35) 상주 군단과 하주 군단이 대당 군단으로 재편되는 과정은 구체적이지 않다. 아마 신라군의 주력 부대를 담당했던 대당, 상주, 하주 군단을 하나로 묶으면서 대당 군단이라는 대표명으로 사용했던 것 같다.

36) 9서당에 관한 연구 성과 정리는 홍성열, 「신라 誓幢의 설치와 확대」, 국민대학교 석사학위논문, 2018 참조.

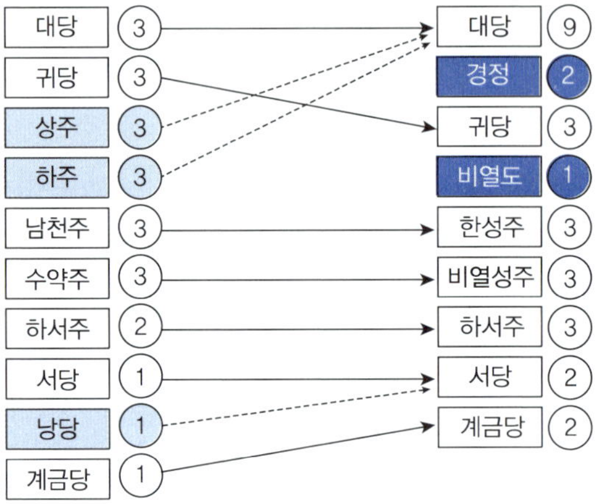

[그림 1] 661년·668년 신라의 행군편성 변화

경정은 임시 편성군단으로 추정되고 있는데, 장수 임명의 기재순서와 칭호로 볼 때 신라 왕경을 기반으로 한 병력임에 틀림없다.[37] 그 만큼 신라가 고구려 원정에 전력을 쏟고 있다는 반증이라고 할 수 있다.

비열도 군단은 668년 행군편성 가운데 가장 특이한 편제로 되어 있다. 행군명이 일반적이지 않고, 임명된 장수가 1명에 불과하며, 비열성주 군단과 중복으로 편제되었다. 668년의 경우 장수 칭호가 '총관'으로 통일되어 있으며, 각 군단에 임명된 장수는 복수로 편성되는 원칙을 보이고 있다. 그런데 비열도 군단은 예외적으로 단수의 장수를 허용하고 있으며, 군단명도 '비열도(卑列道)'라는 중국식 행군명을 사용하고 있다.[38] 나아가 '비열성주(卑列城州)' 군단이 따로 편성되어 있으므로, 비열도는 한 지역에서 2개의 군단을 편성하는 셈이 된다. 물론 비열성 지역에 병력 자원이 많아 2개의 군단을 편성했다고 볼 수도 있지만, 한 군단에 9명이 편성된 대당의 사례를 감안해

37) 이문기, 앞의 책, p.223.

38) 행군(行軍)은 출정하는 전투구역의 지명 혹은 작전방향의 이름을 따서 '○○道行軍'이라 부른다(孫繼民, 앞의 책, pp.6~7 참조).

보면 납득하기 어렵다. 그렇다면 김인태가 임명된 비열도 군단은 여타의 군단과 성격이 달랐음을 시사하는 것은 아닐까?

D. 당 고종은 유인원과 김인태에 명하여 비열도(卑列道)를 따라, 또 우리 병사를 징발케 하여 다곡(多谷)과 해곡(海谷)의 두 도(道)를 따라 평양에 집결토록 했다.[39]

D사료는 668년 신라의 고구려 원정군이 편성되기 한 해 전인 667년의 상황을 나타내고 있다. 김인태는 당의 유인원과 함께 비열도(卑列道)를 경유하여 평양으로 집결하라는 당 고종의 명령을 받았다. 이와 달리 신라군은 다곡도(多谷道)와 해곡도(海谷道)를 따라 평양으로 집결하기로 했다.[40]

당시 다곡도(多谷道)와 해곡도(海谷道)를 경유하는 신라군은 당연히 신라군의 통제 하에 있었다. 하지만 비열도를 경유하는 백제진장(百濟鎭將) 유인원과 김인태의 부대는 당군의 영향 하에 있었다고 할 수 있다.[41] 앞서 660년 백제 멸망 후 김인태가 7천 명을 거느리고 유인원과 함께 사비에 주둔했던 점[42]과 사비에 주둔할 당시 유인원의 통제를 받았던 점을 감안하면,[43] 김인태는 유인원의 부장(副長) 즉 당군의 일원으로서 활동하였다고 볼 수 있기 때문이다.[44]

---

39) 『삼국사기』 권6, 신라본기6, 문무왕 7년.

40) 池內宏은 평산의 옛 지명이 대곡(大谷)이고 신계에는 수곡성(水谷城)이 위치하고 있으므로, 대곡을 경유하는 행군로는 다곡도(多谷道), 수곡을 경유하는 행군로는 해곡도(海谷道)로 추정한 바 있다. 또 비열도(卑列道)의 경우 청일전쟁 시기에 원산으로 상륙한 일본군의 분견대가 이 길을 이용하여 평양으로 이동하였다고 서술하였다(池內宏, 「唐の高宗の高句麗討滅の役と卑列道・多谷道・海谷道の稱」, 『東洋學報』 17~1, 1928).

41) 이상훈, 앞의 책, pp.70~71.

42) 『삼국사기』 권6, 신라본기6, 문무왕 7년.

43) 백제 멸망 후 당의 유인원이 군사 1만 명을 사비성에 주둔시킬 때 신라의 김인태도 7천 명을 주둔시킨 바 있다. 이때 작전권은 당이 쥐고 있었으며, 사비 주둔 신라군은 독립성을 띠지 못하고 당군에 종속되었던 것 같다(이상훈, 앞의 책, p.69).

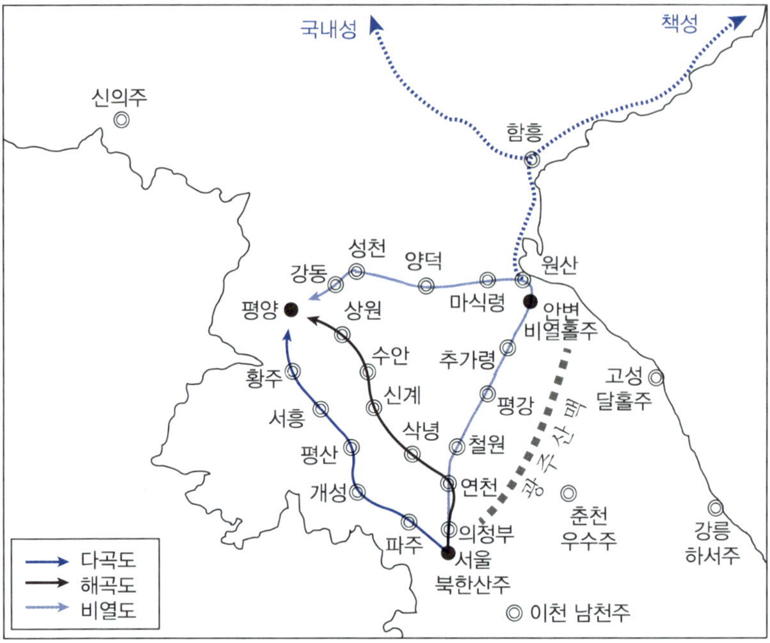

[그림 2] 668년 신라군의 평양 진군로[45)]

668년 신라가 고구려 원정군을 편성할 당시, 김인태는 원래 신라군이지만 당군에 배속된 장수로 인식했을 가능성이 크다.[46)] 이에 신라군과는 차별화되는 비열도라는 중국식 행군명을 승인하고, 단독으로 임명했던 것 같다.[47)] 나아가 김인태의 부대와는 별개로 기존의 신

44) 『자치통감(資治通鑑)』에도 '비열도행군총관' 유인원이 고구려 정벌에 머뭇거린 죄로 인해 요주(姚州)로 유배되었다는 내용이 남아 있다.

45) 이상훈, 「나당전쟁의 군사적 원인과 신라의 전쟁준비」, 『역사와경계』 79, 2011; 앞의 책, p.77.

46) 667년 당은 임의대로 신라의 지경, 개원, 일원을 당의 장군으로 임명하고 전장으로 투입시킨 사례도 있다(『삼국사기』 권6, 신라본기6, 문무왕 7년). 667년에 편성된 비열도행군 병력이 668년에 그대로 투입되었는지 아니면 668년 새롭게 조직되었는지는 명확하지 않다. 다만 당군이 비열도에 대한 영향력을 지속적으로 행사하려 한 점은 분명하다.

47) 유인원이나 김인태가 사비에서 보유하고 있던 병력을 통솔하여 비열홀로 이동했을 가

라군을 비열성주 군단으로 중복 편성하였을 것이다. 그 만큼 비열성의 전략적 가치가 크며 가용 병력이 많다는 것을 반영하고 있다. 이후 나당전쟁 직전에도 신라와 당이 비열홀주를 두고 대립하기도 하였다.[48] 김인태의 비열도 군단이 당군의 영향 하에 있었다고 본다면, 실제 신라군이 편성한 군단수는 8개가 된다.

4 신라군의 행군 운용

7세기 삼국간의 전쟁이 치열해지면서 대규모 병력 동원이 빈번해졌다. 이에 따라 신라군의 장수 편성에도 변화가 생겨났다.

4~5세기 사례가 없어 단언하기는 곤란하지만, 전후 시기를 감안할 때 6세기까지는 주로 진골 지휘관을 중심으로 부대가 운용되었던 것으로 추정된다. 7세기 진평왕대에 이르러 급벌찬 지휘관이 등장하였고, 무열왕대에 사찬과 급벌찬 지휘관이 임명되었음을 알 수 있다.[49] 문무왕대에 이르면 대아찬과 사찬 지휘관이 대거 등장하고, 그 외 관등도 다양하게 지휘관으로 활약하게 된다.

전쟁이 빈번했던 7세기 가운데서도 삼국통일기(660~668)가 주목된다. 기본적으로 병력 동원 규모와 기록의 빈도 차이가 있겠지만,

---

능성도 배제할 수 없다. 하지만 667년과 달리 668년에는 김인태만 비열도로 편성된 점과 긴 이동 경로를 감안하면 실제 병력 이동은 제한적이었을 것으로 판단된다. 아마 김인태가 일부 병력을 인솔하여 비열홀로 이동하고, 그곳에서 일부 모병이나 징집을 통해 병력을 충원했을 것으로 여겨진다.

48) 비열홀은 지금의 함경남도 안변 일대로 서쪽으로 평양, 서남쪽으로 서울과 함께 트라이앵글을 이루고 있다. 평양과 서울을 견제할 수 있는 군사 전략 요충지라 할 수 있다(이상훈, 앞의 논문; 앞의 책, pp.73~78).

49) 그 이전 시기에도 사찬 이하의 지휘관이 존재하였겠지만, 『삼국사기』에 언급되지 않은 것은 그 만큼 중요한 역할을 수행하지 못했기 때문일 것이다.

〈표 4〉 신라의 전투부대 지휘관 관등표[50)]

구분		골품	진골					6두품				5두품	
		관등	① 이벌찬	② 이찬	③ 잡찬	④ 파진찬	⑤ 대아찬	⑥ 아찬	⑦ 일길찬	⑧ 사찬	⑨ 급벌찬	⑩ 대나마	⑪ 나마
1세기	73	탈해17	●										
	77	탈해21						●					
	94	파사15						●					
2세기	167	아달라14							●				
	185	벌휴 2				●			●				
	188	벌휴 5				●							
	189	벌휴 6				●							
	190	벌휴 7				●							
3세기	209	내해14	●										
	214	내해19	●										
	233	조분 4		●									
	255	첨해 9	●										
	278	미추17				●							
	283	미추22							●				
	292	유례 9							●				
6세기	550	진흥11		●									
	554	진흥15	●	●									
	577	진지 2		●									
7세기	624	진평46									●		
	660	무열 7								●	●		
	662	문무 2						●					
	667	문무 7	●			●	●					●	
	668	문무 8	●	●	●	●	●			●			
	670	문무10								●			
	671	문무11					●	●			●		
	672	문무12					●		●	●			
	673	문무13					●						
	676	문무16								●			
	681	문무21								●			

50) 『삼국사기』 신라본기를 중심으로 작성되었으며, 관등 확인이 가능하고 실제 병력을 운용한 사례만 작성하였다. 그리고 국왕, 왕자, 장군, 총관, 군주, 성주, 현령 등 관등이 생략된 경우는 제외하였음을 밝혀둔다. 또한 아찬의 관등이라고 해서 6두품이라 단정할 수 없으며, 대나마라고 해서 5두품이라 단정할 수 없다. 관등을 기준으로 골품을 논하는 것에는 문제가 있지만, 전체적인 경향성을 살피는 것에는 크게 문제가 없다고 판단된다.

전체적으로 볼 때 삼국통일기가 다양한 관등에서 지휘관을 임명한 것은 분명하다. 기록이 소략한 7세기 이전을 제외하고, 나당전쟁기(670~676)와 비교했을 때도 그 차이가 분명히 드러난다.

E. 인문 · 천존 · 도유 등은 일선주(一善州) 등 7군(郡) 및 한성주(漢城州)의 병마(兵馬)를 영솔하여 당(唐)의 군영으로 가고, 27일 왕도 서울을 떠나 당의 군영으로 향하였다. 29일 여러 도(道)의 총관(摠管)이 다 길을 떠났는데 왕은 유신이 풍병(風病)을 앓기 때문에 서울에 머물게 하였다. 인문 등이 영공(英公: 이적)과 만나 영류산(嬰留山) 아래로 진군하였다.[51)]

668년 6월 인문, 천존, 도유는 선발대로서 먼저 출발하여 당군과 합류하였다. 인문과 천존은 대당의 장수이며, 도유는 한성주의 장수이다. 이를 통해 볼 때 고구려 영역을 먼저 통과해 당군과 합류해야 했던 대당과 한성주의 부대가 신라의 정예병이었음을 짐작할 수 있다. 또 대당과 한성주의 일부 장수가 선발대로 출정하였으므로, 각 장수별로 부대가 독립적으로 편제되어 있었음을 알 수 있다.

F. 5월에 유우상(劉右相: 유인궤)이 와서 신라의 병마를 보내어 함께 평양으로 향할 때 모(某: 문무왕)도 또한 한성주(漢城州)에 가서 병마를 검교(檢校)하였던 것이오. 이 때 번(蕃) · 한(漢)의 모든 군사가 사수(蛇水)에 총집합하니, 남건(男建)이 군사를 내어 일전(一戰)을 결(決)하려 하였소. 신라의 병마가 홀로 전봉(前鋒)이 되어 먼저 적의 대진(大陣)을 깨트리니, 평양성중(平壤城中)은 봉예(鋒銳)가 꺾이고 기운이 퇴축(退縮)되었소. 후에 영공(英公: 이적)이 다시 신라의 효기(驍騎) 500명을 이끌고 먼저 성문(城門)에 쳐들어가 드디어 평양을 파하여 대공(大

51) 『삼국사기』 권6, 신라본기6, 문무왕 8년.

功)을 이루게 된 것이오.[52)]

F사료는 나당연합군의 평양성 공격 당시 문무왕과 이적의 군사행동을 묘사하고 있다. 문무왕은 평양으로 진군하기 전에 한성주에서 군대를 검열했고,[53)] 이적은 평양성 공격에 신라의 기병을 활용했음을 알 수 있다. 당의 총사령관 이적이 어떻게 신라의 기병을 운용할 수 있었을까?

〈표 5〉 당의 표준 행군편성[54)]

구 분	戰兵					輜重兵	합계(명)
	弩手	弓手	馬軍	跳盪	奇兵		
中軍	400	400	1,000	500	500	1,200	4,000
左右虞候2軍	300×2	300×2	500×2	400×2	400×2	900×2	5,600
左右廂4軍	250×4	300×4	500×4	400×4	400×4	750×4	10,400
합계(명)	2,000	2,200	4,000	2,900	2,900	6,000	20,000

당의 표준 행군편성을 보면 총원이 20,000명이며, 전투병 14,000명과 치중병 6,000명으로 나뉜다. 전투병은 다시 마군(騎兵) 4,000명과 보병(노수·궁수·도탕·기병) 10,000명으로 구성된다. 전투병과 치중병의 비율은 7:3이다. 이 가운데 마군 즉 기병은 500명 단위로 편성됨을 알 수 있다.

---

52) 『삼국사기』 권7, 신라본기7, 문무왕 11년, 답설인귀서.

53) 668년 7월 16일에 문무왕이 한성주에 도착했고 그곳에서 당군과 합류하라는 교서를 내렸다(『삼국사기』 권6, 신라본기6, 문무왕 8년). 당군의 경우 행군시 보통 200리 반경을 기준으로 봉화를 설치해 경보체계를 구축한다(孫繼民, 앞의 책, pp.274~276). 문무왕이 부대를 검열하고 교서를 내린 한성주는 고구려 경계에서 약 200리 가량 남쪽에 위치한 지점이다. 신라의 영토 내였기 때문에 문무왕이 새로이 봉화체계를 구축할 필요는 없었지만, 이곳에서 각 부대별 임무를 부여하고 경계구역을 설정했을 가능성이 크다.

54) 孫繼民, 앞의 책, p.238.

F사료에는 668년 당의 장수 이적이 신라의 기병 500명을 인솔하여 평양성을 공격한 사실이 기록되어 있다. 총사령관 이적이 신라 기병 500명만 거느리고 공격했다기 보다는 신라 기병을 선봉으로 앞세우고 당군과 연합하여 공격했다고 보는 것이 자연스럽다. 당의 표준 행군편성에서 마군(기병)이 500명 단위로 편성되는 점을 감안하면, 당시 신라의 행군에서도 기병이 500명 단위로 조직되었던 것으로 볼 수 있다.[55] 신라와 당의 군대가 상호 호환이 가능한 모듈형태로 정형화되었음을 알 수 있다.[56]

660년 백제 멸망 당시 신라군과 당군이 연합하여 작전을 수행했지만, 각각 부대를 통솔하여 공격을 진행했다. 반면 668년 고구려 멸망 당시 신라군과 당군은 혼성부대를 편성하여 직접 공격에 나설 수 있었다. 전쟁 발발 이후 행군 편성은 속도가 생명이다. 상대방에 적합한 병종과 부대 규모를 결정하고 조직한 후 신속히 투입시켜야 한다. 모듈화를 통해 신속히 부대를 편성하고 재편하는데 용이했을 것이며, 당과의 연합작전을 수행하는 것에도 적합했을 것이다.

또 신라가 나당연합군을 형성하기 전까지 최대 병력 동원은 3만명이 한계였다. 645년 당이 고구려를 공격할 때 당의 요청으로 신라가 이에 호응하여 3만명을 편성한 적이 있다. 하지만 3만명이 제대로 편성되어 출정하거나 전투를 했다는 기록이 없다. 이틈을 타 백제가 신라의 서쪽 7개성을 습격하자 3만명의 출정은 중단되었다.[57] 이후

---

55) 500명 단위 편제는 신라군의 군사편제 단위 가운데 운용빈도가 높고 삼국이 모두 사용한 편제단위이다(이상훈, 앞의 책, p.285).

56) 장군은 기존의 주둔부대나 지역을 기반으로 편성된 상대적으로 고정된 부대를 운용하였던 것 같다. 반면 총관은 군사 편제를 정형화, 즉 모듈화된 부대를 운용했다고 여겨진다. 661년 행군 편성의 경우 장군, 총관, 대감으로 장수가 구분되어 있는데, 이에 따라 통솔 병력수도 차이가 있었을 것으로 추정된다. 하지만 668년 행군 편성의 경우 모두 총관으로 임명되어 통솔 병력수에 일정한 기준이 마련된 것으로 여겨진다.

57) 『삼국사기』 권5, 신라본기5, 선덕왕 14년 5월.

660년 백제 멸망 당시 신라는 5만명까지 동원하였고, 668년 고구려 멸망시에도 이와 비슷한 규모의 병력을 동원할 수 있었다. 당의 행군 편성은 표준 행군이 2만명이며, 보통 10~20만명까지 편성하며 많게는 30만명까지도 편성한다.[58] 대규모 원정군을 편성하고 조직화하는데 당의 행군제도가 적지 않은 영향을 미친 것으로 여겨진다.

앞서 무열왕은 백제 공격전 660년 3월 당(唐)으로부터 '우이도행군총관(嵎夷道行軍摠管)'으로 임명되었다.[59] 신라와 당의 원활한 연합 작전을 위해 최소한 외형상으로나마 편제를 통일시킬 필요가 있었을 것이다.[60] 또 무열왕은 백제 멸망후 660년 11월 귀부한 백제인 충상, 상영, 자간 등에게 총관직(摠管職)을 수여한 바 있다.[61] 새로운 제도를 신라인보다 백제인에게 먼저 시행한다는 것은 설득력이 떨어진다. 따라서 신라에서 문무왕 이전에 이미 총관제가 시행되었음을 보여주는 증거라 할 수 있다.[62]

668년 문무왕은 김유신을 '대총관(大摠管)'으로 임명했다. 행군대총관이라는 명칭은 이미 북주(北周)나 수(隋)나라 때 등장하지만, 정식 사용된 것은 당나라 시기이다.[63] 668년 행군 편성시 신라가 김유신을 '대당대총관(大幢大摠管)'에 임명된 것은 당의 영향을 강하게 받았다는 정황을 잘 보여주고 있다.

또 660년과 668년 나당연합군 편성 사이에 신라의 군관직 분화도

58) 이상훈, 「당 무측천 시기 이경업 난의 전개과정과 군사활동」, 『군사』 58, 2006, pp.191~192.

59) 『삼국사기』 권5, 신라본기5, 태종무열왕 7년.

60) 최상기, 「6~7세기 신라 장군의 역할과 운용」, 『역사와현실』 97, 2015, pp.80~81. 「大唐平百濟國碑銘」을 보면 우이도행군총관은 김춘추이지만, 행군부총관과 行軍長史는 당군으로 되어 있다. 이는 신라군 주력과 당군 일부가 합쳐져 행군으로 편성되었음을 나타낸다(拜根興, 『七世紀中葉唐與新羅關係研究』, 中國社會科學出版社, 2003, pp.48~51).

61) 『삼국사기』 권5, 신라본기5, 태종무열왕 7년.

62) 한준수, 「신라 통일기 罽衿幢·二衿幢의 설치와 확대」, 『한국학논총』 47, 2017, p.89.

63) 孫繼民, 앞의 책, p.141.

확인된다. 대관대감(大官大監)과 대대감(隊大監)은 모두 대감(大監)에서 분화되었으며, 그 분화 시기는 662년 이후로 추정되고 있다.[64] 대감은 장군 아래 가장 고위직 군관으로 기병과 보병의 통솔을 담당하는 직위로 분화되었다.[65] 이러한 군관직의 분화도 당의 행군제도가 도입되면서 이루어진 것으로 여겨진다.

총관명, 부대 편제, 행군 운용 등을 통해 볼 때 신라의 행군제도가 당의 영향을 받은 것은 분명해 보인다. 하지만 그렇다고 해서 신라가 당의 행군제도를 그대로 도입했다고 단정하기는 어렵다. 당의 경우 원정군의 수장을 '행군총관'으로 임명하고 있는 것에 비해, 신라는 '총관'과 '행군총관'으로 구분하여 병용하고 있다. 그리고 당의 경우 행군명을 붙일 때 원정목적지를 나타내는 것이 일반적이지만,[66] 신라는 원정목적지가 아니라 경유지를 나타내고 있다.[67] 668년 행군편성에서 부대명으로 지정된 비열도, 한성주, 비열성주, 하서주는 모두 신라 영토내의 지명이다.

G. 용삭(龍朔) 2년 정월 유총관(劉摠管: 유인궤)은 신라의 양하도총관(兩河道摠管) 김유신 등과 함께 평양 방면의 군량을 운송하게 되었는데,

---

64) 井上秀雄, 「三國史記にあらわれた新羅の中央行政官制について」, 『新羅史基礎研究』, 東出版, 1974.

65) 신라 군관들의 분화와 운용에 관해서는 이문기, 앞의 책, pp.197~207 참조. 大監의 분리는 전쟁이 격화됨에 따라 군관 수요가 증가하자 신분적 제한 등 취임 조건을 완화하는 방식으로 분화가 이루어진 것으로 파악된다(서영교, 「신라 河西停 군사조직에 대하여」, 『신라문화』 17 · 18, 2000 참조).

66) 행군총관(行軍摠管)은 출정하는 전투구역의 지명 혹은 작전방향의 이름을 따서 '○○道行軍摠管'이라 부른다(孫繼民, 앞의 책, pp.6~7). 예로 당이 고구려를 공격할 때는 요동도행군총관(遼東道行軍摠管) 혹은 평양도행군총관이나 패강도행군총관(浿江道行軍摠管)을 임명하고, 토번을 공격할 때는 토번의 수도를 의미하는 나사도행군총관(邏娑道行軍摠管)을 임명했다.

67) 이상훈, 「검모잠의 최초 거병지 검토」, 『한국 고대사 연구의 자료와 해석』, 사계절, 2014, p.70.

> 그때 음우(陰雨)가 달을 연하여 오고 풍설(風雪)은 극히 추워 인마(人馬)가 얼어죽으니 영송중(領送中)의 병량(兵糧)을 쉽게 전달할 수가 없었소.[68]

『삼국사기』에는 비열도(卑列道)와 비슷한 용례로 양하도(兩河道)가 확인된다. 나당전쟁 당시 문무왕이 설인귀에게 보낸 서신(答薛仁貴書)[69]에 따르면, 661년 평양을 포위하고 있던 소정방에게 신라가 군량을 공급할 때[70] 김유신의 직책은 '양하도총관(兩河道摠管)'이었다고 한다. 양하도라는 용례는 더 이상 확인되지 않지만, 의미상 두 강을 나타내는 것으로 보인다. 『삼국사기』에 따르면, 백제 건국 당시 비류와 온조는 무리를 거느리고 패수(浿水)와 대수(帶水)의 두 강을 건너 미추홀로 남하했다고 한다.[71] 이 때 패수와 대수를 합쳐 '이수(二水)'라고 표현하고 있어 참조가 된다.

김유신이 고구려 경내로 가기 위해 병력을 편성했다면, 신라 북방에 있던 병력 위주로 편성하는 것이 효율적이다. 김유신은 고구려와 접경을 이루던 임진강 그리고 그 아래에 위치한 한강 일대의 병력을 중심으로 부대를 편성했던 것으로 추정된다. 이에 따라 양하도총관이라는 칭호가 사용되었을 것이다. 그렇다면 '양하도(兩河道)'라는 것은 행군 경유지이자 병력 징발지를 나타낸다고 할 수 있다.

신라는 당의 행군제도를 도입하면서 군사제도에 대한 근본적 혁신에 무게를 두고 진행하였을 가능성이 크다.[72] 부대 편성의 정형화를

---

68) 『삼국사기』 권7, 신라본기7, 문무왕 11년, 답설인귀서.

69) 「답설인귀서」에 관한 최근 논의는 김진한, 「「답설인귀서」에 보이는 신라, 당 밀약 기사」, 『인문논총』 71~1, 2014 및 윤경진, 「671년 「답설인귀서」의 '평양이남 백제토지'에 대한 재해석」, 『역사문화연구』 60, 2016 참조.

70) 당시 군량 수송에 관해서는 이상훈, 「662년 김유신의 군량 수송작전」, 『국방연구』 55~3, 2012 참조.

71) 『삼국사기』 권23, 백제본기1, 온조왕 원년, "遂與弟率黨類, 渡浿帶二水, 至彌鄒忽以居之."

72) 한준수, 앞의 논문, p.91.

통해 대규모 편성과 임무에 따른 모듈화를 가능하게 했던 것으로 보인다. 실제 668년 고구려 멸망 당시 신라의 기병이 당군과의 연합작전에서 원활히 운용되었던 사실이 확인된다. 다만 행군명이나 총관명 등을 통해 볼 때 중국식 그대로 따르지는 않았음을 알 수 있다. 신라는 당의 군사제도를 도입하여 군사 개혁을 하는 동시에 신라식으로 변용하여 적용했던 것이다.

5 맺음말

7세기 신라는 당과 연합하여 660년 백제를 멸망시키고 668년 고구려를 멸망시켜 삼국을 통일했다. 신라의 삼국통일 원동력은 기본적으로 군사력이다. 군사력은 군사조직을 통해 발현되기 마련이며, 신라의 군사조직이 어떻게 운용되었는지는 '행군' 편성을 통해 확인할 수 있다. 하지만 신라의 행군 편성 상황에 대한 연구는 상대적으로 미흡했다.

7세기 신라는 대규모 행군을 편성했다. 당시 정확한 병력 동원 규모가 기록된 것은 아니지만, 편성된 장수 숫자를 통해 추산해 볼 수 있다. 당시 신라의 장수 1명당 1,500명 내외의 병력을 거느린 것으로 추정되므로, 이를 통해 추산한 결과 신라는 대규모 행군 편성시 5만여 명까지 동원하였음을 알 수 있다. 그리고 행군은 좌군, 우군, 중군 3군으로 편성하여 운용하였고, 이러한 경향은 신라 하대 김헌창의 난 때도 확인이 가능하다.

661년과 668년 신라의 고구려 공격시 행군 편성 상황이 사서에 전하고 있다. 661년과 668년의 변화 상황을 살펴보면 대당·상주·하주 군단은 대당 군단으로 편제되었고, 서당·낭당 군단은 서당 군단으로 편제되었다. 특히 668년에는 경정 군단과 비열도 군단이 새롭게 신설되어 그 규모가 확대되었음을 알 수 있다.

7세기 신라는 다른 시기와 달리 다양한 관등에서 지휘관을 임명하였고, 선발대를 따로 운용하였다. 또 부대의 '모듈화'를 진행하여 당군과 연합작전에 용이하게끔 만들었다. 이를 통해 신라와 당의 연합작전은 성공할 수 있었다. 삼국통일기 신라는 당의 행군제도를 도입하였지만, 행군명이나 총관명을 통해 볼 때 신라식으로 변용하여 적용하였음을 알 수 있다.

다만 7세기 이전 행군 군단과의 비교, 행군 군단과 6정 및 9서당과의 관계 등은 살펴보지 못했다. 추후 연구과제로 남겨두고자 한다.

여말선초 병제개혁 논의와 사병혁파(私兵革罷)를 통한 '공가지병(公家之兵)'의 구현

| 정일태 |

1 머리말

여말선초(麗末鮮初)는 대외적으로 홍건적·왜구의 침입과 원(元)·명(明)의 교체가 일어나고, 대내적으로 조선왕조가 개창되며 정치세력 간의 권력투쟁이 첨예화된 시기였다. 이러한 상황에서 정권(政權)을 장악하고 유지하기 위한 수단으로서 군사[兵]의 중요성이 대두하였고, 군사를 징발하고 지휘·통제하는 병권(兵權)의 소재(所在)는 그 무엇보다 중요한 화두가 되었다. 결국 조준·정도전 등은 병권의 소재에 대한 논의를 활발하게 전개하며 병제개혁(兵制改革)을 주도하였고, 1·2차 왕자의 난 이후 권근·김약채 등은 사병혁파(私兵革罷)를 주장하였다.

현재까지 여말선초 병제개혁과 사병혁파에 대한 연구들은 병제의 전반적인 변화 양상[1)]과 혁파된 '사병'의 실체[2)]를 실증적으로 밝혔다.

1) 여말선초 병제의 변화 양상에 대한 주요 연구는 다음과 같다. 민현구, 1983, 「高麗後期

이들은 당시 병제개혁을 왕권(王權)과 신권(臣權)(특히 재상권(宰相權))의 대립 구도에서 이해하면서 사병혁파를 계기로 병제가 국왕(國王)을 중심으로 '집권화(集權化)'되었다고 평가하였다. 조선의 모든 군사에 대한 병권이 국왕에게 있다는 것이다. 그러나 병권의 층위(層位)를 구분하는 등의 제도개혁을 통해 국왕마저도 군사를 자의적으로 징발하거나 지휘·통제할 수 없게 되었다고 보았다.[3)] 결국 집권화의 주체는 국왕 개인을 뛰어넘는 국가(國家)로 상정되었고 조선의 군사는 '공가지병(公家之兵)', 즉 국가의 군대가 되었다는 것이다.

하지만 병권을 둘러싼 권력투쟁, 왕권과 신권의 대립은 여말선초뿐만 아니라 전근대의 어느 시기에나 존재하였다. 이러한 통시대적 구도로는 당대인들이 왜 하필 정종 2년(1400) 4월이 되어야 사병을 명확하게 규정하고 반드시 혁파해야 한다고 주장하였는지, 나아가 당시 권력투쟁의 주체가 될 수 없는 국가가 어떻게 집권화의 주체로

의 軍制」, 『高麗軍制史』, 육군본부; 민현구, 1983, 『朝鮮初期의 軍事制度와 政治』, 한국연구원; 오종록, 1991, 「高麗後期의 軍事 指揮體系」, 『國史館論叢』 24; 오종록, 2014, 『여말선초 지방군제 연구』, 국학자료원; 한충희, 1994, 「朝鮮初(태조 2년~태종 1년) 義興三軍府 硏究」, 『啓明史學』 5; 윤훈표, 2000, 『麗末鮮初 軍制改革硏究』, 혜안.

2) 기존 연구들은 제도상의 신분 계층과 역할 등을 기준으로 구분한 병종(兵種)을 단위로 사병의 실체를 파악하고자 하였다. 민현구(1983, 앞의 책; 1984, 「朝鮮初期의 私兵」, 『東洋學』 14)는 사병이 각 도에서 번상(番上)하여 절제사(節制使)에 의해 징발되고 지휘·통제를 받던 시위패(侍衛牌)로 보았고, 유창규(1984, 「朝鮮初 親軍衛의 甲士」, 『歷史學報』 106)는 시위패보다 친군위(親軍衛)에 소속되었던 갑사(甲士)가 사병의 성격을 보다 강하게 띠었다고 주장했다. 유재리(1997, 「高麗末 朝鮮初 私兵 硏究」, 『韓國學硏究』 7, 숙명여자대학교 한국학연구센터)는 사병의 실체가 시기별로 다르나 조선 초기 사병의 주류는 반당(伴倘)이라고 주장하였다. 이러한 연구들을 통해 사병에 다양한 병종이 해당되는 것으로 밝혀졌다. 그러나 한편으로 사병의 실체가 이처럼 다양하다는 것은 사병을 단 하나의 병종으로 특정지을 수 없다는 것을 반증한다. 다만 본고의 경우 병제에 대한 당대인들의 인식 변화에 초점을 맞추어 서술하여 이에 대한 구체적인 논의는 미흡하며, 이는 차후의 과제로 남겨둔다.

3) 민현구, 1983, 앞의 책; 차문섭, 1996, 『조선시대 군사관계 연구』, 단국대학교출판부; 윤훈표, 2000, 앞의 책; 윤훈표, 2012, 「제2장 중앙집권적 군사체제의 확립」, 『한국군사사 5 - 조선전기 I』, 경인문화사; 김웅호, 2017, 『조선초기 중앙군 운용 연구』, 서울대 박사학위논문.

상정되었는지를 설명할 수 없다. 따라서 여말선초 병권의 소재에 대한 논의를 당대의 맥락에서 재검토할 필요가 있다.

이 논문은 여말선초 당대인들이 고제(古制)를 회복하려는 시대정신을 바탕으로 현실의 문제를 비판하면서 '사전(私田)'을 새롭게 인식하고, 모든 토지를 '공전(公田)', 즉 국가의 토지라 상정하며 사전혁파(私田革罷)와 전제개혁(田制改革)을 추진할 수 있었다는 최근 연구에 주목한다.[4] 같은 시기에 추진되었던 병제개혁과 사병혁파도 이와 다르지 않았다. 당대인들은 유교 경전(經典)과 중국 사서(史書)의 전범(典範)을 검토하면서 고려 조종(祖宗)의 병제가 중국 삼대(三代)의 장병어농(藏兵於農), 당(唐)의 부병제(府兵制) 등과 같은 고제의 취지를 본받았다고 이해하였다. 따라서 그들은 치열한 권력투쟁의 와중에 고제의 취지를 준거로 병권의 소재와 관련된 현실의 문제를 비판하고 '사병'을 새롭게 인식하며 '공가지병'을 구현하기 위한 병제개혁안을 마련하였다.

그러므로 이 논문은 기존 연구 성과에서 병제의 변화 양상에 대한 구체적 사실들은 인용(認容)하되, 병권의 소재에 대한 당대인들의 논의를 중심으로 그들이 어떻게 고제의 취지와 인간의 본성을 현실의 문제와 연계하며 병제를 개혁하였는지를 분석할 것이다. 또한 당대인

4) 고혜령, 2003, 『고려후기 사대부와 성리학 수용』, 일조각; 문철영, 2005, 『고려유학 사상의 새로운 모색』, 경세원; 피터볼, 심의용 옮김, 2008, 『중국 지식인들과 정체성』, 북스토리; 도현철, 2011, 『목은 이색의 정치사상 연구』, 혜안; 이민우, 2015, 『여말선초 私田 혁파와 토지제도 개혁구상』, 서울대학교 박사학위논문.
중국 당(唐) 말부터 시작된 '고문(古文)'이라는 새로운 학문적 경향은 고대(古代)에 대한 새로운 이해를 바탕으로 현실 제도의 정당성과 적합성을 재검토하면서 고대의 이상을 현실에서 복구하려는 특징을 보인다. 특히 송대(宋代) 이후 성리학(性理學)은 이러한 문제의식을 계승하고, 더 나아가 인간 본성에 대한 이해와 현실 제도의 개혁을 하나의 일관된 체계로 확립하려는 경향을 보인다. 고려는 예종·인종대부터 북송(北宋)에서 '고문'을 수용하고, 몽골복속기부터 성리학을 받아들였다. 이와 같은 당대인들의 학문적 경향이 현실 제도의 개혁과 같은 정치적 경향으로 이어졌다는 것은 하나의 이데올로기로서 그 시대를 특징짓는 시대정신이라고 해도 무방하다고 생각한다.

들이 어떻게 '사병' 자체를 비판의 대상으로 삼을 수 있었는지도 함께 살펴볼 것이다. 이는 왕권과 신권의 대립이란 통시대적 구도를 넘어 여말선초 병제개혁과 사병혁파의 역사성을 드러내는 작업이 될 것이다.

2 고려 말 조준의 병제개혁 논의

고려 말에 이르러 홍건적·왜구가 전국적으로 침입하고, 명(明)이 중국 대륙의 신흥 강국으로 부상하면서 대외적 위기가 고조되었다. 하지만 당시 권세가(權勢家)에 의한 토지 겸병(兼倂)이 확대되면서 고려의 핵심 부대조직인 이군육위(二軍六衛)[5]의 군사들은 군인전(軍人田)을 잃고 유망(流亡)하였고, 오히려 권세가에게 청탁하여 군사로 선발된 자들이 군역(軍役)에 종사하지 않은 채 토지만을 세습하였다.[6] 이와 같이 이군육위가 유명무실해진 상태에서 고려 조정은 오

---

5) 이기백, 1969, 『高麗史 兵志 譯註 1』, 일조각, 12~13쪽.
본래 二軍六衛의 군사들은 평상시 왕실의 宿衛뿐만 아니라 국경지대의 防守도 담당하였고, 유사시에는 五軍으로 편성되어 出征하였다.

6) 권영국, 2002, 「고려전기 중앙군의 성격」, 『한국 전근대사의 주요 쟁점』, 역사비평사, 119~216쪽; 최종석, 2011, 「고려전기 保勝·精勇軍의 性格과 地方軍 構成에 대한 再檢討」, 『역사와 담론』 58, 34~35쪽; 최종석, 2012, 「제3장 군사제도의 기본구조와 운영」, 『한국군사사 3－고려 Ⅰ』, 육경인문화사, 199~208쪽.
현재까지 이군육위의 인적 구성에 대해서는 군반씨족설(軍班氏族制說), 부병제설(府兵制說), 이원적 구성설(二元的 構成說)이 제기되었다. 군반씨족제설은 이군육위가 개경에 거주하는 전업(專業) 군인만으로 구성되었다는 견해이고, 부병제설은 지방에서 번상하는 양인 농민 출신으로 구성되었다는 주장이다. 현재는 이러한 두 견해를 비판적으로 종합한 이원적 구성설이 학계의 주류를 이루고 있다. 그러나 이원적 구성설 내에서도 지방에서 번상하는 보승(保勝)·정용군(精勇軍)의 성격에 대해서는 아직 연구자별로 견해의 차이가 있다. 하나는 이들이 양인 농민층이었다는 견해이고, 다른 하나는 이들이 지방의 하급 지배층으로서 전업 군인이었다는 주장이 있다. 한편 이군육위의

군(五軍)을 편성하여 출정(出征)하기 어려웠다. 따라서 공민왕대에는 각 도별로 도순문사(都巡問使)·도지휘사(都指揮使) 등을 파견하였고, 본래 오군의 최고 지휘관이었던 원수(元帥)로 하여금 해당 직책을 겸임하여 도 내의 군사를 징발·지휘·통제하도록 하였다.[7] 당시 급박한 대외적 위협에 대응하기 위한 방편으로 병권을 각 도의 원수에게 분장(分掌)시킨 것이다.

특히 우왕대에 이르러 왜구의 침입 빈도는 절정에 달하였다.[8] 우왕 4년(1378) 12월 도평의사사(都評議使司)의 논의를 거쳐 익군(翼軍)이 남도(南道)로 확대되면서 각 도별 원수가 병권을 분장하여 군사를 징발·지휘·통제하는 방식은 더욱 확고해졌다.[9] 이즈음에 원수는 도내의 양반부터 노비까지 모든 계층의 장정을 군사로 총동원할 수 있게 되었다.[10] 물론 이듬해 윤5월에 남도의 익군은 민생에 큰

인적 구성뿐만 아니라 군인들에게 지급되었던 군인전에 대해서도 연구자들 사이에서 의견이 다르다. 하나는 개경 거주의 전업 군인과 지방에서 번상하는 보승·정용군에게 일률적으로 전시과(田柴科) 계열의 토지를 지급하였다는 견해가 있는가 하면, 다른 하나는 개경 거주의 전업 군인에게는 전시과 계열의 토지가, 보승·정용군에게는 족(足)·반정(半丁) 계열의 토지가 구분되어 지급되었다는 견해이다. 전자는 이군육위 소속의 군인에게 일률적으로 수조권(收租權)이 분급되었다고 본 반면, 후자는 개경 거주의 군인에게는 수조권이, 번상하는 보승·정용군에게는 군인(軍戶)의 소유지 가운데 군인전으로 설정된 토지의 면조권(免租權)이 지급되었다고 보았다. 한편 전업 군인들은 전시과에 규정된 군인전을 수조지로 분급 받는 반면, 보승·정용군은 입역(入役) 기간에 한해 해당 군인 가족의 농사를 보조하는 양호(養戶)를 배정해 주었다는 견해도 있다.

7) 오종록, 2014, 앞의 책, 67~82쪽.

8) 나종우, 1996, 『韓國中世對日交涉史硏究』, 원광대학교출판부, 126쪽; 김보한 2004, 「일본사에서 본 왜구의 발생과 소멸과정」, 『문화사학』 22, 228쪽; 정영현, 2008, 「고려 우왕대 왜구의 동향과 성격 변화」, 『역사와 세계』 33, 157~202쪽; 홍영의, 2012, 「제8장 고려말 전란과 새로운 군사체제 지향」, 『한국군사사 4－고려 Ⅱ』, 255~267쪽.
공민왕대에 왜구는 전국 각지에서 연평균 4~5회, 최대 19회 출몰하였으나, 우왕대가 되면 그 출몰 빈도가 연평균 27회, 최대 52회로 대폭 증가하였다. 또한 침탈의 양상도 달라져 공민왕대에 왜구는 주로 연해지역이나 조운로 주변을 약탈하였으나, 우왕대가 되면 내륙 깊숙하게 침입하여 장기체류하는 경우가 많아졌다.

9) 『高麗史』 卷81, 志35, 兵1, 兵制, 禑王 4年 12月.

10) 오종록, 1991, 앞의 논문, 250~251쪽.

부담이 준다는 이유로 사헌부(司憲府)의 상소에 따라 곧 중단되었으나,[11] 이후 왜구와 맞서는 과정에서 원수는 그 수가 꾸준히 증가하여 일반적으로 각 도별 3명씩 임명되었다.[12]

우왕 말년에는 철령위(鐵嶺衛) 설치를 계기로 명과의 관계가 악화되면서 원수의 수가 더욱 증가하였다. 우왕 13년(1387) 11월에 고려 조정은 원수를 추가로 파견하여 더 많은 군사를 징발하도록 하였으며,[13] 우왕과 최영은 요동정벌을 결정하고 각 도의 양반(兩班)·백성(百姓)·향리(鄕吏)·역리(驛吏) 등을 총동원할 수 있도록 모두 군적(軍籍)에 등재하고자 하였다.[14] 결국 각 도별 원수는 요동정벌군의 지휘관 직책으로 편성되어 전국 각지의 군사들을 징발하여 출정하였다.[15]

그러나 이성계는 남도에서 왜구의 위협이 완전하게 해소되지 않은 채 명이라는 북방의 또 다른 적과 양면에서 맞서는 것을 반대하였다. 따라서 우왕 14년(1388) 5월 이성계 세력의 위화도 회군으로 요동정벌은 중단되었다. 그리고 이성계 세력은 기존의 고려 조정과 달리 각 도별 원수에게 병권을 분장시킨 것을 비판하였다. 특히 공양왕 원년(1389) 12월 조준은 원수·절제사(節制使)[16]의 행태가 유교 경전과

---

11) 『高麗史』 卷81, 志35, 兵1, 兵制, 禑王 5年 閏5月.

12) 오종록, 2014, 앞의 논문, 60쪽.

13) 『高麗史』 卷81, 志35, 兵1, 兵制, 禑王 13年 11月.

14) 『高麗史』 卷81, 志35, 兵1, 兵制, 禑王 14年 2月.

15) 오종록, 2014, 앞의 책, 65~66쪽.

16) 『高麗史』 卷77, 志31, 百官2, 外職; 『太祖實錄』 卷1, 總書, 高麗末, 官不籍兵, 諸將各占爲兵, 號曰牌記.
원수는 공양왕 원년(1389)에 절제사로 개칭되었다. 그러나 이는 단순히 원수의 명칭만을 변경한 것이 아니었다. 원수는 주로 각 도별로 파견되어 외적의 침입에 맞섰으나 어디까지나 경관(京官)이었고 구전(口傳)으로 임명되는 임시직이었다. 또한 그들은 중앙에 부족한 이군육위의 병력을 충당하기 위해 지방의 군사를 번상시키는 임무도 담당하였다. 하지만 원수는 중앙에 머무르며 패기(牌記)를 통해 번상군(番上軍)뿐만 아니라 임의로 군사를 뽑아 자의적으로 지휘·통제하였다. 따라서 새롭게 정권을

중국 사서 등 전범의 취지에 어긋난다고 비판하였다.

가) 근년 이래로 군사를 거느리는 소임은 그 재능을 묻지 않고 다만 재상(宰相)의 지위에 있으면 즉시 임명하여 보내니 지휘·통제[節制]가 마땅하지 않고, 적의 세력을 더욱 커져 침략에 이르게 되니 군현(郡縣)이 텅 비게 되었습니다. 옛 사람[古人]이 이르기를, '임금이 장수를 제대로 선택하지 못하면 그 나라를 적에게 주는 것이고, 장수가 군사를 알지 못하면 그 임금을 적에게 주는 것이다'라고 하였는데, 장수를 선택하여 왜구를 제압하는 것이 진정 오늘날의 급선무입니다. … 또한 군정(軍政)이 여러 갈래이면[軍政多門] 즉 호령(號令)이 엄숙하지 못하니, 지금의 한 도에 세 절제사는 고제(古制)가 아닙니다.[17]

나) 군사(兵)란 백성의 목숨을 지키는 것이고, 나라의 큰 정사(政事)로서 왕실을 지키고 화란(禍亂)을 없애기 때문이다. 우리 왕조의 오군과 사십이도부(四十二都府)는 대개 한(漢)의 남북군(南北軍)이나 당(唐)의 부위병(府衛兵)입니다. 요(遼)와 금(金)은 양계(兩界)와 땅을 맞닿고 있는데 〈요는〉 진제(晉帝)를 세워 아들로 삼고 천하를 호시탐탐 노리면서 우리에게 친선 관계를 요구하였으나 우리 태조께서 이를 거절하였습니다. 〈금은〉 요와 송(宋)의 3명의 황제를 포로로 잡아 온 세상에 위세를 떨쳤으나 감히 〈우리를〉 엿보지 못하고 지금에 이르렀다는 것은 조종(祖宗)의 군정(軍政)이 율령(律令)을 얻었기 때문입니다. 근래에 병제가 크게 무너져 용병(用兵)한 지 30여 년이 되도록 군정에 계통이 없고, 전술(戰術) 없는 장수가 가르치지 않은 백성으로 싸우게

장악한 이성계 세력은 원수를 절제사로 개칭하고 경관이 아닌 외관(外官)으로 규정하면서 주(州)·부(府)의 업무, 즉 지방에 국한되어 병권을 행사하는 전임직으로 바꾸었다.

17) 『高麗史』 卷81, 志35, 兵1, 兵制, 恭讓王 元年 12月. "近年以來, 將兵之任, 不問其才, 但位宰相, 則奉命遣之, 節制失宜, 賊勢益張, 以致侵掠, 郡縣蕭然. 古人, '謂君不擇將, 以其國與敵, 將不知兵, 以其主與敵,' 擇將制倭, 誠今日之急務也. … 且軍政多門, 則號令不肅, 今之一道三節制, 非古制也. 願自今, 東·西北面外, 每一道, 只遣一節制, 餘皆罷去."

하니 소문만 듣고도[望風] 흩어져 도망가니 1,000리에 시신이 널려 있습니다[暴骨]. 보잘것없는 왜구가 나라의 근심이 되니 마음이 아프지 않을 수 있습니까?[18]

가)에서 인용한 옛 사람의 말은 『통감절요(通鑑節要)』의 문구이다.[19] 조준은 고려 말 원수·절제사가 군사적 역량과 무관하게 재상이라는 이유만으로 임명되어 본래 외적을 막는 직임을 제대로 수행하지 못한다고 지적하고, 이러한 행태가 해당 문구의 취지에 어긋난다고 강조하였다. 그리고 '군정다문(軍政多門)', 즉 병권이 분산되면 기강 확립이 어려워 각 도에 절제사를 3명씩 두는 것이 고제에 어긋난다고 주장하였다. 비판의 기준이 되는 고제는 당의 부병제를 의미할 가능성이 높다. 나)에서 알 수 있듯이 조준은 고려 조종의 병제가 한의 남북군제와 당의 부병제를 본받아 기강이 잡혔다고 얘기하였으나, 후에 정도전의 주장을 참고해볼 때 병권이 통합되어 기강이 잡힌다는 취지는 당의 부병제와 연관되었다.[20]

조준의 비판처럼 당시 재추(宰樞)의 대부분은 원수를 겸임하여 각 도별 원수가 3명을 넘어 4~5명, 심지어 9명까지 임명된 경우도 있었다.[21] 또한 실제 양광도(楊廣道)·경상도(慶尙道)의 원수와 도순문사

---

18) 『高麗史』 卷81, 志35, 兵1, 兵制, 恭讓王 元年 12月. "兵者, 民之司命, 國之大政, 所以衛王室, 而消禍亂也. 本朝五軍·四十二都府, 盖漢之南北軍, 唐之府衛兵也. 遼·金氏, 接壤兩界, 立晉帝而子之, 虎視天下, 求好於我, 而我太祖絕之. 虜遼·宋三帝, 威振四海, 而莫敢旁窺, 式至于今者, 以祖宗之軍政, 得其律令也. 近世, 兵制大毁, 用兵三十餘年, 軍政無統. 以無術之將, 戰不敎之民, 望風奔潰, 千里暴骨. 叢爾倭奴, 爲國之病, 可不爲痛心哉."

19) 『通鑑節要』 卷8, 漢紀, 太宗孝文皇帝 下, 壬申 12年, "將不知兵, 以其主予敵也, 君不擇將, 以其國予敵也."

20) 『太祖實錄』 卷5, 太祖 3年 2月 己亥, "今將侍衛, 分屬侍衛巡衛等諸司, 蓋法漢朝南北軍之遺制也. 漢南軍掌宮門侍衛, 北軍掌京城巡檢, 此內外相制, 長治久安, 禍亂不生, 已然明驗."

고려 祖宗의 兵制가 南北軍制를 본받았다는 것은 정도전의 설명을 통해 볼 때 侍衛와 順衛하는 것을 구분하여 궁궐의 內外가 서로 견제할 수 있도록 한 것이다.

가 왜구와 맞서 싸우는 것이 두려워 성 밖으로 나가지 않는 경우가 있었고, 조준은 우왕의 명령에 따라 이들을 처벌하기 위해 도검찰사(都檢察使)로 파견된 적이 있었다.[22] 이때에 그는 현장에서 여러 원수들의 무능력한 모습을 목격하였을 것이다. 결국 이와 같은 현실 문제를 앞선 『통감절요』와 고제(古制), 즉 당 부병제의 취지를 기준으로 비판한 것이다.

이에 대한 해결책으로 조준은 병권을 통합하여 지휘계통의 기강을 확립한다는 당 부병제의 취지에 따라 도평의사사·대간(臺諫)으로 하여금 군사적 역량을 갖춘 자를 천거(薦擧)하고, 양계 이외는 각 도별 절제사를 1명만 남기고 혁파할 것을 제시하였다. 뿐만 아니라 그는 당의 부병제를 본받아 무관(武官) 직책의 고하(高下)를 막론하고 중앙 조정의 지휘·통제에 따르도록 하는 제도를 만들고자 하였다.[23] 전함(前銜) 4품 이상의 고위 무관은 삼군(三軍)에 속하게 하고 각 군에 장좌(將佐)를 두며, 5품 이하의 군사들을 이군육위에 소속시켜 군부사(軍簿司)가 지휘하도록 한 것이다. 이는 절제사와 같은 고위 무관의 경우 중앙에서 이군육위 소속의 군사를 지휘·통제할 수 없게 하여, 궁극적으로 병권을 군부사로 통합하여 행사할 수 있는 체계를 구축하고자 한 것이다.

조준의 개혁안은 단지 수사(修辭)에 그치지 않고 어느 정도 현실

---

21) 오종록, 2014, 앞의 책, 60~61쪽, 108쪽.
宰樞는 우왕 초엽에 50~60명, 창왕대에 70~80명에 이르렀으나 공민왕 23년(1374)부터 우왕 14년(1388)까지 15년간 元帥로 재직한 인물은 90명이 넘고, 그 밖에 都統使·海島元帥 등을 지낸 인물까지 포함하면 그 수는 약 120명에 이른다. 따라서 宰樞의 대부분은 元帥를 겸임했던 것으로 보인다.

22) 『高麗使』 卷118, 列傳31, 諸臣, 조준, "禑召浚曰, '楊廣·慶尙道, 倭賊大熾, 元帥·都巡問使, 慄怯不戰, 卿其往察軍機' … 倭寇江陵交州道, 以浚爲都檢察使, 賜宣威佐命功臣號."

23) 『高麗史』 卷81, 志35, 兵1, 兵制, 恭讓王 2年 12月. "使上下相維, 體統相聯, 軍政出于一, 衆心統于一"

로 구현되었다. 공양왕 2년(1390) 11월 이성계 세력은 원수·절제사의 인장(印章)을 회수함으로써 그 수가 감축되었고,[24] 고려 말 삼군도총제부(三軍都摠制府)와 조선 건국 이후 의흥삼군부(義興三軍府)가 신설되어 팔위(八衛)·십위(十衛)의 군사를 통할하는 군부사의 역할을 담당하였다. 물론 조준의 이와 같은 비판은 고려 말 권력투쟁의 과정에서 이성계 세력이 정권을 장악하고 유지하는 것을 뒷받침하기도 하였다.

하지만 고제의 취지를 구현하려는 조준의 주장이 모두 받아들여진 것은 아니었다. 조선 건국 직후에도 고려 말과 같이 절제사가 중앙과 지방의 병권을 분장하는 방식은 근본적으로 바뀌지 않았다. 아래의 〈표 1〉과 같이 중앙에 머무르는 의흥친군위(義興親軍衛)와 삼군의 절제사는 이성계와 친분(親分)이 두터운 종친(宗親)·공신(功臣)으로 임명되었고, 일반적으로 지방의 각 도별 절제사도 겸임하였다.[25] 이는 종친·공신이 개국 초에 인심(人心)이 정해지지 않은 상황에서 이성계와의 친분을 매개로 자신들이 병권을 가져야 불우(不虞)의 변(變)에 대비할 수 있다고 자부하였기 때문이다.[26] 이성계도 즉위 초에 본인을 잠저(潛邸)부터 따르고 왕위에 추대(推戴)했던 그들을 대우하고, 건국 직후 혼란한 정국 속에서 자신이 신뢰할 수 있는 자들

24) 『高麗史』 卷81, 志35, 兵1, 兵制, 恭讓王 2年 12月.

25) 『太祖實錄』 卷1, 太祖 1年 7月 丁未; 『太祖實錄』 卷1, 太祖 1年 8月 丙辰; 『太祖實錄』 卷3, 太祖 2年 3月 癸亥; 『太祖實錄』 卷4, 太祖 2年 9月 丙辰; 『太祖實錄』 卷4, 太祖 2年 10月 己丑.
아래 〈표 1〉은 태조 1~2년(1392~1393)까지의 節制使로 임명된 자들을 정리한 것이다. 표에서 알 수 있듯이 지방 각 도의 군사들을 거느리는 것은 宗親·功臣으로 임명되었는데, 이들 중에 이화·이지란·이방번·이제·남은은 義興親軍衛의 節制使를 겸하였고, 이방번·이방과·이제는 三軍의 節制使도 겸하고 있었다. 나머지 확인되지 않은 각 도의 節制使들 또한 義興親軍衛의 節制使들로 임명되었던 이들 중에 겸직하고 있었을 것으로 생각된다.

26) 『定宗實錄』 卷4, 定宗 2年 4月 辛丑, "革命之初, 人心未定, 當備不虞之變, 宜令勳親, 各典私兵, 以應倉卒."

〈표 1〉 태조 1~2년(1392~1393) 절제사로 임명된 종친·공신

<table>
<tr><th rowspan="2">직 책</th><th rowspan="2">시 기</th><th colspan="2">의흥친군위</th></tr>
<tr><th>좌 위</th><th>우 위</th></tr>
<tr><td>도절제사(都節制使)</td><td>태조 1년 7월</td><td colspan="2">이화</td></tr>
<tr><td rowspan="2">절제사(節制使)</td><td>태조 1년 7월</td><td colspan="2">정도전, 이지란</td></tr>
<tr><td>태조 1년 8월</td><td colspan="2">이방과, 이방번, 이제</td></tr>
<tr><td>동지절제사(同知節制使)</td><td>태조 1년 7월</td><td colspan="2">남은, 김인찬(황희석)[27], 장사길, 조기</td></tr>
</table>

<table>
<tr><th rowspan="2">직 책</th><th rowspan="2">시 기</th><th colspan="3">삼 군</th></tr>
<tr><th>좌 군</th><th>중 군</th><th>우 군</th></tr>
<tr><td>도절제사(都節制使)</td><td>태조 2년 10월</td><td>이방번</td><td>이방과</td><td>이제</td></tr>
</table>

<table>
<tr><th rowspan="2">직 책</th><th rowspan="2">시 기</th><th colspan="4">제도(諸道)</th></tr>
<tr><th>경기도</th><th>양광도</th><th>경상도</th><th>전라도</th></tr>
<tr><td rowspan="4">도절제사(都節制使)
(도통사(都統使))</td><td>태조 1년 11월</td><td rowspan="4">(조준)</td><td>·</td><td>최유련</td><td>·</td></tr>
<tr><td rowspan="2">태조 2년 3월</td><td colspan="3">(이화)</td></tr>
<tr><td>박위
최운해</td><td>이제
남은
이지란</td><td>이방원
진을서</td></tr>
<tr><td>태조 2년 5월</td><td>박위</td><td>남은</td><td>진을서</td></tr>
</table>

<table>
<tr><th rowspan="2">직 책</th><th rowspan="2">시 기</th><th colspan="4">제도(諸道)</th></tr>
<tr><th>강릉
교주도</th><th>풍해도</th><th>동북면</th><th>서북면</th></tr>
<tr><td rowspan="3">도절제사(都節制使)
(도통사(都統使))</td><td>태조 1년 11월</td><td>·</td><td>·</td><td>·</td><td>·</td></tr>
<tr><td>태조 2년 3월</td><td>·</td><td>·</td><td>이방번</td><td>·</td></tr>
<tr><td>태조 2년 5월</td><td>·</td><td>·</td><td>·</td><td>·</td></tr>
</table>

이 병권을 가져야 내란(內亂)이 일어나지 않고 본인이 안전하다고 생각했을 수 있다. 결국 당시 이성계는 국왕이란 지위가 아니라 종친·

27) 유창규, 1985, 앞의 논문, 135쪽; 윤훈표, 2012, 앞의 장, 73~74쪽.
김인찬의 경우 제수 직후 바로 사망하여 그 공석에 누가 다시 임명되었는지는 확실하지 않으나 義興親軍衛都鎭撫에 임명되었던 황희석이 차지하였을 것으로 추정된다.

공신 사이의 친분을 매개로 병권을 발휘한 것이었다.

이와 같은 상황에서 조준은 이성계와 특수한 관계에 있는 종친·공신의 병권 분장까지 문제시하고 오히려 그들이 내란의 주체가 될 수 있다고 주장하기가 쉽지 않았을 것이다. 실제 조선 건국 이후 절제사에 대한 조준의 비판은 『태조실록(太祖實錄)』에서 찾아볼 수 없다. 물론 이후 조준은 정도전과 함께 재상으로서 정권뿐만 아니라 병권을 장악하려 한다는 비판을 받은 것으로 보아 종친·공신의 병권 분장에 대해 반대했을 것으로 생각되나,[28] 이성계가 그를 경기도통사(京畿都統使)를 임명하였을 때 이를 적극적으로 사양하는 등 이후 병권의 소재에 대한 개혁에서 두드러진 역할을 하지 못하였다.[29] 그러나 곧이어 태조 2년(1393) 9월에 의흥삼군부(義興三軍府)가 설립되고,[30] 정도전이 판의흥삼군부사(判義興三軍府事)로 임명되자 절제사를 포함한 병권의 소재에 대한 개혁 논의가 재개되었다.

3 조선 건국 이후 정도전의 병제개혁 논의

앞의 장에서 살펴보았듯이 종친·공신은 그들이 절제사로서 병권을 분장함으로써 개국 초의 혼란한 정국 속에 내란을 막을 수 있다고 자부하였다. 이들의 입장에서는 이미 이성계가 신뢰할 수 있는 사람이 병권을 갖게 되었으므로 더 이상의 병제개혁은 필요하지 않았

28) 『太祖實錄』 卷6, 太祖 3年 11月 更子, "初仲良與兵曹正郎李薈曰, '自古政權兵權, 不可兼任一人. 兵權宜在宗室, 政權宜在宰輔。 今趙浚·鄭道傳·南誾等, 旣掌兵權, 又掌政權, 實爲不可.'"

29) 『太祖實錄』 卷2, 太祖 1年 12月 壬戌.

30) 『太祖實錄』 卷4, 太祖 2年 9月 丙辰.

다. 그럼에도 불구하고 판의흥삼군부사로 임명된 정도전은 다시금 병권의 소재에 대한 개혁을 주장하였다. 그는 조준과 같이 유교 경전과 중국 고제를 검토하면서 고려 조종의 병제가 그 취지를 본받았다고 이해하고, 조선의 병제도 그 취지에 부합하도록 개혁하고자 하였다. 특히 조준과 마찬가지로 당의 부병제를 본받아 중관(重官)·대관(大官)이 경관(輕官)·소관(小官)을, 그리고 중앙에서 지방을 제어하도록 병권을 통합하는 것이 그의 목표였다.[31] 따라서 정도전은 의흥삼군부를 중심으로 병권의 층위를 보다 구체적으로 발명권(發命權), 발병권(發兵權), 장병권(掌兵權)으로 구분하려 하였다.

우선 정도전은 당의 부병제뿐만 아니라 『주례(周禮)』를 참고하여 재상이 군사를 주관하며 발명권을 갖는다고 주장하였다.[32] 재상은 전투 현장에서 창·칼과 같은 무기를 직접 다루며 군사를 이끌고 적과 교전하는 것이 아니라, 병서(兵書)에 보다 능통하므로 대체의 전략을 세우고 의흥삼군부에 속한 상장군(上將軍) 이하의 무관에게 명령을 내린다는 것이었다.[33] 그러나 재상이 군사와 관련된 중요한 일을 반드시 조정에 알려야 한다는 것으로 보아 결국 군사에 대한 최종 명령은 국왕이 내리며, 재상은 그 명령을 받들어 발하는 것이었다.[34]

31) 『朝鮮經國典』 "國家損益唐府兵之法, 立十衛, 每一衛率五領, 自上將軍以下至將軍, 自中郎將以下至尉正, 統之義興三軍府. 令宰相判府事, 判諸衛事, 以重御輕, 以小屬大, 體統嚴矣. 每道置節制使, 其州郡之兵番上宿衛, 亦內外相制之義, 而屬之義興三軍府鎮撫所者, 以內御外之義也.

32) 『朝鮮經國典』 上, 治典, 軍官, "古者, 大國三卿, 曰司徒, 主民, 曰司馬, 主兵, 曰司空, 主地. 無事則各守其職, 有事則三卿皆出爲將. 故曰大國三軍, 軍將皆卿也. 分而合之, 離而屬之, 先王之慮遠矣."

33) 『朝鮮經國典』 上, 治典, 軍官, "長槍大劍, 雖非搢紳之所能操, 而決策制勝, 亦待深於韜略者, 然後乃能料也."

34) 『朝鮮經國典』 上, 治典, 軍官, "蓋宰相無所不統, 而軍機之重, 必欲使廟堂知之, 所以存體統也."

다음으로 정도전은 각 도의 절제사로 하여금 지방의 군사를 중앙으로 번상시키게 하였다. 절제사가 군사를 징발하는 발병권을 갖는 것이었다. 하지만 이는 군사를 징발하는 권한일 뿐이며 번상한 군사는 모두 의흥삼군부 진무소(鎭撫所)에 소속시켜 재상의 명령에 따르도록 하였다.[35] 이러한 군사의 징발도 결국에는 국왕의 허락을 받은 뒤에나 가능한 것이었다. 태조 6년(1397) 10월 의흥삼군부에서 한(漢)의 전범을 들어 절제사가 반드시 왕지(王旨)에 따라 호부(虎符)를 통해 군사를 징발해야 한다고 주장하였고, 당시 판의흥삼군부사였던 정도전은 이러한 주장에 동조하였을 것이다.[36]

마지막으로 정도전은 현장에서 군사를 직접 지휘하는 장병권의 경우 직위가 상대적으로 낮은 무관에게 부여하고자 하였다. 그 이유는 앞서 언급했던 당의 부병제의 취지를 따르는 것으로 직위가 낮아야 윗사람의 명령에 순종하여 맡은 본분을 잘 지킨다고 생각했기 때문이다. 그리고 고려도 그 취지를 따랐으므로 오래도록 치안(治安)을 유지할 수 있었다며 주장의 정당성을 부여하였다. 따라서 그는 장군(將軍)이 의흥친군위와 팔위에 소속된 중앙의 군사를 지휘하되 대장군(大將軍) 이상은 간여하지 못하도록 하고, 지방의 군사는 병마사(兵馬使)가 지휘하되 절제사는 감찰의 기능만 수행하도록 개혁하고

35) 『太祖實錄』 卷4, 太祖 2年 9月 丙辰.

36) 『太祖實錄』 卷12, 太祖 6年 10月 甲午, "漢之軍政, 始用羽檄, 以召天下之兵, 後用虎符, 以合郡國之信。 膠西欲擅發兵, 而弓高詰之; 嚴助以節發兵, 而郡守拒之. 其召兵也, 周密如此, 故人無奸心, 終漢之世, 晏然無事. 諸呂七國, 變生倉卒, 而備禦素具; 北胡南越, 連兵數年, 而邦本不搖, 蓋高祖出入兵間, 熟究利病, 其四百年之規模宏矣. 乞依此制, 令有司作虎符, 凡內外動兵之事, 敬奉王旨, 以符發之, 無符而召兵者, 以擅發論罪, 永以爲式."; 윤훈표, 2010, 「조선초기 發兵符制의 실시」, 『學林』 31.
이보다 앞선 태조 1년(1392) 9월 남재가 고제에 따라 각 도별 절제사가 도평의사사에 보고하여 국왕의 허락을 받은 뒤에야 군사를 징발할 수 있도록 건의하였는데, 태조 6년(1397) 10월 의흥삼군부의 주장과 다르지 않다(『太祖實錄』 卷2, 太祖 1年 9月 己亥 참고). 하지만 이는 태조대에 제대로 실행되지 못하고 태종 3년(1403) 7월이 되어서야 실시되었다(『太宗實錄』 卷6, 太宗 3年 7月 丁酉 참고).

자 하였다. 또한 그는 이렇게 하면 군사가 모이더라도 그 규모가 크지 않고 서로 견제하여 내란이 일어나지 않을 것이라고 기대하였다.[37)]

이와 같이 국왕이 최종 명령권을 갖되 절제사에게 집중되었던 병권이 발명권, 발병권, 장병권으로 구분되어 의흥삼군부란 기관을 거쳐 행사되도록 한 것이었다. 결국 친분관계를 매개로 종친·공신에게 병권을 분장시켜야 한다는 기존의 주장과 달리, 정도전은 오히려 병권을 통합하는 고제의 취지를 본받아 내란을 방지할 수 있다고 기대한 것이다.

당연히 종친·공신은 이에 반발하였고, 태조 3년(1394) 11월 정도전·남은 등이 재상으로서 정권뿐만 아니라 병권을 장악하려 한다고 비판하였다.[38)] 물론 병권의 층위를 구분하면서 군사에 대한 재상의 권한은 이전보다 강화되었고, 이는 당시 재상의 직위에 있던 정도전의 이해관계를 반영한 결과였을 것이다. 하지만 정도전이 단지 재상권을 강화하기 위해 병권의 층위를 구분한 것이라면, 당시 국왕이었던 이성계가 왜 자신의 권한을 제한할 수 있는 정도전의 개혁을 지지하였는지 설명할 수 없다. 정도전이 고제의 취지를 본받아 병권의 층위를 구분하려 했던 근본적인 이유를 파악하기 위해서는 그가 생각했던 군사의 본분부터 구체적으로 살펴볼 필요가 있다.

정도전은 유교 경전과 고제를 검토하면서 군사란 성인(聖人)이 어

---

37) 『太祖實錄』 卷5, 太祖 3年 2月 己亥, "將兵者位卑, 則順從上命, 易於役使, 安守其分. 今朝廷雖有都督·指揮·千戶, 而掌兵者百戶也; 前朝雖有中樞·兵曹·上·大將軍, 而掌兵者將軍也, 此長治久安之策也. 本朝府兵之制, 已有此意, 使將軍掌五員十將六十尉正, 其大將軍以上, 無與焉. 各道州郡之兵, 亦命兵馬使以下掌之, 節制使以時糾察兵馬使之勤慢, 則體統相維, 兵雖聚, 而無不戢之患. 上從之."

38) 『太祖實錄』 卷6, 太祖 3年 11月 更子, "初仲良與兵曹正郎李薈曰, '自古政權兵權, 不可兼任一人. 兵權宜在宗室, 政權宜在宰輔. 今趙浚·鄭道傳·南誾等, 旣掌兵權, 又掌政權, 實爲不可.'"

쩔 수 없이 만든 것으로 그 본분이 '정(正)', 즉 사람과 나라를 바로 잡는 것으로 이해하였다.[39] 이는 곧 대내외적 위협으로부터 국왕과 신민(臣民)을 지키는 것이었다. 물론 군사의 본분이 국왕과 신민을 지킨다는 것은 전혀 새로운 사실이 아니다. 하지만 정도전의 주장에서 주목해야 할 점은 군사가 국왕 개인이 아니라 '인군(人君)의 위(位)'를 지키기 위해 존재한다는 것이다.

다) 인군(人君)의 위(位)는 지극히 존귀하고 높은 것이다. 존귀하기 때문에 그 책임이 매우 무거워 가볍지 않고, 높기 때문에 그 형세가 매우 위태로워 보호하기 어려운 것이다. 여러 신하들[群下]이 우러러 추대하는 바이므로 의위(儀衛)를 갖추지 않을 수 없고, 간악한 도둑들이 엿보고 넘보므로 주위의 방어를 면밀하게 하지 않을 수 없는 것이다.[40]

라) 인군(人君)의 거처는 존엄하므로 주려(周廬)에서 숙위(宿衛)[陛戟]를 하고, 좌우에서 순위(巡衛)[徼巡]을 하며, 번상하여 교대로 숙직(宿直)한다. 궁성의 숙위를 주밀하고도 신중하게 하는 것은 인군 자신을 존대하게 하려는 것이 아니라, 대개 인군의 한 몸은 종묘(宗廟)와 사직(社稷)이 의귀하는 바이며, 자손과 신민이 우러러 의뢰하는 바이므로 그와 관계되는 일이 매우 중대한 때문이다.[41]

---

39) 『朝鮮經國典』 下, 政典, 總序, "兵非聖人之得已, 而必以正爲本, 聖人重兵之意可見矣."; 『朝鮮經國典』 下, 政典, 總序, "六典皆政也, 獨於兵典言政者, 所以正人之不正也."; 『朝鮮經國典』 下, 政典, 總序, "考之周禮大司馬之職, 一則日正邦國, 二則日正邦國."
정도전은 『周禮』에서 兵典을 유독 政典이라고 한 이유가 兵의 본분이 '사람의 不正을 바로잡는 것[正人之不正]'이라고 이해하였고, 兵을 관장하는 夏官 大司馬란 직책의 임무가 '나라를 바로잡는다는 것[正邦國]'이라고 생각하였다.

40) 『朝鮮經國典』 下, 憲典, 宮衛, "人君之位, 尊之至也, 高之極也. 尊故其任甚重而非輕, 高故其勢甚危而難保, 群下之所仰戴, 其儀衛不可以不備也, 姦宄之所窺覦, 其周防不可以不密也."

41) 『朝鮮經國典』 下, 政典, 宿衛, "人君居處尊嚴, 周廬陛戟, 左右徼巡, 番上更直. 致其周且愼者, 非欲自爲尊大也., 蓋人君一身, 宗廟社稷之所依歸, 子孫臣庶之所仰賴, 關係甚重."

다)와 라)는 각각 정도전이 저술했던 『조선경국전(朝鮮經國典)』 헌전(憲典)의 궁위(宮衛)와 정전(政典)의 숙위(宿衛)에 담긴 내용이다. 다)는 주변에서 간악한 무리들이 항상 '인군의 위'를 넘보므로 그 주위를 철저하게 방어해야 한다는 내용인데, 여기에서 '인군의 위'는 단순히 국왕 개인을 의미하는 것이 아니었다. 라)에서 알 수 있듯이 '인군의 위'란 종묘·사직을 비롯하여 모든 신민이 의탁한 국왕의 지위를 의미한다.

물론 그 지위를 지키는 방법은 무엇보다 백성의 생계를 보장해주는 것과 같이 그들의 마음을 얻을 수 있는 인정(仁政)을 행하는 것이며, 이에 따라 백성은 국왕에게 의지하고 각자 맡은 직역(職役)에 종사하며 오로지 국왕의 명령에 복종하였다.[42] 결국 '인군의 위', 즉 인정을 행하는 국왕의 지위는 국왕 개인뿐만 아니라 신민까지 모두 내포하는 것으로 그 지위가 대대로 이어질 때 왕조(王朝)는 공가(公家)가 되는 것이다.

하지만 국왕이 인정을 실시한다고 하더라도 현실에서 인군의 위를 넘보거나 신민에게 피해를 주는 무리는 항상 나타나므로 군사가 필요한 것이다. 그리고 군사가 국왕을 숙위하는 이유는 앞서 살펴보았듯이 단지 국왕 개인을 위해서가 아니라 신민에게 인정을 베푸는 막중한 책임이 있는 국왕의 지위가 중요하기 때문이다. 그러므로 정도

42) 『朝鮮經國典』 上, 正寶位, "易曰, 聖人之大寶曰位, 天地之大德曰生, 何以守位, 曰仁. 天子享天下之奉, 諸侯享境內之奉, 皆富貴之至也. 賢能效其智, 豪傑效其力, 民庶奔走, 各服其役, 惟人君之命是從焉, 以其得乎位也, 非大寶而何. 天地之於萬物, 一於生育而已. 蓋其一原之氣, 周流無間, 而萬物之生, 皆受是氣以生, 洪纖高下, 各形其形, 各性其性. 故曰天地以生物爲心, 所謂生物之心, 卽天地之大德也. 人君之位, 尊則尊矣, 貴則貴矣. 然天下至廣也, 萬民至衆也. 一有不得其心, 則蓋有大可慮者存焉. 下民至弱也, 不可以力劫之也, 至愚也, 不可以智欺之也. 得其心則服之, 不得其心則去之, 去就之間, 不容毫髮焉. 然所謂得其心者, 非以私意苟且而爲之也, 非以違道干譽而致之也. 亦曰仁而已矣. 人君以天地生物之心爲心, 行不忍人之政, 使天下四境之人, 皆悅而仰之若父母, 則長享安富尊榮之樂, 而無危亡覆墜之患矣. 守位以仁, 不亦宜乎."; 이민우, 2015, 앞의 논문, 71쪽.

전은 앞선 종친·공신과 달리 국왕 개인과의 친분과 무관하게 군사라면 누구든 인군의 위에 복종하고 이를 지켜야 한다고 구상한 것이며, 이를 현실 제도로 구현하기 위해 유교 경전과 고제를 참고하여 최종 명령권이 국왕에게 있도록 병권의 층위를 구분하고자 한 것이다.

그렇다면 이성계는 왜 정도전의 이와 같은 취지의 개혁을 지지하였을까? 개국 초의 혼란한 상황에서 이성계는 스스로를 지키고 종친·공신을 대우하기 위해 그들을 절제사로 임명하고 병권을 분장시켰으나, 시간이 흐르면서 정국이 어느 정도 안정되자 이성계와 종친·공신과의 친분이 왕위계승자에게로 이어지지 않을 것이라고 알고 있었을 것이다. 태조 7년(1398) 3월 정도전의 개혁에 동조하였던 남은이 '개국 초에는 공신이 군사를 맡는 것이 가능하나, 태조가 즉위한 지 오래 되었으므로 절제사를 혁파하고 그 휘하의 군사를 모두 관군(官軍)에 편성해야 한다'고 주장하였을 때, 이성계는 이를 아주 칭찬하였다.[43] 따라서 그는 강씨(康氏) 소생의 아들 이방석에게 왕위를 안정적으로 승계하기 위해 이성계 개인의 친분이 아니라 인군의 위, 즉 국왕의 지위를 매개로 병권을 행사하도록 개혁하려는 정도전을 누구보다 지지하였을 것이다. 더욱이 이러한 개혁은 국왕의 지위에 있는 자가 대를 이으며 바뀌어도 그 지위에 있으므로 최종 명령권을 갖는다는 것을 제도적으로 확립하여 새로운 왕조의 장기적 안정을 도모하는 것이었다.

그리고 인군의 위에 복종하는 군사에 대한 정도전의 구상도 단지 수사에 그치지 않았다. 그가 판의흥삼군부사로 임명되고 이성계의 명령에 따라 가장 먼저 시행한 군사 행동이 둑제(纛祭)였다는 사실에 주목할 필요가 있다.[44] 둑제는 군중(軍衆)의 앞에 세우는 둑기(纛旗)

---

43) 『太祖實錄』 卷13, 太祖 7年 3月 丁卯, "上在潛邸, 不曾握兵, 何有今日. 如臣者亦無能保矣. 當開國之初, 令諸功臣掌兵可也, 今即位已久, 宜革諸節制使, 合爲官軍, 庶爲萬全."

44) 『太祖實錄』 卷5, 太祖 3年 1月 丁卯.

에 올리는 제사로 모든 무관이 참석하고, 둑기는 대가(大駕) 행렬에 쓰이며 국왕을 호위한다는 의미가 담겨 있다.45) 결국 둑제는 모든 무관이 오로지 국왕을 지키겠다고 다짐하는 의식이라고 할 수 있다. 따라서 인군의 위를 지키는 군사를 구현하고자 개혁을 추진했던 정도전에게 둑제의 상징적 의미는 남달랐을 것이다. 또한 그는 둑제에 참석하지 않은 여러 절제사 휘하의 장무(掌務)·진무(鎭撫)에게 곧바로 태형(笞刑)을 집행하였는데,46) 이는 병권의 층위 구분이 실질적으로 이루어질 수 있도록 장병권자를 의도적으로 처벌한 것으로 추측된다.

정도전이 태조 초년부터 꾸준히 실시했던 진도(陣圖) 훈련도 결국 국왕의 최종 명령을 받아 재상이 발명한다는 것을 군사들에게 각인시키기 위한 행동이었을 것이다. 그는 유교 경전과 중국 사서의 전범을 참고하여 병법(兵法) 훈련의 중요성을 강조하였고,47) 태조 2년(1393) 11월부터 진도 훈련을 건의하는 한편, 이성계의 승인을 받아 태조 7년(1398) 8월 1차 왕자의 난 직전까지 꾸준히 실시하였다.48)

---

45) 김종수, 2006, 「둑제 재현을 위한 문헌 조사」, 『東方學』 12, 298쪽.

46) 『太祖實錄』 卷5, 太祖 3年 1月 戊辰.

47) 『太祖實錄』 卷5, 太祖 3年 2月 己亥.
정도전은 고려 성시(盛時)의 부병(府兵)이 강성하였던 것은 병법을 잘 숙달하였기 때문이었고, 『조선경국전』 정전의 교습(教習)에서는 “전술을 가르치지 않은 백성으로 전쟁을 하는 것은 곧 백성을 버리는 것이다.”라는 『논어(論語)』의 문구를 인용할 뿐만 아니라, 『주례』에서 대사마(大司馬)가 사계절 훈련을 통해 장수와 군사가 하나가 되어 전진·후퇴하고 공격과 방어가 잘 이루어졌다고 보았다. 뿐만 아니라 중국의 역사를 검토하면서 춘추(春秋)의 진문공(晉文公)·제혼왕(齊湣王)·위혜왕(魏惠王), 전국(戰國)의 사마양저(司馬穰苴), 삼국(三國)의 제갈량(諸葛亮), 당(唐)의 이정(李靖)의 사례를 통해 병법을 익히는 것이 매우 중요하다고 강조하였다.

48) 『太祖實錄』 卷4, 太祖 2年 11月 庚戌; 『太祖實錄』 卷4, 太祖 2年 11月 癸丑; 『太祖實錄』 卷5, 太祖 3年 3月 庚戌; 『太祖實錄』 卷11, 太祖 6年 6月 甲午; 『太祖實錄』 卷12, 太祖 6年 8月 戊子; 『太祖實錄』 卷14, 太祖 7年 閏5月 癸卯; 『太祖實錄』 卷14, 太祖 7年 閏5月 甲辰; 『太祖實錄』 卷14, 太祖 7年 6月 戊辰; 『太祖實錄』 卷14, 太祖 7年 7月 戊戌; 『太祖實錄』 卷14, 太祖 7年 7月 更子; 『太祖實錄』 卷14, 太祖 7年 8月 甲辰; 『太祖實錄』 卷14, 太祖 7年 8月 丁未; 『太祖實錄』 卷14, 太祖 7年 8月 庚戌; 『太祖實錄』 卷14, 太祖 7年 8月 壬子.

그리고 이를 제대로 익히지 않은 자들을 처벌하였는데, 삼군절제사를 비롯하여 상장군·대장군·군관(軍官) 등 292명이 대거 탄핵되기도 하였다.[49] 결국 이는 재상뿐만 아니라 국왕의 최종 명령에 따르지 않는 군사를 처벌하는 것으로 재상의 발명권 행사를 보여준 대표적인 사례였다.[50]

이방원 세력은 이와 같이 정도전이 진도 훈련을 대대적으로 실시한 이유가 표전 문제로 인해 개인 신변이 위험해지자 요동정벌을 추진하려 했기 때문이라고 주장하였다.[51] 하지만 앞서 살펴보았듯이 정도전은 이미 표전 문제가 발생하기 이전부터 병법 훈련의 중요성을 강조하면서 진도 훈련을 지속해왔다. 더욱이 진도 훈련은 정도전의 단독 결정이 아니라 이성계의 명령에 따라 시행되었으므로 정도전이 개인 신변상의 이유로 요동정벌을 추진하면서 진도 훈련을 실시했다고 보기는 어렵다.[52]

하지만 당시에도 종친·공신이 병권을 가져야 불우의 변을 대비하여 국왕을 지킬 수 있다는 주장이 일반적인 상황이었다. 따라서 정도

아래의 표는 『태조실록』에 나타난 진도 훈련의 횟수를 표로 정리한 것이다.

연 도	태조 1년	태조 2년	태조 3년	태조 4년	태조 5년	태조 6년	태조 7년
횟 수	·	3	1	·	·	2	9

49) 『太祖實錄』 卷14, 太祖 7年 8月 丁未.

50) 『太祖實錄』 卷2, 太祖 1年 9月 己亥, "軍事以嚴爲主, 其不從判旨, 凡於府衛之法, 有所犯者, 令義興三軍府問備, 重者啓聞, 下法司科斷, 其姦頑不革, 沮毁成法, 惑亂衆聽者, 置之邊方, 以充軍役."
정도전은 판지(判旨)를 따르지 않는 자를 의흥삼군부를 통해 심문하여 죄의 경중(輕重)에 따라 처벌하는 것 또한 주장하였다.

51) 『太祖實錄』 卷5, 太祖 3年 3月 庚戌, "判三司事鄭道傳, 講『五軍陣圖』, 且曰, "明日, 吾將親覽焉." 以僉節制使陳忠貴, 大將軍李貴齡爲中軍司馬. 召諸節制使敎曰, "前者, 旣命各習陣圖, 明日如有未習者 違令者, 予將罰之."

52) 정다함, 2017, 「朝鮮 太祖代 遼東 공격 시도에 대한 재해석 - 여말선초 동아시아의 광역적 통치질서 재구성과 '경계인' 이성계」, 『역사와 담론』 84.
물론 당시 동아시아 통치질서가 재편되는 와중에 정도전이 명과 경쟁·협상하기 위해 요동정벌을 추진했다는 가능성도 없지 않다.

전도 조준과 같이 병권을 분장한 종친·공신이 내란을 일으킬 것이라고 직접 비판하기가 부담되었을 것이다. 물론 그가 추진하는 병제개혁이 고제의 취지에 부합한다는 점을 강조하며 정당성을 부여하였으나, 실제 내란이 일어나지 않은 상황에서 그의 주장은 종친·공신에게 받아들여지지 않았다. 따라서 정도전은 요동정벌이라는 비교적 현실적인 명분을 내세워 진도 훈련을 지속적으로 실시한 것이다.[53] 하지만 병권이 개개인의 친분이 아니라 국왕의 지위를 매개로 행사되도록 추진했던 정도전의 개혁은 종친·공신의 반발을 불러왔고, 이방석의 왕위계승에 불만을 품었던 이방원의 주도로 일어난 1차 왕자의 난으로 중단되었다.

4 1·2차 왕자의 난 이후 사병혁파와 공가지병의 구현

이방석의 왕위 계승과 정도전의 병제개혁에 불만을 품은 이방원은 정도전이 이성계의 병세가 위중하다며 한씨(韓氏) 소생의 왕자들을 궁궐로 불러들여 살해할 계획을 세우고 있다고 주장하였다. 따라서 그는 내란을 미연에 방지한다는 명목으로 태조 7년(1398) 8월 1차 왕자의 난을 주도하였고, 그 책임을 정도전과 그와 연루된 종친·공신에게 전가하였다. 그리고 이듬해 11월 이방원 세력은 사헌부와 대간을 필두로 가갑혁파(家甲革罷)를 주장하였다.

이방원 세력은 정도전과 정치적으로 대립했으나 정권 장악 이후 오히려 그와 같이 유교 경전과 중국 사서의 전범에 비추어 종친·공

53) 김웅호, 2017, 앞의 논문, 106쪽.
혹시 모를 명의 침입에 대비하기 위해 군사의 수준을 높이기 위해 진도 훈련을 실시했을 수도 있다.

신이 절제사로서 병권을 분장하면 내란이 발생한다고 비판하였다. 사헌부는 '혹 군사를 여시(輿尸)하면 흉하다'는 『주역(周易)』의 문구를 '여시라는 것은 여러 사람이 주관[衆主]한다는 말이다'라고 한 정자(程子)의 주석을 통해 이해하면서 군사를 맡은 자[典兵者], 즉 절제사의 수가 많으면 내란이 발생한다고 말하였다. 그리고 이러한 상황이 성조(聖朝)의 문(文)을 지키는 취지에 어긋난다는 점을 강조하였다.[54] 대간도 사헌부와 마찬가지로 여러 종친·공신이 병권을 분장하고 군사를 많이 갖고 있어 병제가 문란해졌다고 지적하였다.[55] 이러한 사헌부·대간의 문제의식은 여러 절제사에 의한 병권의 분장이 곧 내란으로 이어질 수밖에 없다는 것으로 앞선 정도전의 그것과 거의 차이가 없는 것이었다.

더욱이 사헌부·대간은 정도전과 같이 고제의 취지를 본받아 해결 방안을 도출하고자 하였다. 사헌부는 『주역』에서 살펴본 여시, 즉 여러 사람이 병권을 분장하는 상황을 경계하여 고제에 따라 장수를 임명하고 군사를 주어야 하며, 대간도 후한(後漢)의 광무제(光武帝)가 공신을 보전한 도리에 따라 종친·공신의 병권을 거둬야 한다고 주장하였다.

하지만 사헌부·대간의 주장에서 특이한 점은 절제사로 임명된 종친·공신이 휘하의 군사를 자의적으로 징발하고 지휘·통제하는 행태를 문제시하면서도 오히려 내란이 발생하는 근본 원인으로 가갑을 지적했다는 것이다. 사헌부는 병권이 나뉘면 거리에서 방패와 창을 비껴, 즉 가갑으로 대치하여 내란이 발생한다고 언급하였고, 대간은

54) 『定宗實錄』 卷2, 定宗 1年 11月 丁卯, 初司憲府上疏. 請罷家甲曰, "… 典兵者衆, 巷陌之間, 干戈交橫, 常若有變者. 豈不爲聖朝守文之累乎. 易曰, '師或輿尸, 凶.' 程子傳之曰, '輿尸, 衆主也.'"

55) 『定宗實錄』 卷2, 定宗 1年 11月 丁卯, 典兵者衆, 則勢不相容, 其理然也. 盛朝自大小宗親, 以至異姓大臣, 分掌中外兵權, 各擁兵衆, 門列棨戟, 或被堅執銳, 出入宮門, 中外戒嚴, 人人自危, 有如交兵對敵之時. 兵制之紊, 未有如今日者也.

병권이 나뉘면 각자가 가갑을 갖고 있어 스스로 위태롭다고 여기고 서로 적대하게 된다고 하였다.[56] 이는 종친·공신이 병권을 나눠 갖는 것 자체보다 오히려 서로 적대하게 만드는 가갑을 더욱 문제 삼은 것이다.

따라서 사헌부·대간은 정도전과 달리 아래 〈표 2〉에서처럼 국왕(사실상 이방원)과 친분이 매우 깊어 가갑을 갖더라도 마음이 달라지지 않을 지친(至親)에게만 병권을 맡기고,[57] 다른 종친·공신 휘하의 가갑은 혁파하여 그들의 마음이 달라지는 것을 막아 내란을 방지할 뿐만 아니라 그들을 보전할 수 있다고 주장하였다. 결국 이는 이방원이 보다 깊은 친분이 있는 사람들을 매개로 병권을 장악하겠다는 의도를 반영하여 고제를 해석한 결과였다. 그리고 이러한 주장을 통해 절제사의 수는 다시금 고려 말과 조선 건국 직후보다 감축되었으나, 기존에 종친·공신이 주장했던 대로 그들이 절제사로서 병권을 분장하는 구도는 근본적으로 바뀌지 않았다.

그러나 곧이어 정종 2년(1400) 1월 이방원을 시기하고 왕위계승에 욕심을 갖고 있던 지친 이방간이 1차 왕자의 난의 논공행상(論功行賞) 과정에서 불만을 품었던 박포의 선동으로 2차 왕자의 난을 일으켰다. 이 사건을 계기로 종친·공신의 병권 분장에 대해 보다 진전된 논의가 이루어졌다. 같은 해 4월 권근·김약채 등은 지친으로 임명되어 중앙에 머무르는 절제사 휘하의 군사를 사병(私兵)으로 규정하고 혁파할 것을 주장하였다.

---

56) 『定宗實錄』 卷2, 定宗 1年 11月 丁卯, 典兵者衆, 巷陌之間, 干戈交横, 常若有變者 … 盛朝自大小宗親, 以至異姓大臣, 分掌中外兵權, 各擁兵衆, 門列棨戟, 或被堅執銳, 出入宮門, 中外戒嚴, 人人自危, 有如交兵對敵之時, 兵制之紊, 未有如今日者也.

57) 『定宗實錄』 卷2, 定宗 1年 11月 丁卯, 命宗親及勳臣, 分典諸道兵. 靖安公 江原道及東北面, 益安公 芳毅 京畿及忠清道, 懷安公 芳幹 豐海道, 西北面, 上黨侯 李佇 慶尙, 全羅道, 參贊門下府事李居易·趙英茂, 參知門下府事趙溫, 同知中樞院事李天祐, 亦參典兵, 其餘典兵者皆罷.

〈표 2〉 절제사로 임명된 지친

성 명	관 계	공 훈	직 책
이방원	본인 (이성계의 5남)	개국공신(開國功臣) 1등, 정사공신(定社功臣) 1등	강원도·동북면의 도절제사, 우군도절제사
이방의	이방원의 셋째 형 (이성계의 3남)	개국공신 1등, 정사공신 1등 (좌명공신(佐命功臣) 2등)	경기도·충청도의 도절제사, 중군도절제사
이방간	이방원의 넷째 형 (이성계의 4남)	개국공신 1등, 정사공신 1등	풍해도·서북면의 도절제사, 좌군도절제사
이저	이방원의 매부 (이성계의 사위 : 경신공주와 혼인)	개국공신 1등 (좌명공신 1등)	경상도·전라도의 도절제사, 판삼군부사, 좌군도절제사
이거이	매부의 아버지 (이성계의 사돈 : 이저의 아버지)	개국원종공신(開國原從功臣), 정사공신 1등, (좌명공신 1등)	중군절제사
조온	이방원의 내종형제 (이성계의 조카 : 정화공주의 의붓아들)	개국공신 2등, 정사공신 2등, (좌명공신 4등)	중군지절제사
조영무	조온과 당내	개국공신 3등, 정사공신 1등, (좌명공신 1등)	우군절제사
이천우	이방원의 종형제 (이성계의 조카 : 이원계의 아들)	개국원종공신, 정사공신 2등, (좌명공신 2등)	우군지절제사

권근·김약채 등도 앞서 병제개혁을 주장했던 이들과 같이 유교 경전의 취지에 따라 고대에는 사병 자체가 존재하지 않았고, 신하에게 사병이 있으면 반드시 국왕을 위협하게 된다고 보았다. 따라서 그들은 '옛날 집에 병기(兵器)를 감추지 않았다'는 『공자가어(孔子家語)』의 문구와 '병혁(兵革)을 사가(私家)에 감추는 것은 예(禮)가 아니며, 이는 인군을 협박하는 것이다'라는 『예기(禮記)』의 문구를 인용하였다.[58)]

또한 그들은 중국의 역사를 검토하면서 앞선 성인의 취지를 교훈으로 삼아 후환(後患)을 막았던 사례를 열거하였다. 특히 송(宋) 태조가 공신의 병권을 거두어 그들을 보전하였다는 사례를 강조함과 동시에 노(魯)의 삼가(三家), 진(晉)의 육경(六卿), 한(漢) 말년의 군웅(群雄), 당(唐) 말년의 번진(藩鎭)을 통해 사병의 위험성을 언급하였다. 뿐만 아니라 그들은 조준·정도전 등이 고려 조종의 취지를 개혁의 근거로 삼았듯이 당시 절제사로 임명된 종친·공신이 사병을 부리는 행태가 조선 태조가 의흥삼군부를 설치한 뜻, 즉 정도전이 구현하려고 했던 '인군의 위'에 복종하는 군사에 어긋난다고 보았다.59)

또한 그들은 사헌부·대간과 마찬가지로 절제사로 임명된 종친·공신이 병권을 분장하여 내란이 발생한다고 문제시하면서도 오히려 내란의 근본 원인으로 사병을 지적하였다. 그들은 군사를 맡은 자가 많으면 도당(徒黨)을 심고 반드시 그 마음이 반드시 달라지며 서로 시기하고 의심하게 되어 내란이 발생한다고 생각하였다.60) 사병으로

58) 『孔子家語』 1권, 相魯, "孔子言於定公日, '家不藏甲, 邑無百雉之城, 古之制也. 今三家過制, 請皆損之.; 乃使季氏宰仲由隳三都. 叔孫不得意於季氏, 因費宰公山弗擾率費人以襲魯. 孔子以公與季孫·叔孫·孟孫, 入于費氏之宮, 登武子之臺, 費人攻之, 及臺側. 孔子命申句須·樂頎勒士衆下伐之, 費人北, 遂襲三都之城. 强公室弱私家, 尊君卑臣, 政化大行."; 『禮記』, 「禮運」, "冕弁兵革, 藏於私家, 非禮也, 是謂脅君."

59) 『定宗實錄』 卷4, 定宗 2年 4月 辛丑, "同氣之相殘, 功臣之不保, 恒由於此, 古今之通患也. 故孔子日, ;古者家不藏甲', 言無私兵也, 『禮記』日, '兵革藏於私家, 非禮也. 是謂脅君', 言人臣而有私兵, 則必至於强僭, 以脅其君也. 聖人立法垂訓, 以防後患, 可謂至矣. 昔宋太祖卽位之初, 從容談笑, 能解功臣兵權, 使得保全, 可謂後世之法矣."

『定宗實錄』 卷4, 定宗 2年 4月 辛丑, 魯之三家, 晋之六卿, 漢末之群雄竝起, 唐季之藩鎭跋扈, 皆蓄私兵, 以構其亂, 亦可爲後世之戒矣.

『定宗實錄』 卷4, 定宗 2年 4月 辛丑, "惟我太上王, 開國之初, 特置義興三軍府, 專掌兵權, 規模宏遠, 而時議者以爲, "革命之初, 人心未定, 當備不虞之變. 宜令勳親, 各典私兵, 以應倉卒." 由是私兵未能盡除, 而典兵者反謀扇亂, 禍在不測, 幸賴上天啓佑殿下, 靖亂定社。 式至今日, 私兵之置, 尙復如古, 因循未除. 臺諫已嘗上章請罷, 殿下以宗親勳臣, 可保無他, 使復典之, 未幾, 蕭墻之禍, 發於至親."

60) 『定宗實錄』 卷4, 定宗 2年 4月 辛丑, "兵權, 國家之大柄, 當有統屬, 不可散主. 散主無統, 是猶太阿倒持, 授人以柄, 難可以制。 故典兵者衆, 各樹徒黨, 其心必異, 其勢必分, 交相猜

인해 마음이 달라지는 것은 신임(信任)할 수 있다는 지친에게도 해당되며, 결국 사병 자체가 모든 사람의 본성에 어긋나는 것이라고 결론지은 것이다.

뿐만 아니라 권근・김약채 등은 사병으로 인해 군민(軍民)이 생업(生業)에 피해를 입는다는 점을 강조하였다. 그들은 종친・공신이 휘하의 군사를 징발하고 번상시키는 와중에 폐해가 많으며, 군사가 되는 백성도 배종(陪從)・전렵(田獵)・사문숙직(私門宿直)에 빈번하게 동원되어 피해를 받는다고 비판하였다.61) 물론 이러한 폐단은 이미 고려 말부터 꾸준히 언급되었다.

창왕 원년(1388) 8월 조준은 원수의 수가 증가하여 주군(州郡)에서 거두어들이는 비용이 적지 않아 백성이 명령을 감당하지 못하고 유망한다고 지적하였다.62) 또한 공양왕 2년(1390) 12월 사헌부는 고려 말 각 도 절제사가 통첩(通牒)을 내려 도 내의 여러 군현(郡縣)과 경기(京畿)의 백성을 평시에도 번상시켜 개경에 머물게 하였고, 향(鄕)・사(社)・리장(里長)까지 모두 절제사의 통제를 받아 백성이 불편하고 생업이 안정되지 못하였다고 문제시하였다.63)

조준은 이러한 문제를 해결하기 위해 원수의 수를 줄이고자 하였고, 사헌부도 절제사의 정원을 정하고 나머지를 혁파하여 평시에도 징발되어 번상한 군민을 고향으로 돌려보내고자 하였다. 하지만 이때에는 절제사가 군사를 징발하고 지휘・통제하는 것 자체를 근본적으로 부정한 것은 아니었다. 따라서 조선 건국 이후에도 절제사가 여

貳, 以成禍亂.”

61) 『定宗實錄』 卷4, 定宗 2年 4月 辛丑, “又況外方各道軍馬, 分屬諸節制使, 或稱侍衛, 或稱別牌及私伴黨, 番上之煩, 徵發之擾, 其弊甚多, 陪從之衆, 田獵之數, 其勞亦極. 人飢馬困, 暴露雨雪, 直宿私門, 衆心怨咨, 甚可憫也. 方今巨弊, 莫甚於此. 願自今, 悉罷各道留京諸節制使, 以京外軍馬, 盡屬三軍府, 以爲公家之兵, 以立體統, 以重國柄, 以攝人心.”

62) 『高麗史』 卷81, 志35, 兵1, 兵制, 昌王 元年 8月.

63) 『高麗史』 卷81, 志35, 兵1, 兵制, 恭讓王 2年 12月.

전히 군사를 징발하고 번상시켰으며 이 과정에서 나타나는 폐해도 지속되었다.

태조 2년(1393) 11월 도평의사사는 각 도의 시위군관(侍衛軍官), 즉 절제사 휘하의 군사가 번상할 때 주군에 함부로 들어가 백성들을 소란스럽게 하고 볏곡을 밟아 손상시키는 폐단을 지적하면서 이들을 처벌해야한다고 주장하였다.[64] 또한 태조 6년(1397) 2월 도평의사사는 변고없이 군을 일으킨 자, 그 시기가 아닌데도 수렵한 자와 긴급하거나 공사(公事)가 아닌데도 군관에게 말을 주어 도내를 횡행하게 한 자 등을 치죄할 것을 주장하였다.[65] 이러한 해결방안은 절제사와 휘하의 군사를 부분적으로 처벌하는 것에 그치는 것이었다.

결국 권근·김약채 등은 2차 왕자의 난이 일어난 뒤에야 절제사에 임명되는 사람이 누구인지를 떠나 병권을 분장하게 되면 반드시 내란이 발생하여 국왕은 위협을 받고, 종친·공신을 보전할 수 없으며 군민의 생업에 피해를 입힌다고 인식하였다. 그리고 그들은 이러한 문제의 근본 원인으로 사병을 지적하고 그 혁파를 주장한 것이다. 더욱이 사병혁파는 백성의 생계를 보장하는 등의 인정의 실현에도 부합했을 것이다. 결국 사병과 반대되는 공가지병(公家之兵)이란 최종 명령권을 국왕이 갖되 그 누구도 자의적으로 징발하거나 지휘·통제할 수 없으며, 이를 통해 국왕과 종친·공신, 나아가 군민까지 공가(公家)의 모든 구성원에게 이익이 되며, 사람의 본성과 인정에 부합한 군사였다. 따라서 이에 어긋나는 절제사 휘하의 군사를 사병으로 규정하고 그것의 혁파를 주장한 것이다. 결국 뒤이어 대성(臺省)은 사병을 혁파하기 위해 정도전과 같이 병권의 층위를 구분하고자 하였다.[66]

64) 『太祖實錄』 4卷, 太祖 2年 11月 己巳.

65) 『太祖實錄』 11卷, 太祖 6年 2月 甲午.

66) 『定宗實錄』 卷4, 定宗 2年 4月 辛丑, "臣等謹按, 古者兵法之設, 有發命發兵掌兵之差. 發

하지만 절제사 휘하의 군사를 혁파하고 병권의 층위만을 구분한다고 모든 군사가 앞서 설명한 공가지병의 개념에 부합한 군사가 되는 것은 아니다. 다만 원수·절제사의 병권 분장을 인정했던 고려 말 조정과 조선 건국 직후 종친·공신의 인식과 비교해볼 때, 권근·김약채 등이 정종 2년 4월 사병혁파를 주장했다는 것은 조준·정도전의 개혁 그리고 1·2차 왕자의 난의 경험을 통해 사람의 본성과 연계하여 사병의 존재 자체를 부정하는 인식이 확고하게 자리잡았다는 것을 의미한다.

이는 이후 이방원이 왕위에 올라 태종 6년(1400) 겸좌군총제(兼左軍摠制) 민무질을 해임하는 사례에서 명확하게 드러난다. 민무질이 군무(軍務)를 면해주길 요청하고 이방원이 이를 허락하자 그 휘하의 군사인 행사직(行司直) 전명례와 사직(司直) 윤우택 등 100여명이 이에 반대하는 글을 올렸다. 이에 대해 이방원은 모든 장수와 군사가 모두 '공가지병'이 되었는데 오히려 그들이 민무질에 따르고 국왕에게 복종하지 않는다며 처벌하고자 하였다.[67] 결국 정종 2년 4월의 사병혁파는 조선의 모든 군사가 공가지병에 부합하도록 제도를 완비한 것이 아니라 조선의 모든 군사가 공가지병이어야 한다는 인식의 획기적 변화를 의미하는 것이다. 따라서 제도를 개혁하여 공가지병의 인식에 부합하는 군사를 구현하려는 노력은 이후에도 지속될 수밖에 없었다.

命者, 宰相也. 發兵者, 居中摠制也. 掌兵者, 受命以行者也."

67) 『太宗實錄』 卷12, 太宗 6年 8月 壬寅, "兼左軍摠制驪城君 閔無疾, 乞解軍務, 許之. 無疾麾下士行司直陳明禮·司直尹惟澤等百餘人, 上書曰, '驪城君掌軍政有年, 軍士勞逸, 靡所不知, 撫之有恩, 乞仍舊職, 以慰軍士之望.' 上怒曰, '將皆公家之將, 兵皆公家之兵. 汝等旣爲禁兵, 知有驪城, 而獨不知有我歟?' 命下巡禁司, 鞫問首謀者以聞, 旣而皆釋之"

5 맺음말

본고에서는 여말선초 개혁론자들이 고제의 취지를 구현하려는 시대정신에 따라 당시 원수·절제사의 병권 분장에 따른 문제를 비판하면서 결국 모든 군사가 국왕 개인이 아니라 인정을 행하여 종묘·사직과 신민이 의탁하는 '인군의 위', 나아가 이것이 대대로 이어졌을 때의 왕조, 즉 공가를 지키기 위해 존재한다고 인식하게 되었음을 확인하였다. 당시에 이러한 인식은 치열한 권력투쟁과 고제의 취지를 구현하려는 시대정신이란 맥락과 연계하여 점차 구체화되었고, 이를 통해 보다 진전된 병제개혁안이 마련될 수 있었다.

고려 말은 대외적 위협이 대두한 시기로 당시 조정은 그 위협에 효과적으로 대응하기 위해 각 도별 원수를 임명하고 병권을 나누어 장악하도록 하였다. 이는 당시 이군육위가 유명무실해진 상황에서 국왕과 신민을 지키기 위한 방안이었다. 하지만 원수, 이후 절제사의 수가 지나치게 증가하면서 오히려 외적의 침입에 제대로 대응하지 못하는 문제가 발생하였다.

따라서 위화도 회군 이후 조준은 당 부병제의 취지에 따라 절제사의 수를 각 도별 1명으로 줄이고 능력있는 자를 천거하고자 하였다. 또한 그는 군부사가 팔위의 군사를 통할하여 절제사의 병권을 제한하고자 하였다. 하지만 조선 건국 이후 절제사는 이성계와의 친분을 매개로 종친·공신이 임명되었고, 고려 말 원수와 비교하여 그 수만 줄었을 뿐 여전히 병권을 분장하였다. 그리고 종친·공신은 자신들이 병권을 가져야 개국 초의 불안한 정국 속에 인군을 지킬 수 있다고 주장하였다.

하지만 정도전은 유교 경전과 중국 고제를 검토하면서 오히려 종친·공신이 절제사로서 병권을 분장하면 내란이 일어날 것이라고 생각하였다. 따라서 그는 당의 부병제 등을 본받아 병권의 층위를 발명권, 발병권, 장병권으로 구분함으로써 오로지 '인군의 위'에 복종하는 군사를 만들고자 하였다. '인군의 위'는 단순히 국왕 개인이 아니라 인정을 행하여 종묘·사직을 비롯해 모든 신민이 의탁하는 국왕의 지위를 말하며, 이것이 대대로 이어질 때 왕조, 즉 공가를 의미하는 것이었다. 따라서 정도전은 이를 지키기 위한 군사를 그 누구도 자의적으로 부리지 못하도록 만들고자 한 것이다. 하지만 이방원을 비롯한 종친·공신은 그의 개혁에 반발하여 1차 왕자의 난을 일으켰다.

1차 왕자의 난 이후 사헌부·대간도 유교 경전과 고제를 참고하여 절제사에 대한 개혁으로서 가갑혁파를 주장하였다. 이는 소수의 지친만을 절제사로 임명하는 것으로 결국 절제사가 병권을 분장하는 상황은 근본적으로 바꾸지 않았다. 하지만 이들의 주장에서 특이한 점은 가갑 자체를 내란의 근본 원인으로 지적했다는 점이다. 그들은 종친·공신이 병권을 나눠갖는 것 자체보다 오히려 가갑이 종친·공신의 마음을 바꾸어 내란이 발생한다고 주장하였다. 따라서 그들은 친분이 매우 깊어 마음이 바뀌지 않을 소수의 지친에게만 병권을 맡기려 한 것이다.

하지만 지친 이방간이 2차 왕자의 난을 일으키자 곧이어 권근·김약채 등은 사병혁파를 주장하였다. 이들은 유교 경전과 중국 사서의 전범에 비추어 사병 자체를 문제시하였고, 사병으로 인해 마음이 달라져 내란이 발생하는 것은 지친에게도 해당되는 인간 본성의 문제로 단정지었다. 뿐만 아니라 사병은 인군과 종친·공신뿐만 아니라 군민에게도 피해를 주어 생계를 보장하는 등의 인정에도 어긋나는 것이었다. 따라서 권근·김약채 등은 사병 자체를 문제로 삼고 '인군의 위'를 지키는 '공가지병'을 구현하고자 한 것이다.

그러나 사병혁파는 제도의 완비가 아닌 인식의 변화를 의미하며 공가지병을 구현하기 위한 병제개혁은 이후에도 지속될 수밖에 없었다. 특히 반당(伴倘)은 종친·공신·당상관(堂上官)의 신변을 보호하는 호위병으로 그들이 자의적인 부릴 수 있는 존재였으나, 그들을 대우한다는 논리에 따라 인군의 위에 위협이 되지 않는 선에서 그 수를 차정함으로써 공가지병으로 이해되었을 것이며, 북방의 가별치(家別赤)와 세전관하(世傳管下)도 이와 크게 다르지 않았을 것이다.[68] 그리고 병권의 소재 이외에도 보법(保法)과 군역 등 이후 다양한 병제에 대한 논의도 고제를 회복하려는 시대정신의 맥락에서 재검토한다면 기존의 병제사(兵制史)에 대한 이해가 보다 풍부해지는 데에 도움이 될 것이다.

68) 한희숙, 1986, 「朝鮮初期의 伴倘」, 『歷史學報』 112; 유재리, 1997, 앞의 논문; 유창규, 1984, 「李成桂의 軍事的 基盤; 東北面을 중심으로」, 『震檀學報』 58; 김순남, 2017, 「조선 초기 함길도의 세전관하(世傳管下)」, 『사학연구』 125.
기존 연구자들은 반당의 수를 법적으로 차정하였으므로 그것이 사병이 아닌 공가지병으로 이해하였다. 하지만 본고의 관점대로라면 이들은 법적으로 그 수를 차정해서 사병이 아닌 것이 아니라 그 정도의 숫자는 국왕의 지위를 위협하지 않고 종친·공신을 대우한다는 명목으로 허용할 수 있었기 때문에 사병으로 인식되지 않은 것이다. 한편 가별치와 세전관하는 조선 초기 종찬·공신을 비롯하여 동북면의 토호(土豪)들은 양민(良民)을 관하(管下)에 두고 자의적으로 부리고 세습하였는데, 일부 종친·공신의 경우 태종이 정해준 수만큼 보유하는 것이 허용되었으나 세종대에 은닉한 것이 발각된 경우도 있었다. 심지어 세조대에 그들은 이시애의 난에 동원되기도 하였다. 결국 성종대까지 그들을 문제시하고 추쇄하는 작업이 이어진 것으로 볼 때, 정종 2년(1400) 4월의 사병혁파는 조선의 모든 군사가 공가지병의 인식에 부합하도록 제도를 완비한 것이 아닌 인식의 변화라는 것이 보다 명확하게 드러난다.

병인양요시기 양헌수의 리더십 분석
- Mumford의 기술모델을 중심으로 -

| 최큰별 |

1 머리말

1866년의 병인양요는 개항을 전후한 시기의 조선이 서양세력과 무력충돌을 한 최초의 사건으로, 이후 조선의 쇄국정책에 커다란 영향을 미쳤다는 점에서 역사적으로 커다란 의의를 갖는다. 그 중에서도 조선군이 근대화된 서구열강의 부대를 패퇴시킨 정족산성(鼎足山城) 전투에서의 승리는 군사적으로도 큰 의미를 갖는다. 이러한 중요성에 걸맞게 병인양요에 대한 연구도 꾸준히 진행되어 왔다. 특히 병인양요의 전반적 흐름이나 정족산성에서 양국 군대의 전투양상 등이 여러 학자들의 노력 끝에 비교적 상세하게 밝혀진 바 있다.[1)]

1) 김원모, 「로즈함대의 내침과 양헌수의 항전(1866)」, 『동양학』, 13호, 1983, pp.173~218.; 김원모, 「병인일기의 연구」, 『사학지』, 1권, 1983, pp.193~232.; 양교석, 「병인양요(丙寅洋擾)의 일고찰」, 『사총』 29권, 1985, pp.1~44.; 이주천, 김진환, 「병인양요(丙寅洋擾)의 재조명(再照明)－조선과 프랑스의 대격돌(大激突)」, 『열린정신 인문학 연구』, 제 8집, 2007, pp.131~143.; 이상훈, 『전략전술의 한국사－국가전략에서 도하전까지』, 푸른역사, 2014, pp.285~311.

하지만 정족산성 전투를 승리로 이끈 양헌수(梁憲洙)의 리더십에 관한 연구는 아직까지 미진한 부분이 많다. 병인양요와 관련된 기존의 연구들에서 양헌수와 관련된 단편적 사례들을 통해 그의 리더십에 대해 생각해 볼 수는 있지만,[2] 리더십을 전론으로 분석한 연구는 아직 발표된 바가 없다. 본고는 이러한 점에 착안하여 양헌수가 군대를 이끌고 출정하여 정족산성에서 승리하기까지의 과정에서 보여준 리더십을 Mumford의 기술모델(Skills Model)을 통해 분석하고자 한다. 이러한 분석은 국내에서 최초로 Mumford의 이론을 실제 인물에 적용하여 분석한다는 점에서도 의의를 갖는다.

Mumford의 기술모델은 그와 동료 연구자들이 1990년대 초, 미 육군과 국방부의 지원을 받아 체계화한 리더십 이론이다. 연구자들은 소위부터 대령까지 1,800명 이상의 육군 장교들을 대상으로 연구를 실시하였는데,[3] 연구에서 도출된 이론의 특성상 능력모델(Capability Model)로도 불린다.[4] 또한 능력의 발현은 리더의 문제인식으로부터 시작한다고 생각하기 때문에 큰 범주에서 기술이론은 인지접근에 기반을 둔 연구로도 구분된다.[5]

---

2) 기존의 연구들은 대부분 단편적 사례들을 통해 장수로서의 자질 등을 보여주긴 하나, 이론의 틀을 활용해 양헌수의 리더십을 분석하고 있지는 않다. 예를 들어 김원모는 출정 도중 양헌수가 부대를 방문한 대원군에게 보고한 내용을 "… 동원된 각영의 군대가 서로 갈등을 일으키면 군대의 사기가 떨어지므로 무엇보다도 화동을 강조한 것이다."와 같이 평가하며 그의 리더로서의 면모를 보여주려고 하였다. 김원모, 「로즈함대의 내침과 양헌수의 항전(1866)」, p.191.

3) Peter G. Northouse, *Leadership Theory and Practice*, Sage Publications, 2007, p.43.

4) 모델은 문제를 해결하기 위해 리더가 발휘하는 기술이나 지식 등을 능력으로 보고, 그 능력들이 세부적으로 조직의 성과에 어떤 식으로 작용하는지를 밝히려 시도하였다. 나아가 이러한 능력들이 직무경력을 거치며 개발될 수 있다고 여기는 특성을 보였다. Michael D. Mumford, Stephen J. Zaccaro, Francis D. Harding, T. Owen Jacobs, Edwin A. Fleishman, "Leadership Skills for a Changing World: Solving Complex Social Problems," *Leadership Quarterly*, Vol.11, No.1, 2000, p.12.

5) Ibid., p.26.; Michael D. Mumford ed., *Leadership 101*, 김정희 역, 『리더십 101』, 시그마프레스, 2011, p.34.; 인지접근은 1990년대 들어 현재까지 리더십 분야에서 활발

이와 같은 Mumford의 모델이 갖는 장점은, 처음 겪거나 잘 정의되지 않은 문제상황을 리더십 발현의 시작점으로 다룬다는 점이다. 모델은 그처럼 어려운 환경에 처한 리더가 어떻게 해결방안을 도출해내고, 어떻게 조직을 이끌어서 성공적인 결과물을 창출해 내는지에 집중한다.[6] 때문에 서양 군대와의 무력충돌이라는 새로운 상황에 놓인 양헌수가 문제를 해결하기 위해 어떻게 리더십을 발휘했는지를 분석하는 데에도 유용한 틀로 활용될 수 있을 것이다.[7] 특히 양헌수는 『병인일기(丙寅日記)』를 통해 부대를 지휘하면서 겪었던 일들과 자신의 생각, 어려움 등을 '전쟁일기(戰爭日記)'의 형태로 기록을 잘 남겨놓아,[8] Mumford의 이론에 따른 실효성 있는 분석이 가능하다. 그리고 이러한 분석을 통해 새로운 환경에 직면했을 때 리더가 발휘할 수 있는 효과적인 리더십에 대한 함의를 얻을 수 있을 것이다.

2 Mumford의 기술모델

리더가 문제상황을 어떻게 해결해 나가는지를 알아보기 위해 Mumford는 우선 그들이 처한 환경에 주목한다. 리더들은 달성해야

히 연구가 진행 중인 접근방식으로, 여기에 해당하는 많은 이론들이 군 지휘관 및 지휘자들을 대상으로 한 조사를 바탕으로 정립되어 왔다. 김정희 역, 『리더십 101』, pp.34~36.; 186~194.

6) Michael D. Mumford, Stephen J. Zaccaro, Mary Shane Connelly, Michelle A. Marks, "Leadership Skills: Conclusions and Future Directions," *Leadership Quarterly*, Vol.11, No1, 2000, pp.156~157.

7) 다만 본고에서 진행한 분석은 현대적 개념의 리더십 이론을 전근대 지휘관에게 적용시키는 과정에서 도출된 산물이기 때문에 해석에 유의할 필요는 있다. 특히 양헌수의 말과 행동을 이론에 접목시키는 과정에서 본래 그의 의도나 실제와 다르게 해석되었을 여지가 있다.

8) 김원모, 「병인일기의 연구」, p.195.

할 목표, 조직,[9] 조직원 개인이라는 요소들이 서로 다른 요구를 제기하는 복잡한 환경 속에 놓여있다. 그 속에서 리더는 각기 다른 요구들 간의 적절한 조화를 이루어 나가야만 한다. 예를 들어, 부여된 목표를 달성하기 위해서 리더는 환경, 기술, 가용자원의 급변에 따라 조직전체에 적절한 변화를 주어야 한다. 하지만 조직을 구성하고 있는 하부조직과 개인들은 변화보다는 안정성을 추구할 가능성이 높다. 혹은 각 하부조직들이 산물을 생산해 내기위해 함께 일은 하면서도 변화에 대응하기 위한 전략이나 목표에 대해서는 서로 다른 의견을 내는 상황이 야기되기도 한다. 조직은 이런 서로 다른 요구와 생각 사이에서 균형을 맞춰야만 생존할 수 있고, 리더는 그것을 조정하는 역할을 해야만 한다.[10] 이처럼 목표, 조직, 개인이라는 세 가지 축이 만들어 내는 역동적 환경에 대한 세부적인 분석을 통해 Mumford는 리더가 갖춰야 하는 능력을 이끌어 내려 시도했다. 여기서 가정하고 있는 리더가 처한 환경과 역할을 도식화 하면 다음의 〈표 1〉과 같은 표현이 가능하다.

분석은 주로 목표의 측면에 무게중심을 두고 있다. 리더가 임무를 부여받으면 그것을 달성하기 위해 '무엇을 해야 하는지'를 고민하면서부터 리더십 활동이 시작된다고 보기 때문이다. 여기서 발생하는 최초의 문제는 리더가 직면한 상황 자체가 무엇인지 정의하기조차 어려운 경우가 빈발한다는 것이다. 혹은 문제가 무엇인지는 이해하더라도, 다양한 해결방법이 존재해 무엇이 최선인지 알 수 없는 문제들도 있다. 이런 통상적이지 않은 문제 상황은 조직을 운영하는 과정에서 의외로 빈번히 발생한다. 나아가 리더는 문제에 대해 정의를 내리고 해결방법을 모색하기 이전에 그것을 위해 활용할 정보들을 어떻

9) 여기에서 말하는 조직은 상부조직을 구성하는 하부조직들 간의 관계 혹은 조직을 구성하는 구조 자체에서 발생하는 각종 역학관계를 지칭한다.

10) Michael D. Mumford et al., "Leadership Skills for a Changing World," pp.12~14.

〈표 1〉 문제해결 과정에서 리더가 처하는 환경과 역할

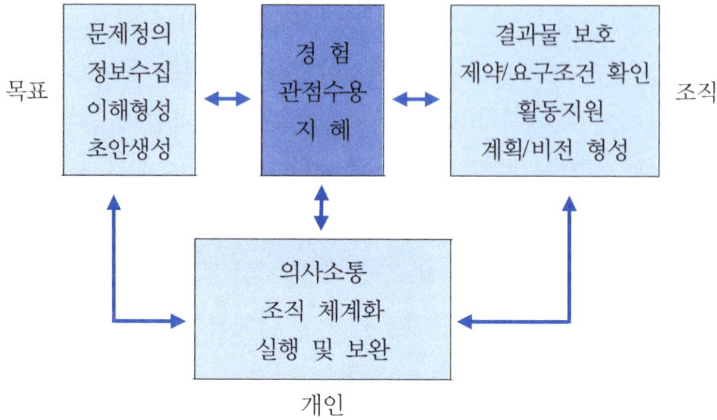

출처: Michael D. Mumford et al., "Leadership Skills for a Changing World," p.16을 참조하여 수정・보완.

게 수집하고 처리해야하는지도 고민해야 한다. 그리고 그 모든 활동은 활용할 수 있는 시간과 자원이 제한적이고, 결정은 되돌릴 수 없다는 제약 속에서 이루어진다.[11] 이렇듯 기술모델은 난해한 상황 속에서 리더들이 어떻게 문제를 해결하는지, 어떤 방식이 성공적인 결과를 도출해 내는지에 대한 연구를 통해 문제해결기술이라는 개념을 제시한다.[12]

하지만 문제해결기술만으로는 〈표 1〉에서 제시한 환경의 역동성이 야기하는 문제를 해결할 수 없다. 이를 보완하기 위해 제시된 개념이 사회적 판단기술이다. 수많은 상호작용과 마찰이 일어나는 "현실세계"에서 목표달성을 위해 조직을 어떻게 움직일 것인지가 사회적 판단기술의 핵심이다. 여기에 덧붙여 Mumford는 문제해결기술이

---

11) Ibid., pp.14~15.

12) Stephen J. Zaccaro, Michael D. Mumford, Mary Shane Connelly, Michelle A. Marks, Janelle A. Gilbert, "Assessment of leader Problem~Solving Capabilities," *Leadership Quarterly*, Vol.11, No.1, 2000, pp.37~60.

나 사회적 판단기술 같은 능력들을 발현 가능하도록 하는 리더의 또 다른 능력으로 지식이라는 개념으로 상정하고 있다.[13)]

이렇게 도출해 낸 문제해결기술, 사회적 판단기술, 지식이라는 세 가지 기술을 핵심으로, 기술모델은 리더가 어떻게 리더십을 발휘 하는지를 살펴본다. 세부적으로는 세 가지 핵심 기술들이 어떤 항목으로 구성되어 있고 어떻게 성과에 연결이 되는지, 그리고 핵심기술을 발휘하는데 영향을 끼치는 내·외부적 요소들에는 어떤 것들이 있는지 등을 분석하고 있다. 이를 도식화 하면 다음 〈표 2〉와 같은 정리가 가능하다.

〈표 2〉 리더십 기술모델

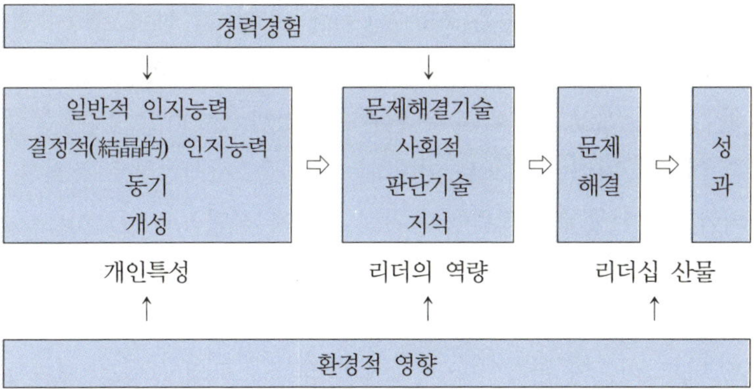

출처: Mumford et al, "Leadership Skills for a Changing World," p.23; Northouse, Leadership Theory and Practice, p.51을 참조하여 수정·보완.

크게 세가지로 나누어 살펴보자. 첫째, 문제해결기술은 복잡한 문제해결기술과 창의적 문제해결기술로 나뉜다. 여기서 이야기하는 복잡한 문제해결기술은 광범위하고 모호하며 새롭고 비일상적이면서

13) Michael D. Mumford et al., "Leadership Skills for a Changing World," pp.17~21.; 김정희 역, 『리더십 101』, p.193.

잘 정의되지도 않은 문제를 해결하는 능력을 의미한다. 한편, 창의적 문제해결기술은 상황의 복잡성과 무관하게 기존의 해법과는 다른 창의성을 발휘해 문제를 해결하는 기술을 뜻한다.[14] 이런 문제해결기술을 발휘하기 위해서 리더는 직면한 문제가 어떤 것인지를 정의하고 그것에 대한 정보를 수집할 수 있어야 한다. 나아가 문제를 다각도로 점검하여 새로운 이해를 형성하고 해결을 위한 초안을 만들어내야만 한다.[15] 이런 점에서 볼 때, 앞서 살펴봤던 〈표 1〉의 목표 분면이 주로 문제해결 기술과 직접적으로 연결되어 있다는 사실을 알 수 있다.

둘째, 사회적 판단기술은 '사람과 사회 시스템을 반영하는 기술을 뜻한다.'[16] 사람을 다루어 조직 내 자원을 결집시키는 역할을 하는 기술인 사회적 판단기술은 조망수용능력, 사회지각 능력, 행동유연성, 사회적 수행 등의 세부 능력들로 구성되어 있다. 이런 능력들은 〈표 1〉의 조직과 개인 분면에 주로 연관되어 있다. 그 중 조망수용능력은 다른 이들의 기대나 목표를 이해하는 능력을, 사회지각은 조직이 운영되어가는 와중에 조직원들이 어떤 문제에 직면하고 있으며 그들이 왜 움직이고 변화에는 어떻게 반응하고 있는지 등을 통찰하고 인지할 수 있는 능력을 의미한다. 행동유연성은 리더 자신이 변화를 수용하고 다른 이들의 관심이나 기대에 따라 스스로의 행동을 변화시키는 것을 의미하며, 사회적 수행은 리더가 가진 비전을 조직원들의 기

---

14) 창의적 문제해결기술과 복잡한 문제해결기술에서 다루고 있는 문제 상황은 '복잡하고 새로우면서 애매'하다는 정의를 공유하지만, 그것의 해결 방법에서는 다소 차이가 난다. 예컨대 창의적 문제해결기술에서는 추가적으로 기존의 방법들과는 다른 참신한 해법을 제시하는 능력이 필요하다. 자세한 내용은 김정희 역, 『리더십 101』, pp.190~197.; Peter G. Northouse, *Leadership Theory and Practice*, p.44. 참조.

15) Peter G. Northouse, *Leadership Theory and Practice*, pp.44~45.

16) Stephen J. Zaccaro, et al., "Assessment of leader Problem-Solving Capabilities," p.46.

대에 맞춰서 소통해 내는 능력을 의미한다.[17)]

셋째, 지식은 문제해결기술과 사회적 판단기술의 효과적인 적용 여부를 좌우한다.[18)] 〈표 1〉을 놓고 본다면 목표, 개인, 조직의 모든 분면과 연관을 맺는 능력이다. 여기서 정의하고 있는 지식은 리더가 가지고 있는 단순한 정보들의 집산이 아니라 문제해결과 연관된 사안들이 포함하고 있는 핵심적인 사실과 원칙을 체계화하여 알고 있는 것을 의미한다.[19)] 이러한 개념에 따른다면 지식을 갖춘 리더는 '복잡한 조직문제를 다룰 수 있고 적절한 대응을 위한 전략을 개념화하는 것이 가능한' 사람을 의미하는 것으로 이해될 수 있을 것이다.[20)]

지금까지 살펴본 세가지 핵심기술에 직접적인 영향을 끼치는 것이 〈표 2〉의 개인특성이다. 여기서도 볼 수 있듯이 기술이론은 기본적으로 문제해결기술, 사회적 판단기술, 지식이라는 리더의 핵심 능력이 노력에 의해 개발될 수 있는 영역에 속해 있다고 여긴다. 그렇기 때문에 리더십을 타고난 재능의 측면에서 살펴보고자 한 특성이론(Trait based Model)과는 차이점이 있다. 다만 핵심 능력들에 영향을 미치는 요소들에 타고난 리더 개인의 특성들이 언급된다는 측면에서는 특성이론의 시각을 공유하고 있기도 하다.[21)]

〈표 2〉에서 제시된 개인적 특성에는 일반적 인지능력, 결정적(結晶的) 인지능력, 동기, 개성이 있다. 여기서 일반적 인지능력은 지각능력, 정보처리 능력, 추론능력과 같이 타고난 능력을 의미한다. 주의

17) Peter G. Northouse, *Leadership Theory and Practice,* pp.45~47.

18) Michael D. Mumford et al., "Leadership Skills for a Changing World," p.20.

19) Edwin A. Fleishman, Michael D. Mumford, "Abilities as Causes of Individual Differences in Skill Acquisition," *Human Performance* 2, 1989, pp.201~222; Michael D. Mumford et al., "Leadership Skills for a Changing World," p.20.에서 재인용.

20) Peter G. Northouse, *Leadership Theory and Practice*, p.48.

21) Michael D. Mumford et al., "Leadership Skills for a Changing World," p.21.

할 점은 기술이론에서는 일반적 인지능력을 효과적인 리더십 발현의 절대적 요소로 보지는 않는다는 것이다. 기술이론에서 일반적 인지능력은 리더가 복잡한 문제해결 기술이나, 지식을 습득하는데 긍정적 영향을 끼치는 정도의 요소로 정의된다. 결정적 인지능력은 경험을 통해 쌓아가는 인지력을 뜻한다. 더 많은 경험을 하게 됨에 따라 축적되기 때문에 시간이 갈수록 쌓이는 능력이라는 특징을 갖는다. 동기는 리더의 입장에서 조직을 이끌어 나가는데 필요한 마음가짐을 의미한다. 이것은 복잡한 문제에 천착하여 해결하고 싶어 하는 리더의 성향, 리더로서 조직에 영향력을 행사하고 싶어 하는 성향, 공공선을 위해 헌신하고자 하는 성향이라는 세가지 영역으로 다시 세분화 된다. 개성은 리더십 스타일과 연관된 개인의 성격적 특성을 의미한다.[22] 덧붙여 리더의 경력경험은 개인의 특성과 문제해결과 관련된 능력들에 영향을 끼치며, 환경적 영향은 리더십이 발현되는 전 과정에 영향을 끼친다고 기술이론은 보고 있다.[23]

본고는 이와 같은 기술이론의 틀에 맞춰 양헌수의 리더십을 분석해 보고자 한다. 먼저 문제상황을 살펴봄으로써, 출정 명령을 받고 난 이후 목표, 조직, 개인의 측면에서 양헌수가 어떤 어려움에 놓였었는지를 분석해 볼 것이다. 이후 그러한 상황 속에서 리더십을 어떻게 효과적으로 발휘했는지를 문제해결 기술, 사회적 판단 기술, 지식의 측면에서 분석한다. 그리고 이러한 핵심적 능력에 영향을 끼친 양헌수의 개인특성들에 대해서도 간략히 살펴볼 것이다.

22) Peter G. Northouse, *Leadership Theory and Practice*, p.49.

23) Ibid., pp.51~53.

3 양헌수의 리더십 분석

(1) 문제상황

1866년 청에 주둔 중이던 프랑스 극동함대의 사령관 로즈(Pierre Gustave Roze) 제독은 병인박해에 대한 응징을 명분으로 조선에 대한 침략을 감행한다. 최초의 침략은 9월 18일부터 10월 1일 사이에 일어났다. 이 기간 동안 로즈는 3척의 군함과 함께 강화도를 거쳐 한강을 거슬러 올라가며 주변일대를 정찰하고 항로를 탐측하였다. 이후 10월 11일에 7척의 군함과 1,000여 명의 병력을 이끌고 2차 침공을 감행하였고, 10월 16일에는 강화부를 점령한다.[24)]

이에 대응하기 위해 조선은 10월 16일 금위영(禁衛營) 아래 순무영(巡撫營)을 설치하고, 대장(大將)에 이경하(李景夏), 중군(中軍)에 이용희(李容熙), 순무천총(巡撫千摠)에 양헌수를 임명한다.[25)] 이어서 새롭게 설치된 순무영에는 "프랑스군을 엄히 단속하여 며칠 이내로 승리하라"[26)]는 임무가 부여된다. 이때 조정에서 순무영에 하달한 명령은 그 자체로는 단순하고 명확해 보인다.[27)] 하지만 실행에 옮기는 사람의 입장에서는 스스로 판단하고 해결해야 할 사항들이 과도하게 많이 발생하는 명령이었다. 먼저 엄히 단속하라는 것이 공격을 하라는 것인지, 더 이상 진출을 하지 못하게 막으라는 것인지가 모호하

---

24) 이주천, 김진환, 「병인양요(丙寅洋擾)의 재조명(再照明)-조선과 프랑스의 대격돌(大激突)」, p.136.

25) 김원모, 「병인일기의 연구」, p.p.196~197.

26) 『고종실록』 3권, 고종 3년 9월 8일 13번째 기사.

27) 명령은 순무영 대장 이경하로부터 천총 양헌수에게까지 순차적으로 하달되었을 것이다. 이 과정에서 이경하가 작전에 관련된 세부적인 지침을 하달했을 가능성이 없는 것은 아니다. 하지만 관련 사항이 양헌수의 기록에서 언급되지 않았으며, 이후 지속적으로 작전을 어떻게 펼쳐나가야 할지를 고민한 양헌수의 모습을 통해 미루어 볼 때, 양헌수 역시 프랑스군을 막으라는 막연한 명을 받은 것으로 보인다.

다. 또한 무엇이 승리인지에 대한 정의도 없다. 당연히 적의 의도, 적 전투력, 전투 이후 순무영이 달성해야 할 최종상태 등과 같은 추가적인 지침의 제공도 없었다.[28)]

오늘날 육군의 작전명령 하달시 흔히 사용되는 항목[29)]에 비추어 볼 때, 성공적인 작전수행을 위해 양헌수에게 제공되어야 했던 사항은 다음과 같다. 첫째, 적에 관한 정보이다. 사실 조정은 적에 대한 제대로 된 정보를 취합하지 못한 상태였기 때문에 양헌수에게 무엇을 하달할 만한 능력이 되지 않았다. 당시 조정에 종합된 정보로는 양헌수가 출정을 하는 10월 16일을 기준으로 했을 때, 영종첨사(永宗僉使) 심영규(沈永奎)나 덕포첨사(德浦僉使) 이두현(李斗賢) 등이 보고한 선박의 수와 크기 정도 밖에 없었다.[30)] 때문에 프랑스군의 의도, 전체 규모, 사용하는 무기의 위력 등에 대한 대략적인 정보도 기대하기는 어려운 상태였다. 심지어 10월 17일 강화부의 함락 소식이 전달되기 전까지는 프랑스군 위치도 유동적이었다.[31)] 결국 어디서, 어떤 상태 혹은 어떤 활동을 하고 있는 적을 상대해야 하는지는 전적으로 선봉인 양헌수가 탐색해 봐야 하는 임무가 되고 만다.

둘째, 인접 부대 및 기타 아군에 관련된 사항들도 명확하지 않았다. 강화도에 남아있는 아군 부대가 있는지, 이용 가능한 시설물들이

---

28) 사실 전근대 조선군의 지휘관에게 이와 같이 모호한 지시의 하달은 특별한 일이 아니었다. 당시에는 국왕이 장수에게 편의종사권(便宜從事權)을 부여하는 것이 일반적이었다. 예를 들어 임진왜란 초기 삼도순변사(三道巡邊使)에 제수된 신립이 하달 받은 명령도 "이일(李鎰) 이하 그 누구든지 명을 듣지 않는 자는 경이 모두 처단하라. 중외(中外)의 정병을 모두 동원하고 자문감(紫門監)의 군기(軍器)를 있는 대로 사용하라." 는 것으로 작전에 대한 세부적 지침이 존재하지 않았다.『선조실록』 26권, 선조 25년 4월 17일 병오 2번째 기사. 다만 여기서 문제로 부각시키고자 하는 것은 양헌수가 처한 상황 자체의 모호성과 그에 따른 어려움이 어떤 것인지에 대한 부분이다.

29) 상황, 임무, 실시, 작전지속지원, 지휘 및 통신으로 정형화 되어있다.

30) 『고종실록』, 3권, 고종 3년 9월 7일 6번째 기사.

31) 김원모, 「병인일기의 연구」, p.197.

얼마나 되는지, 추가로 지원받을 수 있는 병력이 있는지 등에 대한 정보들도 주어지지 않았다. 물론 피아의 상황이나 기타 필요한 정보 등을 순무사 이경하가 중군 이용희와 천총 양헌수에게 하달했을 가능성이 없는 것은 아니다. 하지만 순무영이 설치된 당일 야간에 양헌수의 부대가 출정을 했기 때문에 이러한 정보를 주고받기에는 시간적 여유가 부족했을 것으로 보인다.[32) 『병인일기』에도 관련된 사항에 대한 언급은 없다.

셋째, 작전을 통해 달성해야 하는 목표와 목표달성 이후 군의 최종적인 모습이다. 전투력을 효율적으로 투사시키기 위해서는 반드시 달성해야 하는 목표 등을 제시해 주어야 한다. 그렇게 하달된 지침을 바탕으로 지휘관이 당장 일전을 벌여 적을 패퇴시킬지 혹은 현 위치에서 적의 진출만 최대한 지연시킬 것인지 등과 같은 전투력 투사 시기와 방향 등을 결정하기 때문이다. 하지만 양헌수에게 주어진 것은 편의종사권(便宜從事權)이었지 세부적인 지침이 아니었다. 출정을 지시하기 전의 어전회의에서 좌의정(左議政) 김병학(金炳學)이 고종에게

> "먼저 중군(中軍)을 보내어 정예군을 영솔하고 그때그때 상황에 따라 대처하도록 하며 방비를 더욱 엄격하게 하소서."[33)]

라고 고한 것과 같은 진술이 이를 뒷받침한다.

이런 점들을 종합해 볼 때, 작전에 필요한 각종 정보수집과 부대운영에 관련한 초안의 제시는 양헌수에게 일임되었던 것으로 보인다. 즉, 양헌수는 Mumford가 기술모델에서 제시한 문제에 대해 정의하기조차 어려운 상황에 놓여 있었으며, 〈표 1〉의 목표 분면에서 요구

32) Ibid.

33) 『고종실록』, 3권, 고종 3년 9월 8일 5번째 기사.

하는 리더의 역할을 기초자료가 거의 없는 상태에서 수행해야만 했다고 이야기 할 수 있다. 이런 상황은 다른 조선의 군 지휘관들도 일반적으로 겪어야 하는 현상이었다. 하지만 양헌수의 사례가 보다 특별한 것은 지금까지 싸워 본 적이 없었던 근대화된 서양 군대를 상대해야 한다는 점이다.

상황의 모호성뿐만 아니라 활용할 수 있는 자원이 한정적이었다는 점도 문제였다. 특히 프랑스군의 정확한 규모를 모르고 있는 상태였기 때문에 양헌수로서는 융통성을 발휘하기 위한 충분한 수의 병력이 절실했다. 하지만 출정 당시 양헌수가 지휘할 수 있었던 인원은 훈련도감(訓鍊都監)에 속해있던 보병 500여 명, 기병 100여 명으로 제한적이었다. 이후 10월 20일 훈련도감의 기병 200여 명, 10월 24일 한성근이 지휘하는 광주 별파진(別破陣) 군사 50명, 10월 28일에 관동 기읍산 포수 370명 등의 병력들이 추가로 배치되었다. 하지만 우수한 무기로 무장하고 있는 미지의 적을 상대로 유연하게 부대를 운영하기에는 부족한 숫자였다. 여기에 병력들을 수송할 선박도 턱없이 부족했다. 프랑스군이 강화도 일대의 선박들을 대부분 불태워 조선군의 이용을 거부하려 했기 때문이다.[34] 무기나 탄약, 식량 및 기타 군수물자도 부족한건 마찬가지였다. 10월 17일 출정하는 부대를 방문한 흥선 대원군에게 기기(器機)의 미흡함을 보고한 건, 양헌수가 중군에게 11월 6일 군량의 보급을 원활히 해 줄 것을 요청한 사실, 11월 9일 정족산성 전투간 탄환이 다 떨어져 심각한 위험에 처할 뻔했던 상황 등이 이를 뒷받침한다.[35] 이런 사항들은 Mumford가 언급한 제한적인 시간과 자원, 그에 따른 되돌릴 수 없는 결정이라는 제약의 개념과 일치한다.

---

34) 김원모, 「병인일기의 연구」, pp.200~202.

35) Ibid., pp.197~211.

(2) 문제해결기술 분석

이처럼 양헌수에게 내려진 '승리하라'는 명령의 이면에는 자체적으로 해결해야 하는 수많은 복잡하고 모호한 문제들이 산적해 있었다. 양헌수는 그러한 상황 속에서 부여된 임무를 완수하기 위해 Mumford가 제시한 것과 같이 정보를 수집하고 문제를 정의하며, 그것의 해결을 위한 초안제시를 시도한다. 무엇보다 적에 대한 파악이 급했다.

적을 파악하기 위한 첫 정찰은 10월 18일 오전에 이루어졌다. 10월 16일 야간에 부대이동을 시작한 양헌수의 부대는 대진(大陣)을 설치하기 위해 통진부(通津府)로 향했다. 18일 오전에는 김포에 도착했고, 프랑스군이 전날 통진부까지 진출했다는 소식을 접한다. 접적(接敵)의 가능성이 높아졌다고 판단한 양헌수는 군관 두 명을 선두로 보내 부대이동로에 대해 정찰을 지시한다. 정찰결과 프랑스군이 철수한 것을 확인한 양헌수는 교전 없이 통진에 대진을 설치할 수 있었다.[36]

적에 대한 본격적인 정보수집활동은 대진을 설치한 10월 18일 이후부터 도섭(渡涉)[37]을 시도하는 11월 6일 사이에 주로 이루어진다. 이 기간 동안 양헌수는 작전계획을 구상하고 작전실시를 준비하는 등의 활동을 수행했고, 그에 필요한 정보를 확보하기 위해 다양한 활동을 병행했다. 정보수집은 양헌수가 직접 정찰을 통해 적의 개략적인 능력 등을 확인해 보거나, 소규모 부대를 매복시켜 김포반도 내부로 진입하려는 적의 의도와 능력을 파악하는 형태 혹은 강화도 내부

---

36) Ibid., pp.197~198.

37) 현대 육군이 사용하고 있는 개념상의 도섭(渡涉)과 차이는 있지만, 양헌수가 『병인일기』에서 염하수로를 건너는 행위를 도섭으로 표현한 것을 그대로 따른다. 이후 도하(渡河)로 표현되는 경우도 인용한 글에서 사용한 단어를 그대로 사용했음을 미리 밝힌다.

로 병력을 보내 적 방비태세를 점검해 보는 등의 형태로 이루어졌다.

세부적으로 살펴보면, 먼저 양헌수가 직접 수행한 정찰은 10월 19일, 10월 29일, 11월 4일에 이루어졌다. 정찰결과 그는 프랑스 함대가 7척의 대선(大船)과 수많은 소선(小船)으로 구성되어있으며 대선들이 갑곶, 인천, 월곶 앞바다에 분산되어 있음을 알게 되었다. 또한 그들이 포격하는 모습을 보며 프랑스군의 화포가 사거리, 운용의 용이성, 탄의 위력 등의 측면에서 조선군 보다 월등히 우수하다는 점을 확인한다. 이외에도 적병의 대략적인 수, 아군활동이 관측되었을 때 보이는 대응방식 등도 정찰을 통해 파악한다.[38]

10월 23일, 24일, 28일에는 예하부대들을 매복시켜 적의 상륙을 저지하도록 지시한다. 매복은 김포반도 내에서 적이 자주 출몰하는 지역이나, 적선이 출현해 상륙을 감행할 것으로 예상되는 지역을 중심으로 이루어졌다. 그 결과 10월 26일에는 문수산성 일대에 매복시켜 두었던 한성근(韓聖根)의 부대와 프랑스군 사이에서 교전이 일어나기도 했다. 교전은 접근해오던 프랑스군에 대한 한성근의 기습과 이후 프랑스군의 반격으로 진행되었는데, 결과적으로 전투에서 한성근의 부대는 패배한다.[39] 하지만 이 전투를 통해 양헌수는 프랑스 지상병력의 전투력을 체감할 수 있었다. 나아가 그들이 전투에서 승리한 이후 산성 내부를 방화하고 약탈 후 철수하는 모습을 통해 프랑스군이 적극적인 상륙작전에 대한 의지가 높지 않다는 판단을 내렸을 가능성이 높다.

10월 22일에는 초관(哨官) 민상현(閔尙鉉)을 시켜 염하수로 대안(對岸)의 월곶진(月串津) 일대 적의 동정까지 확인하는 과감한 정찰까지도 수행한다.[40] 이처럼 다양한 정보수집 활동을 통해 양헌수는

---

38) Ibid., pp.198~204.

39) Ibid., pp.200~202.

40) Ibid., p.200.

복잡했던 문제상황 중 적에 대한 부분을 상당부분 해소할 수 있었다.

능력 측면에서 프랑스군은 조선군보다 화포, 개인화기, 전투능력의 측면에서 우월했다. 하지만 그러한 능력을 바탕으로 내륙으로의 진출을 꾀하고 있지는 않았다. 오히려 그들은 강화부성을 점령한 이후 대규모 지상병력의 기동은 자제하고 있었다. 해협을 봉쇄하고 강화도 내의 방화 및 약탈에 집중을 하고 있는 모습만 보일 뿐, 김포반도에 대한 본격적인 상륙이나 한양으로의 진출을 시도하거나 그럴 조짐을 보이지 않고 있었던 것이다.[41] 이처럼 적의 추가적인 진출 가능성이 낮은 상태를 확인했기 때문에 양헌수는 수세적 태도에서 벗어나 적극적인 공세행동을 고려할 수 있게 된다.

강화도로 진격하는 것과 관련된 개략적인 계획은 10월 26일에서 27일 사이에 마련된 것으로 보인다.[42] 당시에는 아직 점령해야 할

---

41) 김원모, 「로즈함대의 내침과 양헌수의 항전(1866)」, pp.173~218; 양교석, 「병인양요(丙寅洋擾)의 일고찰」, p.193.

42) 날짜는 10월 28일 한강을 타고 내려온 16척의 경강선(京江船)들의 도착을 통해 추론하였다. 이때 도착한 경강선들이 정황상 양헌수가 병력수송을 위해 불러들인 것으로 보이기 때문이다. 우선 양헌수는 10월 16일 주교도청(舟橋都廳)으로 임명되었기 때문에 경강선들을 움직일 수 있는 권한이 있었다. 경강선이 군량을 운반하기 위해 동원되었을 수도 있으나, 프랑스 함대라는 위험에도 불구하고 양헌수가 병력수송가능 여부를 판단 할 때 까지 대기하고 있었다는 점에서 단순 군량 운반이 목적이었다고 보기는 어렵다고 판단했다. 또한 양헌수가 경강선을 점검한 이후 곧장 백의별군관(白衣別軍官) 이중윤(李重允)을 시켜 민간 선박을 모으도록 지시한 점 등을 살펴볼 때, 경강선에게 최초 하달된 주 임무는 군량수송 등 보다는 병력수송을 위한 집결에 가까운 것으로 추정된다.

이 가정이 참이라면, 양헌수가 경강선을 모으라고 명령을 하달한 일자는 10월 26일 혹은 27일 정도가 될 가능성이 높다. 28일에 배들이 도착하기 위해서는 주교소(舟橋所)에서 늦어도 당일 새벽이나 그 전일 임무지시를 해야 하는데, 여기에 양헌수가 주교소로 보낸 전령의 이동시간도 감안해야 한다. 병인양요 당시 『고종실록』에 등장하는 순무영 중군의 보고가 거의 대부분 사건발생 하루 뒤에 올라온다는 점을 감안한다면, 도섭과 관련된 개략안은 26일이나 27일에 확정되었을 가능성이 가장 높다. 경강선과 관련된 내용은 김원모, 「병인일기의 연구」, pp.196~202 참조.

물론 10월 25일 이전에 이미 결심을 했을 가능성도 있지만, 지금까지 살펴본 바와 같이 정보가 부족했기 때문에 강화도로 들어가겠다는 결심을 내리기는 어려웠을 것으

목표를 선정하지 못한 상태였지만, 공세적인 작전을 수행한다는 개념을 실현시키기 위한 방책의 구상은 이루어지고 있었다. 최초의 구상은 가용한 선박을 활용한 도섭작전이었다. 하지만 프랑스군이 인근 선박들에 불을 지르고 다녀 당장 가용한 선박이 없었다. 10월 28일에 양헌수를 지원하기위해 조강(祖江)에 도착한 경강선(京江船)도 병력을 수송하기엔 부적합해 병력 수송이 가능한 선박을 구해야만 했다. 이처럼 즉각적인 도섭이 제한되자, 양헌수는 상륙과 화공작전을 병행하는 방향으로 방책을 수정하기도 한다.[43)]

경강선을 점검한 직후 양헌수는 백의별군관(白衣別軍官) 이중윤(李重允)에게 수송선을 확보하는 임무를, 백의별군관 안명호(安明鎬)에게는 화공을 위한 뗏목의 확보 임무를 부여했다. 선박 문제는 이중윤이 11월 1일에 민간의 배 5척을 마련하는데 성공하며 해소된다.[44)] 하지만 작전간 활용할 화포의 준비 상태가 미비했고, 화공을 위한 뗏목 또한 아직 준비를 하고 있는 상황이어서 도섭은 11월 1일에는 바로 시행되지 못한다. 이후 화포의 준비가 11월 4일에 완료되며 양헌수는 도섭작전 진행을 결심하게 된다. 뗏목은 이때까지도 준비가 완료되지 않아 작전에 활용할 수 없었다.[45)]

하지만 염하수로를 건너는 것만으로는 프랑스군에게 직접적인 타격을 입힐 수 없었다. 프랑스군에게 피해를 강요하기 위해서는 어떤

로 보인다. 관련하여 이상훈도 문수산성 전투(10월 25일) 이후 프랑스군 화력의 우세를 확인한 양헌수가 기병작전(奇兵作戰)을 펼쳐 적을 제압하기 위해 염하수로 도하를 계획했다고 보고 있다. 이상훈, 『전략전술의 한국사−국가전략에서 도하전까지』, p.286.

43) 김원모, 「병인일기의 연구」, p.202.

44) 이중윤이 구해온 배는 70인 수용 가능한 배가 2척, 30인 수용가능한 배가 3척이었다. 이 중 70인용 1척과 30인용 1척은 수리가 필요했으나, 도하가 시작되는 11월 7일에는 수리가 완료되었다. 이상훈, 『전략전술의 한국사−국가전략에서 도하전까지』, pp.295~296 참조.

45) 김원모, 「병인일기의 연구」, pp.203~205.

식이든 전투가 이루어 져야 한다. 그리고 전투가 일어나기 위해선 공격해야 할 적부대나 점령해야 할 중요지형 등의 목표선정이 필요하다. 목표는 다양하게 선정될 수 있었다. 가장 직접적으로는 프랑스군이 점거하고 있는 강화부성에 대해 공격하는 방법도 있다. 하지만 이 방책은 그들의 방비태세나 무기의 질적인 차이 등을 판단해 봤을 때 양헌수의 부대만으로 고려할 만한 계획은 아니었다. 양군의 전투력 차이를 고려했을 때, 직접 공격하는 것 보다는 적에게는 물리적, 심리적 타격을 입히고 아군에게는 장차작전을 계획하는데 도움이 될 수 있는 지형을 선정하여 점령을 하는 편이 유리했다.

중요지역을 선점하고 적에 대한 방비를 갖추려는 노력은 이미 통진에 도착하고 난 직후인 10월 19일부터 지속되고 있었다. 양헌수는

> "무릇 진(陣)에 머물면서 적의 내침에 대응하려면 반드시 먼저 요해처(要害處)를 지킴으로써 불우(不虞)의 변에 대비해야 하는데, 객지(客地)에 처음 왔기 때문에, 형편을 채득(採得)하는데 어두웠다."[46]

와 같이 언급하며 작전지역 내의 중요지형지물을 파악하기 위해 노력해왔다. 그러한 노력의 끝에 도섭을 결심한 이후인 11월 5일, 손돌무덤 인근에서 염하수로 대안상의 정족산성을 발견할 수 있었다. 그곳이 방어에 유리한 지역이라는 점을 확인한 양헌수는 정족산성을 도섭 이후 점령해야 할 목표로 결정하며 작전계획을 완성한다.[47]

(3) 사회적 판단기술 분석

계획을 완성한 다음 그것을 실천에 옮기는 과정에서 양헌수가 보

---

46) Ibid., p.199.

47) Ibid., pp.204~205.

여준 리더십의 무게중심은 문제해결기술에서 사회적 판단기술로 옮겨가게 된다. 양헌수의 부대는 기존까지 서로 다른 조직에 속해있던 이들이 순무영 선봉이란 이름으로 편조된 부대였다. 때문에 양헌수가 이들을 지휘하기 위해선 각 조직원들의 서로 다른 생각을 이해하고 리더인 자신이 원하는 방향으로 끌고나가는 사회적 판단기술의 발현이 필요했다. 사회적 판단기술은 조망수용능력, 사회지각능력, 행동유연성, 사회적 수행 등으로 구성된다.

첫째, 조망수용 능력이다. 편조된 양헌수 부대의 특성상, 하부 집단을 구성하는 구성원들의 각기 다른 기대와 목표에 대해 이해하고 수용하는 조망수용능력이 필요했다. 그의 부대는 훈련도감과 별파진의 군사, 향포수(鄕砲手) 등이 혼재되어 있었다. 양헌수 본인도 10월 16일이 되어서야 훈련도감 우도천총(右道千摠) 및 순무영 천총으로 임명되었기 때문에 휘하 부하들 중 원소속이 같은 훈련도감의 병력들조차도 완전히 장악하기는 어려운 상황이었다.

특히 향포수들은 정규군이 아니어서 더욱 지휘하기 어려웠다. 양헌수가

> "대개 300년 동안이나 전쟁을 모르고 살아왔으므로 경군(京軍)도 사율(師律)을 알지 못하고 있거늘 하물며 이러한 군대는 말할 것 없다. 향포수는 오합지졸이라…"[48)]

라고 지적하듯, 그들은 전장에서 받는 스트레스에 대한 내성이 약했다. 군사훈련을 전문적으로 받지 못했기 때문에 생존과 안전에 대한 욕구가 커지면 조직보다는 개인의 안위를 위해 움직일 가능성이 경군이나 표하군 보다 높았다. 이런 가능성은 향포수들이 모군(募軍)에

---

48) Ibid., p.207.

응한 동기가 돈이 아니라 나라를 위해 양이(洋夷)들과 싸우는 것이었다 할지라도 마찬가지였다. 실제로 그들은 작전에 투입되자 승선 및 상륙을 거부하고 임의로 철수하기도 하며, 일부는 탈영을 한다.[49)]

목전에 타도해야 할 적을 앞둔 상태에서 일어난 부대원의 이탈시도는 지휘관으로서는 용납하기 힘든 사태로 엄벌을 처해야 하는 사안이었다. 하지만 양헌수에게는 여의치 않은 일이었다. 도섭작전을 수행하기 위해 양헌수는 순무영 선봉의 병력 중 향포수 367명, 경초군 121명, 표하군 38명을 추려 작전지휘에 나섰는데, 병력 구조상 향포수들이 부대의 주력을 이루고 있었기 때문이다.[50)] 과도하게 엄한 태도는 향포수들의 집단적인 반발이나 대규모 탈영 등을 야기할 우려가 있었다.

이런 상황에서 임무완수와 조직유지라는 두 축을 함께하기 위해선 엄벌과 포용 사이의 적정선을 찾는 것이 필요했다. 양헌수의 기본적인 태도는 11월 7일 승선을 거부하는 병력들을 보며

> "갑자기 사지(死地)로 들어감에 있어서 엄명을 함부로 실시할 수도 없었다."[51)]

와 같이 고백한 것에서도 볼 수 있듯 그들의 행동을 이해하고 수용하는 것이었다. 물론 그렇다고 그들의 행동을 마냥 용납해 준 것은 아니다.

---

49) 이후에 다시 다루겠지만, 당시 병사들의 일탈행동을 종합하면 다음과 같다.
1. 11월 7일, 승선 및 상륙 거부
2. 11월 7일, 도섭 간 거짓으로 소리를 질러 회군 시도
3. 11월 8일, 도섭을 위해 대기 중이던 선격(船格)이 배를 끌고 도주
4. 11월 8일, 정족산성으로 이동하는 과정에서 탈영병 18명 발생

Ibid., pp.205~207에서 정리

50) Ibid., p.205.

51) Ibid., p.207.

도섭작전이 개시된 11월 7일 야간의 사건은 양헌수가 찾아간 적정선에 대해 가장 명확하게 보여준다. 당시 그의 부대는 부래도(浮來島)에서 광성진(廣省鎭)으로 1차 수송을 하고 있었다. 이제 막 배들이 출항하여 이동하고 있을 때, 후미선박의 군졸이 큰소리로 철수를 지시하며 군령을 어지럽히는 사건이 발생한다. 이때 양헌수는 "배를 만약 되돌린다면 내 손으로 칼을 빼어 모조리 참하리라" 고 크게 외쳐 병력들이 동요하지 않도록 조치만 취하고 해당 병력에 대해서는 누구인지 알면서도 묵인한다.[52] 이처럼 양헌수는 조직의 목표 달성에 결정적인 장애가 되지 않는 범위 내에서 병력들의 생존에 대한 욕구를 이해하고 인정해 주는 모습을 보였다. 그 결과 부대 전체의 사기가 현저히 저하되거나 부대가 와해되는 등의 상황을 피할 수 있었다.

병사들과는 반대로 작전수행에 열의를 가지고 있고, 보다 적극적 참여를 통해 공을 세우고 싶어 하는 군관들에 대해서는 그들의 의견을 전폭적으로 수렴한다.[53] 이처럼 양헌수는 생존에 대한 욕구와 공을 세우고 싶은 욕구 등과 같이 하부조직원들의 다양한 기대와 목표를 이해하고 수용해 나갔다. 그러면서도 목표 달성을 위해 조직을 운영해 나갔다는 측면에서 그가 보여준 리더십의 모습은 Mumford 이론의 조망수용능력에서 제시한 모습과 일치한다.

둘째, 사회지각능력이다. 양헌수는 자신이 하달하는 지침에 따라

---

52) Ibid., pp.207~208.

53) 사례로는 10월 28일 안명호가 뗏목을 만들어 화공작전을 펼치고 싶어 하자 이를 승인하고 준비시킨 건, 11월 5일 이기조가 작전계획을 발전시키고 싶어 해 이를 맡긴 건이 있다. 안명호는 10월 28일 양헌수가 염하수로를 건너 병력을 상륙시킬 수 있는 선박들을 점검했으나 마땅한 선박을 찾지 못하는 모습을 본 후, 스스로 강령포에서 화공에 필요한 뗏목을 준비하겠다고 건의하였다. 이기조는 덕포진에서 도섭을 위한 화포상태를 점검하던 중 양헌수에게 작전계획을 세우고 싶다고 건의하였다. Ibid., pp.202~204.

병력들이 어떻게 움직이고 그 과정에서 처하는 문제가 무엇인지에 대해서도 깊이 있게 이해하는 모습을 자주 보인다. 예를 들어 부대가 이동하면 식량과 체력을 소모하며 그것이 소진될 경우 부대원의 사기도 함께 저하된다는 사실을 잘 인지하고 있었다. 또 그는 자신의 결정과 말 한마디가 병력들에게 미치는 파급효과가 크다는 것을 잘 알고 있었다. 때문에 늘 이런 부분에 대해 신경 쓰고 병력들이 급양에 있어서 부족함을 느끼거나 전투외의 활동으로 체력적 한계에 도달하지 않도록 유의했다. 나아가 자신의 지시와 말에 의해 병력들이 좌절하지 않도록 조치들을 취했다.

사회지각능력과 관련된 세부적인 사례들로는 먼저 작전계획을 완성한 11월 5일에 내린 지시를 내린 건을 들 수 있다. 양헌수는 부대를 덕포진(德浦鎭)으로 이동시키기에 앞서 각 병사들에게 2명당 1개씩 면포대(綿布袋)를 만들어 2일치 식량과 절편을 준비해 두도록 지시한다. 그리고 그것을 2인이 교대로 짊어지도록 조치하여 부대이동간 병력들이 과도하게 지치는 것을 방지하려고 노력했던 것이다.[54] 당연하고 생각하기 쉬운 일들인 것 같지만, 장수가 임무달성만 신경을 쓰거나 병사 개개인의 신체활동에 대한 깊은 이해를 하지 못한다면 나오기 어려운 조치들이다.

또 부대가 통진부에서 덕포로 이동을 시작한 11월 6일에는 표하군(標下軍)들만 거느리고 먼저 이동해, 도섭 가능여부를 살피고 병력들을 위한 식사 준비에 관련된 사항을 사전 조치하였다. 이는 병사들이 불필요한 행군을 하는 것을 최소화시키고 중단없는 급양을 통해 체력저하를 방지하기 위한 행동이었다. 이외에도 11월 7일에서 8일로 넘어가는 새벽, 자신은 깨어서 후속병력들을 기다리면서도 먼저 도섭해 지쳐있는 병력들은 충분한 휴식을 취하도록 하는 등 항상 병사들

54) Ibid., p.205.

의 체력을 신경쓰는 모습을 보인다. 나아가 11월 8일에는 정족산성에서 주민들로부터 군량으로 받은 쌀과 소고기 등으로 병사들을 배불리 먹였으며, 백성들이 바친 흑우(黑牛)로는 제사를 지내 심적 안정을 취할 수 있도록 해 다음날 전투에 대비시켰다.55) 이처럼 양헌수는 식사와 휴식이라는 기본적 욕구를 충족시키고 전투를 앞둔 상태에서 오는 심리적 압박은 해소해 주려고 노력했다.

사회지각능력에 대해 살펴볼 수 있는 보다 극적인 사례로는 양헌수가 중군의 회군지시를 거부한 사건을 들 수 있다. 회군 거부는 다음과 같은 상황 속에서 발생한다. 통진부에서 덕포까지 부대를 이동시킨 양헌수는 이동 당일인 11월 6일 야간에 바로 도섭을 시행하려 했다. 하지만 바람이 심해 도섭이 어려웠고, 이를 보고하자 중군 이용희는 다음날 아침 영전사(令箭使)를 보내 회군하라는 지침을 하달한다. 못마땅했지만 명령을 어길 수 없었던 양헌수는 중군의 지침에 따라 회군을 시작하는데, 10리도 못 미친 지점에서 덕포로 다시 이동하라는 지시가 하달된다. 두 차례의 번복되는 지시를 받은 병력들은 이미 "발걸음이 느리고 힘이 빠져서 거의 모두가 지쳐있었다." 양헌수는 지친 병사들을 다독여 다시 통진으로 이동했고, 이동 후 도섭을 위한 준비를 마친다. 하지만 중군은 양헌수가 저녁이 되어 병력들의 점호를 마치고 병력들을 승선시키고 있을 때, 다시금 회군을 하라는 지시를 하달한다.56) 이에 양헌수는

> "군대가 이미 승선했으니, 중지시킬 수 없다. 만약 다시 회군한다면 이로부터 앞으로는 다시 용병할 수 없다."57)

---

55) Ibid., pp.205~210.

56) Ibid., pp.206~209.

57) Ibid., p.209.

고 답한 후 도섭을 강행해 버린다. 번복되는 지시로 병력들의 불만이 고조되고 있으며, 사기도 떨어지고 있다는 사실을 알고 있었기 때문에 내릴 수 있는 조치였다.[58)]

위의 사례들에서 살펴본 것과 같이 양헌수는 부하들의 기대와 목표를 잘 이해하고, 그들이 처한 매 상황마다 어떤 상태에 놓이게 되는지에 대한 이해가 깊었다. 때문에 양헌수는 매 고비마다 병력들의 상태에 맞게 유연하게 대처하는 행동유연성을 보이거나, 부하들과 소통하면서 계획을 보완하고 때로는 자신의 뜻대로 병력들을 끌고 나가기도 하는 등의 사회적 수행도 할 수 있었다.

셋째, 행동유연성이다. 관련된 사례들로는 다음과 같은 것들이 있다. 11월 6일 불어온 태풍으로 작전 강행이 위험해 보이자 도섭일자를 변경시키는 모습, 앞서 사회지각능력에서 예를 든 것과 같이 도섭이 시작된 11월 7일 중군의 번복되는 명령에 대해 거부하는 모습에서 찾아볼 수 있다. 또 도섭작전이 시작되고 난 이후 조수의 흐름으로 인해 같은 자리에서 수차례 도섭하는 것이 제한된다는 덕포첨사의 조언에 따라 출발지점을 부래도, 손돌목, 적암포로 나누는 모습이나, 같은 날 병력들이 풀숲에 적이 매복해 있는 것 같다며 상륙을 거부할 때 먼저 배에서 내려 풀숲을 헤치며 안전을 확인해 주는 모습 등에서도 행동유연성을 찾아볼 수 있다.[59)]

넷째, 사회적 수행이다. 이는 그가 부하들과 소통하거나 병력들을 다독이는 장면에서 자주 나타난다. 소통의 예로는 11월 5일 정찰간 정족산성을 발견한 이후 별군관 이현규(李鉉奎), 이병숙(李秉淑)에게 산성을 보여주며 점령목표로 선정하는 것에 대한 의견을 나누는 모습이 있다. 병사들을 다독이며 보여준 사회적 수행은 11월 6일의 반

58) 이러한 조치는 동시에 양헌수가 행동유연성을 발휘한 사례로도 볼 수 있다.

59) Ibid., p.207~208.

복되는 회군으로 지친 병사들에게

> "어젯밤 날씨가 몹시 차고 바람마저 세차게 불었는데, 너희들이 바깥에서 노숙했다니 내 마음이 아프다. 이제 또다시 찬바람을 안고 북행하게 하니 몸을 선뜻 되돌려 가면 더욱 추워서 입이 다물어지게 될 것이다. 그러나 나라의 신민으로서 어찌 이 같은 수고스러움을 사양하겠는가. 모름지기 걸음을 재촉하여 나를 따르라"[60]

며 그들의 상황을 이해해주고 다독이는 한편 구국의 신념을 다지도록 독려하는 모습이 대표적이다. 또 도섭을 위해 덕포에서 승선을 지시했으나 병력들이 탑승을 거부할 때는 칼을 빼어 들고 "너희들은 배 타기가 겁나는가. 비겁한 병졸은 비록 10만이 된다 해도 아무런 소용이 없도다. 겁이 나면 모두들 가거라. 내 장차 홀로 건너가겠다." 며 독려하는 모습에서도 사회적 수행의 특성을 찾아 볼 수 있다.[61] 이처럼 양헌수는 활약을 하고 싶어 하는 부하들을 위해서는 의사소통을, 힘들어하고 두려워하는 부하들을 위해서는 독려를 통해 프랑스군 타도라는 비전을 부하들에게 이식해 갔다.

4 지식 및 개인특성 분석

지금까지 살펴 본 것과 같이, 근대화된 프랑스군의 내침이라는 새로운 문제상황에 대응하는 양헌수의 모습은 Mumford의 문제해결기술과 사회적 판단기술이라는 개념이 제시하는 리더의 상과 상당부분

60) Ibid., p.207.
61) Ibid., pp.205~209.

일치한다. 이처럼 양헌수가 문제해결기술과 사회적 판단기술을 발휘할 수 있었던 것은 그가 부대를 운영하고 전투를 수행하는데 필요한 핵심적인 원칙들을 체계적으로 이해하고 있었기 때문이다. 즉 Mumford가 제시하는 지식을 갖추고 있었다고 말할 수 있다.

우선 그는 지식형성에 필요한 충분한 수준의 일반적 인지능력을 지니고 있었다.[62] 또한 전투 및 부대 운영과 관련된 직무 경험을 통해 쌓은 결정적 인지능력도 갖추고 있었다. 순무영 천총으로 임명되기 전까지 양헌수는 희천군수(熙川郡守)와 갑산부사(甲山府使), 제주목사(濟州牧使) 등 주로 변방의 행정 및 군무 관련 직무를 수행하였던 것이다. 이런 직무경험을 통해 양헌수는 군사 운영에 관한 결정적 인지능력을 충분히 쌓을 수 있었던 것으로 보인다.

이와 같은 그의 직무경험 중 제주목사 시절의 행적에서는 양헌수의 특성과 리더십 스타일이 잘 드러난다. 1864년 제주목사로 발령을 받은 양헌수는 재임기간동안 예하 관료들을 단속하고 백성들을 평안한 삶을 위해 다양한 활동들을 한다. 탐학을 저지른 관료에 대해서는 장계하여 처벌받도록 하고[63] 폐단을 시정하거나, 백성들을 구휼하여 공이 큰 관료들은 포상을 받도록 장계를 올리는 등[64] 공직의 기강을

---

62) 양헌수는 13세에 학문에 뜻을 두고 이항로(李恒老)에게 사사를 받던 중, 가정형편이 어려워 비교적 관직 진출이 빠른 무관의 길을 택하였다. 무관의 길을 택한 이후에도 저녁에는 사서삼경을 공부하는 등 학문을 게을리 하지 않았다고 한다. 이런 사례를 통해 그가 정보를 수집하고 처리하는데 필요한 충분한 수준의 일반적 인지능력을 가지고 있었다고 추론해 볼 수 있다. 김원모, 「로즈함대의 내침과 양헌수의 항전(1866)」, pp.188~189.

63) 전판관(前判官) 백기호(白基虎)의 잘못을 전라감사(全羅監司) 정건조(鄭健朝)에게 보고하였다. 정건조로 부터 보고를 받은 고종은 백기호를 흑산도로 유배보낸다. 『고종실록』 3권, 고종 2년 2월 15일 3번째 기사.

64) 현내 폐단을 시정하고 백성들로부터 신뢰를 받은 정의현감(旌義縣監) 이언길(李彦吉)은 양헌수의 장계에 따라 포상을 바도 1년 연임을 하게 되었다. 『승정원일기』 2690책, 고종 2년 윤 5월 28일.; 궁핍한 백성들을 사재를 써서 구휼한 대정군수(大靜郡守) 한홍일(韓弘一) 등도 양헌수의 장계로 포상을 받았다. 『승정원일기』 2703책, 고종 3년 6월 27일.

바로 세우고 공이 있는 아랫사람들은 나서서 살피는 모습을 보인다. 또한 비나 바람으로 사고를 당한 현민들에 대해서는 그때마다 원휼전을 주거나 환곡 등을 탕감 받을 수 있도록 조치하고,[65] 작황이 좋지 않아 조정으로부터 요구받은 진상품의 양을 다 채우지 못할 때는 이를 보고하여 경감시킴으로써 백성들의 부담을 줄이거나 환곡의 봉납을 연기시키기도 한다.[66]

이처럼 제주라는 고립된 공간에서 벌어진 여러 상황을 겪으며 양헌수는 관료 혹은 리더로서의 책무에 대해 생각하게 된다.[67] 그리고 이런 경험들이 작용하여 아랫사람들의 어려움을 이해하고 유연하게 대처하고, 때로는 현장 지휘관으로서 독자성을 발휘하기도 하는 특유의 지휘방식을 갖추게 된 것으로 보인다.

마지막으로 다룰 양헌수의 개인특성은 동기이다. 그는 모든 어려움을 맞서서 조직을 이끌고 임무를 완수하겠다는 강렬한 동기, 즉 복잡한 문제를 해결하려는 의지와 조직을 주도적으로 이끌어가려는 의지, 그리고 공공선을 위해 헌신하려는 의지를 가지고 있었다.

문제를 해결하고자 하는 의지는 임금에 충성하고 국은에 보답해야 한다는 유교적 가치관에 기초하고 있었다. 그의 충정은 10월 28일, 염하수로를 건널 수단이 없다는 것을 실감한 직후 백의별군사 이중윤에게 선박을 어떻게든 구해 올 것을 지시하며 한탄 한 것에서 잘 나타난다.

"이곳에 온지가 이미 10여 일이 지났는데도 한발짝도 전진할 수 없으

---

65) 『승정원일기』 2679책, 고종 1년 7월 27일.; 『승정원일기』 2686책, 고종 2년 2월 15일.; 『승정원일기』 2690책, 고종 2년 윤 5월 3일.

66) 『승정원일기』 2684책, 고종 1년 12월 5일.; 『승정원일기』 2684책, 고종 1년 12월 11일.; 『승정원일기』 2698책, 고종 3년 1월 3일.

67) 서신혜, 「조선후기 凶荒 현장과 제주 목민관의 생각－남구명의 『凶年記事』와 양헌수의 『惻棄兒設』을 중심으로－」 『온지논총』 제84호, 2015, p.137.

며 … 공연히 나라의 곡식만 축내고 있을 뿐이다. … 밥을 먹어도 목구멍에 넘어가지 아니하고, 등창이 나 죽을 지경이다."[68]

조직을 자신의 의지대로 이끌어 나가려는 모습은 문제를 해결하는 방식을 통해서 살펴볼 수 있었다. 전반적으로 그는 부하들의 의견을 잘 수렴하고 필요에 따라 융통성을 보이기도 했다. 하지만 본질적으로는 늘 병력들보다 앞서 나가 선두에서 지휘하고 때로는 정찰을 위해 적 포격의 위험도 마다하지 않는 등과 같이 조직을 주도적으로 이끌어가려는 의지를 가지고 있었다. 이미 살펴본 사례이지만, 11월 6일 부하들이 행군을 시작하기 전에 먼저 도섭지점을 점검하고 식사를 준비하는 모습이나, 도섭작전이 개시된 11월 7일 상륙을 거부하는 부하들에 앞서 먼저 뭍에 뛰어 내렸던 모습 등이 이러한 그의 의지를 잘 보여준다. 심지어 10월 29일에는 부하들의 만류에도 불구하고 홀로 정찰에 나서기도 했다. 야간에 수유현(水踰峴)에 올라간 그는 갑작스럽게 불을 밝혀 프랑스 함대의 포격을 유도함으로써 그들의 방비태세와 무기의 위력을 현장에서 확인하고 돌아왔던 것이다.[69]

위의 사례들에서 공공선의 달성을 위한 자기희생적 의지 또한 함께 찾아 볼 수 있다. 이처럼 부대지휘라는 공적인 임무에서 뿐만 아니라 사적인 부분에서도 양헌수는 자기희생적 모습을 보인다. 그는 출정 이후 도섭 전까지 집으로 편지 한통 보내지 않았으며, 도섭 직전에 집에서 보낸 편지와 겨울옷이 도착하자 옷은 민가에 던지고

"말에 오르니 집을 잊어버리고, 성을 나오니 내 몸을 잊어버렸노라. 내 일신이 편하게 지내고 있기 때문에 편지를 쓰지 못했노라. 이제 장차 바다를 건너려고 하는데, 맹서코 살아 돌아오지 않겠다. … "[70]

---

68) 김원모, 「병인일기의 연구」, p.202.

69) Ibid., pp.202~203.

는 답장만 남긴 채 도섭을 강행해 버리기도 했다. 이는 스스로가 도섭을 앞두고 마음이 흐트러지는 것을 방지하기 위한 행동이자, 부하들이 떠나온 가족을 생각하며 사기가 저하되는 것을 방지하기 위한 행동이었다.[71]

5 맺음말

11월 8일 아침, 도섭작전에 참가한 전 부대를 정족산성에 집결시킨 양헌수는 다음날 프랑스군 올리비에(Olivier) 대령의 부대와의 전투에서 승리를 거둔다. 병력들을 충분히 휴식시킨 후 주요 거점에 매복시켜 두었던 양헌수와 달리 올리비에는 무방비 상태로 정족산성에 접근했던 것이다. 프랑스군은 화포 없이 개인화기로만 무장했으며, 매복에 대한 대비도 하지 않은 상태였다. 양헌수는 이러한 과오를 포착해 프랑스군에게 기습공격을 감행했다.[72]

이후 벌어진 전투는 기습을 감행한 양헌수의 군대에게 유리하게 진행되기는 했으나, 프랑스군의 우월한 무기와 훈련정도의 차이로 기습의 효과는 점차 반감되어 갔다. 양헌수에 따르면 프랑스군의 소총 사거리는 조선군 화승총의 5배 가량이 되었으며, 발사속도도 조선군에 비해 월등했다. 또 프랑스 병사들은 기습공격을 당했음에도 도망가지 않고 응전에 나섰으며, 동료가 쓰러지면 오른손으로 총을 쏘고 왼손으로는 동료를 끌고 이동하는 등 숙달된 전투행동을 보여주었다.

---

70) Ibid., p.210.

71) 이러한 행동은 삼국시대, 연이은 출정으로 병사들의 사기가 떨어질 것을 우려한 김유신이 본인의 집 앞을 무심히 지나간 것에 비견될 수 있을 것이다.

72) Ibid., pp.201~205.

그렇게 몇 시간에 걸친 전투 끝에 조선군은 탄환이 다 떨어지며 오히려 패배의 위기에 몰리게 된다. 하지만 갑작스럽게 프랑스군이 철수하면서 전투는 조선군의 승리로 끝이 난다.[73)]

정족산성에서의 전투는 몇 시간에 걸친 회전자체도 중요하지만, 회전이 있기까지 적을 파악하고 작전계획을 수립하고 부대를 정족산성까지 기동시키는 과정에서의 어려움과 중요도가 더 컸다고 말할 수 있다. 지금까지 살펴본 것처럼 프랑스군에 대응하기 위한 조선군은 출정을 하는 순간부터 많은 문제에 시달릴 수밖에 없었다. 그럼에도 불구하고 양헌수는 모든 문제를 효과적으로 제어하며 결국에는 전투를 승리로 이끌었다. 이 과정은 양헌수의 리더십이 발휘되었기 때문에 제대로 진행될 수 있었다. 본고는 이러한 점에 주목하여 양헌수가 왜 성공할 수 있었는지를 확인하기 위해 그의 리더십을 Mumford의 이론에 대입하여 분석하고자 했다.

양헌수군이 일자별로 겪었던 상황의 개략적인 흐름은 다음 〈표 3〉에 정리된 것과 같다. 〈표 3〉에서 볼 수 있는 것과 같이 출정을 하는 순간부터 양헌수는 Mumford가 제시한 것처럼 비일상적이고 잘 정의되지 않은 문제상황에 부딪쳤다. 적에 대한 정보와 병력, 물자 등 모든 자산들은 부족했고, 양헌수에게 하달된 지침은 너무나 포괄적이었다. 가용부대인 순무영 선봉진은 긴급하게 편조된 부대였으며, 특히 향포수와 같이 군무(軍務)에 익숙하지 않은 병력들이 주력을 차지하고 있었다.

이런 상황을 타개하기 위한 양헌수의 노력을 Mumford가 제시한 문제해결기술의 측면에서 살펴보면 다음과 같이 정리될 수 있다. 첫째, 그는 적과 지형에 대한 정보를 수집했다. 둘째, 수집된 정보를 바탕으로 적의 대략적인 능력과, 당분간은 강화도에서 더 이상 진격할

---

73) Ibid., p.211.

〈표 3〉 양헌수군의 일자별 주요상황 정리

일 자	주요상황
10.16	출정
10.18	오전 김포 도착 / 오후 통진부 점령
10.19 ~ 10.24	적정파악
10.26	문수산성 전투 패배
10.28 ~ 11.5	도섭작전 준비
11.6 ~ 11.7	도섭작전 실행(태풍, 번복되는 명령, 병력들의 일탈행위)
11.8	전투준비
11.9	정족산성 전투 승리

출처: 김원모, 「병인일기의 연구」, pp.197~213의 내용 정리.

만한 의지가 보이지 않는다는 점을 파악해 냄으로써 문제 상황에 대한 정의를 내렸다. 셋째, 그러한 정의를 바탕으로 도섭작전이라는 해결책을 만들어 냈다.

사회적 판단기술은 도섭작전을 실행하는 과정에서는 주로 등장했다. 이때 보여준 모습으로는 첫째, 양헌수는 조직원들의 서로 다른 욕구와 기대에 대해 잘 이해하고 포용할 줄 아는 조망수용능력을 갖추고 있었다. 그는 적극적으로 작전과 관련된 의사를 표현하는 부하들에 대해선 그 의견을 채택했다. 반대로 이탈하려는 부하들이 등장하면 처벌은 최대한 피하면서도 부대의 군기는 유지하는 절충점을 찾아냈다. 둘째, 자신의 지휘 혹은 주변 여건에 따라 부하들이 어떠한 상태에 놓이는지에 대한 이해, 즉 사회지각능력이 뛰어났다. 그러한 능력을 바탕으로 부하들이 최대한 불편을 덜 겪고 사기가 최대한 떨어지지 않도록 하는 조치들을 취해나갔다. 이를 위해 때로는 상부의 명령을 거부하는 과감함까지도 보였다.

양헌수가 이처럼 문제해결기술과 사회적 판단기술을 잘 발휘할 수 있었던 것은 1차적으로 군부대 지휘에 필요한 사항들을 체계적으로 이해하는 지식을 갖추고 있었기 때문이다. 그리고 그러한 지식은 양헌수가 정보처리 능력과 다양한 생각수용력을 비롯한 일반적 인지능력을 타고났을 뿐만 아니라, 제주목사를 비롯한 각종 직무경력을 통해 얻은 교훈들이 양헌수 자신의 개성과 연관되어 잘 축적되어 있었기에 적절하게 활용될 수 있었다.

정리하면, Mumford의 이론을 기준으로 봤을 때 양헌수는 작전 성공에 긍정적이고 결정적인 영향을 미치는 주요 능력들을 모두 갖추고 있었다고 말할 수 있다. 그는 복잡한 문제상황의 본질을 찾아내어 그에 상응하는 문제해결책을 구상하는 능력을 가지고 있었으며, 해결책을 다듬고 실천으로 옮기는 과정에서 부하들의 마음을 하나로 이끌어 내는 능력을 갖추고 있었다. 따라서 그의 리더십은 오늘날의 리더들에게도 현실의 복잡한 문제상황 속에서 조직을 어떻게 이끌어 나갈지에 대한 함의를 줄 수 있을 것이다.

다만, 서두에서도 언급했듯이 해석의 측면에서 볼 때, 현대적 분석의 틀로 전근대의 사례를 분석하는 과정에서 다소 매끄럽지 못한 부분이 있을 수 있다는 점은 유념할 필요가 있다. 또한 현실의 각 리더들이 처하게 되는 다양한 문제상황은 이론과 달리 매우 다양한 형태로 나타날 수 있기 때문에[74] 이론의 천편일률적 적용도 주의해야만 한다. 나아가 이론 자체의 측면에서는 Mumford가 제시한 핵심능력 중 무엇이 리더의 성공에 결정적으로 영향을 미쳤는지에 대한 논증이 다소 미흡해, 리더들이 어디에 초점을 맞추는 것이 필요한지 알기 힘들다는 한계점이 있다. 이러한 한계점들은 동일한 이론을 또 다른 성공사례 혹은 실패한 사례에 적용하며 연구의 외연을 확장하면서 보완해 나갈 수 있을 것이다.

74) Peter G. Northouse, *Leadership Theory and Practice*, pp.54~56.

갑오개혁 이후 「육군징벌령」과 「육군법률」의 제정과 의의

| 김혜영 |

1 머리말

1894년 7월부터 1896년 2월까지 추진된 갑오개혁으로 인해 기존에 존재하던 조선의 군사조직은 중앙의 친위대와 지방의 진위대로 새롭게 재편되었다. 그리고 이와 같은 군사분야의 개혁은 1897년에 대한제국이 성립된 이후에도 부국강병의 실현과 황제권 강화라는 측면에서 지속적으로 추진되었다. 그리하여 1897년에는 러시아 교관단의 훈련을 받은 시위대가 창설되었고, 1899년에는 대원수인 황제가 모든 군기(軍機)를 총괄하고 육해군을 통령하는 원수부가 설치되었다.

한편 이 당시 군사조직의 변화와 함께 군사법제도(軍司法制度)의 개혁도 이루어졌는데 그 결과 1896년 1월 24일에는 칙령 제11호로 「육군징벌령」이, 1900년 9월 14일에는 법률 제4호로 「육군법률」이 각각 반포되었다. 이 두 법령은 갑오개혁 이후부터 대한제국기까지 통틀어 군인들의 비행 및 범죄에 대한 형벌을 명시한 유일한 군사법 법령임에도 불구하고[1)] 이 시기 군사정책 및 군사분야 관련 연구에서 별다른 주목을 받지 못했다.

특히 군징계령이라고 할 수 있는 「육군징벌령」의 경우 기존 연구는 거의 전무한 실정이다. 이와 비교하여 군형법인 「육군법률」의 경우는 법사학계(法史學界)에서 연구된 바 있으나 법사학계에서도 「육군법률」에 대해 갑오개혁 이후부터 진행되어온 사법제도 발달과정상의 산물 중 하나이자 1905년에 반포된 「형법대전」의 전사(前史)로서 그 의미를 찾고 있는 정도이다.[2)]

하지만 「육군징벌령」과 「육군법률」이 제정·반포된 시기는 전쟁을 통해 일본을 비롯한 서구열강의 우월한 군사력을 직접 경험한 조선이 부국강병의 기치를 내걸고 군사분야의 개혁에 고군분투하였던 시기였다. 즉 군사력의 증강이 어느 때보다도 절실히 요구되었으며 국왕을 비롯한 조정관료 모두가 군사분야의 개혁정책을 적극적으로 추진하였던 시기였던 것이다. 이러한 시대적 배경 하에서 「육군징벌령」

---

1) 1894년 7월 갑오개혁 이후부터 1904년 8월 제1차 한일협약으로 일본에 의한 고문정치가 시작되기 전까지 군사법제도 정비의 일환으로 조선 정부(대한제국 정부)가 주도하여 제정한 군사법 법령에는 앞서 언급된 1896년 「육군징벌령」과 1900년 「육군법률」뿐만 아니라 1900년 「육군법원관제」·「육군감옥관제」, 1901년 「육군치죄규정」·「육군법원처무규칙」·「육군감옥규칙」, 1901년 「육군치죄세칙」·「육군법원소송규정」·「육군감옥세칙」 및 1900년 「육군헌병조례」 등이 있다. 그러나 이 법령들은 군사법의 작용을 위한 일종의 절차법 범주의 법령이며, 군인들의 각종 비행 및 범죄에 대응하는 '형벌'을 규정한 실체법 범주의 법령은 「육군징벌령」과 「육군법률」 뿐이다. 이후 본 연구에서 '군사법 법령'이라고 언급될 경우 「육군징벌령」과 「육군법률」을 지칭함을 일러둔다.

2) 법사학계에서는 「형법대전」을 우리나라 근대초기의 최대 입법성과이자 조선왕조 최후의 종합법전이라고 평가하고 있다. 최근에는 「형법대전」이 반포되기까지 작성되었던 초안을 분석하는 작업을 통해, 「형법대전」이 가지고 있는 전통의 지속성이라는 특징을 당대의 법적 실효성 측면에서 바라보는 연구가 이루어지고 있다. (문준영, 「대한제국기 《刑法大全》 제정에 관한 연구」, 서울대학교 대학원 법학과 석사학위논문, 1998; 정진숙, 「1896~1905년 형법 체계 정비에 관한 연구: 《刑法大全》 제정을 위한 기초작업을 중심으로」, 서울대학교 대학원 국사학과 석사학위 논문, 2007) 한편 갑오개혁 이후 대한제국기까지 사법제도 개혁에 대한 대표적인 연구성과로는 도면회의 연구가 있으나 이 연구에서도 「육군징벌령」과 「육군법률」은 논의되지 않았다. (도면회, 『1894~1905년간 형사재판제도 연구』, 서울대학교 대학원 국사학과 박사학위 논문, 1998)

과 「육군법률」이 제정 · 반포되었다는 사실이 가지고 있는 의미는 단지 '일반형법의 전사(前史)'로서만 한정될 수 있는 그런 것이 아니다. 또한 일반형법과 군사법 법령은 그 시행목적과 적용대상이 서로 다르기 때문에 「육군징벌령」과 「육군법률」의 경우 당시 군이라는 조직이 가지는 상징적 · 기능적인 측면에서 이들이 가지는 의미를 재고할 필요가 있다.

따라서 본 연구는 「육군징벌령」과 「육군법률」의 반포시기에 있었던 '갑오개혁'과 '대한제국의 개혁정책'이라는 당대의 시대적 조건하에서 두 법령이 가지는 역사적 위상과 그 의의를 총체적으로 분석하고자 한다. 이를 위해 2장과 3장에서는 「육군징벌령」과 「육군법률」이 제정 · 반포되게 된 역사적 배경과 그 과정을 추적할 것이다. 그리고 4장과 5장에서는 당시 조선 사회 각 분야의 근대화가 일본의 것을 상당 부분 수용 및 모방하는 형태로 이루어졌다는 사실을 고려하여 「육군징벌령」과 「육군법률」의 각 조항의 구체적인 내용을 메이지(明治) 14년(1881)에 제정되었던 일본의 「육군징벌령」 및 「육군형법」과 비교하는 작업을 진행할 것이다.[3] 이를 바탕으로 「육군징벌령」과 「육군법률」의 각 조항들이 반영하고 있었던 조선 및 대한제국의 군사력 운용 형태 및 사회상을 『관보』 및 『독립신문』 · 『매일신문』 · 『황성신문』 등에 실린 기사를 통해 보다 구체적으로 확인할 것이다.[4]

---

3) 일본의 「육군징벌령」과 조선의 「육군징벌령」이 동일한 명칭으로 표기되므로 혼동을 피하기 위해이하 일본의 「육군징벌령」은 「육군징벌령(일본)」, 조선의 「육군징벌령」은 「육군징벌령(조선)」으로 표기하였다.

4) 「육군징벌령」 전문은 『군부청의서』(奎17718 v.2)에, 『육군법률』 전문은 『육군법률』(奎16028)에 수록된 것을 활용하였다. 『군부청의서』(奎17718)는 1895년부터 1896년까지 군부에서 내각으로 보낸 청의문건을 내각 편록과에서 등서한 것이며, 『육군법률』(奎16028)은 1900년 9월 4일 법률 제5호로서 제정된 「육군법률」과 그 이후 수차례 걸쳐 제정된 「육군법률」의 관련 제규정을 한 책으로 묶어 간행한 법령집이다. 『육군법률』(奎16028)의 간행년도는 서문과 발문에 표기된 1902년 6월 27일로 추정된다.
일본 측 메이지 14년의 자료는 『헌병요규(憲兵要規)』에 수록 있는 「육군징벌령」(1881년 達乙 제73호)과 「육군형법」(1881년 布告 제69호)을 이용하였다. 『헌병요규』는 일본

2 지방 군사조직의 해체와 「육군징벌령」의 반포

1894년 6월 청일전쟁 당시 일본공사 오토리 게이스케(大鳥圭介)가 조선 측에 제시한 5개조의 내정개혁안에서는 "국내의 민란을 진정하고 안녕유지에 필요한 병비(兵備)를 설치할 것"이라는 내용이 명시되어 있었다.[5] 또한 같은 해 7월, 조선 정부의 개혁주체였던 군국기무처는 의안(議案)을 통해 "지금 군사 행정이 정비되지 못하여 군사들의 마음이 균일하지 못해 걸핏하면 규율을 위반하므로 빨리 변통되어야 한다"라는 내용을 상주하였다.[6] 그리고 오토리 후임으로 부임한 이노우에 가오루(井上馨)는 1894년 10월에 조선 측에 제출한 20개조의 내정개혁안에서 "군정(軍政)을 정해야 한다"고 언급하였다.[7] 같은 해 12월, 새로운 내정개혁을 앞두고 종묘에 고한 「홍범14조」에서도 "장관(將官)을 교육하고 징병법을 적용하여 군사 제도의 기초를 확정한다"는 개혁방향이 천명되었다.[8] 이렇듯 군사부문의 개혁은 갑오개혁 이후부터 꾸준히 논의되어 왔으며, 1895년에 들어오면서 본격적으로 시행단계에 들어서게 되었다.

국립국회도서관(http://kindai.da.ndl.go.jp) 및 교토대학(京都大學)에 소장되어 있으며, 본 연구에서는 일본 국립국회도서관에 소장된 것을 참고하였다. 『헌병요규』의 범례를 살펴보면 『헌병요규』는 메이지 31년(1898) 8월 31일 현행법규 가운데 직무상 참고할 수 있는 제 법령들을 편집하여 발간한 것으로 총 2책으로 구성되어 있다. 따라서 『헌병요규』의 간행년도는 1898년 이후로 판단된다. 『헌병요규』의 편집자는 다야마 무네토(田山宗堯)라는 사람으로 당시 경찰과 관련된 잡지를 발행한 경력이 있다. 「육군징벌령」과 「육군형법」의 경우 『헌병요규』 제1책에 수록되어 있으며 『헌병요규』에는 「헌법」·「황실전범(皇室典範)」뿐만 아니라 「해군징벌령」·「해군형법」 및 「형법」 등 사법제도 전반을 아우르는 제 법령이 수록되어 있다.

5) 『舊韓國外交文書』 2, 日案 제2906호, 1894년 6월 1일, 「內政改革方說 및 同綱領案提議」; 『高宗實錄』 卷31, 1894년 6월 21일; 『高宗實錄』 卷31, 1894년 6월 22일.

6) 『高宗實錄』 卷32, 1894년 7월 14일.

7) 『高宗實錄』 卷32, 1894년 10월 23일.

8) 『高宗實錄』 卷32, 1894년 12월 12일.

당시 군사부문의 개혁은 지방제도의 개혁과 함께 지방 군사조직을 혁파하는 방향으로 이루어졌다. 1894년 6월 총제영 혁파를 시작으로[9] 1895년 3월에는 지방 수·육군의 최고 책임자인 5도유수(개성·강화·광주·수원·춘천)와 각 도의 관찰사를 비롯하여 병마절도사·수군절도사·방어사가 패용하는 비밀 병부(兵符)와 각 읍·진수령·변장들이 사용하는 병부를 반부(頒符)하는 제도가 폐지되었다. 각 도에 보관중인 병부도 해당 각 감영에서 회수하여 중앙으로 반납하도록 하였으며, 감영·유수영·병영·수영에 있는 마패도 일체 반납하도록 하였다.[10] 그로부터 약 2개월 뒤에는 감영·안무영과 유수부의 폐지령이 반포되어[11] 경기·충청·경상·전라·강원·황해·평안도와 함경남도의 8감영과 함경북도의 1안무영을 비롯하여 개성·강화·광주·수원·춘천의 5유수부와 전국의 관찰사·안무사·유수 이하의 관직이 폐지되었다.

지방 군사조직의 혁파는 여기서 멈추지 않았다. 1895년 7월 15일에는 조선 수군의 주력이라고 할 수 있는 경상·전라·충청 3도 수군의 최고사령부인 「삼도수군 통제영에 대한 폐지령」이 하달되어 즉시 시행에 들어갔다. 이어서 「각 도의 병영 및 수영에 대한 폐지령」과 「각 진영에 대한 폐지령」 그리고 「각 진보에 대한 폐지령」도 7월 15일에 한꺼번에 반포되었다.[12] 그 내용도 앞의 「삼도수군 통제영에 대한 폐지령」과 마찬가지로 해당 수령과 그 관직을 폐지하며 소속 장교와 병졸도 해산하고 그에 소속되었던 군물·선박·해사(廨舍)·토지·금전·미곡과 딸린 각종 기록·장부 및 일체 물건 등을 군부 내지 탁지부로 이송하거나 관리하게 하였다. 이로써 지방에 소재하고

9) 『高宗實錄』 卷31, 1894년 6월 22일.
10) 『高宗實錄』 卷33, 1895년 3월 1일.
11) 『高宗實錄』 卷33, 1895년 5월 26일.
12) 『高宗實錄』 卷33, 1895년 7월 15일.

있던 전통적인 수륙군이 일거에 폐지되었으며 그들이 소유하고 있던 각종 무기나 장비들도 회수되어 중앙의 군부로 반납하게 되었다.

갑오개혁 이전 구래의 지방 군사조직을 살펴보면 지방 최고군사령관이라고 할 수 있는 병마·수군절도사 직책과 각 지방 요지를 방어하는 군지휘관인 영장(營將)의 직책은 관할 지역의 행정과 사법을 관장하는 지방관인 관찰사와 수령이 겸임하는 것이 일반적이었다. 즉 갑오개혁 이전에는 지방 군사조직이 일반 행정조직과 미분화된 상태로 존재하고 있던 상태였던 것이었다. 하지만 1895년 갑오개혁의 일환으로 추진된 지방제도의 개혁은 지방 군사조직을 해체시키고 지방 군사조직과 일반 행정조직을 분리시켰다. 그 결과 기존에 관찰사 및 지방 수령이 겸임하고 있었던 군사지휘권도 제거되면서 이와 동시에 지방 군사조직도 해체되어 해산된 지방군사력을 통제할 수 있는 주체가 부재하는 상황이 초래되었다.[13)]

이러한 상황에서 정부는 무기가 밀반출되어 불만세력의 수중에 들어가는 것을 막고, 임오군란과 같은 잠재적인 폭동이나 반란을 사전에 종식시키고자 각 종 조치를 취하기 시작하였다. 정부는 1895년 3월과 5월에 걸쳐 병부와 마패를 회수하고 감영·안무영·유수영 등을 폐지하고 나서는 칙령 제110호「군기 등 관사에 관한 건」을 반포하여 뇌관과 화약을 포함하는 전투용 총포와 도창을 직무상 이외에는 휴대하거나 운반하는 것을 금지하였다.[14)] 또한 삼도수군 통제영 및 병영·수영·진보를 폐지시킨 후에는 군부령 제1호를 반포하여 어떠한 사안을 막론하고 해산된 군인들이 10인 이상 모이다가 발각될 때는 주동자를 조사하여 경중에 따라 처벌하도록 하였으며, 같은 날 반포된 군부령 제2호를 통해서는 구영(舊營)소속의 해산 군인들

13) 이동희, 『한국군사제도론』, 일조각, 1982, 186~187쪽.

14) 『高宗實錄』 卷33, 1895년 윤5월 3일.

이 휴대하였던 개인 군장이나 군기 등을 빠짐없이 반납하도록 하였다.[15]

하지만 이와 같은 정부의 노력은 1895년 11월 단발령의 공포를 계기로 전국적으로 일어난 을미의병으로 인하여 위기를 맞았다. 의병 봉기 초기에는 대부분 을미사변과 단발령에 분개한 유생 및 배일세력 인사들이 참여하다가 이후에는 갑오개혁 과정에서 관직을 잃은 관료·이서층 뿐만이 아니라 지방 군사조직이 해체되면서 해산조치가 내려진 지방군도 의병에 참여하게 되었다.[16] 을미의병에 참여한 군인들은 개혁으로 인해 일자리를 잃게 된 직접적인 피해자로서 개혁에 불만으로 가지고 있었으며 의병운동의 참여를 통해 이 같은 개혁을 중단시키고, 한편으로 눈앞의 생계문제를 해결하고자 하였다. 해산된 군인 중 前 영장(營將) 출신의 군인은 군의 통솔과 훈련, 군기(軍器)를 담당한 경험을 바탕으로 의병의 조직적인 활동에 기여하였으며, 포수층은 포군·민정(民丁)·유림군(儒林軍)로 이루어진 의병부대에서 의병의 주전투력으로 활동하였다.[17]

이처럼 해산된 군인들이 전국 각지에 일어난 의병봉기에 참여하고 있는 가운데 정부는 중앙군을 각 지역으로 파견하여 의병들을 진압하고자 하였다. 이에 1896년 1월 28일에는 중앙군인 친위대가 안동에 파견되어 의병부대 제1진을 격파하고, 다음 날 29일에 제2진을 격파한 후 오후 8시에 안동부에 도착하였다.[18] 1896년 2월 17일에는 친위 제1대대 대대장 이남희와 중대장 신우균, 제2대대 중대장 이겸제, 김구현이 춘천의병을 공격하여 해산시키고 회군하였으며, 이에

15) 『官報』 제127호, 1895년 8월 2일, 部令.

16) 을미의병은 을미사변에 대한 분노와 명성황후의 국장문제, 그리고 갑오개혁에 대한 불만 등 다양한 원인들이 복합적으로 연관되면서 표출된 사건이었다. 이상찬, 『1896년 의병운동의 정치적 성격』, 서울대학교 대학원 국사학과 박사학위논문, 1996 참조.

17) 이상찬, 위의 논문, 156~173쪽.

18) 『高宗實錄』 卷34, 1896년 1월 31일.

고종은 2월 19일에 춘천부에서 돌아온 친위 제1·2대대와 공·마병대 사졸을 친히 포상하였다.[19] 하지만 전국적으로 일어난 의병에 비해 파견할 수 있는 중앙군의 수는 한정되어 있었으며 의병의 규모가 점점 커지면서 진압도 어려워질 수밖에 없었다.

한편 이미 1895년 9월에 반포된 「육군편제강령」[20]을 근거로 전국의 육군은 중앙의 친위대와 지방의 진위대로 전면적으로 재편되는 과정에 있었다. 이 과정에서 1896년 1월 7일에 각 지방에 남아있는 구식군대의 처리 문제가 구체적으로 제기되었다. 이에 총리대신 김홍집과 군부대신서리겸탁지부대신 어윤중은 고종에게 진위대를 설치할 때까지 일단 중앙에서 무관을 파견하여 구식군대를 영솔하게 할 것을 건의하여 재가를 받았다.[21]

이러한 상황에서 1896년 1월 24일에 칙령 제11호로 「육군징벌령」이 반포되었다. 「육군징벌령」이 조선 정부 내에서 어떠한 논의를 거쳐 반포되었는지에 대한 구체적인 기록은 남아있지 않다. 하지만 앞서 제시한 바와 같이 1896년 전후 지방제도 개혁으로 인한 지방 군사조직의 해체, 을미의병의 봉기 및 친위·진위대로 구분되는 전국적인 군 재편이라는 시대적 상황에서 「육군징벌령」을 통해 조선 정부는 해산된 지방군사력에 대한 통제를 시도하였음을 알 수 있다. 그리고 의병진압을 위해 지방에 파견되는 중앙군은 「육군징벌령」을 근거로 부대의 엄정한 군기를 유지하면서 의병진압에 전력할 수 있었다.

19) 『官報』 제255호, 1896년 2월 22일, 彙報.

20) 『高宗實錄』 卷33, 1895년 9월 13일.

21) 『請議存案』, 「各地方에 所有흔 錬兵을 鎭衛隊設置前에 派員領率케 흐는 件에 대한 閣議決定案 제12호」, 1896년 1월 7일 軍部大臣臨時署理 度支部大臣 → 議政府; 『指令存案』, 「각 지방의 舊額錬兵을 統衛하기 위하여 將領을 파견하고 병사들의 급료를 지급하는 건은 請議한대로 파견하는 將領의 旅費와 봉급을 모두 예산 내에서 지급하라고 각의에서 결정한 후 재가를 받았다는 指令」, 1896년 1월 8일 內閣總理大臣 金弘集 → 軍部大臣臨時署理 度支部大臣 魚允中; 『官報』 제217호, 1896년 1월 9일, 彙報.

또한 갑오개혁 당시 내각의 의사결정은 1895년 3월 21일에 제정된 「내각사무관리규정(內閣事務辦理規程)」, 「각의제출장정(閣議提出章程)」, 「청의서조사병각의안조제규례(請議書調査并閣議案調製規例)」, 「각의결정장정(閣議決定章程)」, 「재가주청급지령장정(裁可奏請及指令章程)」[22]에 근거하여 왕권을 제약하는 방향으로 이루어졌다. 이에 따라 모든 안건은 내각에서 회의를 통하여 결정되었고, 이 과정에서 국왕은 관여할 수 없었으며 다만 사후적으로 재가 또는 거부할 수 있었다. 그리고 국왕이 제출한 안건이라도 반드시 내각의 결정을 거쳐 동의를 얻어야만 했다.[23] 따라서 이 당시 반포된 「육군징벌령」의 경우도 비록 '칙령'의 형태를 띠고 있으나 국왕인 고종이 제출한 안건이라기보다는, 을미사변 직후 성립한 김홍집 내각이 주체가 되어 을미의병을 비롯한 각종 소요를 저지할 목적으로 시급히 제정·반포하였다고 볼 수 있다.[24] 그리고 이와 같은 「육군징벌령」의 제정·반포 주체에 대한 특징은 후술하겠지만 「육군징벌령」의 각 조항이 메이지 14년에 제정된 「육군징벌령(일본)」의 각 조항과 거의 동일한 문구로 표현되고 있다는 점과도 관련이 있을 것이라 생각된다.

---

22) 「내각사무판리규정」, 「각의제출장정」, 「청의서조사병각의안조제규례」, 「각의결정장정」, 「재가주청급지령장정」은 모두 『편년록』(奎17723 v.2)에 실려있다. 『편년록』은 1895년 3월 21일부터 1896년 9월 24일까지의 내각의 기록을 모아놓은 것으로 총 41책으로 이루어져 있다.

23) 정긍식, 앞의 책, 69~72쪽; 왕현종, 『한국근대국가의 형성과 갑오개혁』, 역사비평사, 2003, 241~245쪽 참조. 한편 이와 같이 갑오개혁기의 왕권을 제약하는 내각제도의 의사결정과정은 1896년 2월 고종이 러시아 공사관으로 이어하면서부터 일본의 정치적 간섭이 상대적으로 줄어들게 되자 왕권의 영향력이 강화되는 방향으로 변화하였다. 1896년 9월 24일에 반포된 칙령 제1호 「의정부관제」 제3관 제4조에 따르면 국왕은 내각에서의 결정과 관계없이 국왕의 의지대로 안건을 결정할 수 있으며, 토의내용이 마음에 들지 않으면 중지시킬 수 있다는 내용이 명시되었다. 이러한 내용은 1898년 6월 18일 「개정 의정부관제」, 1904년 3월 4일 칙령 제2호 및 1905년 5월 31일 칙령 제33호 「의정부회의규정」에서 그대로 이어졌다.

24) 이러한 상황적 배경으로 인해 「육군징벌령」의 제정 및 반포과정도 구체적인 기록이 남아있지 않은 것이라 판단된다.

3 대한제국의 수립과 「육군법률」의 제정

「육군법률」이 반포되기 전까지 군인의 범죄는 기본적으로 『대전회통』과 『대명률』에 근거하여 처벌되었다. 『대전회통』의 「병전」·「형전」과 『대명률』의 「명례율」·「병률」·「형률」에서는 군인이 저지른 범죄에 대해 각 사례별로 그 형량을 구체적으로 명시하여 처벌기준을 제시하고 있었던 것이다. 하지만 이처럼 기존의 법률이 군인의 범죄처벌에 대한 근거조항을 가지고 있었음에도 불구하고 새롭게 군형법으로서 「육군법률」을 제정한 경위에 대하여 「육군법률」의 서문에서는 '일정한 법이 없었기 때문'이라고 설명하고 있다. 육군참장 백성기는 「육군법률」 서문에서 "군법에 이르러 오히려 한결같은 규정이 없으니 황제께서 이를 근심으로 여겨 지난 무술 봄에 모자란 신 성기에게 특명으로 위원장을 맡기셔서 군법을 기초하게 하셨다"라고 언급하였다. 그리고 서문과 함께 실려 있던 1900년 9월 13일자 황제의 칙유에서는 "우리나라의 법률은 아직 완비되지 않아 군법이 일정한 조규가 없으니" 군법을 제정한다고 기록되어 있다.[25)]

보다 구체적인 「육군법률」의 제정경위에 대해서는 「육군법률」이 반포되기 전인 1900년 4월에 백성기가 올린상소를 통해 살펴볼 수 있다.

> 둘째, 군법을 제정하는 문제입니다. 군사는 많고 적은 데 관계없이 규율이 없으면 통솔할 수 없습니다. 예로부터 이름난 장수는 군사가 많으면 많을수록 좋아하면서 싸우면 이기고 공격하면 점령하였는데 이는 제정한 軍律이 있었기 때문입니다. 하물며 지금 지방에는 軍部를 두고 중앙에는

25) 「육군법률」의 서문은 백성기, 민영환, 조동윤 총 3명이 작성하였으며, 「육군법률」의 서문 및 황제의 칙유는 모두 『육군법률』(奎16028)에 실려 있다.

> 元帥府를 두고 있으면서도 아직 군법을 제정한 것이 없으니 매우 군사를 기르는 방도가 아닙니다. 지난날 各營의 병졸들이 간혹 죄를 짓게 되면 刑曹에 넘겨서 照律하였습니다. 그러나 의거할 만한 법조문이 없고 또 굳어진 판례도 없기 때문에 죄인을 처결할 때마다 구차스럽게 磨勘하였습니다. 직무를 정지시키거나 파면시키는 것도 이미 기준이 없으니, 가두거나 귀양 보내는 것인들 어찌 적중하다고 할 수 있겠습니까? 또 죄의 경중이 억측으로 정해지고 죄의 판결이 公議와 혹 어긋나기도 하니 언제나 과도하거나 부족하다는 탄식이 있어서 여러 사람들의 마음을 감복시키지 못하였습니다. 뿐만 아니라 서울과 지방의 각 부대의 대오가 각각 다르고 아직 일정한 규범이 없으니, 이 상태에서 군사를 통제한다면 이는 사실 법이 없는 군대이니 장차 어떻게 수많은 군사를 거느리고 통제하며 목숨 걸고 싸우라는 명령을 내릴 수 있겠습니까? 이는 참으로 군사에 관한 일에서 가장 시급히 고쳐야 할 일입니다.[26)]

백성기의 상소내용에 따르면 기존에는 군인의 범죄를 전문적으로 담당하는 기관이 없어 형조에서 일괄적으로 군인의 범죄를 판결하였으며, 판결을 하더라도 기존 법률에는 각각의 군인의 범죄에 대하여 의거할 만한 마땅한 조문들이 없는 경우가 있어 매번 이에 대해 상주하여 처리하였음을 알 수 있다. 그리고 이와 같은 판결과정으로 인하여 판결의 결과는 일관성 및 공정성을 가질 수 없었고, 판결의 근거인 해당 법조문조차도 무의미하게 된 것이라 볼 수 있다.

하지만 앞서 언급하였던 기존 군사법제도상의 문제점을 해결하기 위하여 군형법인 「육군법률」이 군징계령인 「육군징벌령」과 동일한 시기에 제정·반포된 것은 아니었다. 1895년 갑오개혁 당시부터 이미 조선 정부는 징계처벌과 형사처벌이 구분되는 행위라는 것을 인식하고 있었으며,[27)] 군법의 제정은 『대명률』에서 이에 해당하는 조

---

26) 『高宗實錄』 卷40, 1900년 4월 17일.

27) 四十二. 懲罰令에 依ᄒᆞ야 官吏ᄅᆞᆯ 懲戒홈과 法律에 依ᄒᆞ야 處罰홈에 二者 條理ᄅᆞᆯ 區分

항을 참고하여 고치는 '축조(逐條)·고정(考訂)'방식을 통해 제정한다는 원칙이 제시된 바 있었다.[28] 그러나 갑오개혁 당시 「육군징벌령」이 반포된 이후 군인의 범행에 대하여 징계처벌 차원의 수준을 넘어서 형사처벌 수준의 법규를 제정해야 한다는 논의가 본격적으로 진행된 것은 대한제국이 수립된 1897년 이후였다.

1897년 2월, 러시아 공사관에서 경운궁으로 환궁한 고종은 같은 해 10월에 황제에 지위에 올라 대한제국의 수립을 선포하였다. 그리고 각국 대원수의 예에 따라 황제가 육해군을 친총하겠다는 조칙을 근거로 1899년에는 원수부를 설치하였다.[29] 이러한 정치체제의 변화에 따라 정치·경제·사회 각 분야에서 제도전반을 정비하는 작업이 수반되었으며 군사부문에서도 1897년부터 이에 맞추어 기존의 군사조직이 정비되었다. 1897년 3월에는 아관파천 당시 러시아 교관단에 의해 훈련을 받은 중앙군을 근간으로 시위대가 새롭게 편제되었으며 시위대에는 포병·기병이 추가로 배속되어 전투능력을 보유한 부대로서 면모를 갖추게 되었다.[30] 한편 지방군의 경우 1899년에 진위대

하미 可할 事 (『議奏』 卷5, 「官員의 懲罰·處罰을 區分하는 件」, 開國504年 3月29日)

28) 五十二. 明律 中 刑事에 屬ᄒᆞ며 民事에 屬ᄒᆞ며 軍律에 屬ᄒᆞ며 行政辦理에 屬ᄒᆞ는 者……等을 分文別類ᄒᆞᄂᆞᆫ 法에 依ᄒᆞ야 逐條 考訂ᄒᆞᆯ 事 (『議奏』 卷5, 「明律을 逐條 考訂하는 件」, 開國504年 3月29日)

29) 『高宗實錄』 卷36, 1897년 10월 12일; 『高宗實錄』 卷37, 1898년 6월 29일; 『高宗實錄』 卷39, 1899년 6월 22일.

30) 「侍衛隊編制·豫算을 軍部·度支部로 하여금 磨鍊케 하는 件」, 『詔勅』 4冊, 1897년 3월 16일. 시위대는 고종이 러시아 공사관에 머물고 있던 1896년 10월부터 러시아에서 초빙한 군사교관에 의해 러시아식으로 훈련받은 군사들을 기반으로 창설되었다. 러시아 교관들은 당시 중앙에 주둔하고 있던 5개 대대 3,300여명 중에서 하사관 및 병사 8백명을 선발하여 러시아식의 군사훈련을 실시하였다. 이들을 차출당한 중앙군 5개 대대는 1896년 3월에 2개 대대를 증설하여 5개 대대로 증편된 친위대이며, 이 친위대에는 일본식 군사훈련을 받은 구 훈련대원들이 모두 편입되었다. 아직 시위대로 명명되지 않은 이들은 러시아 교관 1명에 80명이 배정되어 러시아군 신병훈련 프로그램에 의해 각개교련·체조·총기 조작법·소총 분해결합·소총사격법 등의 훈련을 받았다. 이 훈련은 이듬해 1897년까지 계속되었으며 2월에 이르러 2백명을 추가로 모집하였으므로 총 1천명을 대상으로 실시하였다. 이러한 과정을 거쳐 고종이 경

와 지방대의 편제를 개정하는 칙령이 반포되면서 1898년 이전의 개편과정에서 서로 상이했던 지방대의 편제가 단일하게 정비되었다.[31]

하지만 이처럼 대한제국이라는 황제국가 및 강력한 황권의 물리적 기반인 원수부가 등장하는 과정에서 군사부문 전반이 정비되고 있음에도 불구하고 군조직의 구성원인 군인이 일으키는 사회적 문제는 여전히 해결되지 않은 상태였다. 고종이 러시아 공사관에서 경운궁으로 환궁한 직후인 1897년 3월에 의정(議政) 김병시는 당시 군정에 대해 다음과 같이 상소를 올렸다.

> 오늘의 군사 제도는 모두 다른 나라의 법을 사용하고 있으며 또한 專一하게 숭상하는 것이 없습니다. 그러므로 장수와 군졸들은 한갓 각기 사사로이 도당을 만들어 서로 그 기예를 자랑하여 점점 시기하는 마음만 부추기고 있습니다. 윗사람이 보는 것 또한 후하고 박한 구별이 없지 않습니다. 후하게 한 사람은 반드시 교만해지고 박하게 한 사람은 원망을 품기 쉽습니다. 갑자기 일이 생기면 어떻게 한 마음으로 그 힘을 전일하게 함을 바랄 수 있겠습니까? 오직 규율을 엄격히 세우고 돌봐주는 것을 고르게 하여 사사로운 데 치우치는 것이 없게 한 후에야 윗사람을 친애하고 어른을 위해 죽으려는 마음을 얻을 수 있습니다.[32]

주지하다시피 갑오개혁을 전후하여 근대적인 군제가 도입되는 과정에서 초기에는 일본의 군제가 도입되었다가 아관파천 이후에는 다시 러시아 군제가 도입되었다. 김병시는 이렇게 불과 1~2년 사이에 군제가 뒤바뀌는 혼란으로 인해 장수와 군졸들이 서로 단합되지 못하는 것을 우려하여 이에 엄격한 규율이 필요하다는 것을 언급한 것

운궁으로 환궁한지 1개월이 경과한 후 1897년 3월 16일 조칙에 근거하여 시위대로 명명되었다. (서인한, 『대한제국의 군사제도』, 혜안, 2000, 178~189쪽)

31) 『高宗實錄』 卷39, 1899년 1월 15일.

32) 『高宗實錄』 卷35, 1897년 3월 16일.

이었다.

그러나 이러한 문제점은 단기간에 해결되기 어려운 것이었으며, 1899년 4월 30일에는 급기야 시종원에 입직한 친위대 병사와 수도인 한성에 주둔한 평양 진위대 병사 사이에서 편싸움이 일어나 도합 10명이 크게 다쳐 제중원에서 며칠 동안 치료받는 사건이 발생하였다.[33] 이 사건에 대해 군부대신서리 군부협판 주석면은 "진실로 그 군ᄉᆞ들노 ᄒᆞ여금 뎨가 긔률이 잇서 두렵고 ᄭᅥ릴 바를 알면 엇지 이런 의외에 일이 잇ᄉᆞ오릿가 평양 츌번병과 시죵원 닙직 병이 막엄ᄒᆞᆫ ᄶᅡ에셔 야료 ᄒᆞ엿스니 그 죄가 ᄒᆞ나이라 법강이 탕연 ᄒᆞ고 군규가 소여 ᄒᆞ엿스니 이ᄂᆞᆫ 가히 심샹 쳐단치 못 ᄒᆞᆯ지라"[34]라고 하며 군인이 기율이 없고 군규가 제대로 서지 않은 점을 지적하였다.[35]

또한 이 당시 군인의 음주로 인하여 발생한 사회적 문제도 적지 않았다. 대체로 군인의 음주는 군인간 또는 민인 및 순검의 구타로 이어졌는데,[36] 한 신문에서는 병정들이 술을 먹고 행패부리다가 순검에 잡혀가는 모습을 보고 "셰샹에 오푼월급을 타가지고 쳐ᄌᆞ도 먹여살울 결을이 업슬 터인데 무ᄉᆞᆷ 돈으로 슐을 취토록 먹고 죄를 범ᄒᆞ엿스니 진실노 ᄋᆡ셕ᄒᆞᆫ일이더라"[37]라는 내용의 기사를 실었다. 한

---

33) 『독립신문』 1899년 5월 3일 잡보; 『독립신문』 1899년 5월 8일 잡보; 『독립신문』 1899년 5월 10일 관보.

34) 『독립신문』 1899년 5월 10일 관보.

35) 당시 군인의 비행과 범죄는 순찰병정이나 경무청의 순검이 단속하였는데 이 과정에서 순찰병정 및 순검과 군인간의 마찰로 인하여 인명사고가 발생하기도 하였다. 이에 군부에서 중앙군인 시위·친위 각 대대 대대장에게 훈령하여 편싸움으로 인해 사람의 생명이 상하는 폐단이 많아 경무청에서 편싸움을 금단하고 있으나 군인들이 서로 항거할 폐단이 없지 않기 때문에 군인들을 단속하도록 지시하였다(『독립신문』 1898년 2월 3일 각부신문).

36) 『독립신문』 1897년 10월 2일 각부신문; 『매일신문』 1898년 1월 4일 잡보; 『독립신문』 1898년 4월 13일 잡보; 『매일신문』 1898년 11월 4일 잡보; 『매일신문』 1899년 3월 15일 잡보; 『독립신문』 1899년 8월 19일 잡보.

37) 『매일신문』 1898년 4월 13일 잡보.

편 지방에서는 역토의 소출을 가지고 자체 경비를 조달하였던 지방대가 주민을 토색(討索)하는 일이 자주 일어났다. 당시 지방대는 역토를 운영하면서 마름을 자주 갈기도 하고, 역토를 묵혀버리기도 하고 해당 지방 관서를 거치지 않고 병정들을 보내어 직접 민인들에게 그 세를 받고 그 과정에서 구타를 하기도 하였던 것이다. 이에 신문에서는 "당쵸에 나라와 빅셩을 위ᄒᆞ야 각쳐 디방ᄃᆡ를 별노히 셜시ᄒᆞ엿다ᄂᆞᆫ것인ᄃᆡ 지금 일노 볼진ᄃᆡ 각쳐 디방ᄃᆡ가 도로혀 나라와 빅셩의게 크게 병되고 ᄒᆡ롭게 ᄒᆞᆷ이라 더옥 ᄒᆞᆫ심코 개탄ᄒᆞᆫ 일이로다"라고 하며 지방대의 작폐에 대해 보도하였다.[38]

요컨대 「육군법률」은 「대전회통」 및 「대명률」과 같은 기존 법률에 근거한 군사법제도의 운용상 문제점을 해결하고, 대한제국이라는 황제국가의 수립과 더불어 그 위용에 상응하는 군사제도의 정비과정에서 등장하였다고 할 수 있다. 또한 대한제국 수립 이후 증대된 군의 규모로 인하여 전국 곳곳에서 다양한 양상으로 발생한 군인들의 범죄는 군징계령인 「육군징벌령」만으로는 군인의 범죄행위를 통제하기 어렵게 하였다. 즉 「육군징벌령」보다는 상위법 차원에서 군인의 범죄행위에 형사처벌의 근거를 제공할 군형법의 등장이 요구되었던 것이다.

「육군법률」에 대한 입법노력이 구체화되기 시작한 것은 1898년 4월 26일부로 육군참장 백성기가 군법기초위원장에 임명되면서부터였다. 이때 백성기와 함께 참령 신태휴와 법부참서관 신재영, 고등재판소검사시보 윤성보, 군부마정과원 정위 김학안, 군부군법국원이사 홍우형, 前 탁지아문주사 어윤적이 군법기초위원으로 임명되었다.[39]

『각부청의서존안(各部請議書存案)과 『각부지령존안(各部指令存案)』의 기록에 따르면 1898년 6월 17일에서 20일 사이에 군법기초위원

38) 『독립신문』 1898년 7월 21일 잡보.

39) 『官報』 제982호, 1898년 6월 22일, 敍任及辭令.

임명에 대한 논의가 있었음을 확인할 수 있다. 이는 앞서 『관보』에 확인한 군법기초위원들의 임명날짜인 4월 26일과 시간차가 있는 것이다.[40] 그런데 『각부청의서존안』과 『각부지령존안』의 기록을 구체적으로 살펴보면 군법기초위원의 사무가 1898년 5월부터 9월까지 사전에 부여되어 있었음을 알 수 있다.[41] 즉 군법기초위원들이 각자 군법기초작업에 참여한 시기는 모두 다르지만 군법기초작업이 본격적으로 시작된 최초의 시점은 1898년 4월경인 것이다.

군법기초위원이 활동한지 약 3개월 후 법부대신 조병직이 법부의 업무가 번거롭고 바쁘다는 이유로 신재영과 윤성보가 법부의 본래 직임을 수행할 수 있게 해달라고 주청하여 신재영과 윤성보는 7월 13일부로 군법기초위원에서 해임되었다.[42] 이후 7월 23일부로 군법기초위원이었던 김학안이 해임되고 다시 신재영이 군법기초위원에 임명되었으며 신재영과 함께 법부주사 김응준도 군법기초위원에 임명되었다.[43]

그로부터 약 5개월 후 이번엔 법부대신 한규설이 군부의 사무가 점점 정돈되어가나 법부의 사무는 번잡해지고 있으니 신재영과 김응준을 법부로 돌려보내 본래 직임을 수행할 수 있게 해달라고 주청하

---

40) 『各部請議書存案』 6冊, 「軍部 軍法局이 古今을 참작하여 軍法을 기초하도록 委員長 1인과 魏源 6인을 선정하겠다는 請議書」, 1898년 6월 17일 議政府贊政軍部大臣 副將 閔泳綺 → 議政府參政內部大臣 朴定陽; 『各部指令存案』 1冊, 「軍部에서 청의한 軍法局 법률 기초위원장 1명과 위원 6명을 임시로 擇定하는 일은 의정부 회의를 거친 후 상주하여 재가받았다는 指令」, 1898년 6월 20일 議政府參政 尹容善 → 議政府贊政軍部大臣 閔泳綺.

41) 『各部請議書存案』 7冊, 「사무가 5월부터 9월까지 정해진 軍法起草委員 3명의 봉급을 예산외 지출하겠다는 請議書」, 1898년 7월 27일 議政府贊政度支部大臣 閔泳綺 → 議政府議政臨時署理參政 徐正淳; 『各部指令存案』, 「군법기초위원 5개월 봉급 1,368원 75전을 예비금에서 지출하는 일은 의정부 회의를 거친 후 상주하여 재가받았다는 指令」, 1898년 8월 3일 議政府議政臨時署理贊政 徐正淳 → 議政府贊政度支部大臣 閔泳綺.

42) 『官報』 제1001호, 1898년 7월 14일, 宮廷錄事.

43) 『官報』 제1012호, 1898년 7월 27일, 敍任及辭令.

여 이들은 곧 해임되었다.[44] 그리고 다음 해 1899년 2월에는 신태휴가 군법기초위원에서 해임되었으며, 신태휴의 후임으로 다시 신재영과 김응준이 임명되었다.[45] 그리고 한 달 뒤인 4월에는 어윤적이 해임되면서 군부관방장보 참령 한진창이 임명되었고[46] 그로부터 3개월 뒤인 6월에는 백성기를 비롯하여 한진창, 홍우형, 신재영, 김응준까지 모든 군법기초위원이 해임되었다.[47]

군법기초위원들이 임명되고 해임되는 과정을 살펴보면 군법기초작업이 1차적으로 1898년 4월에 시작되어 12월까지 약 8개월간 진행되었음을 알 수 있다. 그리고 약 2개월간 중단된 후, 다시 1899년 2월부터 같은 해 6월까지 2차 군법기초작업이 이루어졌다. 따라서 「육군법률」의 초안은 1899년 6월경에는 이미 완성되었다고 볼 수 있다. 그러나 「육군법률」 초안은 완성된 다음 바로 반포되지 않았다. 이에 백성기가 1900년 4월에 군무에 관한 14개조를 상소하면서 「육군법률」의 시행을 촉구하였다.[48]

한편 백성기가 위와 같은 상소를 올린 같은 해 7월에 친위대 상등병이 술을 먹고 행패를 부리다가 시위대 부위를 힐난하고 구타하는 하는 사건이 발생했다. 이 사건에 대해 군부대신은 "병정이 하사에게 방자하게 굴고 구타를 한 것은 군기를 범한 것이므로 중과(重科)로 다스리려고 하나 군법이 아직 정해지지 않아 율이 없기 때문에 군부에서 알아서 처벌함이 어떠한지" 상주하였다.[49] 이와 같은 내용은 「육군법률」의 반포를 더 이상 미룰 수 없었던 상황을 반영하고 있는 것이었다.

---

44) 『官報』 제1120호, 1898년 12월 1일, 宮廷錄事.
45) 『官報』 제1174호, 1899년 2월 2일, 敍任及辭令.
46) 『官報』 제1229호, 1899년 4월 7일, 敍任及辭令
47) 『官報』 제1291호, 1899년 6월 19일, 敍任及辭令.
48) 『高宗實錄』 卷40, 1900년 4월 17일.
49) 『官報』 제1631호, 1900년 7월 20일, 宮廷錄事.

「육군법률」의 반포에 대한 요구가 높아지자 고종은 1900년 7월 21일에 조서를 내려 "군법을 이미 기초하였으나 사체가 신중하여 교정하지 않을 수 없다"고 하여 이미 초안이 작성된 「육군법률」 초안을 교정하게 하였다.

이에 원수부회계국총장 민영환이 군법교정총재에, 육군참장 백성기가 군법교정부총재에 임명되었으며,[50] 23일에는 군부관방장 육군부령 한진창, 군부경리국제일과장 육군삼등감독 신재영, 법부주사 김응준이 군법교정관에 임명되었다. 이들은 모두 「육군법률」의 초안을 완성하고 1899년 6월에 군법기초위원에서 해임된 인원들이었다.[51] 군법교정관들은 1900년 7월부터 약 2개월 동안 활동한 후 군법교정 작업을 마무리하고 같은 해 9월 14일과 15일 모두 해임되었다.[52] 그리하여 마침내 1900년 9월 4일 법률 제5호로 「육군법률」이 반포되었으며 잇달아 육군법원과 육군감옥이 설치되어 군형법의 집행기구도 마련되었다.

앞서 언급하였다시피 1898년에는 「육군법률」의 제정을 위한 군법기초위원이, 1900년에는 기초한 「육군법률」의 교정하기 위해 군법교정소 인원이 임명되었는데, 이 때 군법기초위원과 군법교정관의 활동을 시기별로 구분하면 〈표 1〉과 같다. 제시한 표를 살펴보면 1898년 7월부터 1900년 9월까지 「육군법률」의 초안작성과 반포에 이르는 작업에 꾸준히 활동한 사람은 백성기, 신재영, 김응준, 어윤적 4명으로 이들이 「육군법률」의 제정에 가장 큰 역할을 할 수 있다고 볼 수 있다.

〈표 2〉에서 제시된 백성기의 주요관직 경력을 살펴보면 1882년에 무과에 급제한 뒤 선전관 · 철산부사 · 금위장 · 훈련원도정 · 경상좌도병마절도사 등 꾸준히 무관으로서 관직의 길을 걸었다. 이러한 관직

---

50) 『高宗實錄』 卷40, 1900년 7월 21일.

51) 『官報』 제1637호, 1900년 7월 27일, 宮廷錄事.

52) 『官報』 제1682호, 1900년 9월 18일, 敍任及辭令.

〈표 1〉 군법기초위원 및 군법교정관 활동 시기별 구분

<table>
<tr><th>시기구분</th><th>활동인원</th></tr>
<tr><td rowspan="3">제1차
군법기초위원
활동 시기
(1898. 4~1898.12)</td><td>1898 .4 군법기초위원 임명
(백성기 · 신태휴 · 신재영 · 윤성보 · 김학언 · 홍우영 · 어윤적)</td></tr>
<tr><td>1898. 7 신재영, 윤성보 해임
1898. 7 신재영, 김응준 임명</td></tr>
<tr><td>1898.12 신재영, 김응준 해임
(1차 군법위초위원활동 종료)</td></tr>
<tr><td rowspan="3">제2차
군법기초위원
활동 시기
(1899. 2~1899. 6)</td><td>(2차 군법기초위원활동 시작)
1899. 2 신태휴 해임, 신재영 · 김응준 임명</td></tr>
<tr><td>1899. 4 어윤적 해임, 한진창 임명</td></tr>
<tr><td>1899. 6 군법기초위원 해임
(2차 군법기초위원활동 종료)</td></tr>
<tr><td rowspan="2">군법교정관
활동시기
(1900. 7~1900.9)</td><td>1900. 7 군법교정관 임명
(민영환 · 백성기 · 한진창 · 신재영 · 김응준)</td></tr>
<tr><td>1900. 9 군법교정관 해임</td></tr>
</table>

출전: 『官報』.

경력은 누구보다도 무관직의 실무자로서 「육군법률」의 제정에 대한 필요성을 절감하게 한 요인이었을 것으로 판단된다. 또한 백성기의 상소가 초안 작성 이후 계속 지체되었던 「육군법률」의 반포에 결정적인 계기를 제공한 일을 상기하더라도 백성기가 「육군법률」의 제정과 반포과정에 큰 영향을 끼쳤음을 알 수 있다. 원수부가 설치된 이후 백성기는 군법기초위원장 · 군법교정부총재의 역임한 경력을 바탕으로 육군법원장 · 원수부군무국총장 · 기록국총장 · 검사국총장 등 원수부 산하의 주요 요직에서 활동하였다.[53]

---

53) 『大韓帝國 官員履歷書』 17册 · 30册, 국사편찬위원회, 1972. 백성기는 1900년을 전후하여 원수부 주요 요직에서 활동하다가 1903~1904년에는 平北觀察使 · 平北裁判所判事 및 忠北觀察使 · 忠北裁判所判事의 직책을 수행하였다. 1905~1906년에는 扈衛隊摠管署理 · 警務使署理 · 軍部軍務局長으로 활동하다가 1907년에 다시 육군법원장에 임명되었으며 같은 해 7월에 체결된 丁未條約으로 인해 군대가 해산된 이후 관직에서

〈표 2〉 백성기과 신재영의 주요관직 경력

구분	백성기		신재영	
주요관직이력	1882 ~ 1885	賜第武科, 宣傳官	1883 ~ 1885	派往日本學海關事務
	1885 ~ 1888	鐵山府使, 宣傳官		及政治科
	1888 ~ 1893	摠禦營千摠	1885 ~ 1895	外衙門主事
		內禁衛將, 宣傳官		軍務衙門參議
	1893 ~ 1895	訓鍊院都正		軍部軍務局外國課長
		慶尙左道兵馬節度使	1895 ~ 1897	法部檢事局長
	1895 ~ 1898	甲山觀察使		法部法律起草委員
		成川郡守, 軍部協辦	1897 ~ 1898	法部參書官
		軍務局長		軍法起草委員
	1898 ~ 1901	軍法起草委員長		高等裁判所預備判事
		平理院裁判長	1899 ~ 1900	法部法務局長
		軍法校正副摠裁		法規校正所委員
		陸軍法院長		軍法校正官
	1901 ~ 1902	武官學校長署理	1900 ~ 1903	陸軍法院理事
		陸軍法院長		陸軍法院長署理
		軍務摠長署理		
	(이하 생략)		(이하 생략)	

출전: 『대한제국 관원이력서』, 국사편찬위원회, 1972.

백성기가 그 관직경력을 바탕으로 「육군법률」의 초안작성 과정에서 군사실무적인 식견을 제공했다면 신재영과 김응준은 전문적인 법률적 지식으로 이를 종합하는 작업에 핵심적 역할을 한 인물이라고 할 수 있다. 특히 앞서 제시한 표에서 1차·2차 군법기초위원의 활동이 신재영·김응준의 임명과 해임에 따라 움직였다는 것을 보면 알 수 있다.

먼저 신재영의 경우 〈표 2〉를 살펴보면 1883년 일본에 건너가 해

물러났다.

〈표 3〉 김응준과 어윤적의 주요 관직경력

구분	김응준		어윤적	
주요관직이력	1885	律科 合格	1894	度支衙門主事
	1886 ~ 1894	律學檢律, 律學審律	1894 ~ 1898	慶應義塾
		律學明律, 律學等第		帝國大學
		律學別提, 慶尙道檢		早稻田專門學校
	1895 ~ 1897	法部主事		留學
		漢城裁判所主事	1898 ~ 1902	軍法起草委員
	1898 ~ 1900	法部主事		外部繙譯官補
		軍法起草委員		外部繙譯官
		軍法校正官	1903	平式院祕務課長
		刑法校正官		
	1902 ~ 1904	陸軍法院理事		
	(이하 생략)		(이하 생략)	

출전: 『대한제국 관원이력서』, 국사편찬위원회, 1972.

관사무와 정치학을 공부하고 귀국하여 외아문주사직을 수행하였으며, 1895년부터는 법부검사국장 및 참서관등 법부에서 활동하였음을 알 수 있다. 그리고 1899년 군법교정관에 임명된 이후부터는 원수부와 군부의 관직에 계속적으로 임명되었다.[54)]

신재영과 비교해 볼 때 김응준은 일본에서 유학한 경험없이 1885년에 율과에 합격한 이후로 계속 율관으로서 경력을 충실하게 쌓았다. 〈표 3〉을 살펴보면 김응준은 1895년에는 법부주사로 임명되었으나 신재영과 마찬가지로 군법기초위원에 임명된 이후부터는 1907년

54) 『대한제국 관원이력서』 23·42冊, 국사편찬위원회, 1972. 신재영은 1904~1906년에 육군법원장서리, 內藏院卿, 육군법원이사 및 군부 참모국 및 관방장보·관방장으로 활동하였고, 1907~1921년에는 양주군수, 평양공소원 판사, 경성공소원 판사, 함흥군수, 고원군수의 직책을 맡았다. 1912년과 1915년에는 일본정부로부터 한국병합기념장 및 다이쇼(大正)대례기념장을 받았다.

까지 육군법원이사직 등을 맡으며 군부의 관직을 역임하였다. 특히 「육군법률」의 초안작성 과정에서 기존 법률 즉 『대전회통』과 『대명률』 등과의 내용을 절충하는 작업은 율관으로서 오랜 경력을 쌓아온 김응준의 역할이 크게 작용했으리라 생각된다.[55)]

어윤적의 경우 〈표 3〉에서 살펴볼 수 있듯이 1894년에 탁지아문 주사로 근무하다가 1894년부터 1898년 초까지 일본에 건너가 경응의숙(慶應義塾)·제국대학(帝國大學)·와세다전문학교(早稻田專門學校) 등에서 유학을 하였다. 그리고 1898년에는 귀국하여 외부번역관보 등과 군법기초위원을 겸임하면서 주로 외부에서 번역담당 업무를 맡았다.[56)] 어윤적의 일본 유학경험과 외부에서의 번역업무 경력, 그리고 제2차 군법기초위원들이 모두 그대로 군법교정관에 임명됨에도 어윤적만이 군법교정관에 임명되지 않은 사실들을 미루어 보아 군법기초위원당시 어윤적이 담당한 업무는 「육군법률」 제정에 참고할 만한 일본의 제 법령을 번역하는 것에 한정되어 있었다고 볼 수 있다.[57)]

---

55) 『대한제국 관원이력서』 5·19冊, 국사편찬위원회, 1972. 김응준은 1904년 육군법원이사직을 맡은 이후에 1907년에는 육군법원장서리로 활동하였으며 1908년에는 대구지방재판소 판사, 대구공소원 판사직을 수행하였다. 1912년에는 전북 금산군수직을 맡았으며 이후 1941년까지 변호사로 활동하였다. 1912년과 1928년에 일본정부로부터 한국병합기념장 및 쇼와(昭和)대례기념장을 받았다.

56) 『대한제국 관원이력서』 13冊, 국사편찬위원회, 1972. 어윤적은 1904~1905년에 외부참서관 및 총영사관에 임명되었으며 1906~1907년에는 용천감리, 용천부윤, 용천항재판소 판사직을 맡았다. 1907년에는 學部 편집국장직을 수행하였으며 1910년부터 1935년 사망에 이르기까지 조선 총독부 중추원에 소속되어 활동하였다.

57) 外部에서는 1899년 3월 27일에 군법기초위원으로 활동하고 있던 어윤적을 복귀시켜 繙譯官補로 서임하였다. 이에 軍部에서는 군법기초작업이 1朔 이면 끝나게 되니 그 때까지만 어윤적이 군법기초위원을 활동할 수 있도록 外部에 조회하였다. 그러나 外部에서는 日文飜譯은 어윤적 밖에 없어 곤란하다는 내용으로 照覆하였다. 그리하여 결국 1899년 4월에 어윤적은 군법기초위원에서 해임되고 外部 번역관보로 활동하게 되었다. (『外部來文』, 「官報에 '軍法起草委員 魚允迪, 任外部繙譯官補 敍判任官四等'이라고 게재하여 달라는 通牒 제41호」, 1899년 3월 25일 外部參書官 姜華錫→議政府參書官 趙秉圭; 『軍部來去文』, 「軍部 軍法起草委員 魚允迪을 外部에서 飜譯官補로 敍任하였으나 그 사무가 1朔이면 끝나니 일을 마치게 해달라는 照會 제12호」, 1899년 3

4 일본법의 수용과 변형으로서의 「육군징벌령」

1896년 1월 24일 칙령 제11호로 반포된 「육군징벌령」은 제1장 법례(法例), 제2장 벌례(罰例), 제3장 범행(犯行)으로 총 3개장 17개조로 구성되어있으며, 제1장 법례에서는 「육군징벌령」의 정의와 적용범위, 징계권자의 권한 및 징계처분의 절차에 대해 언급하고 있다. 특히 제1장 제1조에 따르면 「육군징벌령」은 군인·군속이 '형법에 해당하지 않는' 가벼운 죄를 범했을 시 적용하며, 내부적 질서유지를 통하여 군인·군속을 본분의 태세로 회복시키는데 그 일차적 목적이 있다는 것을 확인할 수 있다.[58]

제2장 벌례에서는 장교 및 상당관의 경우 중·경근신, 하사 및 상등병의 경우 중·경영창 및 금족, 병졸의 경우 중·경영창과 고역, 태벌의 벌목을 계급별로 차등적용하고 있다. 벌목의 구체적인 내용을 살펴보면 근신이란 근무를 정지하고 외출과 일체 타인과 만나는 것을 금지하는 것이고, 영창은 영창에 금고되는 것이며, 금족은 영내에 근신하여 훈련 이외에는 모든 직무를 정지하고 외출과 외래인의 면접 및 통신을 금지하는 것이다. 그리고 태벌은 부대원들이 정렬한 앞에서 笞를 맞는 것이며, 고역은 훈련 이외에는 근무를 정지하고 외출을 금지하되 그 부대 내의 공공지와 오예물(汚穢物)을 청소하게 하는 것이다. 그리고 제3장 범행에서는 제16조 아래 총 33개항의 범행세

월 29일 議政府贊政軍部大臣署理軍部協辦 朱錫冕→議政府贊政外部大臣臨時署理議政府贊政 李道宰; 『軍部來去文』, 「軍部 軍法起草委員 魚允迪을 外部에서 飜譯官補로 敍任하였으나 그 사무가 1朔이면 끝나니 일을 마치게 해달라고 하였으나 日文飜譯은 魚允迪 밖에 없기 때문에 어쩔 수 없다는 照復 제15호」, 1899년 3월 31일 外部大臣臨時署理議政府贊政 李道宰→議政府贊政軍部大臣署理軍部協辦 朱錫冕)

58) 第一條 本令은 軍人軍屬이 故意며 過誤며 疏虞며 懈怠等으로 輕혼 罪를 犯ᄒᆞ야 刑法에ᄂᆞᆫ 該當치 아닌 者와 僎行이 不修ᄒᆞ야 軍人의 體面을 壞損혼 者를 其上官이 懲戒ᄒᆞᄂᆞᆫ 罰則이니 其主旨ᄂᆞᆫ 部曲의風紀를 維持ᄒᆞ고 軍紀의 紊亂ᄒᆞ믈 豫防홈으로홈.

목으로 정리하여 주로 군인으로서 복장이나 태도가 불량하거나, 직무에 미숙하여 제대로 직무수행이 이행되지 않았을 경우에 대해 처벌하고 있다.

한편 메이지 14년(1881) 12월 28일 達乙 제73호로 반포된 일본의 「육군징벌령」의 경우 조선의 「육군징벌령」과 내용 및 구성이 매우 유사하다. 우선 구성면을 살펴보면 조선의 「육군징벌령」이 제1장 법례, 제2장 벌례, 제3장 범행 총 3개장으로 구성된 것과 같이 일본의 「육군징벌령」은 제1장 법례(法例), 제2장 벌령(罰令), 제3장 범행(犯行) 총 3개장으로 이루어있다. 그리고 후술하겠지만 일본의 「육군징벌령」과 조선의 「육군징벌령」은 유사한 문구와 단어를 사용하여 각기 조항을 서술하고 있다. 이러한 점들로 미루어보아 1896년에 반포된 조선의 「육군징벌령」의 경우 1881년에 반포된 일본의 「육군징벌령」을 참고하여 작성된 것이라 볼 수 있다.

「육군징벌령(조선)」을 기준으로 「육군징벌령(일본)」과의 유사조항을 서로 비교해 보면 〈표 4〉와 같다. 전체적으로 살펴보면 〈표 4〉에서 비교한 내용과 같이 「육군징벌령(일본)」의 경우 「육군징벌령(조선)」에 비해 징계처분의 절차나 그 내용에 대해 보다 상세하게 상황별로 규정해 놓았음을 알 수 있다.

즉 「육군징벌령(조선)」 제2조에서는 징계권자를 부대의 長에 해당하는 '부령이상·참령·정위 및 특립급파견대장' 등으로 규정[59]하고

59) 第二條 各 軍各隊의 長은 左開權限을 從ᄒᆞ야 處分ᄒᆞ미 可홈
一 軍隊의 長을 當ᄒᆞᆫ 副領以上은 部下軍人軍屬을 五週日以內 謹愼營倉禁足苦役及一百以內 笞罰에 處홈
二 軍隊의 長을 當ᄒᆞᆫ 參領은 部下將校ᄅᆞᆯ 三週日以內 謹愼이며 下士上等兵을 一週日以內 營倉禁足이며 兵卒을 五週日以內 營倉苦役 及一百以內 笞罰에 處홈
三 軍隊의 長을 當ᄒᆞᆫ 正尉ᄂᆞᆫ 部下下士ᄅᆞᆯ 三週日以內營倉 或 五週日以內禁足이며 兵卒을五週日以內 營倉苦役 及一百以內 笞罰에 處홈. 特立及派遣軍의 隊長을 當ᄒᆞᆫ 將校ᄂᆞᆫ 一等식은 上級者의 權限으로 施行ᄒᆞ믈 得ᄒᆞ고 又上官의 職을 署理ᄒᆞᄂᆞᆫ 將校ᄂᆞᆫ 該職에 相當ᄒᆞᆫ 權限으로 執行ᄒᆞ믈 得홈.

〈표 4〉 「육군징벌령(조선)」과 「육군징벌령(일본)」의 조항 비교

조항내용	「육군징벌령(조선)」	「육군징벌령(일본)」
적용대상과 목적	제1조	제1조
징계권자의 권한	제2조	제2조, 제3조, 제4조
징계처분이 가벼울 경우 징계권자에 의한 과벌 일수 조정	제3조, 제4조	제5조
현장 범행발생 또는 추가 범행 우려시 先영창 유치처분 및 권한변경	제5조	**없음**
범행자가 소속부대를 옮긴 경우 징계처분 절차	**없음**	제7조
범행이 2개 장소에서 발생하거나 한 가지 행위로 2가지 이상 범행이 발생할 경우	**없음**	제8조
징계처분 중에 戰時로 인해 복무할 경우 과벌일수 조정	**없음**	제10조
징계처분 중에 功績이 있거나 근면한 경우	**없음**	제11조
장교·相當官 벌목	제6조	제12조
하사·상등병 벌목	제7조	제13조
병졸 벌목	제8조	제14조
근신의 정의	제9조	제15조, 제16조
처벌의 개선여지가 없는 경우	**없음**	제17조
중·경영창의 정의	제10조, 제11조	제18조, 제19조, 제20조, 제21조
중경영창 및 중경근신 처분기준	**없음**	제22조
하사상등병·병졸생도·외영거주자가 영창처분을 받을 경우 영창을 금족과 고역으로 換刑	**없음**	제23조
금족의 정의	제12조	제24조
태벌의 정의	제13조	**없음**
고역의 정의	제14조	제25조
징계처분이후 병졸의 佩劍 제한	**없음**	제26조
무관학교 생도의 처벌	제15조	제9조
범행 세목나열	제16조	제27조
시행 날짜	제17조	없음

있는 반면에 「육군징벌령(일본)」은 제2조, 제3조, 제4조에 걸쳐서 징계권자를 '군단장 · 사단장 · 여단장 · 위수사령관 · 연대장 · 대대장 · 중대장 · 독립파견대장 · 헌병대 · 군악대'등으로 규정하고 있다.[60] 징계권자의 설정에 대한 두 징벌령의 이러한 차이점은 당시 징벌령의 적용대상이었던 군의 형태가 상이하였다는 사실을 반영하고 있다. 「육군징벌령(조선)」이 반포된 시기의 조선의 군대는 갑오개혁의 일환으로 지방 군사조직이 해체되면서 지방군사력이 일시에 해체되고 중앙군만이 주력으로 남아 있었다. 그러나 「육군징벌령(일본)」이 반포된 당시 일본의 군대는 군비확장정책을 추진하여 군의 규모가 꾸준히 확대되는 과정에 있었으며 이로 인해 군의 업무 및 병종이 이미 다양한 층위로 분화되어 있었던 것이다.

한편 징계권자가 가지는 징계권한의 처벌한도를 비교해보면 「육군징벌령(일본)」은 근신의 경우 최대 30일, 영창의 경우 최대 30일로 한도를 정하고 있다.[61] 반면에 「육군징벌령(조선)」은 근신 · 영창 모

---

60) 第二條　各所營ノ長官軍團長師團長旅團長及ヒ衛戍司令官ハ部下ノ軍人此令ヲ犯ス者アル時之ヲ罰ス可シ

第三條 各軍隊ノ隊長ハ左ノ區別ニ從テ處分ス可シ

一 聯隊長ハ部下ノ軍人三十日以內ノ勤愼營倉

二 大隊長ハ部下ノ士官十日以內ノ勤愼下士二十日以內ノ營倉兵卒三十日以內ノ營倉

三 中隊長ハ部下ノ下士十日以內ノ營倉兵卒二十日以內ノ營倉獨立若クハ分屯ノ大隊長及憲兵隊長ハ第一項ノ獨立若クハ分屯ノ中隊長及分遣隊長タル中小尉竝ノ憲兵分隊長ハ第二項ニ軍樂隊長ハ第三項ニ同シ

第四條 前條ノ揭クルモノノ外ハ左ノ區別ノ從ツテ處分スヘシ

一 將官竝ニ獨立ノ職ニ在ル上長官ハ前條第一項ニ同シ

二 獨立セサル職ニ在ル上長官竝ニ獨立ノ職ニ在ル士官ハ前條第二項ニ同シ

三 獨立セサル職ノ在ル士官ハ前條第三項ニ同シ

四 前各項ノ場合ニ於テ將官又ハ上長官ヲ以テ充ツル職ニ在ルモノハ將官上長官又ハ士官ヲ以テ充ツル職ニ在ルモノハ上長官士官又ハ准士官ヲ以テ充ツル職ニ在ル者ハ士官ニ同シ

五 一時限リ部下ニ屬シ又ハ指揮下ニ屬スルモノノ懲罰ハ前條竝ニ本條ニ同シ

61) 第十五條 勤愼ハ勤務ヲ停メ他出及外人ト接見通信スルコトヲ禁ス其日數ハ一日以上三十日以下ト爲ス 重勤愼ハ俸給ノ半額ヲ減シ輕勤愼ハ其四分ノ一ヲ減ス

두 최대 5주 이내 즉, 약 35일을 그 한도로 정하고 있어 「육군징벌령(조선)」이 보다 상대적으로 징계권한의 처벌한도를 높게 두고 있음을 알 수 있다.[62)]

그리고 「육군징벌령(조선)」은 해당 범죄에 대한 징벌처분이 가볍다고 판단될 경우 소속장관이 과벌일수를 증가시킬 수 있는 방법을 제3조와 제4조에서 걸쳐서 언급하고 있으며, 특히 제4조에서는 소속장관이 상급부대장에게 신고하기 전에 먼저 증가시킨 과벌일수를 공포할 수 있게 하였다.[63)] 반면에 「육군징벌령(일본)」은 제5조에 한하여 소속장관이 징벌일수를 조정할 수 있다고 명시하는 것에 그쳤다.[64)]

또한 「육군징벌령(조선)」에는 제5조에서 범죄가 현재 발생하거나 혹 그 혐의가 있는 자가 그 범행을 연속할 우려가 있는 경우 우선 영창에 유치하는 조항이 존재한다.[65)] 이것은 「육군징벌령(일본)」에서는 유사조항을 찾아볼 수 없는 것으로서, 앞서 언급한 내용을 종합적으로 미루어볼 때 「육군징벌령(조선)」은 「육군징벌령(일본)」보다 징계권자의 징계권에 상당한 재량을 부여한 것으로 판단된다.

第十八條 重營倉ハ演習ノ外勤務ヲ停メ營倉ニ錮シ寢具ヲ貸與スルコトナク唯飯及水鹽ヲ給ス其日數ハ一日以上三十日以下ト爲ス 但七十二時ノ內ニ二十四時間ハ輕營倉ニ移ス可シ

第十九條 輕營倉ハ演習ノ外勤務ヲ停メ營倉ニ錮ス其日數ハ一日以上三十日以下ト爲ス

62) 각주 59번 참조.

63) 第三條 凡懲罰處分을 經ᄒᆞ거 든其長官은 卽時其所屬長官에게 申告ᄒᆞᆯ지니 若其犯行의 懲罰日數가 權限以外에 該當ᄒᆞᆯ쥴노 認ᄒᆞᆫ 時라도 爲先其權限內로 處分ᄒᆞ고 其所見을 附ᄒᆞ야 稟告ᄒᆞ미 可ᄒᆞᆷ 稟告ᄅᆞᆯ接ᄒᆞᆫ 長官은各權限을 從ᄒᆞ야 其所罰日數ᄅᆞᆯ 增加ᄒᆞ믈 得ᄒᆞᆷ

第四條 凡懲罰處分을 經ᄒᆞ거든 其長官 卽時其部下에 犯行과 科罰日數ᄅᆞᆯ 公布ᄒᆞ미可ᄒᆞᆷ

64) 第五條 前二條ニ因リ處分ヲ爲シタル時ハ各秩序ニ從ヒ其屬スル所ノ上官ニ申報ス可シ若シ其犯行權限外ノ日數ニ該ル者ト認ル時ト須モ先ツ其權限ニ從テ之ヲ處分シ意見ヲ附シテ申報スヘシ申報ヲ受ケタル隊長長官ハ各權限ニ從ヒ其罰ヲ變更シ若クハ日數ヲ增加スルコトヲ得

65) 第五條 凡犯罪가 現發ᄒᆞ거나 或嫌疑에 係ᄒᆞᆫ 者가 其犯行을 連續ᄒᆞᆯ 念慮가 有ᄒᆞ거든 姑先營倉內에 留置ᄒᆞ믄在營長官의 本權限이되옴 (所屬將校ᄂᆞᆫ本條ᄅᆞᆯ援用ᄒᆞ믈得지못ᄒᆞᆷ)

「육군징벌령(조선)」과 「육군징벌령(일본)」을 비교할 경우 가장 큰 차이점은 계급별로 차등 적용되는 벌목의 종류에 있다. 「육군징벌령(일본)」의 경우 장교를 제외한 하사와 병졸 모두 해당되는 벌목은 '중・경영창'뿐이나 「육군징벌령(조선)」은 하사 및 상등병・병졸의 벌목으로 '금족'과 '고역', '태벌'이 부가적으로 조항에 명시되고 있다. 이를 비교하면 〈표 5〉와 같다.

〈표 5〉 「육군징벌령(조선)」과 「육군징벌령(일본)」의 계급간 벌목 비교

	장교 및 상당관	하사 및 상등병	병졸
「육군징벌령(조선)」	중근신 경근신	중영창 경영창 **금족**	중영창 경영창 **고역** **태벌**
「육군징벌령(일본)」	중근신 경근신	중영창 경영창	중영창 경영창

〈표 5〉를 살펴보면 「육군징벌령(조선)」에서는 하사 및 상등병의 벌목에 중・경영창, 금족 3가지와 병졸 벌목에 중・경영창, 고역, 태벌 4가지의 벌목을 명시하고 있다. 이에 반해 「육군징벌령(일본)」에서는 하사 및 상등병, 병졸의 벌목에 모두 중・경영창만을 명시하면서 제23조를 통하여 금족과 고역의 경우 모두 영창처분으로 환형(換刑)받을 수 있는 벌목으로 따로 규정하였다.[66] 즉 「육군징벌령(일본)」에 따르면 영창처분을 받은 하사, 상등병, 생도, 영외 거주자의 경우 영창처벌을 대신하여 금족처벌을 할 수 있으며, 재영(在營) 병졸일

66) 第二十三條 營倉ニ處ス可キ者下士上等卒諸生徒及ヒ營外居住ノ者ナル時ハ禁足ニ在營兵卒ナル時ハ苦役ニ換フルコトヲ得 禁足苦役ニ處スル時其日數ハ重營倉ノ一日三日ニ輕營倉ノ一日ヲ二日ノ折算ス 禁足苦役ニ處スル時營內居住ノ者ハ其俸給十分ノ二ヲ減ス

경우 이를 고역으로 바꿔 처벌할 수 있는 것이다. 그러나 「육군징벌령(조선)」은 「육군징벌령(일본)」과는 달리 명확하게 금족과 고역을 하사 및 상등병과 병졸에게 적용되는 벌목조항으로서 제시하였다. 이는 「육군징벌령(일본)」에 비해 「육군징벌령(조선)」의 경우 징계권자의 벌목선택의 폭이 넓으며 징계권자가 영창처벌과 관계없이 금족과 고역, 태벌을 자유롭게 처벌할 수 있음을 의미한다.

태벌은 「육군징벌령(조선)」에만 있는 벌목으로 「육군징벌령(일본)」에서는 찾을 수 없다. 「육군징벌령(조선)」에서는 제13조에서 태벌에 대해 대개 '파렴치'한 범행자에 부과하는 벌목으로서 부대원들이 정렬해 있는 앞에서 형을 집행하며, 상등병이라 할지라도 그 범행이 '가악(可惡)'할 경우 태벌을 사용한다고 명시하고 있다.[67] 다시 말해 태벌의 기능은 그 범행의 동기가 고의적이고 교활하다고 판단될 경우, 전 부대원이 정렬하는 앞에서 태를 맞도록 하여 '수치심을 통한 교화'를 이끌어 내는데 있는 것이다. 이는 『추관지(秋官志)』[68]에서 정의하는 태형의 기능과 동일하다. 『추관지』에서는 태형에 대해 "태(笞)란 수치이며 무릇 작은 허물은 매질을 해서 수치를 느끼도록 하는 것(笞者耻也 凡過之小者 捶撻治之)"이라고 정의하고 있다. 따라서 「육군징벌령(조선)」에 명시된 태벌 또한 『추관지』에서 설명하고 있는 것처럼 '수치심'을 통한 교화를 의도하기 위한 목적이라고 볼 수 있다.[69]

---

67) 第十三條 笞罰은大概 破廉耻ᄒᆞᆫ 犯行者에게 科ᄒᆞᄂᆞᆫ 者니 其處分ᄒᆞᄂᆞᆫ 部隊가 整列ᄒᆞᆫ 압희셔 諸官이 會同ᄒᆞ며 下士가 監視ᄒᆞ야 上等兵으로 執笞케ᄒᆞ고 (中隊에 在ᄒᆞ야ᄂᆞᆫ 大概 週番下士며上等兵으로ᄡᅧ 行케홈) 且其笞數 每十度에 給料二十分의 一을 日排로 減홈(營外居住ᄒᆞᆫ 者ᄂᆞᆫ 其半額을 減홈) 笞罰은 大概 兵卒의 犯行者에게만 科ᄒᆞᄂᆞᆫ 者나 上等兵이라도 其犯行이 甚히 可惡ᄒᆞᆫ 者에게ᄂᆞᆫ 行ᄒᆞᆷ을 得홈

68) 『추관지』는 1781년(정조 5년)에 刑曹判書 金魯鎭이 朴一源에게 위촉하여 편찬한 것으로, 조선시대의 典章, 教令, 명신들의 論決, 律令, 禁條 등 형조의 소관사무와 관련된 내용이 담겨있다.

다음으로 해당 벌목에 병행되는 감봉조치를 비교하면 다음과 같다. 〈표 6〉을 살펴보면 「육군징벌령(조선)」이 「육군징벌령(일본)」보다 징계처분에 병행되는 감봉의 비율이 전반적으로 높다. 특히 「육군징벌령(조선)」에서 규정된 금족과 고역의 경우 영내·영외 거주자 구분 없이 감봉 비율을 명시하고 있는데다가 「육군징벌령(일본)」과 비교해 보았을 때 다른 벌목보다 높은 비율로 감봉하고 있다. 그리고 태벌의 경우 앞서 언급하였다시피 「육군징벌령(조선)」에만 있는 벌목으로, 낮은 비율이기는 하나 매 10도마다 감봉이 되게끔 명시하였다. 즉 「육군징벌령(조선)」에 따르면 하사 및 상등병, 병졸의 경우 금족, 고역 및 태벌로 인한 신체적 제재와 함께 「육군징벌령(일본)」에 비해 비교적 높은 비율의 감봉이라는 경제적 부담을 안게 될 수 있는 것이다.

마지막으로 제3장 제16조의 33개 범행세목의 경우 「육군징벌령(조선)」과 「육군징벌령(일본)」에서 명시된 내용이 거의 동일한 편이나, 「육군징벌령(일본)」에는 없고 「육군징벌령(조선)」에는 추가로

---

69) 태형을 존속시키는 이유에 대해 구체적인 설명을 하고 있는 사료는 1897년 1월에 완성된 「刑法草案」이다. 「형법초안」의 서문에서는 “頑梗ᄒᆞ고 桀黠ᄒᆞᆫ자와 貧窶ᄒᆞ고 恥心이 無ᄒᆞᆫ 者ㅣ 갓흠은 罰金을 科ᄒᆞ야도 資財가 無ᄒᆞ고 拘留ᄒᆞ면 도로혀 數日 食飮을 得ᄒᆞ야 心切喜之ᄒᆞᄂᆞᆫ 徒ᄂᆞᆫ 寧혀 刑罰로써 恩典에 化케 ᄒᆞᄂᆞ 奇觀을 뫼코ᄌᆞ ᄒᆞᆯ진된 笞를 措ᄒᆞ고 良刑을 何에 求ᄒᆞᆯ이오”라고 설명하고 있다. 즉 무지하고 교활한 자와 가난하고 수치심이 없는 자들은 벌금을 부과하여도 이를 마련할 길이 없고 拘留하면 오히려 먹을 것을 얻을 수 있어 기뻐하기에 태형이 낫다는 말이다. 이는 1912년에 시행된 「朝鮮笞刑令」의 근거논리와 동일한 것으로, 태형이 가지고 있는 형벌경제적인 효율성에 대한 신뢰를 보여주고 있다. 하지만 앞서 논의하였다시피 「육군징벌령(조선)」에 태벌이라는 벌목이 명시된 배경은 「형법초안」에서 설명하고 있는 태벌의 ‘형벌경제적인 효율성’보다는 「추관지」에서 설명하고 있는 ‘수치심을 통한 교화’에 있다.
「형법초안」은 1880년에 반포된 일본 舊刑法을 모방한 것으로 法部 顧問으로 활동한 호시 토오루(星亨) 및 노자와 게이이치(野澤鷄一)에 의해 1896년 2월부터 작성되기 시작하여 1897년 1월에 완성되었다. 「형법초안」은 그 체계와 내용으로 본다면 최초의 서구적 형법이라고 할 수 있지만 「대명률」과 「대전회통」을 통해 축적된 기존의 법질서와 상이한 점이 많아 당시 조선의 입법자들에 의해 받아들여지지 않았다. 「형법초안」 및 태형에 관한 내용은 다음의 연구를 주로 참조하였다. 문준영, 앞의 논문, 36~46쪽; 염복규, 「1910년대 일제의 태형제도 시행과 운용」, 『역사와 현실』 53, 2004.

〈표 6〉 「육군징벌령(조선)」과 「육군징벌령(일본)」의 감봉비율 비교

<table>
<tr><th>구 분</th><th colspan="2">「육군징벌령(조선)」</th><th colspan="2">「육군징벌령(일본)」</th></tr>
<tr><td>중근신</td><td rowspan="2">장교 및 상당관</td><td>봉급의 3분의 2減</td><td rowspan="2">장교 및 상당관</td><td>봉급의 2분의 1減</td></tr>
<tr><td>경근신</td><td>3분의 1減</td><td>4분의 1減</td></tr>
<tr><td>중영창</td><td rowspan="3">하사 및 상등병 / 병 졸</td><td>영내거주: 10분의 8減
영외거주: 10분의 6減</td><td rowspan="4">하사 및 상등병 / 병 졸</td><td>영내거주: 10분의 8減
영외거주: 2분의 1減</td></tr>
<tr><td>경영창</td><td>영내거주: 10분의 6減
영외거주: 10분의 4減</td><td>영내거주: 10분의 6減
영외거주: 4분의 1減</td></tr>
<tr><td>금 족</td><td>10분의 5減</td><td>영내거주: 10분의 2減
영외거주: 없음</td></tr>
<tr><td>고 역</td><td rowspan="2">병 졸</td><td>10분의 4減</td><td>영내거주: 10분의 2減
영외거주: 없음</td></tr>
<tr><td>태 벌</td><td>영내거주: 매 10度에 20분의 1減
영외거주: 매 10度에 40분의 1減</td><td colspan="2"></td></tr>
</table>

4개의 범행 세목이 명시되었다. 그 세목을 제시하면 다음과 같다.

제1항 刑法欵目에 準홀만훈 犯行으로 刑法에 該當치아닌者
제28항 營舍며 營內를 汚穢케ᄒ야 衛生ᄒᄂ 法에 違ᄒ者
제31항 技局을 設ᄒ야 金錢을 賭ᄒ者
제32항 營內의 靜肅ᄒ믈 害ᄒᄂ 者

제1항은 「육군징벌령(조선)」이 '형법에는 해당하지 않는' 범행에 적용됨을 언급하는 항목이다. 그런데 제1항의 내용은 「육군징벌령(조선)」 제1조에서 이미 명시되어 있는 내용이며, 이렇게 한 법령에서 동일한 내용을 두 번이나 언급한 것은 그만큼 군인의 징계처벌과 형사처벌의 구분을 강조하려는 의도가 있었음을 의미한다고 볼 수 있다. 그리고 제28항·제31항·제32항은 영내를 더럽히거나 정숙함을 해치고 도박을 하는 군인에 대한 징계처벌을 명시한 항목이다. 이 항목들은 「육군징벌령(조선)」이 반포될 당시 군영 또한 공공시설 범주

에 포함되어 위생문제 개선대상으로 인식되었고, 군인이 도박을 하는 사례가 적지 않아 이를 정부차원에서 통제하려는 의도가 있었음을 보여주고 있다.[70)]

지금까지 「육군징벌령(조선)」과 「육군징벌령(일본)」을 비교하여 그 차이점을 중심으로 「육군징벌령(조선)」의 특징에 대해 살펴보았다. 먼저 이 두 징벌령이 차이점보다 그 구조나 내용면에 유사한 점이 많은 것으로 미루어 보아 「육군징벌령(조선)」은 「육군징벌령(일본)」을 참고하여 작성된 것을 알 수 있다. 이와 같은 유사성은 앞서 「육군징벌령(조선)」의 제정과정에서 살펴보았듯이 그 논의 과정에 대한 구체적인 기록이 없고 갑오개혁 당시 법령의 제정 과정이 국왕을 배제한 군국기무처 및 내각중심으로 이루어 졌으며, 의병봉기라는 사회적 소요로 인하여 시급히 반포된 사실과 관련이 있을 것이라 생각된다.

한편 「육군징벌령(일본)」과 차이점을 통해 살펴본 「육군징벌령(조선)」의 특징은 첫째, 징계권자의 징계권한이 비교적 폭넓게 명시되어 있으며 둘째, 징계기간 및 징계벌목 상에서 신체적 제재의 수준이 높고 셋째, 하사 이하의 하급군인의 경우 징계처벌시 신체적 제재와 함께 높은 감봉비율이 병과(竝科)되어 이들의 경제적 부담이 컸다는 것이다. 요컨대 「육군징벌령(조선)」은 1881년의 「육군징벌령(일본)」을 적극적으로 참고하여 반포되었지만, 「육군징벌령(일본)」에 비해 징계권자의 징계권한 및 징계벌목 그리고 감봉 비율이 전반적으로 군인

70) 군인들이 도박을 하는 사례는 신문 기사에 종종 등장하고 있다. 이에 대한 대표적인 사례로 1899년 8월 2일자 『황성신문』 잡보란에 실린 「月終例設」의 기사내용을 살펴보면 도박에 대한 당시 병정들의 인식을 확인할 수 있다. 이 기사에 따르면 병정들이 "매월 월급을 받으면 의례히 가깝한 마음을 풀어 후련하게 할 요량으로 도박을 하는데 어찌 이를 금할 수 있는가"라고 하며 이를 단속하러 온 순검들에게 軍物을 들고 示威하였다. (이외 군인의 도박사례에 대한 기사는 『독립신문』 1896년 5월 28일 잡보; 『皇城新聞』 1898년 11월 2일 잡보, 「技兵被捉」; 『皇城新聞』 1899년 3월 28일 잡보, 「別別巡檢」; 『皇城新聞』 1901년 3월 22일 잡보, 「憲兵見效」 참조)

의 비행을 통제하려는 기능이 보다 '강화'되었음을 알 수 있다.

이후 「육군징벌령(조선)」은 1906년에 새로운 「육군징벌령」이 반포됨으로서 완전히 폐지되었다. 1906년에 반포된 「육군징벌령」에서는 앞서 언급되었던 「육군징벌령(조선)」의 특징이 모두 사라지고[71] 「육군징벌령(일본)」, 즉 1881년 일본의 「육군징벌령」과 동일한 내용이 규정되었다. 이처럼 1896년의 「육군징벌령(조선)」이 폐지되고 1906년의 「육군징벌령」이 「육군징벌령(일본)」을 큰 가감·수정없이 그대로 수용하여 반포된 배경에는 제1차 한일협약(1904. 8)으로 일본의 고문정치가 시작되었다는 사실을 들 수 있다. 또한 이러한 사실은 1906년의 「육군징벌령」이 대한제국에서 일본군의 활동을 용이하게 하는 기반으로서 활용될 수 있었음을 보여준다.

5 자주적 군사법제도의 수립노력과 「육군법률」

1900년에 반포된 「육군법률」은 「대전회통」과 「대명률」, 그리고 「육군법률」이 제정되기 이전에 반포된 신 법령들과 외국 육군형법의 내용을 모두 참고하여 만들어 진 것으로,[72] 제1편 법례(法例), 제2편 죄례(罪例), 제3편 형례(刑例), 제4편 율례(律例)의 총 4개편 317개의

71) 1906년에 반포된 「육군징벌령」은 「육군징벌령(일본)」과 비교해봤을 때 「육군징벌령(일본)」에서 하사와 병졸벌목에 금족과 고역을 추가한 것을 제외하고는 구성·내용면에서 모두 동일하다.(하사와 병졸벌목에 금족과 고역을 추가한 것은 기존에 반포된 「육군징벌령(조선)」에서도 나타나는 특징이다.) 즉 1906년에 반포된 「육군징벌령」은 기존에 반포된 1896년의 「육군징벌령(조선)」보다 일본의 「육군징벌령」과 유사한 측면이 많았음을 알 수 있다.

72) 凡例 一. 本 法律은 大典會通과 新頒法律과 附例大明律로 基礎를 作ᄒᆞ고 外國陸軍刑法을 參互ᄒᆞ야 集成ᄒᆞᆷ.

조항으로 이루어져있다. 제1편부터 제3편의 내용은 일반형법의 총칙에 해당하는 내용으로 제1편 법례에서는 해당 법률이 적용되는 범위와 대상, 법률 적용상 중요한 절차상 규정, 그리고 법률에 사용되는 용어에 대해 정리하고 있으며 제2편 죄례에서는 범죄의 종류를, 제3편 형례는 규정된 형벌과 가감례(加減例)를 제시하고 있다.[73] 제4편은 군형법으로서 「육군법률」의 특징을 가장 잘 드러내는 부분으로 군인의 범죄와 이에 해당하는 형량을 명시하고 있다.

「육군법률」은 이전의 「대명률」과 「대전회통」이 이·호·예·병·형·공률(전)로 이루어진 것과는 달리 편-장-조 구조로 되어있으며, 〈표 7〉에서 살펴볼 수 있듯이 1899년 8월 25일에 법률기초위원회에서 작성한 「인율목록」과 그 구조가 유사하다. 「인율목록」은 1905년에 반포되는 「형법대전」의 초안 가운데 하나로서, 1897년부터 '구본신참'의 기치 아래 활동한 조선인 법률기초위원들의 자주적인 활동의 결과물이라고 할 수 있다. 「인율목록」의 구성을 살펴보면 제1편 법례, 제2편 죄례, 제3편 형례로만 이루어져 있으며 제4편 율례 부분은 없다. 그리고 전체적인 틀의 편명(編名), 장명(章名), 절명(節名)은 있으나 세부 조항이 없으며, 세부 조항이 있어야할 자리에 「대명률」·「대전회통」·「적도처단례」등 기존 법률 및 새롭게 반포된 법률에서 참고한 조항이 기재되어 있다.[74]

「인율목록」과 「육군법률」의 구조상 유사점은 군법기초위원 뿐만 아니라 일찍부터 법률기초위원으로 활동한 신재영의 경력에서 그 근거를 찾을 수 있다. 1895년 6월 15일에 설치된 법률기초위원회

---

73) 특히 제1편에서는 哨兵·憲兵·豫備·後備 등 기존 법률에서 찾을 수 없는 새로운 군사용어들에 대해 정의함으로써 「육군법률」의 이해를 돕고자 하였다. 한편 豫備·後備 등 당시 일본 군사교범에서 사용되는 군사용어들이 「육군법률」에 등장하였다는 점을 고려하면 「육군법률」이 당시 일본의 법령을 참고하여 작성되었음을 알 수 있다.

74) 문준영, 앞의 논문, 46~54쪽.

〈표 7〉 「육군법률」과 「引律目錄」의 구성 비교

「육군법률」		「인율목록」	
제1편 法 例 제1장 本法律施用權限 제2장 告訴及聽理區域 제3장 拘拿格式 제4장 名稱分析 제5장 等級區別 제6장 期限通規 제2편 罪 例 제1장 犯罪原由 제2장 數罪俱發 제3장 罪中又犯 제4장 一罪再犯 제5장 數人共犯 제6장 未遂犯 제7장 不論罪	제3편 刑 例 제1장 刑名及獄具 제2장 主刑處分 제3장 附加刑處分 제4장 獄具施用處分 제5장 公私罪處斷例 제6장 知情不告 及藏匿者處斷例 제7장 數罪處斷例 제8장 又犯處斷例 제9장 再犯處斷例 제10장 共犯處斷例 제11장 未遂犯處斷例 제12장 免罪及加減處分 제13장 加減次序 제14장 執刑禁限 제15장 執刑及執行處分 제16장 刑期計算 제17장 徵償處分 제18장 收贖處分 제19장 期滿免刑及復權 제20장 保放規例 (제4편 律 例 생략)	제1편 法 例 제1장 用法範圍 제1절 本法律施用權限 제2절 告訴及聽理區域 제3절 拘拿及立證格式 제4절 罪囚應禁物許條例 제5절 期限通規 제6절 名稱分析 제7절 等級區別 제8절 賊盜分類 제2편 罪 例 제1장 犯罪分析 제1절 犯罪原由 제2절 數罪俱發 제3절 罪中又犯 제4절 一罪再犯 제5절 數人共犯 제6절 未遂犯罪 제7절 不論罪類	제3편 刑 例 제1장 刑罰通則 제1절 刑名及獄具 제2절 主刑處分 제3절 附加刑處分 제4절 獄具施用處分 제5절 公私罪處斷例 제6절 知情不告 及藏匿者處斷例 제7절 數罪處斷例 제8절 又犯處斷例 제9절 再犯處斷例 제10절 共犯處斷例 제11절 未遂犯處斷例 제12절 免罪及加減處分 제13절 加減次序 제14절 執刑禁限 제15절 執刑及執行處分 제16절 刑期計算 제17잘 徵償處分 제18절 收贖處分 제19절 期滿免刑及復權 제20절 保放規例

는 1897년 10월 사실상 해체되었다가 다시 1899년 5월 22일 새롭게 구성되어 활동하였다. 여기에 1898년 4월부터 군법기초위원으로 활동한 신재영이 1895년 법률기초위원회활동 초창기부터 참여하고 있었던 것이다. 「육군법률」은 이러한 「형법대전」의 초안 형태의 「인율목록」의 구조를 참고하여 작성된 것으로 보이며, 「육군법률」 또한 「인율목록」과 마찬가지로 1897년 이후 대한제국 정부 차원에서 꾸준히 추진된 자주적인 사법제도 정비과정의 결과물로 이해할

수 있다.

「육군법률」의 제4편 율례는 군인의 범죄와 그 범죄에 대응하는 처벌을 규정하고 있어 군형법으로서 「육군법률」의 특징을 가장 잘 드러내고 있는 부분이다. 앞서 언급하였듯이 「육군법률」의 제1편 법례, 제2편 죄례, 제3편 형례가 「인율목록」에 근거하였다면, 「육군법률」 제4편 율례는 「대명률」·「대전회통」 및 메이지 14년(1881)에 布告 제69호로 반포된 일본의 「육군형법」을 참고하여 작성되었다. 「육군법률」과 일본의 「육군형법」의 구성을 비교한 〈표 8〉에서 살펴볼 수 있듯이, 「육군법률」의 제4편 율례는 특히 일본의 「육군형법」의 제2편 중죄경죄(重罪輕罪)와 유사한 구조를 지니고 있다.

「육군법률」 제4편 율례를 살펴보면 일본의 「육군형법」에는 보이지 않는 제5장 닉직률(溺職律), 제6장 위기율(違期律), 제10장 규피율(規避律)이 있는 것을 알 수 있다. 닉직률은 업무를 소홀히 하였을 경우, 위기율은 각종 기한을 어겼을 경우, 규피율은 업무를 기피하는 경우에 대해 처벌 내용을 명시한 것으로 이 3개의 장은 군인들의 평시 직무수행과 관련된 내용을 포함하고 있다. 형사처벌이 요구되는 군인의 범죄에 대한 내용을 규정해야하는 군형법이 이처럼 평시 직무수행과 관련된 내용을 포함하게 된 것은 「대명률」과 「대전회통」의 내용을 축조(逐條)하는 과정에서 병률·병전 내용이 반영되었기 때문이다.

한편 일본의 「육군형법」의 경우 제1장과 제10장에 각각 반란과 결당(結黨)을 구분하여 조항을 명시하고 있는데 「육군법률」은 제1장에서 결당작난(結黨作亂)이라고 하여 결당과 반란을 동시에 규정하고 있다. 즉 군인들이 당을 결성하는 행위를 반란과 직접적으로 연관시키고 있다는 것이다. 「육군법률」은 본 법률 제203조, 제277조, 제285조에 걸쳐 군인들의 결당 뿐만 아니라 군인이 난언(亂言)하여 일반 백성들을 동요시켜 반란에 이르게 하는 경우에도 처벌하는 규정을

〈표 8〉 「육군법률」과 「육군형법」의 구성 비교

「육군법률」		「육군형법」
제1편 法 例	제9장 再犯處斷例	
제1장 本法律施用權限	제10장 共犯處斷例	
제2장 告訴及聽理區域	제11장 未遂犯處斷例	제1편 總 則
제3장 拘拿格式	제12장 免罪及加減處分	제1장 法例
제4장 名稱分析	제13장 加減次序	제2장 刑例
제5장 等級區別	제14장 執刑禁限	제3장 加減例
제6장 期限通規	제15장 執刑及執行處分	제4장 數罪俱發
	제16장 刑期計算	제5장 數人共犯
제2편 罪 例	제17장 徵償處分	제6장 未遂犯罪
제1장 犯罪原由	제18장 收贖處分	
제2장 數罪俱發	제19장 期滿免刑及復權	
제3장 罪中又犯	제20장 保放規例	
제4장 一罪再犯		
제5장 數人共犯	**제4편 律 例**	**제2편 重罪輕罪**
제6장 未遂犯	**제1장 結黨作亂律**	**제1장 反亂**
제7장 不論罪	**제2장 命令違抗律**	**제2장 抗命**
	제3장 權外擅行律	**제3장 擅權**
제3편 刑 例	**제4장 辱職律**	**제4장 辱職**
제1장 刑名及獄具	**제5장 溺職律**	**제5장 暴行**
제2장 主刑處分	**제6장 違期律**	**제6장 侮辱**
제3장 附加刑處分	**제7장 失誤軍機律**	**제7장 違令**
제4장 獄具施用處分	**제8장 暴行律**	**제8장 逃亡**
제5장 公私罪處斷例	**제9장 殺傷律**	**제9장 詐僞**
제6장 知情不告及 藏匿者處斷例	**제10장 規避律**	**제10장 結黨**
제7장 數罪處斷例	**제11장 逃亡律**	
제8장 又犯處斷例	**제12장 詐僞律**	

명시하고 있다.[75] 또한 일본의 「육군형법」에서는 군인이 당을 결성

75) 第二百三條 軍人이 第四條의 揭載ᄒᆞᆫ 所犯을 除ᄒᆞᆫ 外에 政府ᄅᆞᆯ 顚覆ᄒᆞ거나 軍紀ᄅᆞᆯ 紊亂ᄒᆞ거나 其他人命財産을 侵損ᄒᆞᆯ 目的으로 黨을 結ᄒᆞ야 亂을 作ᄒᆞᆫ 者ᄂᆞᆫ 死刑

해 난을 일으켰더라도 군수품을 지급한 자는 유기유형에 처하게 하고 미수에 그친 경우 해당 형에서 1등씩 감하도록 하고 있는 반면,[76] 「육군법률」의 경우 미수에 대한 감형 없이 미수까지 해당 조항에서 규정하고 있는 형으로 논하고 예비, 음모 한 자만 해당 형에서 각 1등, 2등을 감하고 있다.[77]

군인들의 결당작난에 대한 조항과 더불어 일본의 「육군형법」과 비교했을 때 「육군법률」이 가지고 있는 또 다른 특징은 외국과 관련된 군인의 범죄를 처벌하는 조항이 존재한다는 것이다. 「육군법률」에서 외국과 관련된 규정은 제205조, 제208조, 제209조, 제216조, 제282

에 處ᄒᆞ되 黨에 未至ᄒᆞᆫ 者도 同論ᄒᆞᆷ이라.

第二百七十七條 軍人이 上官의 命令을 違抗ᄒᆞ거나 職務ᄅᆞᆯ 瀆溺ᄒᆞ거나 常典을 違背ᄒᆞ야 左開의 所犯이 有ᄒᆞᆫ 者ᄂᆞᆫ 竝히 死刑이며 部下로 凍餓케ᄒᆞ거나 離散케ᄒᆞᆫ 者ᄂᆞᆫ 一名에 禁獄三個月이며 每一名에 一等을 加ᄒᆞ되 死刑에 入ᄒᆞᆷ이라.

一. 部下나 良民을 激變ᄒᆞ야 亂을 作케ᄒᆞᆫ 者.

二. 敵으로 侵入케ᄒᆞᆫ者.

三. 地池ᄅᆞᆯ 失陷ᄒᆞᆫ 者

第二百八十五條 軍人이 亂言을 造ᄒᆞ야 政府ᄅᆞᆯ 顚覆ᄒᆞ거나 政事ᄅᆞᆯ 變更ᄒᆞ기ᄅᆞᆯ 謀ᄒᆞᆫ 者ᄂᆞᆫ 流十五年이며 因ᄒᆞ야 人心을 煽動ᄒᆞᆫ 者ᄂᆞᆫ 流終身이며 亂에 至케ᄒᆞᆫ 者ᄂᆞᆫ 死刑에 處ᄒᆞᆷ이라

76) 第五十條 軍人黨ヲ結ヒ擅ニ兵器ヲ執リ反亂ヲ爲ス者首魁教唆者及ヒ群衆ノ指揮ヲ爲シ若クハ樞要ノ職務ニ從事ス　ル者ハ死刑ニ處ス其指揮ヲ爲シ樞要ノ職務ニ從事スト雖モ情狀輕キ者ハ無期流刑ニ處ス 諸般ノ職務ヲ 司リ若クハ兵器彈藥其他軍需ノ物品ヲ資給スル者ハ有期流刑ニ處シ其情狀輕キテ者ハ重禁獄ニ處附和シテ其事ニ服行スル者ハ二年以上五年以下ノ輕禁錮ノ處ス

第六十二條 軍人前數條ニ揭クル所ノ罪ヲ犯サントシテ未ク遂ケサル者級ヒ其豫備ヲ爲ス者ハ各本條ニ照シテ一等ヲ 減ス 其陰謀ヲ爲シ未ク豫備ニ至ラサル者ハ二等ヲ減ス

77) 第二百三條 軍人이 第四條의 揭載ᄒᆞᆫ 所犯을 除ᄒᆞᆫ 外에 政府ᄅᆞᆯ 顚覆ᄒᆞ거나 軍紀ᄅᆞᆯ 紊亂ᄒᆞ거나 其他人命財產을 侵損ᄒᆞᆯ 目的으로 黨을 結ᄒᆞ야 亂을 作ᄒᆞᆫ 者ᄂᆞᆫ 死刑 에處ᄒᆞ되 黨에 未至ᄒᆞᆫ 者도 同論ᄒᆞᆷ이라.

第二百十條 軍人이 本章諸條의 罪ᄅᆞᆯ 犯ᄒᆞᄂᆞᆫᄃᆡ 已行ᄒᆞ고 未遂ᄒᆞᆫ 者ᄂᆞᆫ 各히 本律과 同論ᄒᆞ고 預備만ᄒᆞ고 未行ᄒᆞᆫ者ᄂᆞᆫ 一等이며 陰謀만ᄒᆞ고 預備에 不至ᄒᆞᆫ 者ᄂᆞᆫ 二等을 減ᄒᆞᆷ이라

조로 대부분의 내용이 외국에 붙어서 본국에 대해 저항하거나 본국과 공수동맹을 맺은 외국과의 화친을 저해하는 경우, 그리고 외국과 전쟁의 발단을 제공하는 경우이며 이에 대해서는 제일 높은 형량인 사형으로 처벌하고 있다.[78)]

이렇게 「육군법률」이 일본의 「육군형법」을 참고하였음에도 불구하고 일본의 「육군형법」과는 달리 군인의 결당작난과 외국관련 범죄에 대한 처벌조항이 존재하게 된 배경에는, 1895년 10월 을미사변을 시작으로 정치적 사건에 군인들이 개입된 경우가 많았기 때문이다. 을미사변에는 이노우에의 건의에 따라 편성된 훈련대의 대대장 참령 이두황, 우범선, 이진호이 가담하였으며, 특히 우범선의 경우 훈련대 제2대대장으로 을미사변 당시 일본군 수비대와 함께 궁궐에 침입하여 명성황후 시해과정에 직접 간여하였다. 그리고 1898년 6월에는 안경수가 중심이 되어 황제를 위협하여 황태자가 국정을 대리하는 쿠데타 모의에 친위 제1연대장 김재은, 친위 제3대대장 이남희, 시위 제2대대장 이종림, 전 시위 제2대대 중대장 이용한 등이 개입하였다. 그러나 이 쿠데타는 이남희가 모의를 밀고함으로써 실패하고, 주모자 안경수는 진고개의 일본인 조계지로 도주하였다가 일본으로 망명하

---

78) 第二百五條 軍人이 敵을 利케ᄒᆞᆷ을 爲ᄒᆞ야 左開諸項을 犯ᄒᆞᆫ者ᄂᆞᆫ 竝히 死刑에 處ᄒᆞᆷ이라 ……九. 本國이나攻守同盟國의命令이나公信의遞傳을妨礙ᄒᆞ거나隱匿ᄒᆞ거나遲緩ᄒᆞ거나變造ᄒᆞᆫ者

第二百八條 軍人이 敵前이나 軍中에 在ᄒᆞ야 左開諸項을 犯ᄒᆞᆫ 者ᄂᆞᆫ 竝히 死刑에 處ᄒᆞᆷ이라.

一. 外國에 附從ᄒᆞ야 本國을 抗敵ᄒᆞᆫ 者

二. 本國에 對ᄒᆞ야 攻守同盟이 有ᄒᆞᆫ 國을 抗敵ᄒᆞᆫ者

第二百九條 軍人이 本國이 外國과 宣戰에ᄂᆞᆫ 不至ᄒᆞ얏스나 戰端을 將開ᄒᆞᆯ 時에 本章諸條의 所犯이 有ᄒᆞᆫ 者ᄂᆞᆫ 各히 本律과 同論ᄒᆞᆷ이라

第二百十六條 軍人이 外國이 互相交戰ᄒᆞᆯ 時에 本國의 局外中立ᄒᆞᄂᆞᆫ 布告ᄅᆞᆯ 違背ᄒᆞᆫ 者ᄂᆞᆫ 流二年이며 因ᄒᆞ야戰端을 開케ᄒᆞᆫ 者ᄂᆞᆫ 死刑에 處ᄒᆞᆷ이라

第二百八十二條 軍人이 外國의 和親을 破ᄒᆞ거나 外國에 損害ᄅᆞᆯ 加ᄒᆞᆯ 所爲ᄅᆞᆯ 行ᄒᆞᆫ 者ᄂᆞᆫ 役十年이며 因ᄒᆞ야 戰端을 開케ᄒᆞᄂᆞᆫ 者ᄂᆞᆫ 死刑에 處ᄒᆞᆷ이라

였다.[79]

한편 갑오개혁 실패 이후 일본으로 건너간 박영효가 1898년 10월 그의 측근인 이규완, 황철을 조선에 파견하여 정변을 모의하는 계획에서도 군인이 참여하고 있었다. 이때 포섭된 위관 신창희, 이민직 등은 정변 당일 날 부하병사들을 이끌고 대궐에 진입, 미리 준비한 폭약을 터트리고 궁궐 내 각 지역을 지키는 임무를 맡았지만 이들이 밀고하여 정변 모의 계획은 사전에 발각되어 실패하였다.[80] 이와 같이 을미사변과 아관파천 이후 대한제국기에 걸쳐 각종 정변모의에 군인들이 참여함으로써 무력적인 기반을 제공하는 사례가 빈발하였다. 그리고 이 당시 정변의 중심에는 박영효와 같이 망명한 개화파세력과 그 배후에 일본이 있는 경우가 대부분이었기 때문에 「육군법률」에는 군인들의 결당작난과 외국관련 범죄에 대한 규정이 등장한 것으로 보인다.

한편 「육군법률」 제229조는 일본의 「육군형법」과 「대명률」, 「대전회통」에도 찾아볼 수 없는 특이한 조항으로, 출사(出使)한 군인이 각 지방에 있어 타인의 업무에 간여하거나 사법관이 아닌데 소송을 수리할 경우 처벌하는 내용을 규정하고 있다.[81] 갑오개혁 이후 통상적으로 지방관이 겸임하던 군사지휘관이 독립된 직책으로 바뀌면서, 지방에 군사지휘관과 지방관이 양립하는 상황이 초래되어 업무관할 측면에서 이들 간의 마찰이 잦아지게 되었다. 이에 1896년 9월에 군부에서는 진위대와 지방대에 다음과 같은 훈령을 내렸다.

---

79) 『高宗實錄』 卷37, 1898년 8월 14일; 『官報』 제1030호, 1898년 8월 17일, 彙報; 『官報』, 제1031호, 1898년 8월 18일, 彙報.

80) 『高宗實錄』 卷40, 1900년 2월 9일; 『官報』 제1496호, 1900년 2월 13일, 彙報.

81) 第二百二十九條 出使ᄒᆞᆫ 軍人이 各地方 에在ᄒᆞ야 他人의 職事ᄅᆞᆯ 于預ᄒᆞ거나 司法官이 아닌ᄃᆡ 訴訟을 受理ᄒᆞᆫ 者ᄂᆞᆫ 笞八十이며 因ᄒᆞ야 所犯이 有ᄒᆞᆫ 者ᄂᆞᆫ 各히 本罪에 一等을 加ᄒᆞᆷ이라

① 대ᄃᆡ장은 ᄒᆞᆫ군ᄃᆡ에 ᄉᆞ무를 쥬장 ᄒᆞᄂᆞᆫ 영관이나 관찰ᄉᆞ와 공문 왕복에 ᄃᆡ등 죠회 ᄒᆞ고 각 군슈의게ᄂᆞᆫ 훈령 지령를 ᄒᆞ되 대ᄃᆡ장 밧긔 각 위관은 관찰ᄉᆞ의게 칙쥬림관등을 ᄯᆞ라 례를 넉넉히 ᄒᆞ야 경ᄃᆡ ᄒᆞ고 각 디방 군슈의게ᄂᆞᆫ 평등ᄒᆞᆫ 쥰례로 ᄒᆞ고

② 하ᄉᆞ와 병졸은 각 디방 칙쥬림 관의게 일쳬 경례 ᄒᆞ야 본ᄃᆡ 영위관의게 경ᄃᆡ ᄒᆞᄂᆞᆫ이와 차등이 업게 ᄒᆞ고

③ 군인이라도 혹 쇼숑을 인 ᄒᆞ야 ᄌᆡ판을 ᄒᆞᆯ ᄯᆡ에ᄂᆞᆫ 디방 ᄌᆡ판쇼에셔 불너 셔 신문 ᄒᆞ기를 평민과 다름이 업게 ᄒᆞ기로 각 디방 관원의게 훈령 ᄒᆞ얏스니 본ᄃᆡ에셔 이ᄉᆞ연을 알고 디방관이 쇼숑을 인 ᄒᆞ야 병졍 불너 가ᄂᆞᆫ거슬 월권으로 알지 말고

④ 병졸이 혹 군긔를 가지고 무리를 모화 ᄒᆡᆼ억 ᄒᆞᄂᆞᆫ쟈ᄂᆞᆫ 슈범을 사실ᄒᆞ야 엇어 춍으로 노하 쥭이고

⑤ 하ᄉᆞ와 병졍들을 촌간에 ᄒᆞᆫ가히 감을 엄금ᄒᆞ고 다만 공ᄉᆞ를 인ᄒᆞ야 밧긔 츌입ᄒᆞᆯ ᄯᆡ에ᄂᆞᆫ 그사ᄅᆞᆷ의 셩명과 ᄉᆞ유를 자셰히 말 ᄒᆞ야 공문을 주고

⑥ 하ᄉᆞ와 병졍이 관가에 공문을 가지지 안코 밧긔 나가 촌간에 폐단이 ᄭᅵ치면 그 사ᄅᆞᆷ은 몬져 ᄐᆡ거ᄒᆞ고 군법으로 증치ᄒᆞ고 다만 이우희 법에 범ᄒᆞᆫ 병졍들을 본ᄃᆡ에셔ᄂᆞᆫ 아직 입문치 못 ᄒᆞ고 디방관의게 잡힐 ᄯᆡ에ᄂᆞᆫ 본 디방 ᄌᆡ판쇼에 가두고 본ᄃᆡ에 공문 ᄒᆞ거든 본ᄃᆡ에셔ᄂᆞᆫ 즉시 태거 ᄒᆞ고 ᄌᆡ판쇼로 통쳡ᄒᆞ고

⑦ 군병등이 혹 무리를 밋고 남의 산에 륵장을 ᄒᆞ거나 남의 뫼를 억지로 파거나 부녀를 겁간ᄒᆞ거나 사샤 빗슬 억지로 밧거나 도적질을 ᄒᆞ거나 시졍에셔 억ᄆᆡ를 ᄒᆞ거든 본ᄃᆡ에셔 위션 태거 ᄒᆞ고 디방 ᄌᆡ판쇼로 보내야 증판케 ᄒᆞ고 혹 디방관의게 몬져 잡힐 ᄯᆡ에ᄂᆞᆫ 률죠 규칙을 ᄯᆞ라 다ᄉᆞ리고

⑧ 하ᄉᆞ와 병졸 가온대 혹 다른 사ᄅᆞᆷ을 ᄶᅵ리거나 슐을 취ᄒᆞ거나 잡계와 악습이 잇거든 범ᄒᆞᆫ바 경즁ᄃᆡ로 등분을 짐쟉 ᄒᆞ되 즁법은 률죠 칠죠 규칙을 ᄯᆞ라 쓰라고 ᄒᆞ엿더라.82)

82) 『독립신문』 1896년 9월 17일 잡보.

군부는 위의 내용과 같이 지방관과 지방에 주둔하는 부대의 군사지휘관의 관계를 설정하고, 군인과 관련된 소송절차에 대해서 구체적으로 명시하여 이들 간의 분규를 막고자 하였다. 하지만 진위대 향관이 업무수행차 관찰사와 만나는 과정에서 관찰사에게 '사또'라고 칭하지 않았다하여 시비가 붙을 정도로 지방관과 군사지휘관간의 마찰이 끊이지 않았다.[83] 특히 이들 양자 간의 마찰은 군인이 민사, 즉 민송(民訟)에 개입하여 지방관의 업무 관할에 대해 월권 행위를 함으로써 사회적인 문제로 발전하였다. 이와 관련하여 1898년 5월에는 "백성 다스리는 일과 군정 간섭하는 일이 각기 맡은 관원이 있으니 지방관들의 권리를 침범하지 말아 병정과 백성이 서로 힐항질하며 군대와 각 군이 서로 갈등되는 폐단이 없게 하라"[84]라는 내용의 훈령이 군부에서 각 진위대와 각 지방대에 하달되기도 하였다. 이는 그만큼 군인이 민사, 즉 민송에 개입하여 일으키는 사회적 문제가 심각하였다는 것을 의미한다.

군인이 타인의 직사에 간섭한 사례로 1901년 2월 19일자『관보』에 실린 참위 목영석의 형사처벌 기록을 들 수 있다. 판결 기록에 따르면 진위 제4연대 제2대대 소대장 목영석 참위는 민인(民人) 신지송으로부터 김경흥에게 빌려준 돈을 못 받았다고 하며 이를 해결해 달라는 부탁을 받았고, 따라서 목영석 참위는 김경흥을 여점(旅店)으로 불러들여 3차례 대질을 하였다. 이에 대해 육군법원에서는 군인이 민송에 간섭하여 민인을 불러와서 대질하였다 하여「육군법률」제229조에 근거하여 태80의 판결을 내렸다. 또한 1901년 11월 4일자『관보』에 실린 진위 제5연대 제1대대 민하식 참위의 사례에 따르면 충주 사천에 거주하는 유정환에게 사적으로 감정이 있어 민하식 참위

83)『독립신문』1899년 4월 28일 잡보.

84)『독립신문』1898년 5월 24일 각부신문.

가 병정 박영신, 구태봉을 시켜 유정환을 불러오는 과정에서 사사로이 민인을 체포하였다. 이에 육군법원에서는 마음대로 병사를 보내어 민인을 체포하는 것은 월권한 죄가 있다고 하여 「육군법률」 제229조에 의해 태 80의 판결을 내렸다.

군인이 타인의 직사에 간섭하는 경우는 대부분 군인이 사법관이 아님에도 민송에 개입하는 것으로, 이와 관련된 범죄는 중앙군보다는 특히 지방에 주둔하는 지방대나 진위대 소속의 군인에게서 많이 발생하였다. 이러한 현상은 갑오개혁 이전에 지방관이 군사 지휘관을 겸임하면서 지방의 사법업무를 담당했던 관례와 의식들이 남아있었기 때문이다. 즉 갑오개혁 당시 지방군사조직이 혁파되는 과정에서 지방관이 원칙적으로 군사지휘관을 겸할 수 있는 근거들이 사라지면서 지방 사법업무는 지방관의 고유한 임무가 되었다. 그러나 민송의 수요에 비해 전문화된 사법관들의 공급이 부족하여 지방관에게 여전히 사법업무가 위임되는 상황에서 '지방관 = 군사지휘관 = 지방사법관' 이라는 갑오개혁 이전의 관례와 의식이 남아있어 군인이 민송에 개입되는 사건이 자주 발생하게 된 것이다.[85]

「육군법률」 제229조와 더불어 군무상의 문서에 증감하거나 오기하는 경우에 대한 처벌을 명시한 제254조와 제308조 또한 주목할 필요가 있다.[86] 이 두 조항의 내용을 살펴보면 궁궐 및 각 파수지에서 경계근무를 하고 전투를 수행하는 군인의 직무특성과 직접적으로 관련

85) 도면회, 앞의 논문, 130~142쪽 참조.

86) 第二百五十四條 軍人이 上官에게 申報ᄒᆞᄂᆞᆫ 文書나 磨勘ᄒᆞᄂᆞᆫ 文書에 失錯ᄒᆞᆫ 者ᄂᆞᆫ 笞五十이며 其他文書에ᄂᆞᆫ 笞三十에 處ᄒᆞ고 因ᄒᆞ야 人員錢糧數目을 錯亂ᄒᆞᆫ 者ᄂᆞᆫ 笞一百에 處ᄒᆞ되 未施行ᄒᆞᆫ 者ᄂᆞᆫ 各히 二等을 減ᄒᆞᆷ이라

第三百八條 軍人이 軍務上의 制書ᄅᆞᆯ 增減ᄒᆞᆫ 者ᄂᆞᆫ 役終身에 處ᄒᆞ되 知情ᄒᆞ고 聽行ᄒᆞᆫ 者ᄂᆞᆫ 同罪ᄒᆞ고 但行移傳寫에失誤ᄒᆞᆫ 者ᄂᆞᆫ 笞八十이며 官文書ᄅᆞᆯ 增減ᄒᆞᆫ 者ᄂᆞᆫ 笞六十에 處ᄒᆞ되 錢糧이나 人員에 增減이 有ᄒᆞᆫ 者ᄂᆞᆫ 禁獄三個月이며 未施行ᄒᆞᆫ 者ᄂᆞᆫ 各히 三等을 減ᄒᆞᆷ이라

된 것이라 보기 어렵다. 하지만 『관보』의 「사법」란에 실린 군인들의 범죄행위 처벌과정에서 제254조와 제308조가 빈번히 적용되고 있었으며 이로 미루어보아, 당시 이와 관련된 군인의 범죄가 많이 발생하였고 따라서 「육군법률」상에 해당 내용이 반영된 것으로 보인다.[87)]

---

87) 1900년 9월 「육군법률」 반포이후 1907년 8월 군대해산까지 『관보』의 「사법」란에 실린 군인의사법처리결과 중에서 「육군법률」에 근거하여 형사처벌이 이루어진 사건은 약 110건 정도이다. 이 사건들을 판결하는 과정에서 적용된 「육군법률」 각 조항의 빈도수를 확인하면 아래 표와 같다.

<table>
<tr><th>조 항</th><th>빈도수</th><th>조항 내용</th><th>비고</th></tr>
<tr><td>제18조</td><td>80회이상</td><td>칙・주임관 拿致방법</td><td>법례</td></tr>
<tr><td>제135조</td><td>35회이상</td><td>數罪가 동시에 俱發할경우</td><td>죄례</td></tr>
<tr><td>제234조</td><td>20회이상</td><td>檢束을 不嚴</td><td>율례</td></tr>
<tr><td>제99조</td><td rowspan="5">10회이상</td><td>笞刑 정의</td><td>형례</td></tr>
<tr><td>제95조</td><td>死刑 정의</td><td>형례</td></tr>
<tr><td>제130조</td><td>범죄가 公罪와 관련있을 경우</td><td>형례</td></tr>
<tr><td>제308조</td><td>軍務上의 制書ᄅᆞᆯ增減</td><td>율례</td></tr>
<tr><td>제221조</td><td>信地ᄅᆞᆯ 擅離</td><td>율례</td></tr>
<tr><td>제251조</td><td rowspan="5">5회이상</td><td>報告 不嚴</td><td>율례</td></tr>
<tr><td>제254조</td><td>申報ᄒᆞ는 文書나 磨勘ᄒᆞ는 文書에 失錯</td><td>율례</td></tr>
<tr><td>제229조</td><td>各地方에 在ᄒᆞ야 他人의 職事ᄅᆞᆯ 于預</td><td>율례</td></tr>
<tr><td>제294조</td><td>同等이나下 等된 者ᄅᆞᆯ 毆傷</td><td>율례</td></tr>
<tr><td>제212조</td><td>制書ᄅᆞᆯ 奉ᄒᆞ야 違</td><td>율례</td></tr>
</table>

표를 살펴보면 「육군법률」의 제1편 법례, 제2편 죄례, 제3편 형례에 해당되는 제18조, 제135조, 제99조, 제95조, 제130조의 빈도가 높은 것을 알 수 있다. 하지만 앞서 언급하였다시피 「육군법률」의 법례, 죄례, 형례편에 해당하는 조항들은 일반형법의 총칙에 해당하는 것으로 「육군법률」에서 사용되는 용어의 정의 또는 「육군법률」 적용상의 절차 등을 명시한 것이다. 따라서 「육군법률」의 각 조항의 적용빈도를 통해 당시 군인의 범죄행위 양상을 확인하기 위해서는 군인의 범죄행위에 해당하는 형벌을 명시한 율례편의 조항들을 주목해야 한다.

위의 표에서 「육군법률」 율례편에 해당하는 조항은 제234조, 제308조, 제221조, 제251조, 제254조, 제229조, 제294조, 제212조로 행동을 단속하지 못하고, 근무지를 이탈하거나, 보고를 하지 않을 경우에 대한 처벌기준을 명시한 제234조, 제221조, 제251조는 군인의 직무특성상 가장 빈번하게 적용될 수 있는 조항이라고 볼 수 있다. 하지만 제308조, 제254조, 제229조 등은 군인이 직무특성과는 관련이 적다고 할 수 있으며 따라서 이 조항들이 적용되는 군인의 범죄행위에 대해서는 당시 사회적 맥락

군인이 군무상의 문서에 오기하여 처벌받는 사례로는 1900년 4월 4일 『관보』에 실린 참위 조홍련의 판결기록을 확인할 수 있다. 종성대 참위 조홍연은 무산군에 주둔했을 당시 군수와 관련된 문서에 병액(兵額)과 전수(錢數)를 고쳐서 작성했고, 대대장 서리로 근무할 때 해당 문서를 결재하여 군부로 넘겼다. 그리고 군부는 해당문서의 기록을 근거로 하여 예산을 집행하였고 결과적으로 부대 운영비가 약 2천5백냥이 초과되어 지급되게 되었다. 이 사건에 대해 육군법원은 「육군법률」 제308조에 근거하여 최종적으로 금옥 2개월의 형량을 내렸다. 또한 1902년 10월 21일 『관보』에 기록된 진위 제6연대 제1대대 前 향관 이근상의 경우 이근상이 향관직에 있을 때 부대 경비를 기록하는 문서에 보속비(保續費)를 원래 수치보다 넘게 계산하고 거듭 기록하여 「육군법률」 제308조에 의해 최종적으로 금옥 2개월의 형량을 판결받았다.

이 당시 군무상의 문서를 위조하여 처벌받는 사례는 중앙군보다는 지방대·진위대와 같은 지방군에서 주로 나타나는 현상이었다. 대한제국기 재정운영 방식은 지방재정을 해체하고 모든 재정을 중앙으로 집결시키는 형태였으나 지방군인 진위대의 경우는 부대경비의 일부만 군부에서 지급하고 나머지는 갑오개혁 이전과 동일하게 지방의 여러 군(郡)들이 직접 해당 부대로 납부하고 있었다.88) 따라서 중앙군보다는 지방군에서 부대 운영 경비를 기록한 문서의 경우 위조를 하거나 오기를 하기 더 용이하였으며 따라서 지방군인들이 문서를 고의로 조작하여 처벌받는 경우가 많았던 것이다.

요컨대 「육군법률」은 「육군징벌령」과 마찬가지로 군인을 '통제'하기 위한 목적과 기능으로서 제정·활용되었다. 그러나 1881년 일본

에서 분석될 필요가 있다.

88) 김기성, 「대한제국기 진위대의 증설과 군부예산의 운영」, 고려대학교 대학원 한국사학과 석사학위논문, 2010, 35~44쪽.

의 「육군징벌령」을 상당 부분 수용한 조선의 「육군징벌령」과는 달리 「육군법률」은 대한제국기 자주적인 군사법제도의 수립노력의 한 결과물로서, 일본의 「육군형법」을 일부 수용하였지만 그 구조나 내용은 일본의 「육군형법」과 동일하지 않았다. 그리고 「육군법률」은 군인이 정변에 가담해 이에 물리적 기반을 제공하는 여지를 사전에 차단하고 황제권의 안정적 보장을 확보할 수 있도록 결당작난과 외국에 부화와 관련된 조항이 있었다. 또한 당시 사회적으로 문제가 되었던 군인의 민사간여, 군무상 문서의 증감에 대한 조항도 명시하고 있었다. 이로 보아 「육군법률」은 자주독립국이자 황제국이라는 대한제국의 특성과 그 시대상을 그대로 반영하는 군사법 법령임을 알 수 있다.

1907년 8월 대한제국 군대가 해산된 이후 8월 26일에 칙령 제13호로 「군부소관 관청관제 및 조규를 폐지하는 건」이 하달되면서 1900년 칙령 제34호로 「육군감옥관제」, 1901년 칙령 제2호 및 제3호로 「육군법원처무규칙」·「육군감옥규칙」, 1904년에는 조칙으로 「육군법원관제」가 폐지되었다. 이렇게 「육군법률」의 적용을 위한 행정적 절차와 행정기관의 관제를 명시한 제도들이 모두 폐지되면서 「육군법률」도 자연히 그 기능을 상실하게 되었다.

6 맺음말

1901년 5월 21일자 『관보』에는 진위 제5연대 제1대대 이천 분점(利川 分站)의 병사 임상룡이 이칠손과 함께 민인 이정을 구타 및 살상하고, 민가에 난입하여 행패를 부린 사건에 대한 사법처리 결과가 실렸다. 이에 따르면 간범(干犯) 이칠손의 경우 판결이 나기 전에 옥사에서 죽어 따로 사건에 대한 처벌이 없었으며, 수범(手犯) 임상룡은 「육군법률」에 근거하여 포살(砲殺)형을 받게 되었다. 이 과정에서 고종은 이 두 병사의 소대장 또한 경계가 없으면 안 될 것이라 하여 해당 소대장에게도 지휘책임을 물어 3주일 중근신 처벌을 내렸다.[89] 이 사건은 「육군징벌령」과 「육군법률」의 운영형태를 보여주는 단적인 사례로서, 「육군징벌령」과 「육군법률」이 군징계령과 군형법의 관계로서 서로 보완적으로 운용되고 있었음을 알 수 있다.

1896년 1월 24일 칙령 제11호로 반포된 「육군징벌령」은 1896년을 전후하여 지방제도 개혁으로 인한 지방 군사조직의 해체, 을미의병의 봉기 및 친위·진위대로 구분되는 전국적인 군 재편이라는 시대적 상황에서 해산된 지방군사력에 대한 통제 필요성이 대두되자 반포된 법령이었다. 「육군징벌령」이 반포되기까지 그 논의 과정에 대해서는 정확하게 확인할 수는 없지만 갑오개혁 당시 국왕의 영향력을 약화시키고자한 개화파세력 중심의 내각이 「육군징벌령」 반포의 주체가 되어 신속하게 의병봉기와 같은 불안한 정치적 국면을 벗어나고자 했음을 알 수 있다.

「육군징벌령」은 메이지 14년 일본의 「육군징벌령」과 구조 및 내용면에서 매우 유사하였으며, 이와 같은 사실을 통해 조선의 「육군징벌령」이 일본의 「육군징벌령」을 참고하여 제정되었음을 알 수 있다. 그러나 일본의 「육군징벌령」과는 달리 1896년의 「육군징벌령」은 징계권자의 징계처분에 대한 재량범위가 넓고 태벌과 같은 신체적 제재의 벌목이 존재한다는 점을 통해 군인의 '통제'를 위한 기능이 일본의 「육군징벌령」보다는 좀 더 강했다고 볼 수 있다.

한편 약 2년의 준비기간을 통해 1900년 9월 14일 법률 제4호로 반포된 「육군법률」은 1897년부터 구본신참의 기치 아래 자주적인 사법제도의 정비노력의 산물 중 하나였다. 「육군법률」은 『대전회통』 및

89) 『官報』 제1892호, 1901년 5월 21일, 彙報.

『대명률』과 같은 기존 법률을 바탕으로 한 군사법제도의 문제점을 해결함과 동시에 1897년 대한제국 성립 이후 황제가 친총하는 군의 규모와 위상에 맞게 군이 재편되고 그 규모가 증대되면서 발생하였던 군인의 각종 범죄를 처벌하기 위해 제정되었다.

특히 「육군법률」은 군인이 당을 결성하여 난을 일으키거나 외국에 붙어 좇는 행위를 엄금함으로써 황제권을 안정적으로 지키고 강화하는 기능을 하였다. 즉 「육군법률」의 경우 갑오개혁 당시 내각이 주체가 되어 반포한 「육군징벌령」과 비교해보면 황제권을 강화하기 위한 기능적인 측면이 확대되었던 것으로, 어떤 의미에서는 복고적·보수적인 특징이 두드러진다고 볼 수 있는 것이다. 또한 「육군법률」은 군인이 민송에 간여하거나 군무상의 문서를 위조하는 행위를 처벌하는 규정을 마련함으로써 당시 군인들이 빈번하게 일으켰던 사회적인 문제에 대해서도 통제하고자 했다.

이처럼 「육군징벌령」은 형법에 해당하지 않는 군인의 비행을 처벌하는 '군징계령'으로, 「육군법률」은 징계차원으로는 부족한 군인의 범죄를 처벌하는 '군형법'으로 상호 보완적으로 운용되었다. 그리고 「육군징벌령」과 「육군법률」이 가지는 역사적 위상과 의의는 일본의 지원 아래 개화세력이 추진한 '갑오개혁'과 자주독립국이자 황제국임을 선포한 '대한제국의 수립'이라는 정치적 변동 가운데에서 보다 온전하게 드러날 수 있다.

일본군의 '간도출병' 전략과 실태
-『간도출병사』 자료를 중심으로-

| 김연옥 |

1 머리말

1919년 3·1운동 이후 독립운동의 활동거점이 국외로 이전됨에 따라 서·북간도 일대에서 독립군의 국내진입작전 시도가 급증하였다. '간도출병'은 '자국민을 보호한다'는 명분하에 1920년 10월 7일 정부의 공식 승인을 받아 간도 일대 독립군의 근거지를 말살하고 한인촌을 파괴하고 한인 수천 명을 학살한 일본군의 일련의 군사 행동을 일컫는다.[1] 즉, '간도출병'은 이른바 '초토'라는 이름으로 자행된 국가 공인의 제노사이드였던 것이다.[2]

---

1) 참고로 일본군의 간도침공 시기는 1920년 10월에서 1921년 5월까지 약 8개월간 진행되었는데, 세부적으로는 3단계로 나누어 볼 수 있다. ① 10월 14일부터 11월 20일까지를 주로 독립운동 단체와 독립군 활동 근거지인 학교, 교회에 대한 탄압시기로, ② 11월 21일에서 12월 16일까지를 주력부대가 철수할 때까지 한인사회를 반복적으로 수색하는 시기로, ③ 12월 17일부터 이듬해 5월 9일 일본군이 철수하는 시기까지를 간도 지역의 새로운 질서를 수립한 기간이다(김춘선, 「경신참변 연구」, 『한국사연구』 111, 한국사연구회, 2000, 149~150쪽).

2) 참고로 본고에서 '간도출병' '초토'와 같이 일본군의 시각이 그대로 반영된 사료상의

이러한 '간도출병'은 반일무장단체에 대한 포위·토벌 작전과, 한인 이주민에 대한 소탕·숙청작전의 2단계로 계획되었는데, 전자는 청산리전투(또는 전역)로, 후자는 경신참변(또는 간도참변)으로 집약된다. 선행 연구의 경향도 청산리전역(戰役)[3] 관련 주요 연구[4], 경신참변 당시 한인촌의 피해 실태에 주목하는 연구[5], '간도출병' 당시의 하라 내각 내의 외교 및 군사적 동향과 관련된 연구[6]로 대별(大別)

표현을 사용할 때는 작은 따옴표를 쳐서 인용하며, 그 외의 맥락에서는 간도침공, 토벌 등으로 바꿔서 표현하고자 한다.

3) 1920년 10월 21일에서 10월 26일까지 청산리 지역 일대에서 일본군과 독립군이 치른 10여 차례 일련의 전투를 '청산리전투' 혹은 '청산리전역' 및 '청산리 독립전쟁' 등으로 각기 표현해 왔다. 조필군은 일련의 전투를 '청산리독립전쟁'으로 표현하는 것도 의미가 있지만, 전쟁의 수준과 용병술 체계를 기준으로 다음과 같이 구분할 것을 제안하였다. 즉, '독립전쟁'은 국권이 상실된 때로부터 광복까지의 봉오동전투, 청산리전역, 동북항일연군의 전투 등 일련의 항일 무력 투쟁 전반을 통칭하는 것으로, '청산리전역'은 청산리 지역의 일련의 전투를 통칭하는 것으로, '청산리전투'는 백운평 지역에서 치러진 전투로 국한하여 구분하는 것이 적합할 것으로 의견을 제시하였다. 본고에서도 10월 하순 치러진 일련의 전투를 통칭하여 '청산리 전역'으로 정의하는 방식에 따르고자 한다(조필군, 「청산리전역의 군사사학적 재조명」, 『한국독립운동사연구』 38, 2011, 263~268쪽).

4) 대표적인 연구성과로는 다음과 같다. (연도순 배열) 조동걸 외, 『독립운동사:독립군전투사』 5, 독립운동사편찬위원회, 1973; 신용하, 『한국민족독립운동사연구』, 을유문화사, 1985; 윤병석, 『독립군사-봉오동 청산리 독립전쟁』, 지식산업사, 1990; 김택, 「왜곡된 청산리 전투사의 진상을 논함」, 『한민족독립운동사논총』, 탐구당, 1992; 신재홍, 『항일독립운동연구』, 신서원, 1999; 조동걸, 「청산리전쟁 80주년의 역사적 의의」, 『한국근현대사연구』 15, 2000; 박창욱, 「봉오동전투와 청산리전투 연구-경신년반토벌전을 재론함」, 『한국사연구』 111, 2000; 장세윤, 「독립군의 봉오동전투와 청산리대첩의 재검토」, 『중국동북지역 민족운동과 한국 현대사』, 명지사, 2005; 장세윤, 『봉오동 청산리 전투의 영웅, 홍범도의 독립전쟁』, 역사공간, 2007; 황민호, 『3·1운동 직후 무장투쟁과 외교활동』, 독립기념관, 2008; 조필군, 「청산리전역의 군사사학적 재조명」, 『한국독립운동사연구』 38, 2011; 조원기, 「일제의 만주침략과 간도참변」, 『한국독립운동사연구』 41, 2012; 신효승, 「청산리 전역시 일본군의 군사체계와 독립군의 대응」, 『學林』 37, 2016 등.

5) 조동걸, 「1920년 간도참변의 실상」, 『역사비평』 45, 1998; 김춘선, 「경신참변 연구」, 『한국사연구』 111, 2000; 정예지, 「경신참변(庚申慘變)기 조선인 "귀순"문제 연구－북간도를 중심으로－」, 『史林』 38, 2011; 김주용, 「경신참변에 대한 중국 언론의 반응: 長沙 『大公報』를 중심으로」, 『한국민족운동사연구』 70, 2012 등.

해 볼 수 있다.

그 중에서 특히 주목해야 할 연구로는 신효승, 조원기, 이성환의 연구가 있다[7]. 먼저 신효승은 청산리 전역 당시 일본군의 투입 및 피해 규모에 대한 분석 등에서는 여전히 상당한 견해 차이가 존재하는 연구 상황을 지적하며, 청산리 전역 당시 일본군의 군사체계 및 독립군의 대응 측면을 군사사적 측면에서 접근하여 분석하였다. 일본 기록인 『간도출병사』 뿐만 아니라 전투에 참여했던 독립군의 기록을 교차 검토하였고, 특히 청산리 전역 중 가장 큰 전투였던 어랑촌 전투를 중심으로 고찰하면서 '산포' '저격포' 등 무기체계도 구명(究明)하였다. 하지만 어랑촌전투에만 집중함으로써 일본군의 전략 전반에 대한 검토가 빈약하다.

다음으로 조원기는 일본군의 만주침략 전체 지형도 속에서의 일본군의 간도침공 실상과 〈간도지방 불령선인 초토계획〉의 내용을 비교적 구체적으로 분석하였다. 이전의 신용하 등의 연구에서도 활용이 되었지만, 조원기의 연구에서는 『간도출병사』에 제시된 이소바야시(磯林)·기무라(木村)·히가시(東) 지대별(支隊別)로 계획되었던 침공 계획의 밑그림을 본격적으로 제시하면서, 중국과의 협동 토벌을 구상했던 봉천회의 내용 추이에 대해서도 분석하고 있다. 하지만 〈간

6) 이성환, 「하라 다카시(原敬) 내각의 간도정책－간도 출병을 중심으로－」, 『일본어문학』 13, 2000; 松田利彦, 『日本の朝鮮植民地支配と警察-1905年~1945年』, 校倉書房, 2009; 戸部良一, 「朝鮮駐屯日本軍の實像:治安・防衛・帝國」, 日韓歴史共同研究委員会編 『日韓歴史共同研究報告書』 第3分科篇(下巻), 2005를 꼽을 수 있다. 마쓰다의 연구는 '간도출병' 전후의 헌병과 경찰 개편 문제, 조선군 19사단과 국경수비대 문제 등을 이해하는 데 도움이 되며, 도베의 연구는 조선에 주둔했던 일본군의 편제, 병력규모 등을 전반적으로 이해하는 데는 도움이 되지만, 1920년 '간도출병' 자체에 집중한 분석은 아니므로 한계가 있다.

7) (각주3, 각주5에서 언급했으나 확인의 편의를 위해 모아서 제시함) 조원기, 「일제의 만주침략과 간도참변」, 『한국독립운동사연구』 41, 2012; 신효승, 「청산리 전역시 일본군의 군사체계와 독립군의 대응」, 『學林』 37, 2016; 이성환, 「하라 다카시(原敬) 내각의 간도정책」, 『일본어문학』 13, 2000.

도지방 불령선인 초토계획〉의 초안만 분석하고 실제 토벌 실시단계의 작전에 대한 분석은 결여됨으로써 실행과정에서 어떻게 달라지는가에 대한 근본적인 확인이 이루어지지 않았다.

또한 이성환은 중일협동토벌을 성사시키기 위한 하라 내각의 외교적 노력과 대응에 착목을 해서 분석하였다. 그러나 장작림과의 협조관계에만 초점을 맞춰 분석함으로써 정작 실제 '출병'과정에서의 중국 지방장관과의 대립 측면은 간과하고 있다.

이러한 문제의식을 토대로 본고에서는 기존 연구에서 논의가 불충분한 세가지 부분에 초점을 맞추어 고찰하고자 한다.

첫째, 고찰 시기 측면에서의 차별성이다. 기존연구에서는 '간도출병'이 승인되기 이전의 내각의 움직임에 대해서는 간과하거나 소홀히 다루었는데, 본고에서는 '간도출병'이 공식 승인된 1920년 10월 7일 이전과 이후로 시기를 나누어, 중국과의 협상 변화 추이 양상을 함께 살필 것이다.

둘째, 전략 변화의 추이에 주목할 것이다. 기존연구에서는 대부분 실제 토벌과정에서도 〈간도지방 불령선인 초토계획〉 초안대로 실행되었다는 전제 위에 논지를 전개하고 있다. 그러나 실제로는, 본론에서 후술(後術)하겠지만, 10월 하순 일본군이 현지에 투입되어 청산리 전역이 전개되는 과정을 보면 독립군의 행보에 맞게 일본군의 전략이 수시로 바뀌게 되고 당황하는 맞춰 불가피하게 계속해서 전략을 변경할 수밖에 없었던 현지 상황을 고증(考證)하는데 초점을 맞추고자 한다.

셋째, 이용 자료의 차별성과 시각화이다. 기존 연구에서도 이미 오래전부터 『간도출병사』를 활용하여 일본군의 전략에 대해 분석해 왔다. 그러나 공통적으로 『간도출병사』의 원사료가 아닌 편집된 사료를[8] 주된 사료로 활용해 왔다. 원사료와 편집사료의 두드러진 차이는 지도 자료의 수록 여부, 중국과의 협동토벌 협상과정 전체 수록 여부, 〈간도지방 불령선인 초토계획〉 초안과 실제 투입시 달라진 전략 지도 수록 여부 등이라고 할 수 있다. 물론 신효승의 연구에서처럼 아시아역사자료센터에서 PDF로 제공되는 지도를 캡처하여 활용한 사례도 있지만, 본격적인 분석 대상으로 활용하지는 않았다. 온라인 지도 자료는 하나의 도면을 여러 컷으로 분리하여 촬영한 것으로 원래의 1장의 지도로 재구성해 활용하기에는 매우 불편하며 조각을 맞추는 과정에서 정확도도 떨어져 활용상의 제약이 상당히 뒤따르기 마련이다. 따라서 본고에서는 방위연구소에서 직접 촬영한 지도를 활용함으로써 한눈에 보기 편하며 해상도도 높은 이미지를 제공하고자 하고자 한다. 즉, 기존 연구에서는 '출병' 이후 간도지역에서의 전략 변경 상황을 생생하게 담아내고 있는 지도의 활용이 거의 없었다는 점에 착목하여 『간도출병사』의 본문 내용과 지도를 연결지어 활용함으로써 차별성을 확보하고자 한다.

이러한 접근은 기존 연구에서의 연구공백인 '간도출병' 전후의 계획과 그 변화에 대해 전반적으로 파악할 수 있을 뿐만 아니라, 지도를 활용함으로써 일본군의 침공과 독립군의 이동 추이를 시각적으로 파악할 수 있게 하여 독자의 이해를 돕는 데 일조할 것으로 기대한다.

그러면 본고에서 主사료로 활용할 『간도출병사』[9]란 어떤 자료인가? 본론으로 들어가기 전에 간략히 사료에 대해 소개하고자 한다.

『간도출병사』 원문 사료의 첫 페이지를 보면, 문서의 수신자, 발신자가 기록되어 있는데, 조선군참모장 하야시 나리유키(林仙之[10])가

8) 姜德相, 『現代史資料: 朝鮮 3』 27, みすず書房, 1970; 姜德相, 『現代史資料: 朝鮮 4』 28, みすず書房, 1972; 金正柱, 『朝鮮統治史料 2: 間島出兵』, 한국사료연구소, 1970.

9) 본고에서는 아시아역사자료센터(アジア歴史資料センター)에서 제공되는 C03022770200 자료를 활용.

10) 1877.1.5~1944.5.31. 육군군인, 최종계급은 육군 대장.

육군성 부관(副官) 나카무라 고타로(中村孝太郎[11]))에게 1926년(大正 15) 5월 3일 송부(送付)한 참고 자료가 『간도출병사』였음을 읽어낼 수 있다. 또한 원문자료 두 번째 페이지를 통해서는 조선군사령부에서 작성한 내부 열람용 비밀문서였음을 확인할 수 있다.

목차는 "제1장 출병전 정황, 제2장 작전행동, 제3장 선전활동 및 교섭사항, 제4장 출병의 효과, 제5장 주력 철퇴 후의 정황, 제6장 장래에 대한 소견 및 참고사항"으로 구성되어 있다. 즉, 최초 작전계획하달 단계에서부터 작전이 실제 투입시 토벌대의 행동 등을 매우 구체적으로 기술하고 있다. 특히 청산리 전역과 가장 관련이 깊었던 히가시 지대 지대장의 제언까지 포함하고 있다는 측면에서는 전쟁교훈을 의식해서 작성된 보고서라는 점도 지적되고 있다.[12]) 일본군이 패배한 사실을 숨기기 위해 상당 부분에서 명백한 사실을 제외하고는 축소, 축약했을 수도 있는 점을 충분히 감안하면서 비판적으로 활용해야 할 것이다. 하지만 『간도출병사』 자체가 대외적인 홍보 혹은 평가를 고려하기보다 자신들의 군사적 행동에 대한 평가를 통해 현실적인 전훈(戰訓)을 도출하기 위한 목적에서 작성된 비밀문서로, 전투행태 자체는 상당히 객관적으로 기록된 편으로 평가되고 있는 점[13]) 을 참조할 때, 본격적인 10월의 청산리 전역의 생생한 전황(戰況)을 전해주는 1급 문서이며, 독립군 연구에도 '뒤집어' 활용가능한 중요한 사료라고 할 수 있겠다.

---

11) 1881.8.28.~1947.8.29. 육군군인, 최종계급은 육군 대장. 육군대신 역임.

12) 신효승, 앞의 논문, 10쪽.

13) 신효승, 앞의 논문, 28쪽.

2 '간도출병' 공식 승인 전 계획

기존 연구에서 간과되어 온 측면 중 하나가 바로 '중일협동수사'의 실현을 위한 협상과정에 대한 이해이다. 중일협동토벌의 협상 없이 일본이 '단독 출병'한 것으로 전제하거나, 반대로 무난하게 중일협동수사 합의를 이끌어냈다고 해석한다. 예를 들면 조원기의 연구에서는 "3회에 걸친 봉천회의를 통해 '日支협동수사' '日支공동토벌' 등의 이름하에 일본군의 단독토벌을 진행할 것을 주창했고, 결국 1920년 8월 15일 경성회의를 개최하여 '일지협동토벌'을 적극 추진하기로 결의하고 〈간도지방 불령선인 초토계획〉을 수립했다", "일제의 간도 지역 항일운동 탄압은 당시 만주의 실질적 지배자이던 장작림과 일제의 야합으로 가능한 것이었다"라고 파악하였다.[14)]

그러나 시 상황을 보면, 일본측은 '중일협동수사'를 실현시키기 위해 중국측과 끝까지 협상을 시도해 결국 중국측의 양해를 얻어내기에 이른다. 일본측이 중국과의 협동수사 성사에 집착한 배경과 그 추이를 살펴보는 것은 '간도출병'을 둘러싼 일본측의 의도를 이해하는 데 중요한 요소가 될 수 있다는 점에서 이하에서는 중국과의 협상 결렬, 승인의 과정을 중요한 분기점으로 설정하여 살펴보고자 한다.

(1) 중국측과 협상 시도 과정(1920년 5월~7월)

중국측과 협상을 위해 일본측은 3회에 걸쳐 봉천(奉天)에서 회의를 열었고, 이를 '봉천회의'라고 명명하였다. 세 차례에 걸친 봉천회의의 주요 내용은 다음과 같다.

---

14) 조원기, 앞의 논문, 209~210쪽.

첫째, 제1회 봉천회의는 1920년 5월 상순에 열렸고, 아카쓰카(赤塚)[15] 총영사, 사이토(齋藤)[16] 길림도독군 고문, 마치노(町野)[17] 봉천도독군 고문, 기타 관계자들과 협정하여 장(張) 순열사(巡閱使)[18]에게 요구한 결과, 봉천성과 간도방면의 검거를 실시하는 것으로 결론이 났다.[19]

먼저 봉천성에서는 우에다(上田), 사카모토(坂本) 두 경찰고문을 장(長)으로 삼고, 거기에 일본인 헌병, 경찰관, 중국순경, 조선인 약간 명으로 구성된 수사반[=수색반]을 하나의 단위로 편성하여, 안동(安東)·관전(寬甸)·환인(桓仁)·집안(輯安)·임강(臨江)·무순(撫順)·흥경(興京)·유하(柳河)·해룡(海龍) 방면으로 출동시켜 불령자 검거에 착수하기로 하였다.[20]

한편 간도방면에서도 수사반을 편성하여, 마치노 독군 고문을 파견하기로 결정하고, 마치노 중좌는 이에 대한 협의를 위해 5월 17일 길림에 도착해, 길림성 성장(省長) 서정림(徐鼎林)과 모여 의논하였는데, 성장(省長)의 반대에 부딪히게 된다.[21] 서 성장이 반대하자 장작림은 강제로 수사하는 것은 일단 미루고, 기한을 정해 서(徐) 성장

---

15) 아카쓰카 쇼스케(赤塚正助: 1872~1942) 지칭. 중의원 의원, 외교관 등 역임.

16) 사이토 히토시(斎藤恒: 1877~1953) 지칭. 최종 계급은 육군 중장.

17) 마치노 다케마(町野武馬: 1875~1968) 지칭. 장작림의 고문 역임. 최종 계급은 육군 대좌.

18) 장작림(張作霖: 1875~1928) 지칭. 봉천독군(奉天督軍), 동삼성순열사(東三省巡閱使) 등을 역임. 따라서 사료상에 "장(張) 순열사", "장(張) 독군"으로 나오는 경우 장작림을 칭하는 것으로 해석 가능.

19) 朝鮮軍司令部, 『間島出兵史』, 5쪽. (アジア歴史資料センター, 「間島出兵史送付の件」 C03022770200, 제시하는 페이지는 원사료상의 페이지를 의미, 이하 동일)

20) 앞의 사료, 『間島出兵史』, 6쪽.

21) 서정림의 반대 논리는 불령선인으로 칭해지는 자들은 모두 정치범인이므로 중국은 이들을 소탕해야 할 이유가 없고, 또한 간도 방면으로부터의 보고에 의하면 해당 지방에서는 커다란 소요가 없는 듯하며, 특히 이들의 단속[取締]에 관해서는 이미 규정을 마련해 도윤(道尹)이하로 실시하고 있으므로 별도의 수사반 편성이 불필요하다는 것이었다. (앞의 사료, 『間島出兵史』, 6쪽.)

에게 책임있는 단속[取締]을 시행하게 한 뒤, 그 후에 일본측이 희망하는 수준으로 단속되지 않았다고 판명될 시 이후의 조치를 취하는 것이 좋을 것이라고 답변하면서 간도 방면 토벌은 일시 답보 양상을 보였다.[22] 일본입장에서는 봉천지역보다 간도지역 토벌이 더 긴요한 사안이었을 것이나, 성장(省長)의 반대로 일단 기다릴 수밖에 없는 상황이 되었던 것이다.

둘째, 제2회 봉천회의는 5월 29일 아카쓰카 총영사, 마치노 고문, 마루야마(丸山)[23] 총독부 사무관, 히라마쓰(平松) 군참모 등이 봉천 총영사관에 모여 이후의 방침을 협정하였다. 제1회 봉천회의에서 장작림의 견해에서 제시된 것처럼, 약 1개월을 기한으로 하여 길림성장이 단속[取締]을 실시하는 상황을 관찰하여 그 결과에 따라 중일협동수사(명의상 중일협동수사로 칭하지만, 일본측이 주도적인 입장에 서서 검거를 실시하려 했던 것임)(밑줄 강조, 인용자)를 실시할 것을 정했다.[24] 여기서 주목되는 점은 명칭은 '중일협동수사'이지만, 사실상 일본측이 주동적인 입장에서 실시한다는 의도 자체가 사료상에서 명시되고 있다는 점이다.

이후 6월 7일, 수사실시에 관한 세부 구체적 방책을 정하기 위해 마치노 중좌가 경성에 가서 조선총독부와 조선군[25]이 협의했고, 6월 7일경부터 7월 7일경까지의 1개월을 기한으로 하여 서(徐) 성장에게 단속을 실시하게 하였으나 그 효과가 드러나지 않았다. 일본측은 중국측의 단속이 여전히 불철저하여 간도 방면 불령선인의 정황이 날로 악화되었다고 판단해, 이제는 도저히 경찰력만으로는 철저한 소탕

22) 각주 20과 동일.

23) 마루야마 쓰루키치(丸山鶴吉:1883~1956) 지칭. 일본 내무성 관료, 경시총감 역임.

24) 앞의 사료, 『間島出兵史』, 6~7쪽.

25) 조선군이란 조선에 주둔하는 일본군 지칭하는 사료상의 당시 표현임. 제19사단, 제20사단이 주둔하던 상태였음. 이하 본문에서는 그대로 사용함.

을 기대할 수 없는 지경이므로 결국 병력을 동원하지 않으면 효과를 거둘 수 없는 지경에 이르렀다고 판단했다. 이에 중국측에 강력하게 요구하여 강안(江岸) 부근에서 중일협동수사의 권리를 얻어내고, 동시에 병력으로 철저하게 소탕을 실시할 필요가 있다는 승인도 얻어냈다.[26]

셋째, 제3회 봉천회의는 7월 16일 오노(大野) 조선군 참모장, 기시(貴志)[27] 관동군 참모장 대리, 사이토 고문, 마치노 고문, 구니토모(國友)[28] 조선총독부 경무과장, 히라마쓰 조선군 참모, 아이바(相場)[29] 총독부 통역관, 아카쓰카 영사 등이 봉천총영사관에서 회동하였다. 이 회의에서 협의한 결과, 아카쓰카 총영사를 통해 장작림에게 다음과 같이 교섭하도록 지시했다. "①강안(江岸)일대 접양(接壤) 지방에서 중일협동수사를 수시로 실시할 수 있게 할 것, ②필요한 시기 및 특정 기간에 한해 중국 군대와 협동하는 명의하에 우리 군대로 소탕하는 것의 승낙을 얻을 수 있게 할 것". 같은 날 밤, 아카쓰카 영사와 장작림의 회견에서 장작림은 ②사항에 대해 "본인은 양해하더라도, 길림성 내에 속하는 사항이므로 봉천에 있는 포(鮑) 독군[30]과 회담한 후에 확답할 것"이라는 입장과 함께 ②사항의 구체적인 특정 기한과 시기를 문서로 제출할 것을 요구하였다.[31] 이에 대해 아카쓰카 총영사는 마치노 고문과 협의한 후 "군대로 소탕할 수 있는 기간은 약 2개월로 할 것, 출동병력은 약 1연대를 기간(基幹)으로 할 것, [토벌]지역은 간도 및 그 부근(琿春 및 東寗의 兩縣을 포함)으로 할 것"이라는 답변서를 장작림에게 제출하였다. 이에 대한 장작림의 최

---

26) 앞의 사료, 『間島出兵史』, 7~8쪽.

27) 기시 야지로(貴志弥次郎:1873~1938) 지칭. 최종 계급은 육군 중장.

28) 구니토모 나오카네(國友尙謙) 지칭.

29) 아이바 기요시(相場淸) 지칭. 간도총영사관 경찰부장 등을 역임.

30) 포귀경(鮑貴卿:1867~1934)을 지칭.

31) 앞의 사료, 『間島出兵史』, 8쪽.

종답변은 다음과 같았다.

> ⓐ중국 군대에 길림독군고문 사이토 대좌를 붙여 토벌을 실시하고, 만약 원조가 필요한 상황이 되면 일본군대의 원군[來援]을 구하는 책략이 지당할 것임. 그러나 실시하는 시기는 준비되는 대로 착수하는 것도 가능함. ⓑ중일협력수사는 각 지방마다 해당 지방관과 협의하여 국지(局地) 문제로 해결·실시하는 것을 온당한 방침으로 할 것. 이를 위해 미리 상사(上司)가 각 지방관에게 이 취지를 유달(諭達)해 두면 가능함. ⓒ이상은 포(鮑) 길림도독도 알고 있다면 위 방침에 의거해 착수할 것.[32)]
>
> ※(사료에 추가한 기호, 밑줄은 인용자, 이하 양식 동일)

사료에서 읽을 수 있는 장작림의 입장은 일본과의 협동수사에 큰 맥락에서는 찬성하지만, 각 지방관의 협력과 승인하에 추진해야 한다는 원칙을 내세우고 있었음을 확인할 수 있다. 즉, 처음부터 일본군대의 지원하에 토벌을 실시하는 것이 아니라 원조가 필요한 상황이 되면 중국측에서 일본측에 요청할 것이라는 점(ⓐ참조), 반대입장을 표명해 왔던 길림독군의 인지·승인하에 착수해야 할 것(ⓒ참조)을 여전히 강조하고 있다는 점이 주목된다.

세 번의 걸친 봉천회의 이후 아카쓰카 총영사는 기시 소장을 통해 "현재 상황상 위 방침에 따르는 것 외에는 강구할 수단이 없다고 인정하는 취지의 통첩을 보냈"다. 이후의 경과도 "포(鮑) 길림도독고문은 단순히 간도방면의 정황을 조사하고 단속[取締]방침을 지도하는 정도로만 임무를 수행할 뿐, 중국 군대와 [일본군이] 더불어 토벌하는 상황까지는 이어지지 않았으며, 길림에서 총영사와 성장(省長) 간의 교섭도 별다른 진척이 없었다."[33)]

---

32) 앞의 사료, 『間島出兵史』, 9쪽.

33) 앞의 사료, 『間島出兵史』, 10~11쪽.

이상을 통해 일본은 명목상으로는 중일협동수사이자만 사실상 일본측이 주도하여 봉천 및 간도일대의 독립군 토벌을 앞장서고자 지속적으로 중국측과 협상을 시도했음을 알 수 있다. 협조적인 장작림과는 달리 지방관 실무자 라인에서 비협조적인 태도를 보이자 그 계획에 제동이 걸렸던 것이 확인된다.

그렇다면 일본측은 협동토벌계획 추진에 제동이 걸린 이후 어떤 대책을 세웠을까? 이에 대해서는 다음 절에서 검토해 보자.

(2) 중국측과 협상 결렬 후 상황(8월~10월)

1920년 7월 제3회 봉천회의 이후 군은 "병력출동의 경우를 고려하여 초토계획(부록 제1 참조) 입안에 착수하였다"(밑줄 및 강조점 인용자)[34] 중국과의 협동수사에 대한 합의는 제동이 걸린 상태였지만, 병력출동 요청이 있을 시 효율적으로 토벌할 수 있도록 "부록 제1"과 같은 계획을 입안했음을 알 수 있다. 여기서 칭하는 "부록 제1"은 무엇일까? 그것은 1920년(大正9) 8월 작성된 〈간도지방 불령선인 초토계획〉이었다.[35] 즉, 중국측과의 공동토벌에 대한 구상이 일본측이 희망하는 만큼 적극적인 승인을 얻지 못하는 상황 속에서 일본군 내부에서는 위와 같이 8월부터 별도의 토벌 계획을 구상중이었던 것이다.

---

34) 앞의 사료, 『間島出兵史』, 12쪽.

35) 주요 내용을 살펴보면, 〈제1. 총칙〉에서 "1. 본 계획은 간도지방에 있는 불령선인을 초토할 목적으로 출병을 필요로 할 경우를 위해 미리 준비해야 할 사항을 제시하는 것임", "2. 본 초토는 그 기간을 약 2개월로 함. 제1기(1개월)은 전적으로 각 행동지역 내에 있는 불령선인단의 초토를 행하고, 제2기(잔여기간)에는 제1기의 결과에 따라 기타 방면에 대해 실시하는 것과 같이 대략적으로 정한 것이 있으므로, 소요 군수품은 우선 제1기분을 계획하고, 이후의 소요는 초토 진척[상황]에 따라 그 시기보다 앞서 준비하도록 할 것." "3. 본 계획에 관련있는 사단장, 군 각부장, 창고장은 9월 20일까지 더욱 세부적인 계획을 수립해 보고할 것"으로 규정하고 있다.

한편, 8월에 작성한 부록 제1의 〈간도지방 불령선인 초토계획〉은 곧바로 실행 검토 단계로 넘어가지 않고 10월 초까지는 보류상태가 지속되었다. 그 배경 요인으로는 첫째, "그 시기가 마침 군사령관이 교체되는 시기였으므로 계획안 상태로 참모장이 9월 2일 예하에 내보(內報)하여 경비를 필요로 하지 않는 범위에서 준비를 계획하도록 통첩"[36]한 상태였기 때문이다. 둘째, 군의 단독적인 행동이 국제무대에서 외교관계의 단절을 초래할 수도 있다는 점을 누차 신경쓰고 있었기 때문이었다.[37]

그런데 10월 6일을 전후하여 상황이 급변하게 된다. 그 배경에는 9월에서 10월초까지 발생한 연이은 마적단의 습격이 영향을 미쳤다.

먼저 9월 12일 오전 5시경에는 중국 마적 300명 일당이 혼춘 시가지를 습격하여 약탈을 자행하고 도처에 방화하고 시가지를 관통하는 장소에서 가옥 40여 채를 전부 불태우고 인질을 납치하는 사건이 발생했다.[38]

9월 30일에는 약 50명의 마적이 혼춘 서북방 약 8리의 대황구(大荒溝)에 있는 중국 공병영(工兵營)을 습격하여 부대에 있던 34명 중 대부분을 납치하고 무기와 탄약을 전부 약탈하는 사건이 벌어졌다. 뿐만 아니라, 10월 2일 오전 4시경 마적 약 400명(이 중에는 러시아인 수명, 조선인 약 100명, 중국 관병 수십 명이 혼재)이 혼춘을 습격하여 일본 영사관 분관과 관사에 방화하는 사건이 연이어 발생했다.[39]

---

36) 앞의 사료, 『間島出兵史』, 12쪽.

37) 예를 들면, 군사령관의 발언 "은밀한 출병은 국교에 누를 끼치지 않도록 숙고해야 할 것", (앞의 사료, 『間島出兵史』, 25쪽), 육군대신의 훈시전보[訓電]에서 "간도방면에서 불령선인의 토벌은 철저하게 행함은 물론이지만 그와 동시에 무고한 중국인과 양민 조선인의 생명과 재산에 위해를 가하면 국제적인 문제가 되거나 열강들의 오해가 생길 일이 있게 되면 또 다시 작년처럼 관성자(寬城子) 사건과 같은 결과를 낳지 말아야 할 것이므로 이 점에 대해서는 특히 주의를 기울여야 할 것이다."(앞의 사료, 『間島出兵史』, 131쪽), 등에서 확인할 수 있다.

38) 앞의 사료, 『間島出兵史』, 16쪽.

며칠 뒤 혼춘 북방지구에 머무르던 적단은 그 수가 700~800명으로 증가하였다. 곳곳에서 일본인과 마적단 사이에 작은 충돌이 발생하다가, 10월 5일 오전 4시에는 이도구(二道溝: 혼춘-훈융 도상에 있음)에 있던 일본 통신소가 마적단 약 150명에게 포위되었다가 혼춘으로부터 원군이 와서 격퇴되는 사건이 발생했다.[40]

마적단에 의한 일본인 집중 습격의 전보가 빈번하게 발생하면서, 제19사단장은 혼춘 방면에서 적단의 세력을 가볍게 볼 수 없음을 파악하고, 영사관과 거류민을 보호하고 화근을 뿌리뽑기 위해서 병력을 증강시켜 간도에 파병시킬 필요성이 있다고 판단하였다. 10월 6일에 간도에 와 있던 히라마쓰 조선총독부 경시(警視)로부터 간도방면의 형세가 급변하여 폭동에 철저히 대비하고 경계하도록 힘쓰라는 전보를 받았고, 사카이(堺)[41] 간도총영사대리로부터도 국자가·두도구·용정촌의 형세가 심히 위험에 노출되었으므로 거류민의 보호를 위해 위 3개 지역에 보병 각 1중대씩을 시급히 출병시키라는 전보를 받은 제19사단장은 간도출병의 긴급함을 인정하고 군사령관의 인가를 얻어 보병 1대대를 기간으로 하는 부대를 파견하기로 결정하였다.[42]

간도 방면으로 병력을 출동시키기로 결정하게 된 배후에는 군 중앙 수뇌부의 움직임이 크게 작용한 것으로 보인다. 특히 새로이 군사령관에 취임한 오바 지로(大庭二郎)가 10월 초 나남에 머무르면서 간도 일대 현지의 긴박한 상황을 목격했던 것이 주요한 변수가 되었음을 다음 사료 내용을 통해서 유추해 볼 수 있다. 오바 군사령관은 현지의 諸정보를 종합적으로 판단하고 혼춘 및 간도지방에 있는 거류민을 보호하고 아울러 해당 지방의 비적을 철저히 토벌하는 것이

39) 앞의 사료, 『間島出兵史』, 16~17쪽.

40) 앞의 사료, 『間島出兵史』, 22쪽.

41) 사카이 요사기치(堺与三吉: 1873~1931) 지칭. 외교관. 광동총영사, 길림총영사 등 역임.

42) 앞의 사료, 『間島出兵史』, 23쪽.

불가피함을 인정하고, 10월 6일 육군대신과 참모총장에게 "우리 무위(武威)를 보여주고 불령한 마음을 제압하여 재앙의 피해를 조선 내지로 미치지 않게 하는 데 위대한 효력이 있을 것이다. 결행시키기를 간청"하는 의견서를 올렸다.[43]

오바 군사령관은 육군대신과 참모총장에게 의견을 상신하면서 동시에 제19사단의 행동 계획을 구체화하기 시작했고, 제19사단 만으로는 병력이 부족하기 때문에 제20사단으로부터 보병 1대대를 증파하는 것이 불가피하다고 판단하여, 제20사단에 증파 대대를 요청하는 명령을 내려 보병 제78연대 제3대대가 10월 7일 원산에서 승선하여, 8일 청진에 상륙해 이후 제19사단장의 예하로 배속되면서 토벌 실행을 위한 준비 태세를 갖추기 시작했다.

그렇다면 군사령관의 의견을 본 육군대신[44]과 참모총장[45] 및 상층부는 어떤 판단을 내렸을까? 이에 대한 정황은 당시 수상이었던 하라 다카시(原敬)의 일기가 좋은 참고가 된다.

> [10월 7일자 일기] 내일이 각의(閣議) 정일(定日)이지만, 외무대신으로부터 혼춘문제에 대해 시급히 개회(開會)를 희망한다고 하므로 오늘 내각에서 임시각의를 열어, 우치다(內田) 외무대신의 제의에 입각하여 간도방면에 3대(隊)로 나뉘어 조선에서 출병하는 것으로 결정하였다(병력수 3000여 명). 또한 시위(示威)를 위해 하바로프스크로부터 귀환병사를 육로로 조선을 통과하게 하기로 결정하였다.[46]

43) 앞의 사료, 『間島出兵史』, 25~26쪽.

44) 당시 육군대신은 다나카 기이치(田中義一: 1864~1929)였음. 육군대신, 귀족원의원, 내각총리대신, 외무대신 등을 역임. 최종 계급은 육군 대장. 작위는 남작(男爵).

45) 당시 참모총장은 우에하라 유사쿠(上原勇作: 1856~1933)였음. 육군대신, 교육총감, 참모총장을 역임, 최종계급은 육군 대장, 작위는 남작(男爵).

46) 原奎一郎編 『原敬日記』 5, 福村出版, 1965, 291~292쪽.

즉, 우치다 외무대신의 제의에 의해 내각의 정규 회의소집일이 아닌 임시 각의를 소집해서 '간도출병'을 논의해야 할만큼 긴급을 요하는 사안이었다는 점, '간도출병'은 정부의 각의에서 공식 승인된 사안이었다는 점, 한반도에 주둔하던 조선군 뿐만 아니라 하바로프스크 방면에서의 위세를 보이기 위해("示威") 원군(援軍) 파견을 동의했다는 점을 읽어낼 수 있다. 이렇게 해서 1920년 10월 7일, 일본 정부가 공식적으로 '간도출병'을 승인했던 것이다.

3 '간도출병' 공식 승인 후 토벌 실행 과정과 실태

정부의 공식 승인 후 군 내부에서는 어떤 행보를 보였을까? 다음에 제시하는 사료에 공식 '출병'이 결정된 당일의 긴박한 상황이 잘 드러나 있다.

> 10월 7일 밤 11시 참모차장으로부터 ①간도방면의 초토를 실시할 것을 결정하고 제19사단장이 지휘하는 보병6대대, 기병1중대 반, 산포 8문, 공병 2중대, 비행기 4대로 불시토벌을 개시하고, 위 토벌에 책응하기 위해 블라디보스토크파견군으로 하여금 1부대를 삼차구(三岔口: 東甯) 방면으로 진출하게 하고, 또한 위세를 보일 목적으로 제14사단의 보병1여단을 포시예트만(Posyet Bay)에 상륙시켜 국경에 접근해 혼춘 부근을 거쳐 회령에 이르게 하여 잠시 군의 추이를 관찰하게 해야 할 것이라는 내보(內報)를 접했다. 이어서 같은 날 밤 1시 육군대신으로부터 간도방면의 정황에 입각해 정부는 간도에 있는 일본 신민과 그 권익의 확보 및 경비를 위해 군대를 파견하며 ②즉시 중국측에 통고하고 중일협동토벌 실행을 승낙하여 중국측으로부터 만약 승낙을 얻어내지 못할 시에는 일본측에서 자위상 불가피하게 단독으로 불령선인 토벌을 실행하기로 결정했다는 것과 그

출병은 즉시 결행할 시기를 놓치지 않도록 내각이 결정할 것이라는 취지의 통보를 접하고, 즉시 제19사단에 통보하고 그에 대한 준비를 명하였다. 또한 블라디보스토크파견군과 출동부대의 병력, 출동방면, 기일(期日), 급양(給養)방법 등에 관해 필요한 협의를 하였다.[47]

먼저 ①부분은 참모차장으로부터 현지로 밤 11시에 전달된 내부 연락 내용이다. 즉, 토벌 실시가 공식 결정되었다는 것, 제19사단장의 지휘하에 보병6대대, 기병1중대 반, 산포 8문, 공병 2중대, 비행기를 동원해 불시의 토벌을 개시할 것, 토벌과 병행해서 위력을 보일 목적으로 블라디보스토크 파견군의 일부를 동원하라는 것이다. 둘째 ②부분은 육군대신 다나카가 새벽 1시에 현지로 전달한 내용이다. 특히 주목되는 부분은 중일협동토벌의 실행에 대해 중국의 승인을 얻어내지 못하면 일본은 불가피하게 단독 토벌을 단행하기로 결정했음을 중국측에 통보하라는 부분이다.

중국측에 통보하라는 육군대신의 지시는 이후 어떻게 진행된 것일까? 간도출병에 관해 일본 정부가 중국측에 승인을 요구했고, 또한 ㉮중일협동토벌을 종용했지만, 결국 이에 호응을 얻어내지 못해, 일본 정부는 중국의 대응과 관계없이 자위상의 수단으로 이미 정해둔 계획을 실시할 것을 성명(聲明)하면서도, 한편으로는 중국과 일본이 협동하여 토벌작전에 종사해야 할 것을 계속 권고하는 상황이 기록되고 있다. 중국측에서 별다른 반응이 없자, "㉯10월 16일 사카이(堺) 간도총영사대리를 중개로 연길도윤에게 10월 17일 오전 0시부터 행동을 시작할 것이므로 협력할 것이라는 통고를 하고 동시에 행동 개시 명령을 하였다. 그런데 ㉰마침 이 날 봉천에서 다음과 같은 협정이 제시되는 상황이 되었다(밑줄강조, 부호추가 인용자)"[48]라고

47) 앞의 사료, 『間島出兵史』, 33쪽.
48) 앞의 사료, 『間島出兵史』, 51쪽.

기록하고 있다. 위 내용을 통해 중국측의 반응의 변화 추이를 유추해 볼 수 있다. 먼저 육군대신의 지시대로 중일협동토벌을 종용했으나 호응을 얻어내지 못하자, 일본은 자위상 토벌실행을 단행할 것임을 표명했다(㉮부분). 계속해서 권고해도 반응없는 중국의 입장을 확인하며 결국 10월 16일 연길도윤에게 이튿날부터 행동을 개시할 것을 통고했다(㉯부분). 그런데 우연히도 극적인 변화가 일어나는데, 일본측의 토벌을 개시하기로 한 날에 〈중일협동토벌에 관한 협정사항〉이 체결된 것이다.

위의 〈중일협동토벌에 관한 협정사항〉 체결에 참여한 멤버로는 일본측 대표로 사토 소장, 기시 소장, 길림 포(鮑) 독군, 마치노 중좌였다. 5월말~7월말까지 앞서 열렸던 봉천회의에서 중일협동토벌에 대해 끝까지 소극적 찬성 또는 반대 입장을 표명해 오던 포(鮑) 독군이 포함되었다는 점에서 중국측의 생각의 변화를 읽어낼 수 있는 부분이다. 아마도 10월 7일 '간도출병'에 대한 일본정부의 공식 승인 이후, 그 입장을 전달받은 중국측이 약 1주일간 고민 끝에 입장을 변경한 것으로 보인다. 극적 타결을 얻어낸 협상의 주요 내용에서 주목되는 부분은 일본과 중국의 토벌 담당 지역을 정한 항목이다. 먼저 일본측 담당 구역은 "동녕현(東寧縣)에서 동지철도 이남 20리(支那里) 이외의 구역과 혼춘·연길·왕청·화룡의 5개현의 모든 마적·비적을 토벌하는 것은 일본 군대에 맡김. 단, 현성(縣省)에서는 중국 군대 1, 2중대와 순경을 잔류시켜 질서를 유지하게 맡길 것"49)이었다. 중국측이 담당하는 구역은 "앞 항의 5개 현 이외 지역에서의 비적 무리들은 중국 군대가 그들을 토벌할 것"으로 정했다. 즉, 독립군 활동의 핵심근거지인 혼춘·연길·왕청·화룡현 일대의 토벌은 일본군이 맡기로 했음을 알 수 있다. 앞에서도 언급되었듯이 명분상으로는 중

---

49) 앞의 사료, 『間島出兵史』, 52쪽.

일협동토벌이지만 사실상 일본군이 주도한 토벌이었던 것이다.

그러면 실제로 어떤 전략과 방침을 수립해서 실행에 옮겼을까? 토벌 과정에서 현장 핵심 지휘관이었던 제19사단장이 수립한 토벌계획과 방침은 이러했다. 토벌 시기를 대략 2기로 나누고, 각각 1개월씩을 상정해서, 제1기 기간 중에는 "대안(對岸)에 있는 비적을 철저하게 초토할 것. 이를 위해 각 지대는 적을 수색하고 반복적으로 토벌을 실시하고 수색을 주도면밀하게 하여 적을 완전히 검거하고, 그 자원을 복멸(覆滅)하기에 힘쓸 것"을 방침으로 수립했다. 제2기 기간에는 적의 잔당이 있는 부락에 잠복해 있던 자, 혹은 인근 산지로 달아나고 숨은 자를 복멸할 것을 목표로 삼았다. 특히 "각 지대는 가능한 한 신속히 대략 附圖(附圖 제4)에 제시된 배치로 이동하여 부근 諸부락 및 산지대를 주도면밀하게 수사하고 적의 잔당을 수색하여 이를 초토할 것. 강안(江岸) 각 수비대(惠山鎮 방면을 제외)는 필요에 따라 대안(對岸) 부근의 諸부락을 초토하는 것 외에 수시로 시위 행군을 실시할 것. 항공대는 준비가 완성되면 신속히 비행을 개시하고, 위협 및 연락을 맡을 것"을 명시했다.[50)]

제19사단장이 수립한 토벌 계획은 현지의 상황에 따라 작전을 변경해야 했는데, 그 변화 추이를 이하에서 지도를 토대로 살펴보고자 한다. 전체적인 지형에 대한 이해를 높이기 위해 지면의 제약이 있지만 사료상의 〈附圖4, 12〉를 먼저 제시한 후, 지대별(支隊別)로 세분화하여 살피고자 한다. 참고로 원본의 〈附圖4〉는 제1기 토벌 실행 직전에 수립한 작전 개요도([그림 1]에 해당)이고, 〈附圖 12〉는 10월~12월 사이의 토벌 실행 과정 때 실제 행동 노선([그림 2]에 해당)을 개략적으로 표시한 것이다.

50) 앞의 사료, 『間島出兵史』, 53~54쪽.

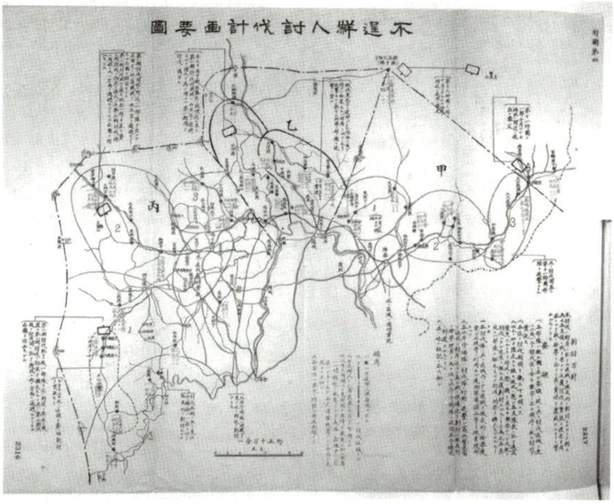

※ 출전: 朝鮮軍司令部, 『間島出兵史』(アジア歴史資料センター), 부록 附圖제4.

[그림 1] 제1기 토벌 실시전 불령선인 토벌계획요도

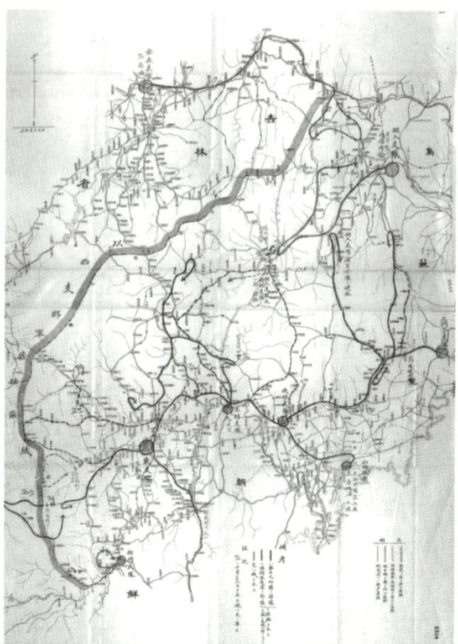

※ 출전: 앞의 사료, 『間島出兵史』, 부록 附圖제12.

[그림 2] 토벌 부대별 행동 개견도(1920년 10월~12월)

(1) 이소바야시 지대(磯林支隊)

제1기 토벌 실행 직전에 수립한 작전 계획에 따른 이소바야시 지대[51]의 배치도는 다음과 같다. [그림 1-1]은 앞에서 제시한 [그림 1]에서 이소바야시 지대가 담당하는 甲구역만 확대한 것이고, [그림 2-1]은 [그림 2]에서 이소바야시 지대 구역을 중심으로 확대 편집한 것이다.

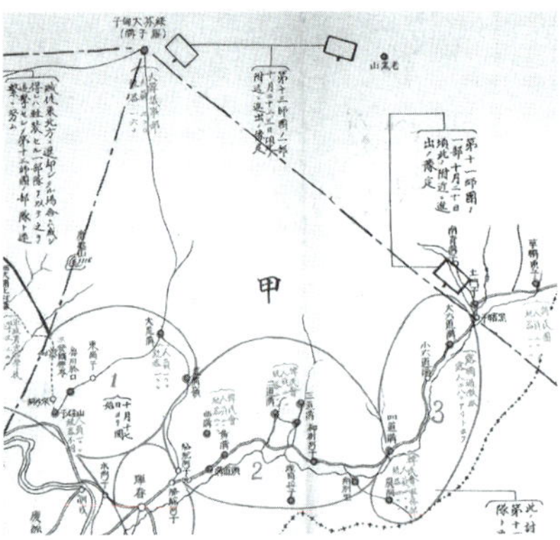

[그림 1-1] 10월 초 이소바야시 지대(甲) 토벌 계획요도

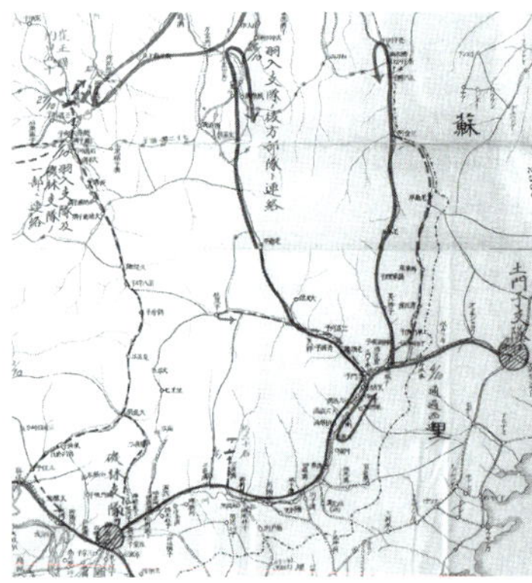

[그림 2-1] 10월~12월 이소바야시 지대 행동노선

먼저 [그림 1-1]을 살펴보자. 甲구역은 온성-나자구(수분대전자)-토문자를 연결하는 삼각형 일대로 설정되었다. 甲지구의 하단부분에 1, 2, 3으로 표시된 것은 甲구역 내 토벌구역을 다시 세분화한 것으로, 1, 2, 3 각 구역별로 대략 10일을 기간으로 설정해 토벌하도록 계획한 것이다. 단, 1과 2구역 사이에 번호표시가 없는 혼춘(琿春)-낙타하자(駱駝河子) 구역은 독립군의 주요 근거지였으므로 수시로 토벌을 실시하라는 지침을 내렸다.[52]

51) 육군 소장 이소바야시 나오아키(磯林直明)가 지휘. 상세이력은 불분명.

한편 [그림 2-1]은 토벌작전 개시 후 약 1개월 반(10월 하순~12월 초) 동안의 토벌 정황을 표시한 것이다. 『간도출병사』 본문 내용과 맞춰 가면서 토벌 상황을 살펴보자.

이소바야시 지대의 특징적인 양상은 주요 3토벌 거점 중 나자구와 토문자 일대는 블라디보스토크 파견군의 일부인 제11사단 토문자 지대 및 제13사단 하늬 지대와 협력하여 해당 방면의 토벌을 수행했다는 점이다. 3개의 토벌대로 편성해 10월 14일 밤부터 행동을 개시했다.

그 중 주요 전투로는 두 곳인데, 상단의 나자구 부근과 하단의 혼춘-토문자 사이 지점에서 발생했다. 먼저 하단 혼춘-토문자 사이 지점의 전투을 확대하면 옆 그림처럼 "4/11 約三十名" 즉, 11월 4일 약 30명과 교전했다고 기록되어 있다. 상세한 전투 경과의 내용은 다음과 같다. 10월 14일 토문자 지대와 합류한 이소바야시 지대 주력이 노흑산 일대를 수색하고 복귀하는 과정에서, 이소바야시 지대 주력인 마키 토벌대는 혼춘으로 복귀했고, 사도구(四道溝)에 남겨졌던 우에사카(上坂) 대대(大隊)가 부근 부락의 토벌을 수행하던 중 11월 4일 삼도구(三道溝) 부근 북쪽 약 3리 지점에서 약 30명의 적과 교전한 것이다. 적은 밀림 깊은 곳으로 숨어들어갔고 마침 시간도 밤이 되었기 때문에 불가피하게 추격을 중지하게 된다. 이 전투에서 보병소위 이다 군페이(井田君平) 및 병졸 4명이 부상당하였다. 적의 손해는 상세히 알지 못하지만, 유기된 사체 3구가 있었고, 그 중 한 명이 한민회 회장 이명순(李明淳)으로 보인다고 기록하고 있다.[53]

한편 상단 나자구 인근에서의 전투를 확대해서 보면 "27/10 崔正國ノ約百五十" 즉, 10월 27일 최정국 그룹의 약 150명과 교전한 것

52) 앞의 사료, 『間島出兵史』, 附圖 제4의 하단 설명 <초토방침>에서 인용.

53) 앞의 사료, 『間島出兵史』, 61~62쪽.

으로 기록되어 있다. 구체적인 전투 경과를 살펴보면, 이소바야시 지대 중에서 아베 대대를 나자구 방면으로 10월 25일 진출시켰고, 10월 27일 다시로(田代) 기병 소위가 이끄는 보병·기병 약 30명의 토벌반이 합류하여 27일 오후 2시 50분 노모저하(老母猪河)에서 약 150명의 적과 교전한 것이었다. 이 때 우연히 이곳에 진출했던 블라디보스토크 파견군 예하의 하뉴 지대의 보병 1중대 기관총 1소대가 증원되어 약 2시간 동안 교전한 후 적을 북방으로 격퇴시켰다. 얼마간 추격하였으나 삼림 속으로 들어갔고 곧 황혼이 되었으므로 추격을 중지하였다. 적(賊)은 나자구에 있는 대의전(大義甸) 의사회(議事會)에 속한 최정국이 이끄는 의군대(義軍隊)로, 본 전투에서 사체 5구를 유기하였다고 기록하고 있다. 10월 27일 교전 이후 지대 주력은 바로 철수하지 않고 11월 12일까지 인근에 머물며 수색작업을 지속했는데, 대대장이 수소문 해 본 결과, 전투를 벌였던 노모저하(老母猪河) 북방 산중에는 최명록의 북로독군부 외 각지에서 도피해 온 비적 약 600명이 있다는 정보를 입수했기 때문이었다. 그러나 연일 적을 수색하고 토벌에 힘썼으나 그들은 거처를 계속 옮겨다니므로 끝내 발견하지는 못하였다. 결국 대대는 11월 12일 대대는 지대 명령에 의해 나자구를 출발해 지대 주력은 15일 혼춘으로 귀환하고, 1중대는 도중 대황구(大荒溝) 부근에 남겨둔 것으로 기록하고 있다.[54]

그 외에도 작은 전투들이 국지적으로 전개되었는데[55], 지도상에는

---

54) 앞의 사료, 『間島出兵史』, 63쪽.

55) 예를 들면 ①11월 상순 모험대장 김운서(金雲瑞) 일파가 무장단 혼춘 동북쪽 산림 속에 있다는 것을 정탐한 후, 보병 중좌가 지휘하는 보병 2중대를 기간으로 하는 토벌대로 11월 9일 오후 4시 30분 우두산(牛頭山) 남쪽 기슭에서 약 30명의 적단과 충돌하여 약 1시간의 교전, ②11월 18일, 사도구(四道溝)에 남아있던 부대인 우에사카 대대가 오도구(五道溝) 서북쪽 곡지(谷地)에서 한민회 군무부장 최경천(崔慶天)의 적단 약 150명이 잠복하고 있다는 보고를 접하고 출동했으나, 결국 발견하지 못한 사례, ③11월 하순, 모험대장 김운서 등이 혼춘에서 동북쪽으로 약 1리 떨어진 낙타하자(駱駝河子) 부근에서 잠복해 있다는 정보를 입수하고, 11월 30일 밤 우미무라(海村) 중

표시하지 않은 것으로 볼 때 '보고할 만큼' 큰 성과를 남기지는 못한 전투로 간주되었다고 짐작해 볼 수 있다.

이상의 실태를 통해 알 수 있는 이소바야시 지대가 벌인 교전의 특징은 블라디보스토크 파견군 예하의 제11사단 토문자 지대 및 제13사단 하뉴 지대와 협력하여 당초 계획보다 넓은 범위를 수색했지만, 특기할 만한 성과를 거두었다고 평가하기 어렵다. 오히려 "노모저하(老母猪河) 북방 산중에는 최명록의 북로독군부 외 각지에서 도피해 온 비적 약 600명이 있다는 정보를 입수해 … 연일 적을 수색하고 초토에 힘썼으나 그들은 거처를 계속 옮겨다니므로 끝내 발견하지는 못하였다", "오도구(五道溝) 서북쪽 곡지(谷地)에서 한민회 군무부장 최경천(崔慶天)의 적단 약 150명이 잠복하고 있다는 보고에 따라 이들을 초토하려 하였으나, 결국 발견하지 못하였다"(밑줄 강조, 인용자)는 성과보고가 눈에 띈다. 이러한 사료 표현은 독립군의 활동 양태를 역추적해 볼 수 있는 근거로도 생각해 볼 수 있다. 즉, 독립군은 일본군이 입수하는 정보보다 몇 발 앞서 거처지를 옮겨다니면서 그들의 추적을 따돌리는 전략을 구사했다는 방증(傍證) 자료이기도 한 것이다.

(2) 기무라 지대(木村支隊)

제1기 토벌 실행 직전에 수립한 작전 계획에 따른 기무라 지대[56]의 배치도는 다음과 같다. [그림 1-2]은 앞에서 제시한 [그림 1]에서 기무라 지대가 담당하는 乙구역만을, [그림 2-2]은 [그림 2]에서 기무라 지대 구역을 중심으로 확대 편집한 것이다.

위의 보병 약 1소대가 해당 부락을 포위하고 김운서 외 1명을 사살한 사례가 있다. (앞의 사료, 『間島出兵史』, 65~66쪽)

56) 육군 보병 대좌 기무라 에키조(木村益三:1875~사망시기 불명)가 지휘. 최종 계급은 육군 소장.

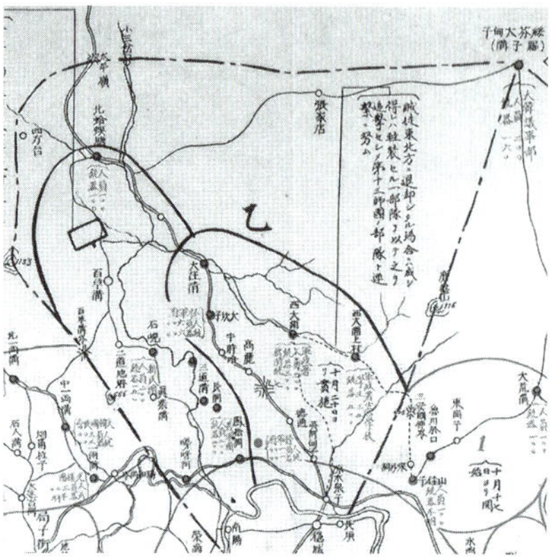

[그림 1-2] 10월 초 기무라 지대(乙) 토벌 계획요도

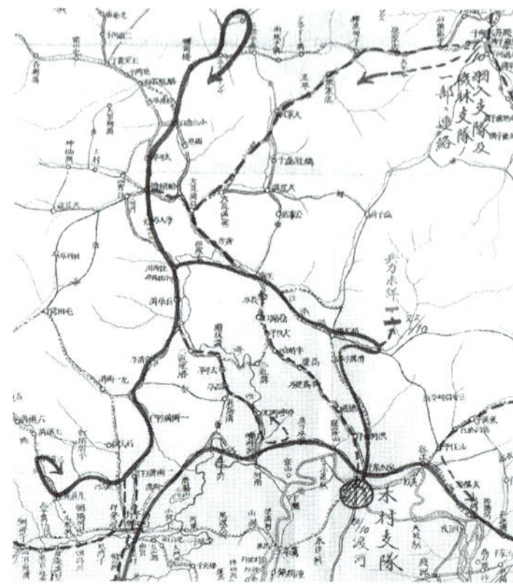

[그림 2-2] 10월~12월 기무라 지대 행동 노선

먼저 [그림 1-2]를 살펴보자. 乙구역은 태평령-나자구-온성을 역삼각형 모양으로 연결하는 지역으로 설정되어 있다. 중대를 백초구(百草溝)에 배치하였고, 甲구역에 비해 1, 2, 3으로 세분화되어 있지는 않지만 독립군의 활동 근거지와 배치 인원 및 총기수가 꼼꼼히 기록되어 있는 것이 특징적이다.

한편 [그림 2-2]와 사료 내용을 연결시켜서 토벌 작전의 전개과정을 살펴보자. 첫 번째 움직임은 서대포(西大浦), 십리평(十里坪) 지역을 토벌하기 위해 전진하는 것이다. 기무라 지대 예하의 이와바시(岩橋) 대대를 주력으로 하면서 혼춘에 있는 이소바야시 지대 예하에 있는 요코타(横田) 대대가 10월 19일 온성으로 와서 기무라 지대장의 예하로 편입되었다. [그림 2-2] 하단에 빗금친 동그라미 옆부분에 "木村支隊"라는 기록과 함께 "20/10 渡河"라고 표기되어 있듯이 10월 20일 밤 기무라 지대 주력은 온성 부근에서 도문강을 도하했다. 22일에는 군정서(軍政署)의 근거지인 서대포, 십리평을 토벌하고, 그들의 무관학교 및 기타 건물을 소각하였다. 또한 적이 동북쪽으로 이탈하는 것을 막기 위해 파견한 아시다(盧田) 중위와 다카하타(高畑)

중위의 소대는 십리평 동북쪽 밀림 속에서 적의 소부대와 충돌하여 약 30분간 교전한 후 그들을 격퇴하였다([그림 2-2] 좌측중앙의 兵力未詳 지점). 이 작은 전투에서 우리 병졸은 전사 1명, 부상 2명, 적의 손해는 불명확하나 유기한 사체 6구를 발견하였다.[57)]

두 번째 움직임은 왕청(汪淸)과 합마당(蛤蟆塘) 지역을 토벌하기 위해 북상하는 이와바시(岩橋) 대대였다. 세 번째 움직임은 10월 26일 이와오(岩尾) 소좌가 지휘하는 보병 2중대를 기간(基幹)으로 하는 부대를 나자구로 파견한 것이었다. 해당 부대는 대황구-장가점(大荒溝-張家店) 사이에서 두 차례 적의 소(小)무리와 충돌하고 그 중 1명을 쓰러뜨린 것 외에는 <u>현저한 정황과 조우하지 못하였다</u>(밑줄강조, 인용자). 27일 나자구에 도착한 하뉴 지대 및 아베 대대와 연락하고 11월 2일 백초구로 귀환해 지대 주력에 합류하였다.[58)]

이처럼 기무라 지대는 괄목한 만한 전투성과는 없다.[59)] 오히려 기무라 지대의 토벌 성과에 대한 평(評) 부분이 이색적이다.

> 기무라 지대는 주력을 왕청 및 백초구 부근에 집결시켰으나, <u>당시 이 방면의 적의 상황을 크게 고려하지 않은 상태였다.</u> 반면 히가시 지대 방면에서는 청산리 방면에서 불령단의 집결이 있는 것 외에도 천보산, 동불사 오지에서도 삼삼오오 적도들이 헤매고 있는데, 同(=히가시) 지대가 곧바로 이들을 초토하는 데 착수하지 못한 정황으로 보아, <u>사단은 기무라 지대에서 일부를 백초구에 남기고 주력을 북쪽 일양구(一兩溝) 부근 곡지</u>

57) 앞의 사료, 『間島出兵史』, 68~69쪽.

58) 앞의 사료, 『間島出兵史』, 69~70쪽.

59) 11월 하순 무렵 "군정서 서일(徐一) 일파 200여 명은 합마당 북쪽 약 8리 전각루(轉角樓), 신선동(神仙洞) 부근에 있다는 것을 알고, 지대장은 주력으로 해당 방면의 초토를 실행하고자 11월 26일 그 근거지에 도착하였으나, 적은 이미 전날 동북쪽 산지로 도주한 후였으므로 해당 지역 부근을 수색하고 약간의 무기와 탄약을 몰수하고, 29일 주력으로 백초구로 귀환하였다."는 보고를 통해서도 내세울만한 성과가 없었음을 짐작해 볼 수 있음.

(谷地)에서 조양(朝陽) 하곡(河谷)으로 옮겨 그 지역 부근 일대의 초토를 명령함으로써, 지대 주력은 11월 3일 백초구로부터 행동을 개시해 11월 13일까지 기간 동안 명 받은 지역을 초토하였다.[60]

즉, 기무라 지대가 괄목할 만한 성과를 거두지 못한 것은 투입 초반 적의 정황(情況)을 정확하게 고려하지 않고 [유력 적들이 거의 없는] 왕청 및 백초구로 집결시켜 엉뚱한 초토 작업에 힘을 분산시킨 것, 그로 인해 청산리 방면에서 히가시 지대가 고전(苦戰)하고 있던 상황인데 그 방면에 힘을 집중시켜 초토에 협력하지 못했기 때문이라는 뉘앙스로 기술되고 있다. 이것은 앞서 언급한 것처럼, 『간도출병사』 기록이 전훈(戰訓)을 의식한 측면이 강한 기록임을 확인할 수 있는 부분임과 동시에, 초동 작전의 오판으로 기무라 지대, 히가시 지대 모두 토벌 작전이 커다란 위력을 발휘하지 못했던 실태를 전달하는 부분인 것이다.

(3) 히가시 지대(東支隊)

제1기 토벌 실행 직전에 수립한 작전 계획에 따른 히가시 지대[61]의 배치도는 다음과 같다. [그림 1-3]은 앞에서 제시한 [그림 1]에서 히가시 지대가 담당하는 丙구역만을, [그림 2-3]은 [그림 2]에서 히가시 지대 구역을 중심으로 확대 편집한 것이다.

먼저 [그림 1-3] 및 해당 부분의 사료 내용을 살펴보자. 丙구역은 앞에서의 甲구역과 마찬가지 방식으로 1, 2, 3으로 丙구역 내를 세분화하여 각 구역별로 약 10일을 목표로 해서 토벌하도록 구획하였다.

60) 앞의 사료, 『間島出兵史』, 69~70쪽.

61) 히가시 마사히코(東正彦:1874~사망시기 불명)가 지휘, 최종 계급은 육군 소장. 참고로 기존 연구에서는 흔히 "아즈마" 지대로 통칭해 왔으나, "東正彦"은 히가시 마사히코로 발음되는 것이 맞으므로, 본고에서는 "히가시" 지대로 칭함.

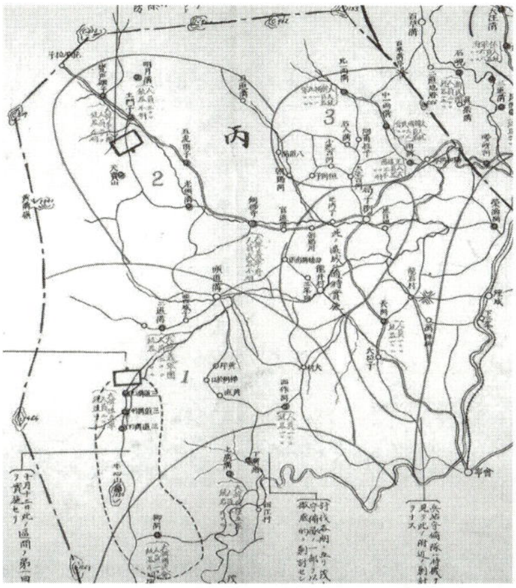

[그림 1-3] 10월 초 히가시 지대(丙) 토벌 계획요도

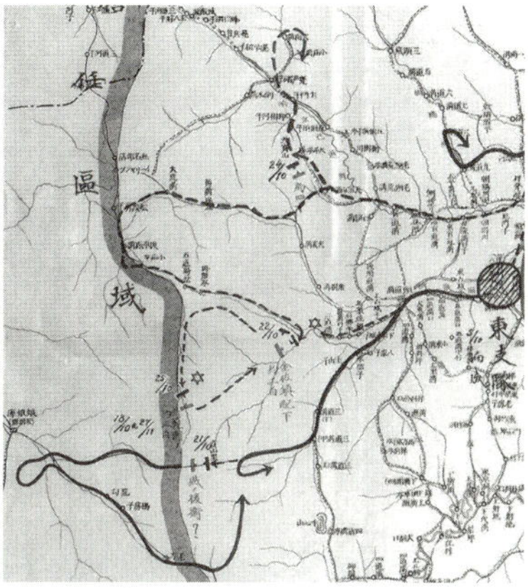

[그림 2-3] 10월~12월 히가시 지대 행동 노선

단, 1-2-3 사이에 번호표시가 없는 동그라미 구역은 용정촌과 국자가 일대로 독립군의 핵심 활동 근거지였으므로 수시로 토벌을 실시하도록 지침을 내렸다. 중대를 천보산 윗부분과 삼도구(三道溝)에 배치했다.

『간도출병사』에 따르면, 10월 15일 용정촌에 도착하자마자 구상한 병력 배치에서는 거점을 천보산-두도구-용정촌-국자가를 연결하는 지역으로 잡았다. 그러나 이틀 뒤인 17일 밤중 "기관총을 지닌 5~600명의 적들이 두도구에서 서남쪽으로 약 10리 떨어진 청산리 부근에 멈춰있다는 정보를 입수"하면서 긴급히 병력 배치를 바꾸었다.[62] 즉, 10월 17일에 정보를 입수하기 전까지 일본군은 청산리 일대를 중요시 하지 않고 있었다는 점도 읽어낼 수 있다. 그렇기 때문에 다른 지대에 비해 히가시 지대의 경우 사전 예상 계획도와 실제 작전 투입 이동 경로가 많이 다른 형태를 보이게 된다.

그러면 17일 이후 청산리를 비롯한 현지 정황에 맞는 병력의 재배

62) 앞의 사료, 『間島出兵史』, 74~75쪽.

치 실태는 어떠했을까? [그림 2-3]만으로는 설명이 되지 않는 전투 상황이 이어졌기 때문에, 별도의 작전 계획도를 작성하였다. 그것이 바로 附圖제6에 해당하는 [그림 3]이다.

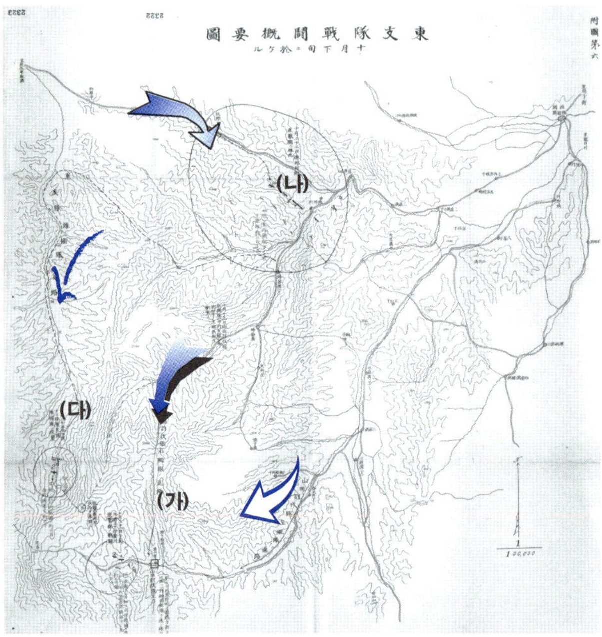

[그림 3] 10월 하순 히가시 지대 전투 [추가] 개요도

이소바야시 지대와 기무라 지대의 경우는 별도의 상세 작전도가 없는 반면, 히가시 지대만 별도로 작성했다는 것은 현지 투입 이후의 사전에 계획한 작전과 상황이 매우 달랐음을 암시하는 부분이기도 할 것이다. [그림 3]에서 (가)~(다)는 각각 (가)야마다 토벌대에 의한 청산리 부근의 전투, (나)기병 및 지대 예비대에 의한 어랑촌 부근 전투, (다)히가시 지대 예비대에 의한 고동 하곡 부근 전투를 표시한 것이다.

먼저 (가) '청산리 전투'를 살펴보자. 청산리 전투에는 야마다 토벌대가 2종대(縱隊)로 나뉘어 투입되었다. 먼저 "우종대(右縱隊:나카무라 대대)는 18일 두도구를 출발하여 봉밀구를 거쳐 청산리로 향해 전진하던 중, 19일 봉밀구 서남쪽 약 3000m 떨어진 곡지에서 약 40명의 중국인 마적과 충돌하였다. 이들을 퇴격 후 10월 21일 청산리 부근에서 지대 주력에 합류하였다." 한편 좌종대(左縱隊)는 "10월 18일 용정촌을 출발해 두도구 남쪽 팔자가(八家子), 삼도구를 거쳐 10월 20일 청산리에 도달하였으나, 같은 날 미명에 약 600명의 도적은 이 지역을 떠나 오지로 숨어 들어갔음을 알게 되었다(밑줄 강조, 인용자). 이들을 수색하기에 힘쓰고 그 지역에서 숙영(宿營)하였다. 다음날 21일 토벌대는 주력을 이끌고 밀림속으로 숨어들어간 적도들을 수색하고 부근 諸부락을 토벌하였고, 야스카와(安川) 소좌가 지휘하는 선발 보병 1중대로 노령(老嶺)으로 향해 추격하였다. 추격대는 숙영지 출발 후 약 1리 [떨어진 곳]에서 적들이 전날 밤 노영(露營)했던 곳을 발견하였다. 해당 노영지는 2개의 집단이었는데, 60개소로 흩어져 있고 타고 남은 불씨가 아직 있었고, 약 600명이 노영했던 흔적을 발견하고 즉시 경계를 엄중히 하여 약 700~800m를 진격하던 중, 갑자기 적의 사격을 받아 추격대는 그것에 응해 공격으로 전환하여 약 30분간 교전하였다. 적은 점차 퇴각하기 시작했고 추격대는 야마다 토벌대 주력으로부터 증원을 받은 부

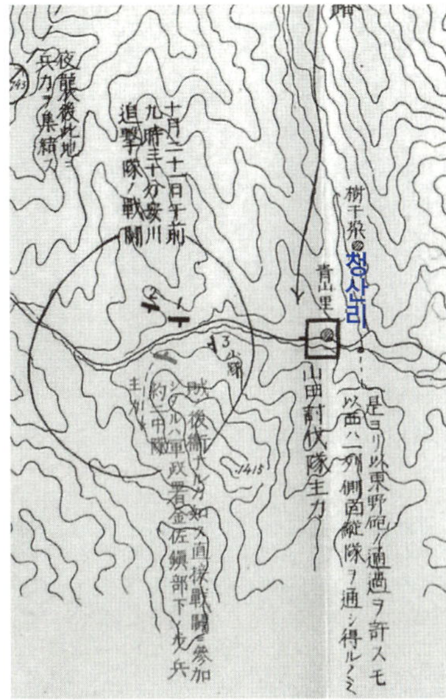

[그림 3-1] (가) 청산리 부근 확대도

대를 합쳐 노령으로 향해 추격하였으나, 적의 대부분은 노령 동남쪽 곡지의 밀림속으로, 일부는 안도현 방면으로 퇴각하여 접촉점을 완전히 놓쳐 버리게 되어 일단 대열을 정돈하고 주력의 위치를 철퇴시켰다(밑줄 강조, 인용자). 이 전투에서 우리측은 전사자 병졸 4명, 부상 하사 1명, 병졸 2명, 적은 사체 16구를 유기하였다. 토벌대는 이후 해당 지역 부근을 초토하고 주력으로 삼도구 부근에 집결하였다."[63]

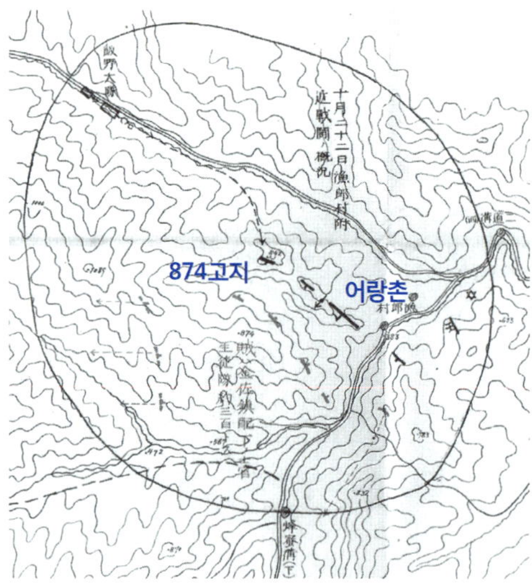

[그림 3-2] (나) 어랑촌 부근 확대도

다음으로 (나) '어랑촌 전투'를 살펴보자. 먼저 오도양차(五道陽岔=천보산 부근)로 전진하고 있던 기병 연대를 투입하였다. "어랑촌에 숙영하게 한 후, 이튿날 22일 오전 5시 30분경 김좌진 배하 사관생도대를 기간으로 하는 약 300명의 적이 기병연대의 소초를 습격하였다(밑줄 강조, 인용자). 연대는 즉시 이에 대응해 교전하였고, 히가시 지대 예비대도 이쪽 방면으로 급히 투입되었다. 적은 표고 874 고지 남쪽을 점령하고 지리적 이점에 근거하여 완강하게 저항하였다. 교전은 약 5시간에 걸쳐 이어졌고, 오후 0시 30분에는 이노(飯野) 대대도 전선에 가담하였다." 원래 이노(飯野) 대대는 어랑촌 전투에 투입되기 전에는 반대편인 천보산 일대에 머무르고 있었으나, "홍범도가 이끄는 약 500명의 적들

63) 앞의 사료, 『間島出兵史』, 74~75쪽.

이 두도구 서쪽 약 6리 산중에 점거하고 있다는 정보를 입수하고, 이들을 공격하기 위해 19일 지대 예비대로 주력을 꾸려 먼저 이도구구자(二道溝口子)로 전진할 것을 명령받아, 19일에 이도구구자에 도착해 인근을 수색하였으나 적의 무리를 발견하지 못하였고, 남부 어랑촌에 도착하여 숙영하라는 명령을 받았으나 밀림속에서 길을 잃고 남양촌(南陽村:와룡동 남쪽 약 9km)에 도달해서 숙영하고 있던 상태였다."(밑줄 강조, 인용자)[64]

어랑촌 전투의 성과에 대해서는 "결국 그들을 격퇴하였다. 이 전투에서 우리측 전사자는 하사 1명, 병졸 2명, 부상병졸 12명으로, 적의 사상자 상황은 자세히 알지 못하나 약 60명에 달하는 듯하다. 포로 5명, 소총 22정, 탄약 2200발, 경(輕)기관총 1정을 노획하였다. 패퇴한 적도들은 그 중 서남 방면 산지 밀림지대로 흩어졌고 그 후의 퇴각 방면은 판명되지 않았다. 지대 예비대는 23일 밤에 이르기까지 현재 진지에 있으며 적의 퇴각 방향을 수색하고 이후의 추격을 준비하고, 기병연대는 어랑촌-오도양차 [일대의] 도로를 봉쇄하였다. 지대장은 철저하게 적을 격멸할 기도(企圖)로 병력을 집결시키고자 힘썼으나, 교통의 불편과 일반 배비(配備) 관계상 집결이 의도대로 되지 않았다"(밑줄 강조, 인용자)[65]로 보고하고 있다.

끝으로 (다) '고동 하곡 전투'를 살펴보자. 어랑촌 전투 후 달아난 적의 퇴각 방향을 파악하지 못한 히가시 지대장은 추격 범위를 넓혀 Y자 모양으로 계속 추격하게 된다. 즉, "어랑촌을 출발해 봉밀구 북쪽 약 2000m의 소류(小流)를 따라 서쪽으로 전진, 오후 4시 적이 전날 밤 노영했던 곳을 발견하고 주민에게 힐문하여 적의 퇴각방향을 알아내거나 발자국을 수색하거나 나무 가지에 남아 있는 적의 총 가

64) 앞의 사료, 『間島出兵史』, 74~75쪽.

65) 앞의 사료, 『間島出兵史』, 76쪽.

늠쇠 흔적 등에 의거해 판단하였다. 밀림속을 방황하고 고동천(古洞川)을 따라 약 6리를 거슬러 올라가, 25일 오후 10시 경 전방의 삼림 속에서 작은 연기가 올라오는 것을 발견했고, 이어 근처에서 적의 무리들이 숙영하고 있다는 보고를 접하고 밤 12시에 야습을 감행하여 그들을 퇴격하였으나, 적이 다시 근처의 곳곳으로 흩어졌다. 諸방면으로 계속 난사(亂射)하여 무익한 손해를 피하고자 부근의 최고봉 1743고지에서 병력을 집결시켰다(밑줄 강조, 인용자).[66)]

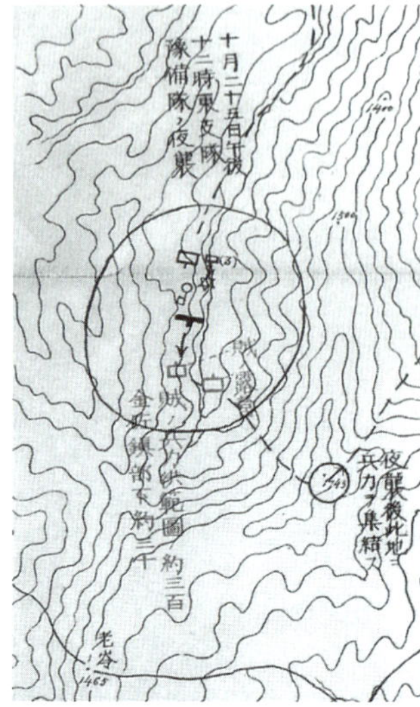

[그림 3-3] (다) 고동하곡 확대도

이 전투에 대해 평가로는 "이 전투에서 우리의 손해는 없다. 적은 사상자 약 30명, 소총 10정, 탄약 약 1만발을 노획하였다. 그 후 포로를 심문한 결과에 의하면 이 적단은 홍범도가 지휘하는 약 300(內執銃者250)명, 김좌진 부하 약 30명으로 구성되어 있음을 알게 되었다. 해당 부대 병력의 부족으로 결국 그들을 철저하게 토벌하지 못하고 26일 봉밀구로 귀환하였다. 이 때 24일 오후 3시부터 26일 오후 5시에 이르는 49시간 전부를 밀림속에서 행동하였으므로 그 노고는 심대하다"(밑줄 강조, 인용자)[67)]라고 보고하고 있다.

이처럼 10월 20일~26일에 이르는 諸전투에서 히가시 지대는 홍범도, 김좌진 부대와 같이 독립군의 핵심 조직과 교전하는 상황속에서도 좀처럼 결정적인 타격을 가하지 못하자, 전체 지휘를 총괄하는

66) 앞의 사료, 『間島出兵史』, 76~77쪽.

67) 앞의 사료, 『間島出兵史』, 77쪽.

19사단장은 중요한 결정을 내린다. 즉, 10월 27일 히가시 지대 방면에 "독단으로" 병력을 증파하는 건을 먼저 결정한 후 군사령관에게는 차후 신청하고 승인을 얻은 것이다. 병력증파를 결정한 이유가 주목되는 대목이다.

> 히가시 지대는 현재 봉밀구(蜂蜜溝) 서쪽지역 오지 깊은 곳으로 잠입한 불령단의 주력을 포위·섬멸하고자 계속 기도(企圖)하고 있으나 병력이 현저히 과소하므로 혹여 적의 대부분을 이탈시킬 우려가 있음. 나[本職=19사단장]는 히가시 지대 전면(前面)에 있는 적을 간도 등에 있는 불령단의 주력으로 인정하고, 그들을 섬멸하면 즉 그들 전체의 목숨을 제어하는 까닭이 될 것으로 생각하여, 무산(茂山) 방면으로부터 대대장이 지휘하는 보병 2중대를 노령(老嶺) 방면으로 진출시켜 적의 배후를 차단시키고, 나아가 회령에 있는 보병 제74연대 제1대대(3중대 결여)를 이번 달 27일 아침 회령을 출발하여 전장으로 급히 이동하게 할 것임. 미리 인가를 받을 여유가 없으므로 독단으로 조치함.[68)]

즉, [그림 2-3]의 (다)일대에 숨어있는 "불령단의 주력을 섬멸하면 불령단 전체의 목숨을 제어할 수 있는" 중차대한 공격시점이므로 19사단장의 단독 판단으로 상부의 승인을 기다릴 여유 없이 단독으로 히가시 지대에 병력을 보강해 불령단의 주력의 숨통을 끊고자 한 것이었다.

그러면 병력을 보강한 이후 토벌은 어떻게 진행되었을까? [그림 2-3]의 (다) 옆의 설명에 "18/10 a 27/11 洪範圖 約300"라고 기록되어 있다. 즉, 10월 18일에서 11월 27일까지 홍범도 부대 약 300명과 이곳에서 잔류하며 교전을 이어갔던 것으로 보인다. 실제로 전투 기록을 보면, "히가시 지대장은 적도의 대부분은 여전히 노산령(老山

68) 앞의 사료, 『間島出兵史』, 58쪽.

嶺) 부근을 떠나지 않고 있는 것으로 판단하고, 각 분둔(分屯) 제대(諸隊)로부터 집합시킨 병력과 사단명령에 의해 회령으로부터 급히 전진시킨 병력을 모아 대략 후차창구(後車廠溝), 어랑촌, 삼도구, 청산리에 걸쳐 포위선을 형성하고 적을 수색하거나, 은닉 혹은 유기한 병기 재료를 발견하기에 힘써 약간의 병기 탄약을 노획하였으나, 결국 적단과 조우하지는 못하였다. 11월 중순 지대장은 안도현-화룡현[69] 경계 밀림지대에 적 일당이 잠복해 있다는 첩지를 받고 야마다 토벌대로 하여금 11월 18일 청산리를 출발하여 그들을 토벌하는 임무를 맡겼다. 同 토벌대는 적설량이 많은 밀림 속에서 헤매기를 10일, 온갖 고생을 감내하며 수색했으나 적은 안도현 오지 깊숙이 숨어버려 끝내 아무런 수확없이 27일 청산리로 귀환하였다"(밑줄 강조, 인용자)[70]라고 보고하고 있다.

이상의 전투 경과를 통해 히가시 지대가 토벌을 담당한 丙구역이 "불령단의 주력"과 상대해야 하는 곳이었다는 점, 한편 현지에 투입되기 전까지는 이러한 상황에 대한 정확한 정보를 미처 파악하지 못하고 있었기에 현지 투입후 작전 계획도가 크게 바뀌었다는 점, 현지에 투입되어서도 험준한 산이 밀집된 지역의 특징을 활용해서 숨어다니고 신출귀몰하는 독립군의 교란 작전에 일본군이 당황하며 긴급 병력 증강 조치를 취했지만 별다른 성과를 보지 못했다는 실태를 읽어 낼 수 있다.

히가시 지대의 토벌 성과에 대한 평가뿐만 전반적인 '간토출병'의 효과에 대해 그들 스스로 성과분석을 다음과 같이 평했다는 점이 주목된다. "이번 출병은 그 출동 지대의 적지(敵地)가 아니었던 점, 중국 군대의 타협적 토벌 이후여서 적도들이 사방으로 흩어진 점, 긴급

---

69) 원문상에는 "안도이용현(安圖利龍縣)"으로 나와 있으나, 안도현-화룡현(和龍縣)의 오기(誤記)로 판단됨.

70) 앞의 사료, 『間島出兵史』, 78쪽.

출동 직후 초토행동으로 나설 수 없었던 점, 외교 및 기타 관계상 서쪽과 북쪽 지구는 대체적으로 개방된 정황이었던 점, 지역이 광활한데 비해 병력은 매우 적고 시일은 짧았던 점 등의 여러 요인에 의해 그들에게 섬멸적 타격을 가하는 것은 불가능했다"[71](밑줄강조, 인용자)고 자인(自認)하고 있는 점이 주목된다.

4 맺음말

이상에서 독립군의 활동근거지를 섬멸하려는 〈간도지방 불령선인 초토계획〉을 정부의 공식 승인하에 실현한 1920년 일본군의 '간도출병'의 전략과 실태에 대해 살펴보았다. 본고에서 밝힌 일본군의 '전략과 실태'를 요약하면 다음과 같다.

첫째, 명목상으로나마 중국과의 협동토벌에 대한 양해를 얻어내는 것이 하나의 중요한 전략이었다. 본고에서는 기존 연구와 달리 일본군은 중국과의 공동토벌협의를 이뤄내고자 '끝까지' 노력했다는 점을 강조했다. 왜 일본측은 중국과 협동수사를 성사시키는데 고집한 것일까? 명목상으로라도 중일협동수사의 형태를 띄어야만 월경(越境)에 대한 승인 없이 이루어지는 임시적인 월강(越江) 활동에 대한 양해를 그나마 확보할 수 있다고 판단했기 때문이었을 것이다.[72] 즉,

71) 앞의 사료, 『間島出兵史』, 143쪽.

72) 외무성은 특히 불법적 월경(越境)하에 진행되는 '간도출병'에 대해 "중국 혹은 제3국으로부터 [국제연맹] 총회 또는 이사회가 주의를 환기시키는 일이 없음을 담보할 수 없다. 또한 이러한 종류의 사건 발생은 연맹규약 성립 이후 이번이 처음[嚆矢]이므로 이에 대한 조치가 앞으로의 선례가 될 것이므로 특히 지금의 일반적인 [우리] 제국의 움직임에 대해서도 걸핏하면 침략적인 것으로 오해하는 풍조가 있다는 점을 감안할 때 본 건 출병실행에 대해서는 특히 주도면밀한 숙고가 필요한 것으로 인정된다"라

불법적인 군사행동에 대한 국제적 비난을 막을 방패막이 수단으로 중국과의 협동토벌 승인이라는 명분 확보가 중요한 전략이었던 셈이다. 국제외교적으로 문제가 될 것을 매우 우려하면서도 결전을 감행할 수밖에 없었던 이유는 무엇이었을까? 그것은 간도를 중심으로 확산되어 가는 불령한 마음을 제압하지 못하면 재앙의 피해가 조선 내지로 미칠 것이라는 급박하고 절박한 위기감이었다고 할 수 있다.

둘째, 투입 전 초기 계획과 현지 투입 후 작전 계획이 크게 차이나는 경우가 많았음을 지도를 통해 시각화하여 제시하였다. 특히 홍범도 및 김좌진 부대를 상대해야 했던 히가시 지대의 경우 별도로 추가 작전도를 작성해야 할 만큼 변경이 많았으며, 초동 대응 작전에서 별다른 성과를 올리지 못했으며, 입수한 정보대로 찾아가면 독립군 부대는 이미 달아난 경우가 대부분이었다. 사료의 표현대로 “섬멸적인 타격은 불가능한” 즉, 변죽만 울릴 뿐 투입인원 대비 커다란 성과는 거두지 못한 것이 제1기 토벌의 실태였던 것이다.

본고에서는 일본 기록인 『간도출병사』를 중심으로 논지를 전개하다 보니 독립군의 전과 기록과의 비교 검토는 생략되었다. 뿐만 아니라, 지면의 제약상 동원 부대 및 병력수, 투입 예산 등에 대한 분석도 생략하였다. 위 과제들은 별고(別稿)로 추후 검토하고자 한다.

고 할 정도로 국제외교상 문제가 될 소지가 있다는 점을 매우 우려했음을 확인할 수 있다. (앞의 사료, 『間島出兵史』, 424쪽)

근대 일본 육군의 '독단전행(獨斷專行)'과 만주사변

| 심호섭 |

1 머리말

흔히 근대 일본의 '독단전행(独断専行)'은 육군의 독주와 팽창을 의미하는 것으로 이해되고 있다. 주지하다시피 일본의 군국주의(軍國主義)를 주도한 것이 육군의 독단전행이었다. 독단전행에 따라 관동군과 조선군의 만주사변이 발발하였고, 이로부터 중일전쟁과 태평양전쟁이 이어졌던 것이다. 그러므로 지금까지의 많은 연구에서 독단전행은 군부 독주와 하극상의 요인으로 보고 그 정치적인 측면을 중시하였다.[1)]

그런데 일본 육군의 독단전행은 본래 지휘사상의 하나였다.[2)] 군사

1) 다음의 연구가 대표적이다. 藤原彰, 1987, 『日本軍事史』(上), 日本評論社; 大江志乃夫, 1982, 『昭和の歴史(3) 天皇の軍隊』, 小学館; 飯塚浩二, 1991, 『日本の軍隊』, 岩波書店.

2) 前原透, 1994, 『日本陸軍用兵思想史』, 天狼書店; 戸部良一, 1998, 『逆説の軍隊』, 中央公論社; 白石博司, 2001, 「満州事変における関東軍の固有任務とその解釈・運用問題」, 『軍事史学』37권 2・3합병호, 191~207쪽.

적 개념이 군부의 독주와 함께 군국주의와 같은 정치적 이념으로 변질되었던 것이다. 그렇지만 아직까지 독단전행 개념이 어떠한 과정을 통해 변질되었는지 자세히 검토되지 못하였다. 이에 본 발표에서는 그와 같은 과정을 주목하고자 한다.

우선 일본 육군에서 독단전행을 강조한 군사적·사회적 배경으로 제1차 세계대전과 '다이쇼(大正) 데모크라시'를 주목한다. 그리고 이러한 독단전행의 의미를 육군 수뇌부가 어떻게 수용하였고, 어떠한 논의를 통해 그 의미가 변질되어 만주사변으로 나갔는지 검토하고자 한다.

2 독단전행 강조의 군사적·사회적 배경

(1) 제1차 세계대전의 교훈과 독단전행

제1차 세계대전은 장기간의 소모전이었다. 일본은 제1차 세계대전의 참전국 중 하나였을 뿐만 아니라 그와 같은 전쟁의 양상을 주시하고 있었다. 관전무관(觀戰武官)을 영국과 프랑스로 파견해 각종 전투를 참관하도록 하였고, 육군성 내에 임시군사조사위원(臨時軍事調査委員)을 설치해 이 전쟁을 연구하도록 하였다.[3)] 나아가 전후 참모본부를 중심으로 제1차 세계대전의 군사적 교훈을 탐구하고,[4)] 장기 소모전에 대응하고자 하였다.[5)]

---

3) 임시군사위원은 제1차 세계대전의 군사제도, 무기, 전술 등 군사전반에 걸친 연구를 통해 『海外差遣者報告』, 『臨時調査委員月報』 등을 발간, 1차 세계대전의 교훈을 받아들이고 알리려고 노력하였다.

4) 참모본부에서는 전황과 전훈(戰訓) 등에 관한 기사를 『偕行社記事』에 게재하였으며, 『歐洲戰争叢書』, 『歐洲戰争叢書特号』 등을 발간하였다.

그런데 다수의 고위 군인은 일본의 국력이 유럽의 여러 나라처럼 장기소모전을 감당하기 어렵다고 판단하고 있었다. 가령 1918년 육군 참모차장 다나카 기이치(田中義一)는 "우리의 국정(國情) 그리고 국민성은 지금 유럽의 전쟁과 같이 장기에 걸친 작전에는 불리한 것이 확실하며, 현재의 국력은 장래의 적에 대해 절대적으로 우세를 점하는 데 부족하다. 그러므로 일본은 장기·소모전을 지양하고 전쟁을 신속하게 끝내는 것이 필요하다"고 평가하였다.[6)]

이러한 인식은 1919년과 1923년에 개정된 『제국국방방침(帝國國防方針)』에 반영되었다. 이를 보면 육군 군사전략의 방침은 "선제의 이(利)를 점해 공세를 취하는 것을 본령으로 한다"라고 하였고, "적보다 먼저 신속하게 희망하는 병력을 한 지점으로 집중시켜 적의 야전군을 격파하는 것을 작전방침으로 한다"라고 하였다. 제1차 세계대전을 지켜본 일본은 장기소모전을 대비하지 않을 수 없었는데, 이를 직접 준비하기 어려웠으므로 이를 타개하기 위한 군사전략으로 단기결전을 채택하였던 것이다. 이를 위해 일본 육군은 작전술의 방법으로 기동전과 포위섬멸전을 연구하였다. 특히 '슐리펜 계획'과 탄넨베르크 전투가 대표적인 사례로 주목되었다.[7)] 이러한 가운데 일본 육군에서 강조한 지휘개념이 독단전행[8)]이었다.

우선 1918년 제정된 일본 육군의 최상위 교범인 『통수강령(統帥綱領)』을 보면 "지휘의 요결은 부하군대의 장악을 확실하게 하고 그 위에 하급지휘관에 대한 독단활용의 여지를 부여하는 데 있다"고 하였

5) 山田朗, 1997, 『軍備擴張の近代史：日本軍の擴張と崩壞』, 吉川弘文館, 52~53쪽; 加藤陽子, 2007, 『戦争の日本近代史』, 講談社現代新書, 224쪽.

6) 田中 陸軍中将, 1916, 「歐洲戰争ノ與ヘタル戰略戰術上ノ教訓」, 『偕行社記事』제512호, 5쪽.

7) 参謀本部 編, 1920, 「開戰前における陸軍の作戰計画とマルヌ開戰の研究」, 『歐洲戦史叢書』 제34호; 参謀本部 編, 1921, 「殲滅戦」, 『歐洲戦史叢書』 특호11호 참고.

8) '任務命令'이라고도 하며, 상급지휘관의 의도와 명령의 목적과 일치하게 수령자가 재량권을 가지고 그 명령을 실시하는 것이다.

다.[9] 또한 "기선(機先)을 잃지 않기 위해 유사시 변화하는 각종 정황에 응해 군대는 지휘관의 의도 안에서 적극적으로 행동에 옮겨 전기(戰機)를 놓치는 일이 없도록 해야 한다"고 하였다.[10] 일본군의 작전 주도권을 유지하기 위해서는 현지 지휘관의 독단전행을 인정하는 것이 효과적이라고 조언한 것이다. 1920년 개정된 『진중요무령(陣中要務令)』(1920)에서 역시 다음과 같이 서술되어 있다.

> 명령의 실시에는 독단을 요하는 경우가 적지 않으며 전투에서 그 변천을 헤아리기 어려울 경우가 있기 때문에 수령자는 항상 발령자의 의도를 파악하고 대국을 명찰하여 정황의 변화에 응해 스스로 그 목적을 달성할 수 있도록 최선의 방법을 택하여 독단전행을 가지고 기회를 놓치지 않도록 해야 한다.[11]

이처럼 제1차 세계대전 이후 일본 육군에서는 지휘관의 독단전행을 중시하였는데, 그 이유는 단기결전을 위한 기동전 및 포위섬멸전과 무관치 않았다.

> 각급지휘관자들이 일일이 고급지휘관의 지시를 받아 행동하면 대부분 시기를 상실하게 된다. 고급지휘관도 포위하는 경우에는 전황에 따른 복잡한 동작을 최초부터 예상하고 이에 대해 상세한 명령을 일일이 하달하는 것은 불가능할 뿐만 아니라 때때로 변하는 정황에 대해 일일이 명령을 내려 행동하게 하는 것은 매우 어려우며, 부하지휘관들이 신속하게 행동할 수 있는 여건을 만드는 것이 지극히 필요하다.[12]

---

9) 陸軍省, 1918, 『統帥綱領』, 「指揮」.
10) 앞의 책.
11) 陸軍省, 1924, 『陣中要務令』, 「綱領」.
12) 参謀本部 編, 1921, 「殲滅戦」, 『歐洲戦史叢書』특호11호, 27쪽.

포위섬멸전은 빠르고 효과적인 기동으로 적을 포위하여 섬멸하는 것을 목적으로 한다. 그렇기 때문에 전황의 변화에 민감하게 대처하는 것이 요구된다. 그러므로 포위섬멸전을 위해서는 "고급 지휘관이 적절히 달성할 수 있는 기도를 부하에 명시하여 실시의 세부까지 각급 지휘관의 독단"[13]을 신뢰할 수 있어야 했다. 고급 지휘관은 각급 지휘관의 독단전행을 인정하여 현장에서의 재량권을 부여하는 것이 바람직하다고 생각되었던 것이다.

현장지휘관 역시 "고급지휘관의 의도를 촌도(忖度)하여 독단(獨斷)으로 일을 처리"할 수 있어야 했다.[14] 가령 『전투요강편찬이유서(戰鬪綱要編纂理由書)』(1929)를 보면, "포위섬멸의 목적을 달성하기 위해서는 특히 군대의 기동에 탁월함과 각급지휘관의 기선에 맞는 독단에 있다[15]"고 하였듯 포위섬멸전의 수행을 위한 현지 지휘관의 독단전행이 요구되었던 것이다.

그런데 본래부터 독단전행은 지휘관의 재량권만 아니라 병사의 자율성을 의미하는 개념이었다.[16] 하지만 러일전쟁 이후 병사의 독단전행은 더 이상 허용되지 않고 있었다. 러일전쟁의 경험 속에서 병사에 대한 신뢰가 상실되었고, 장교의 강력한 통제가 선호되었기 때문이다.[17] 그러나 제1차 세계대전이 전개되며 개별 전투원의 전투능력이 중시되고 있었다. 이와 관련하여 1921년의 「보병조전초안개정이유서(歩兵操典草案改正理由書)」의 취지를 참고할 수 있는데,[18] 그 주요 내용은 다음과 같다.[19]

---

13) 参謀本部 編, 1921, 앞의 책, 27~28쪽.

14) 参謀本部 編, 1921, 앞의 책, 28쪽.

15) 参謀本部, 1928, 『戦闘綱要編纂理由書』, 偕行社, 2쪽.

16) 구체적인 내용은 심호섭, 석사논문, 16~19쪽 참조.

17) 앞의 책, 29~32쪽 참조.

18) 제1차 세계대전에 있어서 전술면의 교훈에 대해서는 参謀本部, 1925, 『歐洲戦争叢書』, 「世界大戰ノ戰術的觀察」(1~5巻)를 참고할 것.

1. 화기의 화력 및 위력을 고려한 소개대형 채용
2. 부대의 전술적 기동력의 향상
3. 각급 지휘관이하의 독단전행의 강조와 하사관 이하의 책임에 대한 자각 및 능력의 향상 요구
4. 운동전과 진지전의 조화
5. 야간전투의 중시

위의 5조항 중 3이 주목된다. 병사의 '자각 및 (전투) 능력의 향상'이 다시 요구되었고 있었던 것이다. 개정판 『보병조전초안개정이유서(歩兵操典草案改正理由書)』(1923)에서 "최근 전쟁의 교훈과 종래의 경험"을 살려서 "보병의 전투방식에 개혁을 촉진한다"고 밝혀 두었듯,[20] 이와 같은 변화는 '최근 전쟁' 즉 제1차 세계대전에서 얻은 교훈이었다.[21] 그렇다면 이러한 변화는 어디서 비롯되었을까.

위의 5조항 중 1과 2가 관심을 끈다. 제1차 세계대전 이전까지 일본 육군의 기본단위는 중대였다. 각 중대가 밀집대형을 갖추어 이동하고, 전투가 진행되면 산개로 전환하고, 최종적으로 백병돌격으로 전투의 승패를 결정하였다(산개전투).[22] 그런데 제1차 세계대전에서 무기 특히 포병과 기관총의 발달로 중대 단위의 기동이 어려워졌다. 화기의 위협을 피해 보다 소규모 제대 단위의 전술행동이 요구되었던 것이다. 이로 인해 등장한 것이 소개전투였다.

소개전투란 소총·경기관총·유탄수로 구성된 각 분대를 최소단위로 이동·사격·돌격하는 전투방식이다.[23] 전투의 기본단위가 중대

19) 教育総監部, 1920, 『歩兵操典草案改正理由書』, 偕行社, 2~3쪽.
20) 앞의 책, 12쪽 참고.
21) 물론 이 역시 "1. 소개전투의 방식을 채용할 것 2. 하급지휘관 이하의 협동과 독단을 한층 중시할 것"이라고 하여 '소개전투'의 요구와 각자의 독단전행이 밀접한 관계에 있다고 이해할 수 있다. 総育総監部, 1923, 『歩兵操典素案改正理由書』, 偕行社, 3쪽 참조.
22) 総育総監部, 1923, 『歩兵操典草案改正理由書』, 偕行社, 33쪽.
23) 防衛庁防衛研修所戦史室, 1969, 『戦史叢書　関東軍』(1), 朝雲新聞社, 34쪽.

에서 분대로 축소된 것이다. 가령 『보병조전초안(步兵操典草案)』(1920)을 보면 "소개대형은 포화에 의한 손실을 줄이면서 적에 접근하기 위해 사용하는 것으로 이를 실전에 적용해야 한다"고 하였고,[24] 이어서 개정된 『보병조전초안(步兵操典草案)』(1923)을 보면 '소개전투'의 명칭이 정식으로 채용되어 소개전투가 "보병전투의 주요한 (전투) 방식으로 적 화력의 효력을 감소시켜 아군의 화력과 돌격력을 유감없이 발휘할 수 있는 것을 그 취지로 한다"고 하여 새롭게 보병전투의 중심으로 자리 잡았던 것이다.[25]

이러한 소개전투에서는 소규모 전투단위의 행동이 중시되었다. 그러므로 전투의 주체가 기존의 중대에서 소대 및 분대로 세분화되어 갔다. 『보병조전초안(步兵操典草案)』(1923)에 있는 항목에는 새로운 '소대교련'과 '분대교련'이 추가되었고, 이에 따라 소대와 분대의 역할이 격상되었다. "소개전투에 있어서 소대는 소대장 통괄 하에 그 소총분대와 기관총분대의 사격, 운동과 돌격을 밀접하게 연계시켜야 한다"라고 하거나,[26] "소개전투에 있어서는 분대는 화전(火戰)을 실행한다"고 하여 분대가 독립된 전투단위로 인정받았다.[27]

이와 같은 변화의 결과 "분대 산개훈련의 주안은 분대를 어떻게 분대장의 의도에 따라 움직일 것인가[28]"에 모아졌다. 하사관인 분대장의 역할이 강화된 것이다. 나아가 소개전투를 하는 병사 역시 "전투 임무를 효과적으로 달성하기 위해 위치, 자세, 총의 사용에 대해 자유를 부여해야 한다"고 하였고,[29] "병졸은 독단을 가지고 사고하여 엄정하게 행동하여 산병으로 교육받아야한다"고 하였듯,[30] 병사

24) 陸軍省, 1920, 『步兵操典草案』, 88쪽.
25) 陸軍省, 1923, 『步兵操典草案』, 94쪽.
26) 앞의 책, 95쪽.
27) 앞의 책, 96쪽.
28) 앞의 책.
29) 앞의 책.

의 자율성이 다시 부여되고 있었다.

이러한 변화 양상은 돌격의 운용방법에서 확인할 수 있다. 러일전쟁 이후 일본 육군의 돌격은 중대별로 이루어졌지만, 이제 최초의 돌격은 일반적으로 소대장의 명령에 따라 이루어졌고,[31] 분대장 이하 병사의 독단적인 행동 역시 충분히 인정되었다. 이처럼 전투 전반에 걸쳐 소규모 전투단위에의 행동이 중시되며 하사관 이하 병사의 전투능력과 자율성이 중시되었다. 더 나아가, "장래에는 전투 장비의 진보와 함께 더욱더 복잡한 전투양상이 예상되므로, 일개 병사에 이르기까지 각자의 직무에 따른 독단전행의 능력을 충분히 발휘할 수 있도록 해야 한다"고 지적되고 있다.[32]

이상과 같이 제1차 세계대전이 전쟁양상이 장기소모전으로 전개되자 일본에서는 이에 대응하기 위한 군사전략으로 단기결전을 채택하였고, 기동전 및 포위섬멸전이 강조되었다. 이에 따라 이를 수행하기 위한 각급 지휘관의 재량권이 중시되었다. 또한 제1차 세계대전의 전투방식이 소규모 단위로 축소되며 개별 병사의 자율성 역시 강조되었다. 지휘관과 병사의 독단전행이 두루 부각되었던 것이다.

(2) '다이쇼(大正) 데모크라시'와 독단전행

일본 육군에서 독단전행이 중시된 것은 비단 전략·전술적인 필요에 의해서만은 아니었다. 제1차 세계대전 이후 1920년대 일본사회의 새로운 풍조와도 밀접한 관계가 있었던 것으로 보인다. 이른바 '다이쇼(大正) 데모크라시'라는 새로운 사회 분위기 속에서 어떻게 군의 질서를 유지시켜나갈 것인가라는 고민이 함께 반영되어 있었던 것이

30) 参謀本部, 1918, 「世界大戦ノ教訓」, 『偕行社記事』 제528권 부록, 44쪽.

31) 陸軍省, 1923, 『歩兵操典草案』, 120쪽.

32) 村岡陸軍少将, 1920, 「衆議院議事録ヲ讀ミテ軍隊教育ニ及ブ」, 『偕行社記事』 제548호, 12쪽.

다. 특히 일본 육군은 러시아혁명에 큰 충격을 받았다. 다음은 한 장교의 견문이다.

> 러시아군은 제1차 세계대전에서 독일군에 연전연패하였다. 많은 수의 병사들이 전사하였으며, 군대의 사기는 저하되었고 동시에 통수부에 대한 불신감은 커져갔다. 이러한 상황에서도 전투를 계속할 수 있었던 것은 군대도 국민도 반독감정이 강했기 때문이었다. 그래서 독일과 강화조약을 맺은 이후로는 병사들은 지금까지의 희생이 물거품이 되어버렸다는 허무함에 사로잡혔고, 식량부족으로 인해 군기의 유지도 어려웠으며, 지휘부에 대한 반발로 2월 혁명에 러시아군의 병사들은 혁명에 참가하게 되었다.[33)]

일본 육군 장교가 보기에 러시아 군대가 혁명에 가담한 일은 충격이었다. 이러한 인식은 육군 수뇌부의 경우도 마찬가지였다. 다나카 기이치(田中義一)의 경우 러시아의 "하사관 병졸이 그의 상관과 친하지 않고 냉혹하게 대우하는 것에 대해서 내심 원한을 품고 있었고, 불평이 혁명에 점화를 하였다"고 지적하였듯,[34)] 혁명의 원인으로서 하사관과 병사의 불만이 누적된 점을 주목하였다. 또한 러시아 군대가 국민을 위해 존재하는 것이 아니라 황제의 것으로 여겨졌기 때문에 군대와 국민의 관계도 소원하였다고 이해하였다. 러시아 군대는 "군대와 국민의 관계가 냉혹한" 군대였다고 본 것이다. 그러므로 결국 국민의 불신이 '하사와 병사'로 이어졌고, 군대의 붕괴로 나타났다고 파악한 것이다.[35)]

이처럼 일본 육군에서는 장교와 병사의 이질감, 군대와 국민의 괴

33) 時乘歩兵少佐, 1918, 「露革命ト其軍隊」, 『偕行社記事』 제531호, 32쪽.
34) 田中 陸軍中将, 1917, 「露国革命所感」, 『偕行社記事』 제515호, 2쪽.
35) 앞의 책.

리를 고민하였다. 이러한 가운데 '데모크라시' 풍조 속에서 국민의 자각과 이해력이 향상되었기 때문에 종래처럼 병사에 절대적 맹목적 복종을 요구하는 것에는 한계가 있었다고 판단하였다. 병사 개인에 요구된 행동이 무엇을 위한 것인가를 충분히 이해시키지 않으면 명령에 따르게 할 수 없게 된 점을 인정하지 않을 수 없었던 것이다. 그러므로 "복종은 마음속으로 이해되는 희생적 관념의 발로이다"[36]고 여겨져 복종의 기초로서 자각과 이해가 강조되었다.

예컨대 육군성 군무국장 스가노 히사이치(菅野尚一)는 "병졸을 대우할 때에는 그들을 무기(武器) 또는 노예처럼 대우 할 것이 아니라 인격을 존중해줘야 한다"고 하였다.[37] 또한 육군대학 교관 혼마 마사하루(本間雅晴)는 "맹종(盲從), 굴종(屈從)으로 구축된 군기는 겉보기에는 견고해 보일지라도 폭풍에 버틸 수 없는 기초가 취약한 것이다[38]"로 맹목적 복종의 폐해를 지적하였다. 참모본부 제1부장 우가키 가즈시게(宇垣一成) 역시 "군기는 위력이 있으며 게다가 압제적이다고 이미 100년 전 '조미니'가 이야기하였다. 그렇다고 해도 이를 그대로 따르는 것은 절대로 불가하다. 노군(露軍)의 해체가 이를 증명한다. 이해(理解)에 기반을 둔 군기의 성립이야말로 군에게 요구되는 것이다"[39]고 기록하였다.

이와 동시에 군대의 기반은 국민에 있다는 전제하에 군대가 사회로부터 고립되지 않도록 국민과 군과의 괴리를 막아야 한다는 의견이 대두되었다. 즉, 거국일치(擧國一致)·군민일치(君民一致)의 필요

---

36) 앞의 책.

37) 教育総監部編, 1934,『精神教育資料 特第3号 精神教育より観たる軍隊内務』, 259~260쪽.

38) 本間歩兵大尉, 1920,「思想ノ變遷ニ鑑ミテ軍紀ト服從トヲ論ス」,『偕行社記事』제550호, 43~44쪽. 혼마 대위는 1918년 4월부터 1년 동안 영국에 주재하며 러시아의 상황 등 유럽에 대하여 자세히 알고 있었다. (秦郁彦編, 2005,『日本陸海軍総合事典』〔第2版〕, 東京大学出版会, 143쪽 참고.)

39) 宇垣一成, 角田順 校訂, 1968,『宇垣一成日記』Ⅰ, みすず書房, 158쪽,「大正7年3月の条」.

성에 대한 인식이었다. 예를 들어 우가키는 다음과 같이 언급하였다.

> 군대는 국민을 기초로 성립된다. 따라서 군대가 국민의 실생활과 단절되어 있는 것은 좋지 못하다. …… 군대가 국민의 반영이라는 사실을 원칙적으로 인정할 수밖에 없게 되었다.[40]

한편, 우가키 이전에도 "오늘날의 군대는 국민과 떨어질 수 없는 존재가 되었다"며[41], 군대가 국민 그리고 사회와의 관계를 중시함으로써 다이쇼 데모크라시의 사조에 대응해야 한다는 목소리가 있었다. 이러한 분위기 속에서 이러한 개개의 병사에 대한 이해있는 복종과 자각의 요청은 육군의 실제 정책에도 반영되었다. 『군대교육령(軍隊教育令)』(1920)의 개정 취지는 "자각 있는 교육을 촉구한다"는 것이었다.[42] 또한 『군대내무서초안이유서(軍隊內務書草案理由書)』(1920)에서는 "최근 세계 전역(제1차 세계대전)의 교훈을 통해 볼 때 장래 하급간부와 병졸의 동작에 독단을 요하게 되었으며 하급자의 적극적인 기도(企圖)"가 요구된다고 그 개정 취지를 밝히고 있다.[43] 이어 개정된 『군대내무서(軍隊內務書)』(1921)에서도 "자각 없는 외형뿐인 복종은 어떠한 가치도 없는 것이며 따라서 가장 이상적인 길은 상관이 먼저 스스로 법칙을 준수하고 명령을 존중하여 이를 통해 복종의 길을 제시한다[44]"라고 하였다.

이상과 같이 일본 육군은 러시아혁명에서 군대의 붕괴를 목격하고, 당시의 '데모크라시' 사조에 조응하여 병사의 '자발적 복종'을 추구하였다. 이러한 분위기 속에서 장병에게 요구된 독단전행은 단순히

---

40) 앞의 책, 300쪽, 「大正9年7月の条」.

41) 田中歩兵中佐, 1921, 「自治ト軍隊教育」, 『偕行社記事』 제560호, 118쪽.

42) 陸軍省, 1920, 『軍隊教育令』, 「綱領」.

43) 陸軍省, 1920, 『軍隊內務書草案理由書』.

44) 陸軍省, 1921, 『軍隊內務書』, 4쪽, 「綱領」.

전투에 대한 자발성만 아니라 일반적인 군대생활에서 자주성을 의미하는 개념으로 그 의미가 확대되었다.

3 독단전행의 의미 변질과 만주사변

일본 육군은 창군 이후부터 군인정신 즉 정신력을 지속적으로 강조했다. 특히 러일전쟁 이후 군인정신은 군대의 질서유지를 위한 수단이자 국력이 약한 일본이 전쟁에서 승리할 수 있는 근본이념으로 부각되었다. 이러한 군인정신의 기반은 '충성'이라는 절대적 복종에서 유래하는 군기의 유지와 공격정신주의에 있었다. 그런데 이상을 통해 살펴보았듯 기존의 절대적 복종만으로 더 이상 군기를 유지하기 어려웠다. 하지만 한편으로 일본 육군은 '자발적 복종'이 '데모크라시' 사조로부터 기인하였고, 그것은 '군대 질서의 혼란'을 유발한다고 우려하고 있었다.

예컨대 육군 참모본부 편제동원과장 아베 노부유키(阿部信行)에 의하면 "육상 다나카의 시책에 대해 우에하라가 항상 트집을 잡고 방해한 한 가지 사례로 군대내무서의 개정 문제가 있다. 소위 다이쇼 데모크라시라는 세정에 아부하려는 이 정책은 그 공포에도 반년은 걸렸다[45]"라고 하였다. 육군대신(陸軍大臣) 다나카 기이치(田中義一)와 참모총장(參謀總長) 우에하라 유사쿠(上原勇作)의 의견 대립을 지적한 것인데, 우에하라는 '다이쇼 데모크라시' 자체를 부정적으로 인식하고 있었을 뿐만 아니라 그로부터 비롯된 군대 개혁에 커다란 반감을 갖고 있었다. 이와 같은 생각은 비단 우에하라만 아니라 일본

---

45) 有末精三, 1982,『政治と軍事と人事　参謀本部第二部長の手記』, 芙蓉書房.

육군 수뇌부가 대체로 그러하였다.

교육총감부본부장 오노 미노부(尾野実信) 역시 『군대내무서(軍隊內務書)』가 "연약한 교육"과 "유약한 통솔"을 불러일으킬 위험이 있다고 우려하였다.[46] 또한 육군대신 야마나시 한조(山梨半造)의 경우 병사들의 자발성을 환기하는 교육에 대해 "직책과 인격존중의 취지를 오해하여 방임으로 빠져 군기를 이완시키고 복종심이 사라지는 경향이 있다"로 지적하였다.[47] 교육총감 아키야마 요시후루(秋山好古) 역시 "자각교육의 본지를 오해할 때에는 부하의 방종을 간과하게 되어 결국에는 유약한 교육, 유연한 통솔에 빠지게 되는" 위험이 있다고 지적하였다.[48]

이처럼 『군대내무서(軍隊內務書)』(1921)의 공포 직후부터 육군 수뇌부는 '자발적 복종' 정책에 대한 경계감과 불신감이 팽배하였다. 그러한 까닭에 '자발적 복종' 정책이 원만히 정착되기 어려웠다.[49] 1928년 교육총감 무토 노부요시(武藤信義)는 다음과 같이 훈시하였다.

> 필승의 신념은 전투에 있어서 빼놓을 수 없는 요건이다. …… 하급간부 또는 병졸의 신념에 동요가 일어나지 않게 하며 유해무익의 장비문제를 해소할 수 있다. …… 전쟁의 승패로서 존중해야 하는 것은 정신적 요소

---

46) 教育総監部 編, 1934, 「大正十年度参謀會議ニ於ケル口演要旨　尾野教育總監部本部長口演要旨」(1921년 4월27일 教育總監部에서), 『精神教育資料特第3号　精神教育より觀たる軍隊內務』, 460~461쪽.

47) 앞의 책, 「大正十一年度師團長會同席ニ於ケル口演要旨　陸軍大臣口演要旨」(1922년 4월 6일 陸軍省에서), 463~464쪽.

48) 앞의 책, 「秋山教育總監口演要旨」(1922년 4월11일 教育總監部에서), 464~465쪽.

49) 실제 부대의 운영 결과 '자발적 복종' 정책에 문제가 있다는 보고도 있었다. 타이완군 사령관 福田雅太郎의 경우 "군대내무서 개정의 결과는 명백하게 불량하며 이 내용은 별도로 한번 검토해볼 필요가 있음, 당시 육군성의 정책이 오늘날에 이르기까지 누가 되어, 본서의 정신을 오해하는 결과가 되고 있다. 정말 안타깝다"라고 하였다. 1921년11월4일자 参謀本部앞 福田雅太郎 書簡, 上原勇作関係文書研究会 編, 1976, 『上原勇作関係文書』, 東京大学出版会, 397쪽.

와 훈련상의 성과이다. 장차 이것이 우월하다면 다른 물질위력을 압도하여 승리의 길을 달성할 수 있다.[50]

무토 노부요시는 '데모크라시' 사조로부터 오는 군대내의 동요를 막고 열등한 물질전력을 극복하기 위해서는 정신적 요소가 필요하다고 하였다. 필승의 신념이 있다면, 다른 물질위력을 압도해 승리의 길을 달성할 수 있다고 본 것이다. 가령 『보병조전(歩兵操典)』(1928)에서도 제1차 세계대전 이후 물질적 요소를 강조한 결과 무형적 요소가 경시되고 말았다고 지적하였다. 더욱이 '우가키 군축'에 의해 육군의 근대화가 시도되었지만 일부의 부대를 제외하고 '근대화의 목표'조차 달성되지 못하고 있었다.[51] 물적 전력 역시 충분이 강화되지 못했던 상황이었던 것이다. 그러므로 물적 전력에 많은 것을 의지할 수 없었던 육군은 정신력의 강조에 더욱 박차를 가하기 시작하였다.

그동안 육군에서는 공격정신(攻擊精神)의 강조를 통해 군대의 질서를 유지하려고 하였다. 『보병조전(歩兵操典)』(1928)에서는 "필승의 신념"이라는 말이 처음으로 등장하였으며, 『전투강요(戦闘綱要)』(1929)에서 일관되게 강조되는 등 공격정신주의가 한층 더 강조되었다. "훈련에 필승의 신념을 강하게 하여 군기를 엄정하게 하여 공격정신이 충만한 부대는 물질적 위력을 배가시켜 전투할 수 있게 된다"로 평가하였다.[52]

공격정신은 충군애국의 정신에서 나온 군인정신의 정화이며 확고한 군대사기의 표출이다. (…중략…) 승패의 수는 반드시 병력의 다과로부터가 아니라 정신에 있다. 공격정신이 뛰어난 군대는 반드시 적은 수로도 많은

50) 河辺正三, 1980년, 『日本陸軍精神教育史考』, 原書房, 86쪽에서 재인용.

51) 防衛庁防衛研修所戦史室, 1969, 『戦史叢書 大本営陸軍部』(1), 朝雲新聞社, 267~268쪽; 川島正, 1994, 『軍縮の功罪』, 近代文芸社, 154~155쪽 참고.

52) 陸軍省, 1928, 『歩兵操典』, 2쪽.

수를 이길 수 있다.[53)]

공격정신만 있으면 대군을 쳐부술 수 있다고 본 것이다. 이어 개정된 『통수강령(統帥綱領)』(1928)에서 역시 장기 · 소모전에 대응할 수 없는 취약한 일본의 국력상 작전에 있어서는 "공세를 통해 신속하게 적군의 전력을 격멸하는 데 있으며, 이를 위해 신속한 집중 및 기동과 과감한 섬멸전"을 행하는 것이 장려되었다. 그것과 함께 "통수의 본지는 항상 전력을 충실히 하여 이를 교묘하게 적군에 지향시켜 그 세를 통해 무형적 위력을 최고도로 발휘하는 데 있다"고 여겨졌고, 물질적 진보에도 불구하고 "승패의 주요인은 변함없이 정신적 요소에 있다"고 하여 공격정신을 비롯한 무형전력이 강조되었다.[54)]

이와 같은 공격정신의 강조는 독단전행의 의미도 다른 방향으로 해석하도록 하였다. 절대적 복종이냐 '사발적 복종'이냐는 복종의 문제가 아니라 군사상의 성과가 무엇보다 우선시되며 독단전행이 강조되었던 것이다.

이미 교육총감부본부장 오노 미노부(尾野実信)는 1920년 『보병조전』의 개정에서 "종래의 독단(獨斷)과 같이 어떠한 경우에서도 먼저 상급자의 의도에 투합되는 것을 第一로 한다는 생각을 버리고, 무엇보다도 먼저 스스로의 판단력에 의해 결심을 실행에 옮겨, 그 결과가 상급자의 의도에 반하지 않는 영역 내에서 도달하게 하는 것이 필요하다"고 말하였다.[55)] 처음부터 상급자의 의도 범위 내에서 행하였던 기존의 독단전행의 규칙을 따르기보다는 먼저 임무수행자의 판단으로 우선 행동에 옮긴 다음, 그 결과가 상급자의 의도에 일치하는 것이 타당하다고 본 것이다.

---

53) 앞의 책, 5쪽.

54) 参謀本部, 1928, 『統帥綱領』, 1쪽.

55) 防衛庁防衛研修所戦史室, 1969, 『戦史叢書　関東軍』(1), 朝雲新聞社, 33쪽.

1927년 육군대학교 교관 이시다 야스마사(石田保政) 역시 "자기의 임무 범위를 초월하여 대소고소(大所高所)에서 대국을 달관하여 독단을 할 경우에는 단순히 상급지휘관의 의도를 촌탁하는데 그치지만 말고 자신을 상급지휘관의 위치에 놓고 판단하는 자세가 필요하다[56]"고 하였듯 자기의 임무를 넘는 적극적인 독단전행이 제시되었다. 이러한 독단전행의 의미 변질은 공격정신의 강조와 함께 더욱 가속화되었다.

가령 『전투강요(戰鬪綱要)』(1928)을 보면, "유사시 변화하는 각종의 상황에 맞게 적극적 동작으로 대처하여 전기를 놓치는 일이 없게 하는 것이다"라고 하였고, 독단전행은 "적의 의표를 찌르는" 수단으로, 실패를 두려워하지 않는 '필승'을 얻는 공격정신을 표현하는 것이 되었다.[57] 나아가 『통수강령(統帥綱領)』에서 독단전행은 지휘관의 공격정신, 적극성을 표현하였다. "무형적 위력을 최고도로 발휘하기" 위한 수단으로써 독단전행은 '통수지휘의 묘', '운용의 묘', "적군의 의표를 찌르는 것"과 같은 방법으로 그 의미가 통용되고 있었던 것이다.[58]

이처럼 공격정신이 강조되는 가운데 독단전행은 명령이 닿지 않는 부분을 혹은 명령을 보완하는 본래의 의미에 더하여져, 공격정신을 실현하는 수단 및 방법으로서 '통수지휘의 묘'라는 경향을 보였다. 기존의 독단전행은 절대적 복종에 바탕을 둔 엄격한 군기에서 상급자의 의도 범위 내에서 행하는 것에 의해 복종과 모순되지 않는 것으로 여겨졌다. 하지만, 절대적복종과 공격정신으로 구성되어있던 군

56) 石田保政, 1937, 『歐洲大戰史の研究』(第二卷), 陸軍大學校將校集會所, 127쪽. 「第二篇 獨斷專行ニ關スル若干ノ所見」 참고. 이 책은 "본 편은 1927년 육대 2학년생에게 강의한 내용을 수록한 것이다"고 밝히고 있는 것처럼, 1927년의 육군대학교 강의내용이다.

57) 陸軍省, 1929, 『戦闘綱要』, 3~4쪽.

58) 参謀本部, 1928, 『統帥綱領』 참고.

인정신 하에서 운영되어왔던 독단전행은 변질되었다. 새로운 개념의 복종이 정착하지 못하고 있는 상황에서 공격정신만 강조되었기 때문에 독단전행에는 복종보다도 공격정신에 일치하기만 한다면 합당한 독단전행으로 인정받을 수 있게 되었던 것이다.

1931년 만주사변이 그 대표적인 사건이었다. 정부의 불확대방침을 무시한 관동군(關東軍)의 '독단전행'과 천황의 허가도 받지 않은 채 행한 조선군(朝鮮軍)의 '독단월경'은 대명을 거스르는 행위이며, 원래라면 군법회의에서 처벌받아야할 행위였다. 처음 하야시의 행위에 대해서는 육군 내에서도 "가나야 한조(金谷範三) 참모총장은 과장에게 하야시 사령관의 독단은 적절한 것이 아니라며 불만의 의사를 표시했다"고 하여 그 행위가 '대권간범(大權干犯)'이었다는 지적이 있었다.[59)]

그러나 결국 그 행위가 "위의 명령이 없는 경우 어떤 사건이 돌발적으로 일어나 상사의 명령을 듣지 않고 자신의 의견에 따라 결행" 한다.[60)] "독단출병은 대권간범이 아니다[61)]"고 한 것처럼 독단전행으로 인정받게 되었다. 당시 저명한 사회평론가인 이시바시 텐잔(石橋湛山)조차 "군사령관의 독단전행은 기선을 잡는 조치로서 어쩔 수 없었다[62)]"로 하였다. 이제 언론과 일반사회에 있어서도 조선군의 독단월경을 기선을 잡는 정당한 독단전행으로서 용인하는 의견이 많았던 것이다. 만몽문제의 해결이라는 국가의 목적에 합당했다는 것으로 관동군의 행동과 조선군사령관 하야시 센주로(林銑十郎)의 결단은 독단전행으로서 인정을 받았을 뿐만 아니라 공식적으로 칭송을 받게

59) 稲葉正夫, 1972, 「朝鮮軍の独断越境問題経緯」[含参謀本部記録の翻刻], 『軍事史学』 제7권4호, 49쪽.

60) 鈴木一 編, 1968, 『鈴木貫太郎自伝』, 253~254쪽.

61) 稲葉正夫, 앞의 책, 54쪽

62) 「内閣の欲せざる事変の拡大」(『東洋経済新報』 1931년 9월 26일호 「사설」), 石橋湛山全集編纂委員会 編, 1971, 『石橋湛山全集』(第八巻), 東京経済新報社, 20~21쪽.

된 것이다.

> (만주사변 이후) 중앙기관은 (해외파견군대에 대한) 확고한 통제력을 잃게 되어 독단의 오용을 방임하는 결과를 불러일으켰다 …… (독단전행은) 하극상의 풍조를 불러일으키는 결과를 초래하였다.[63)]

태평양전쟁 이후 가와베 마사카즈(河辺正三) 육군대장의 회상이다. 이제 독단전행의 의미는 실행자가 마음대로 행동하는 명령위반의 형태인 '천자(擅恣)'로 변질되고 말았다.

4 맺음말

제1차 세계대전 이후 일본 육군에서는 독단전행이 강조되고 있었다. 제1차 세계대전이 장기소모전이었음에도 불구하고 일본 육군은 국력의 문제로 단기결전을 군사전략의 기본방침으로 하였다. 그 결과 기동전과 포위섬멸전을 중시하였고, 지휘관의 독단전행을 강조하였다. 또한 '소개전투'라는 전술상의 필요상 병사들에게 전투에 대한 자발성을 의미하는 의미의 독단전행을 강조하였다. 그런 한편 '다이쇼 데모크라시'의 분위기 속에서 더 이상 절대적 복종만을 강요하기 어렵다고 판단하고, 병사의 '자발적 복종'을 추구하였다.

그러나 육군 수뇌부는 '자발적 복종'의 실현 가능성을 의심하였고, 그 때문에 주로 공격정신을 강조하면서 군대의 질서를 유지하려 하였다. 공격정신만 일치한다면 독단전행으로 인정받는 풍토가 조성된

63) 河辺正三, 1980, 『日本陸軍精神教育史考』, 原書房, 96쪽.

것이다. 특히 만주사변에 있어서 조선군의 '독단월경'이 칭송받으며 이제 독단전행은 복종에 규정받는 것에서 보다 결과를 중시하는 방향으로 변질되었다. 즉 상관의 의도 범위 내에서 행하는 것으로 복종과 모순되지 않는 것으로 여겨졌던 독단전행의 정신이 붕괴되는 현상이 증가하게 되었다. 이처럼 공격정신의 고취와 결과 중시의 풍토가 함께 작용하면서 독단전행의 변질이 가속화되었고, 결국 군국주의가 일본을 중일전쟁과 태평양전쟁으로 내몰게 되었다.

2부

6·25전쟁 이후

6·25전쟁 초기 정부의 전쟁지도
-행정부와 국회의 대응을 중심으로-

| 정진욱 |

1 머리말

「한겨레신문」이 광복 70년 새해를 맞아 각 분야 전문가들과 일반 국민들에게 각각 '우리 사회에 가장 큰 영향을 미친 사건'이 무엇인지 묻는 설문조사를 실시한 결과 두 조사 모두에서 '한국전쟁'이 1위를 기록했다. '한국전쟁'은 일반 국민 1000명을 대상으로 한 주관식 설문조사[1])에서 15.5%, 전문가 102명의 설문조사[2])에서 50%의 응답

1) 한국전쟁(15.5%), 세월호 참사(13.9%), 5·18 광주 민주화운동(6.5), 10·26 사태(4.1%), 국제통화기금(IMF) 구제금융 사태(2.3%), 노무현 대통령 서거(2.1%) 순으로 응답하였다(이정애, 2015, 「광복이후 가장 중요한 사건 … 2040 "세월호" 5060 "한국전쟁"」, 『한겨레신문』, 2015년 3월 16일 수정, http://www.hani.co.kr/arti/society/society_general/ 671733.html, 검색일 2019. 9. 10.).

2) 한국전쟁과 분단(50.0%, 51명), 6·10 민주항쟁(11.8%, 12명), IMF 외환위기(8.8%, 9명), 광주 민주항쟁(3.9%, 4명), 4·19 혁명(2.9%, 3명), 세월호 참사(2.0%, 2명) 순으로 응답하였다(최혜정, 2015, 「현대사 가장 중요한 사건은 한국전쟁」, 『한겨레신문』, 2015년 3월 16일 수정, http://www.hani.co.kr/arti/society/society_general/671836.html, 검색일 2019. 9. 10.).

률을 얻었다. 대한민국역사박물관이 같은 해 실시한 '국민들이 생각하는 역사적 사건'을 묻는 설문조사[3])에서도 '6 · 25 전쟁'이 72.2%의 응답률로 1위에 꼽혔다. 광복부터 오늘에 이르기까지 숨 가쁜 나날들을 보내 온 대한민국의 역사를 돌이켜보았을 때, 수많은 사건들 중에서 일반 국민들과 여러 분야 전문가들이 공통적으로 6 · 25 전쟁을 가장 중요한 사건으로 꼽았다는 것은 전쟁이 오늘날 여전히 한국사회에 중요한 의미를 지닌다는 방증일 것이다.

1950년 6월 25일 새벽, 북한군의 전면적인 기습 남침으로 인해 전쟁 초기 국군은 충분한 전쟁 대비 태세를 갖추지 못한 상황에서 후퇴를 거듭해야 했다. 국제연합(UN)의 결의를 통해 편성된 UN군이 한반도에 전개하면서, 국군과 UN군은 한강, 금강-소백산맥, 낙동강 등 자연 장애물을 활용해 방어선을 구축하며 치열하게 북한군의 공세를 막아내었다. 이후 낙동강 방어선의 사수와 인천상륙작전의 성공을 통해 전세를 일거에 역전한 국군과 UN군이 38도선을 넘어 북진을 수행하던 중 중공군이 개입하면서 전선은 교착 상태에 접어들었다. 지난한 휴전회담 논의 끝에 결국 1953년 7월 27일 정전협정이 체결되면서 전쟁은 공식적으로 종식되었다. 전쟁은 한민족 개개인들에게 깊은 상흔을 남겼을 뿐만 아니라, 대한민국의 정치 · 경제 · 사회 · 문화 제 영역에서 큰 변화를 불러일으켰다. 그 결과, 전쟁 발발 70년이 지난 지금까지도 여전히 우리는 6 · 25 전쟁이 주조(鑄造)한 체제 속에서 살아가고 있다.

한편, 근대 국민국가의 탄생, 과학기술의 발달 등으로 전장(戰場)

---

3) 6 · 25 전쟁(72.2%), 서울 올림픽 개최(64.1%), 8 · 15 광복(62.7%), 노무현 전 대통령 사망(62.6%) 및 한 · 일 월드컵 개최(62.6%), 세월호 참사(60.0%), 삼풍백화점 붕괴(59.5%), 금융실명제 시행(58.1%), 인천상륙작전(57.0%), 38선 남북분단(56.8%) 순으로 응답하였다(전승현, 2015, 「5 · 18 광주민주화운동, 광복후 역사적 사건 17위 랭크」, 『연합뉴스』, 2015년 8월 10일 송고, http://www.yna.co.kr/view/AKR20150810088300054, 검색일 2019 9. 10.).

의 영역은 점차 넓어지고, 전쟁의 피해 규모 역시 커지게 되면서 국가의 모든 역량을 전쟁에 집중 동원하는 총력전(Total War)의 양상이 나타나기 시작했다. 총력전은 "한 국가가 전쟁을 수행하는 데 있어서 전장의 범위, 사용하는 무기체계 등에 제한을 두지 않는 경우"를 지칭하며, 주로 "제2차 세계대전 이후로는 강대국들이 자신들이 보유한 핵무기, 화학무기, 생물학무기를 포함한 전 역량을 기울여 전면전쟁을 수행하게 되는 현상"[4]을 가리킨다. 총력전의 양상으로 전쟁이 전개되면서 "국가의 모든 역량과 각 분야의 전력을 집중적으로 관리·운용해야 할 필요성이 과거 어느 때보다 더욱 크게 요구"되었고, "효과적으로 전쟁을 수행해 나가려는 국가행동 전반을 지도할 방법이 필요"[5]해지면서 '전쟁지도'라는 개념이 부각되기 시작했다.

전쟁지도(Conduct of War)는 "전시 국력운용에 관한 지표로서 전쟁의 수행을 위한 요강의 제정, 무력 발동에 따른 통수권의 행사, 국가전략과 군사전략 간의 통합, 조정 및 효율적인 통제 등 전쟁 목적을 달성하기 위해 국가 총역량을 전승 획득에 집중시키도록 조직화하는 지도역량과 기술"[6]로 정의된다. 이는 "국가의 전쟁 목적을 달성할 수 있도록 평시에 대비하는 한편, 전쟁을 수행함에 있어서 국가의 자원과 노력을 조직화하고 효율화하는 일련의 조정·통제의 과정을 포함"[7]한다. 평시에는 국가의 여러 분야와의 조정과 통제를 통해 궁극적으로 국가전략적 차원의 목표를 달성하기 위해 노력하는 것을 의미하고, 전시에는 국가가 동원할 수 있는 자원을 효율적으로 투입하고 전쟁을 지휘함으로써 군사전략적·국가전략적 차원의 목표를

4) 육군사관학교 전사학과, 2015, 『세계전쟁사』, 개정2판, 황금알, 22쪽.

5) 김행복, 1999, 『한국전쟁의 전쟁지도: 한국군 및 UN군 편』, 국방군사연구소, 1쪽.

6) 이강언·강석훈·김정기·오윤숙·전태일, 2009, 『(최신) 군사용어사전』, 양서각, 371쪽; 전경만, 2010, 『"전쟁지도" 개념과 적용범위 연구』, KIDA 연구보고서, 한국국방연구원, 48쪽에서 재인용.

7) 김행복, 앞의 책, 1쪽.

달성하고자 하는 것이라고 할 수 있다.

'Conduct of War'를 '전쟁지도' 또는 '전쟁수행', '전쟁지휘' 등으로 번역함으로써 용어의 엄밀성을 더해가자는 주장이 있으나 본 연구에서는 "국가적 차원에서 전쟁을 지도"하며, "전쟁의 성격에 따라 대응 방향이나 동원될 수단을 선택하고, 국가의 모든 능력과 각 분야의 전력을 원활하게 운용한다는 뜻"[8)]을 강조하기 위해 '전쟁지도'라는 용어를 그대로 쓸 것이다.

본 연구는 전쟁지도의 주체였던 정부가 전쟁 발발 직후 어떻게 행동했는지를 살펴보는 것에 그 목적이 있다. 구체적으로, '정부'는 실제로 전쟁을 수행하고 전시 상황에서 여러 조치들을 단행하는 정부 부처들의 집합인 '행정부'와, 전쟁을 수행하는 데 있어 필요한 여러 입법적 절차를 담당하는 '국회'로 구분한다. 이때 행정부는 정부 부처뿐만 아니라 이승만 대통령을 포함하는데, 대통령은 국무회의를 주재하고 각 부처 장관을 통할함으로써 전쟁지도에서 중요한 역할을 담당하는 행정부의 수반이자 국군 통수권자이기 때문이다. 본고는 전쟁이 발발한 1950년 6월 25일부터 이 대통령과 행정부, 국회가 서울을 떠나 피란길에 오른 6월 28일까지를 중심으로 이들이 어떻게 전쟁 발발을 인지하고 이에 대처했는지를 밝혀내고자 한다.

그 동안 6·25 전쟁 발발 직후의 상황을 주로 전투사(史)의 관점으로만 접근해 왔으나, 본 연구는 정부의 역할과 기능에 주목하여 그 시기의 정치적 상황을 자세히 들여다봄으로써 6·25 전쟁과 당시 사회에 대한 이해의 폭을 넓히고자 한다. 이를 위해 국회 본회의 속기록과 당시 정치인들이 남긴 증언 및 회고 등을 통해 당시의 정치적 상황을 재구성한다.

---

8) 김행복, 앞의 책, 2쪽.

2 전쟁 발발 당시 행정부의 구성과 대응

(1) 이승만 정부의 구성과 국군의 편제

제헌 국회가 대한민국 헌법과 함께 가장 먼저 제정한 법률은 「정부조직법」이다. 1948년 7월 17일 제정・시행된 대한민국 제1호 법률인 「정부조직법」은 정부의 행정조직의 설치와 운영 방식을 규정하였다. 제1공화국 출범 당시 정부는 내무부, 외무부, 국방부, 재무부, 법무부, 문교부, 농림부, 상공부, 사회부, 교통부, 체신부 등 총 11개 부처로 구성되었다. 또한, 국무총리 소속 하에 총무처, 공보처, 법제처, 기획처를 두었다. 뿐만 아니라, 대통령 소속 하에 고시위원회, 감찰위원회가 설치되어 있었다. 이후 법률 제22호로 1949년 3월 25일 일부 개정된 「정부조직법」에 따라 보건부가 신설되어, 전쟁 직전의 대한민국 정부는 12개 부처로 운영되고 있었다.

「대한민국 헌법」(1948, 제1호)은 다음과 같이 정부 구성을 규정하고 있다. 대통령과 부통령은 국회에서 간선으로 선출하며(제53조), 임기는 4년으로 1차 중임할 수 있었다(제55조). 대통령은 행정권의 수반이며 외국에 대하여 국가를 대표하고(제51조), 대통령이 사고로 직무를 수행할 수 없을 때 부통령이 그 권한을 대행한다(제52조). 또한, 오늘날까지 이어지는 전통 중 하나로 국무총리의 직제를 규정하고 있었다. 국무총리는 대통령을 보좌하며, 중요 국책을 의결하는 기구인 국무회의의 부의장이 된다(제70조). 전쟁 발발 당시 이승만 대통령은 초대 대통령의 임기 중에 있었으며, 부통령은 이시영[9]이었다.

---

9) 대한민국 초대 부통령이었던 이시영은 전쟁이 한창이던 1951년 5월 9일, 국민방위군 사건과 거창 양민 학살 사건 등에 분노해 "이 대통령에게 보좌의 직책 다하지 못한 부끄러움을 씻으려 하며 아울러 국민들 앞엔 과거 3년 동안 아무 업적과 공헌이 없었음을 사(謝)하는 동시, 앞으로 나는 일개 포의(布衣)로 돌아가 국민과 함께 고락과 사

한국광복군 출신의 이범석 국방부장관이 초대 국무총리를 겸하였다가 1950년 4월 21일부터는 신성모 국방부장관이 서리로서 국무총리 업무를 수행 중이었다.

국군은 1948년 11월 30일 제정·시행된 제9호 법률「국군조직법」에 따라 구성되었다. 국군은 육군과 해군으로 조직되고(제2조), 대통령은 국군의 최고 통수권자이다(제3조). 또한, 국방부장관은 군정을 장리(掌理)하는 외에 군령에 관하여 대통령이 부여하는 직무를 수행하도록 되어 있고(제5조), 국방부차관을 두어 장관을 보좌하도록 했다(제6조). 또한, 국방부에 참모총장과 참모차장을 두고, 그 아래 육군본부와 해군본부를 두었다(제7조). 참모총장은 대통령 또는 국방부장관의 지시를 받아 국방 및 용병 등에 관하여 육·해군을 지휘통할하며 일체 군정에 관하여 국방부장관을 보좌하는 임무를 부여받았고(제9조), 육군본부 및 해군본부에는 각각 육군 및 해군 총참모장을 두어 참모총장의 명을 받아 육군·해군본부를 통리하며 예하 부대를 지휘·감독하도록 했다(제11조). 뿐만 아니라, 육군에 속한 항공병은 필요한 때에는 독립한 공군으로 조직할 수 있다는 조항(제23조)에 따라 공군 역시 육군으로 독립해 공군본부와 공군 총참모장을 두고 있었다.

전쟁 발발 직전 국방부장관은 신성모, 국방부차관은 장경근이었다. 신성모 장관은 중군 해군사관학교를 졸업하고 해군 소위로 근무한 적이 있으나 영국 상선 선장으로 주로 해양 활동을 했고, 장경근 차관 역시도 법조인으로 활동했다[10]. 전쟁 발발 당시 국방부장관과 차관 모두 군대 경험과 지식이 부족한 상황이었던 것이다. 오늘날 합동참모의장에 해당하는 참모총장은 공석이었고, 채병덕 소장, 손원일

생을 같이하려 한다."(제2대 국회 제10회 78차 본회의 속기록(1951. 5. 10.), 4쪽)는 내용이 담긴「국민에게 고함」을 남기고 사임한다.

10) 국방부 군사편찬연구소, 2004,『6·25전쟁사 1: 전쟁의 배경과 원인』, 국방부, 633쪽.

소장, 김정렬 준장이 각각 육·해·공군 총참모장, 신현준 대령이 해병대사령관으로서 직무를 수행하고 있었다. 전쟁 발발 이후 육군 총참모장은 3군 총사령관을 겸직하게 되는데, 이는 육·해·공군의 지휘계통을 육군으로 일원화한 것이다[11]. 개전 당시 육군 8개 사단 22개 연대의 94,974명, 해군 6,956명과 공군 1,897명을 포함해 국군은 총 103,827명의 병력을 보유하고 있었다[12].

〈표 1〉 전쟁 발발 당시 육군의 부대 편성[13]

부대 명칭		부대 위치	예하 부대
전방 부대	제17연대	옹진	제1·2·3보병대대, 제7포병대대
	제1사단	수색	제11·12·13연대, 제6포병대대, 공병대대
	제7사단	의정부	제1·9·25연대, 제8포병대대, 공병대대
	제6사단	원주	제2·7·19연대, 제16포병대대, 공병대대
	제8사단	강릉	제10·21연대, 제18포병대대, 공병대
후방 부대	수도경비사령부	서울	제3·8·18연대, 육본직할 독립기갑연대
	제2사단	대전	제5·16연대, 포병대
	제3사단	대구	제22·23연대, 보국대대, 포병대
	제5사단	광주	제15·20연대, 제1독립대대, 포병대
기타 부대	기갑연대(서빙고), 육군사관학교(태릉), 육군참모학교(서빙고), 보병학교(시흥), 포병학교(용산), 공병학교(김포), 통신·헌병·자동차·군악·경리·병참·정보·군의학교, 청년방위대		

(2) 전쟁의 발발과 행정부의 대응

6월 25일 새벽 4시를 기해 북한군은 38도선 전체 지역에서 동시에 기습적으로 공격을 가해왔다. 전방에 배치된 예하 사단들로부터

11) 김행복, 앞의 책, 87쪽.

12) 국방부 군사편찬연구소, 2005, 『6·25전쟁사 2: 북한의 전면남침과 초기 방어전투』, 국방부, 46쪽.

13) 국방부 군사편찬연구소, 2004, 앞의 책, 652쪽; 김행복, 앞의 책, 73쪽을 종합해 재구성.

북한군의 전면 남침 상황을 접수한 육군본부는 이를 채병덕 총참모장에게 보고했다. 채 총참모장은 전날 육군회관 낙성식에 참석한 후 새벽에 복귀해 취침하던 중 5시경에 상황을 보고받았고, 육본 정보국의 김종필 중위를 통해 구체적인 상황을 확인한 후 "전군에 비상을 발령하고 각 국장을 비상소집하라"는 구두명령을 하달했다. 그리고 신성모 국방부장관에게 상황을 보고하기 위해 연락을 취했으나 연락이 닿지 않았고, 장관 비서였던 신동우 중령과 함께 7시경 장관 공관을 방문해 북한군의 남침 사실을 보고하였다. 이후 채 총참모장은 육군본부로 돌아와 국방부 정훈국장 이선근 대령을 불러 전군 비상소집이 신속히 실현되도록 모든 방법을 강구하라는 구두명령을 하달했고, 김백일 참모부장을 통해 후방 3개 사단의 전방 출동과 수도경비사령부 예하 부대의 출동 대기를 명령했다. 이후 10시경 수색에 있는 1사단사령부, 의정부에 있는 7사단사령부를 각각 방문해 전선의 상황을 직접 확인하였다[14].

한편, 국군 통수권자였던 이승만 대통령은 9시 30분에 낚시를 하러 갔다가 10시경 경무대 경찰서장 김장흥 총경으로부터 북한군의 남침 소식을 들었다. 이 대통령이 낚시를 하러 간 장소에 대해 영부인 도너 프란체스카는 경복궁 경회루[15]로 기록하고 있는 반면, 대부분의 기록들은 창경궁 비원[16]을 언급하고 있다. 소식을 들은 이 대통령이 경무대로 돌아온 것이 10시 30분경이었다. 10시경에 경무대에 남침 상황을 보고하러 온 신성모 장관을 집무실에서 만났는데, 이때 신 장관은 낙관적인 전망을 제시했다. 채 총참모장으로부터 전쟁 발

14) 김행복, 앞의 책, 87~89쪽; 남정옥, 2015, 『6 · 25전쟁시 대한민국 정부의 전쟁지도』, 국방부, 75~80쪽.

15) 프란체스카 도너 리, 2010, 『6 · 25와 이승만: 프란체스카의 난중일기』, 기파랑, 22쪽.

16) 김행복, 앞의 책, 114쪽; 국방부 군사편찬연구소, 2005, 앞의 책, 71쪽; 남정옥, 앞의 책, 2015, 81쪽.

발 소식을 들은 이후 경무대로 들어오기 전에 신 장관은 무초 미국 대사를 만나 상황에 대해 함께 논의하고 왔을 가능성이 있다[17].

이후 이 대통령은 미 본토에서 구축함 3척을 구입하고 하와이에 머물고 있던 손원일 해군 총참모장에게 신속하게 귀국 지시를 내렸고, 무초 대사와 회동을 가졌으며, 주미 대사관에 연락해 미국 정부에 무기와 탄약지원을 요청하였다. 또한, 미 극동군사령부에는 전투기 지원을 요청했다. 전쟁 발발 당일에는 국무회의가 두 차례 열렸다. 11시에 계획되어 있던 회의는 30분 늦게 시작되었는데, 전쟁 발발 후 첫 비상국무회의는 신성모 국방부장관이 주재하였다. 13개 부처 장관과 3군 총참모장이 참석했는데, 부산에 출장 중이던 상공장관과 재무장관을 대신해 각각 차관이 출석했고, 미국에 있는 손원일 해군 총참모장 역시 대리자가 참석하였다. 이 자리에서 6시 현재 전황을 3군 총참모장이 각각 보고하였는데, 이때는 이미 보고하는 상황으로부터 6시간이나 지난 시점이었다[18]. 이 대통령은 이병호 상공차관에게 경전(京電)과 상의해 적의 공습을 피하기 위해 야간 등화관제를 철저히 실시하라고 지시했는데, 이것이 1시간 30분 동안 지속된 회의의 유일한 결정사항이었다[19]. 이 자리에 참석했던 백낙준 문교부장관은 "대통령 앞에서는 한마디 말도 없다가 대통령이 자리를 뜨자 제각기 떠들어대던 광경이 눈에 선하다"[20]며 당시를 회고했다.

17) 남정옥, 앞의 책, 82~84쪽.

18) 여러 기록들을 보았을 때 이 시간에 채 총참모장은 1사단과 7사단을 방문하고 있었을 것으로 예상되므로, 11시 30분에 열린 국무회의에는 참석하지 못했을 가능성이 크다. 『6·25전쟁사 2』(국방부 군사편찬연구소, 2005, 앞의 책, 71쪽) 역시도 "신 장관의 전황설명으로는 국지적 무력충돌인지 전면적 남침인지 분명하지 않자 전선에 나간 채 총참모장이 돌아올 때까지 일단 산회하였다"고 기록하고 있다. 반면 『임시수도 천일 (상)』(부산일보사, 1983, 20쪽)에서는 신 장관이 전황을 보고하려고 하자 이 대통령이 각 군의 책임자들이 직접 말하는 것이 좋겠다며 채 총참모장부터 보고를 시작했다고 기록하고 있다.

19) 부산일보사, 1983, 『임시수도 천일 (상)』, 부산일보사, 21쪽.

이후 산회되었던 비상국무회의는 14시 대통령 주재로 다시 열렸다. 채 총참모장은 전선 시찰을 마치고 참석해 “38도선 전역에 걸쳐 4~5만 명의 북한군이 94대의 전차를 앞세우고 불법남침을 개시하였으나 각 지구의 국군은 대전차포로 적전차를 격퇴하면서 적절하게 작전을 전개 중에 있다. … 후방사단을 진출시켜 반격을 감행하면 능히 격퇴할 수 있을 것으로 본다”고 보고하였다[21]. 이후 국무회의에서는 대통령령 제377호 「비상시 법령공포식의 특례에 관한 건」을 통해 “비상사태에 있어서는 … 법령의 공포는 신문 또는 라디오, 기타 적당한 방법으로써 한다”(제1조)고 결정한 후 대통령 긴급명령 제1호로서 「비상사태 하의 범죄 처벌에 관한 특별조치령」의 공포를 의결하였다. 여기서 비상사태는 “단기 4283년 6월 25일 북한 괴뢰집단의 침구(侵寇)에 인하여 발생한 사태”를 칭하며(「비상시 법령공포식의 특례에 관한 건」 제1조 및 「비상사태 하의 범죄 처벌에 관한 특별조치령」 제2조)[22], 해당 법령은 전시에 질서 유지를 위해 범법 행위들을 엄격하게 처벌하겠다는 내용을 담고 있다.

26일 오전 10시에 ‘군 원로 회의’가 소집되었다. 이날 참석자들은 3군 총참모장[23], 육군참모학교장 김홍일 소장, 청년방위대 고문단장 송호성 준장, 전 국무총리 겸 국방부장관 이범석, 전 통위부장 유동열, 전 광복군사령관 이청천, 전 제1사단장 김석원 예) 준장 등이었다. 이 자리에서 김홍일 소장은 의정부 정면에서의 공세 결전은 위험하며, 한강선 이남에서의 결전을 주장하였다. 이에 이범석, 김석원 장군도 동조하였으나 신 장관과 채 총참모장의 의견을 꺾지는 못하였

20) 부산일보사, 앞의 책, 22쪽.

21) 국방부 전사편찬위원회, 1977, 『한국전쟁사 1: 북괴의 침입과 서전기』, 611쪽; 국방부 군사편찬위원회, 2005, 앞의 책, 71쪽에서 재인용.

22) 국방부 정훈국 전사편찬회, 1951, 『한국전란 1년지』, 국방부, C48쪽.

23) 해군에서는 손원일 제독의 대리로서 김영철 대령이 참석하였다.

다. 군 원로의 의견을 듣는 자리였으나, 이들의 의견은 반영되지 못했고, 아무런 효용이 없는 모임으로 종료되었다[24].

적의 주공이 집중되어 있는 의정부 정면에서는 피아 간 병력비가 편제상으로는 7:1, 실제 병력으로는 10:1 가까이 차이가 나는 상황에서, 북한군의 강력한 전차를 막을 방도가 없었다. 북한군은 소련으로부터 지원받은 최신형 T-34 전차 1개 여단을 구성하고 있었으며, 이 중 2개 전차연대를 포천 정면에 운용하고 있었다. 그러나 국군의 경우 미군의 소극적인 지원과 공격용 무기 도입 반대로 전차를 한 대도 갖고 있지 못했으며, 대전차화기나 대전차 방비책이 전혀 없었다. 후방으로부터 병력 지원이 전방으로 속속 도착하고 있으나, 위급한 상황에서 병력을 축차적으로 투입하다보니 병력의 소모가 크게 나타나고 있었다. 전력의 보존을 위해 한강선 방어를 고민하는 입장과, 정치적 체면을 지키는 것과 함께 서울 시민들의 안전을 고려해 서울을 고수해야 한다는 입장이 팽팽히 맞선 것이다. 결국 합의를 보지 못한 채, 채 총참모장은 의정부 정면에 투입되어 있는 2사단과 7사단에게 역습 명령을 하달하였다.

26일 자정에서부터 다음날 오전 2시까지 국방부장관과 3군 총참모장과 작전참모부장 김백일 대령이 참석하는 군 수뇌회의가 열렸다. 이전의 국무회의 석상이나 국회 출석 시에 강조했던 낙관적인 전황 대신 이 자리에서는 전세의 불리함이 진지하게 논의되었다. 참석자들은 서울을 포기할 수도 있음을 확인하며, 미국의 지원이 없는 한 사태가 절망적이라는 데 의견을 함께 했다[25]. 회의가 끝나고 신 장관은 이 대통령을 방문해 서울을 떠날 것을 건의하였다[26]. 프란체스카는 이 장면을 다음과 같이 기록하고 있다.

---

24) 김행복, 앞의 책, 115~116쪽; 국방부 군사편찬연구소, 2005, 앞의 책, 67~69쪽.

25) 김행복, 앞의 책, 118쪽; 국방부 군사편찬연구소, 2005, 앞의 책, 69쪽.

26) 김행복, 앞의 책, 118쪽.

대통령이나 나나 자정을 넘겨 막 잠자리에서 눈을 붙였을 때 비서의 다급한 노크 소리가 들렸다. 머리맡의 시계는 27일 새벽 2시를 가리키고 있었다. 신성모 국방장관이었다. 불길한 예감이 뇌리를 스쳤다. 이어 서울시장 이기붕 씨와 조병옥 씨가 들어왔다. "각하, 서울을 떠나셔야겠습니다." 신 장관이 간곡히 남하를 권유했다. "안 돼! 서울을 사수해! 나는 떠날 수 없어!" 대통령은 그 이상 아무 말도 않고 문을 쾅 닫으며 방으로 들어갔다. 신 장관은 침통한 표정으로 한참을 멍하니 앉아 있었다. 나는 대통령을 뒤따라 들어가 침착하게, 그리고 간절하게 부탁했다. "지금 같은 형편에서는 국가원수에게 불행한 일이 생기면 더 큰 혼란이 일어날 거라고 염려들 합니다. 그렇게 되면 대한민국의 존속이 어렵게 된답니다. 일단 수원까지만 내려갔다가 곧 올라오는 게 좋겠습니다."[27]

또 다른 기록에서도 당시의 상황을 비슷하게 그리고 있다. 신 장관과 이기붕, 조병옥은 서울에 남겠다는 대통령의 의지를 꺾어 피란을 보내야 한다고 프란체스카 여사와 비서들을 독촉했고, 모두 대통령에게 피란 건의를 엄두조차 내지 못하던 중 프란체스카 여사가 나서서 권해본 것이라고 서술되어 있다. 신성모 장관을 포함한 일부 각료들의 제안과 프란체스카 여사의 간청으로 결국 이 대통령은 피란을 결정하게 되었다. 이때 경무대 비서 중 피란을 떠나는 이 대통령의 수행비서로 선뜻 나서는 사람이 없어 제비뽑기로 결정하려고 했지만, 황규면 비서가 본인이 나섬으로써 피란을 수행하게 되었다[28].

이 대통령 일행은 3시 30분 경무대에서 서울역으로 이동했고, 서울역에서 "차창이 깨지고 좌석의 스프링이 튀어나온 3등 객차"[29]를 타고 대구로 향했다. 이 대통령이 피란을 떠난다는 사실은 극비 사항이었고, 그를 수행하는 일부의 사람들만이 이 사실을 알고 있었다.

---

27) 프란체스카 도너 리, 앞의 책, 25쪽.

28) 부산일보사, 앞의 책, 25쪽.

29) 프란체스카 도너 리, 앞의 책, 26쪽.

같은 시각 국회에서는 수도 사수 결의안이 통과되었고, 이후 결의안을 전달하기 위해 신익희 국회의장이 경무대를 방문했을 때 이 대통령은 이미 피란을 떠난 상황이었다.

한편, 27일 오전 3시 이 대통령이 참석하지 않은 비상 국무회의가 열렸다. 신 장관은 전황의 불리함과 함께 정부 이동이 불가피함을 역설했다. 이날 함께 배석한 전 국무총리 겸 국방부장관 이범석 장군은 "정부를 한수(漢水) 이남으로 옮겨 활동의 자유를 가져야 하며, 서울 쟁탈전에 빠져 들어가서는 안 된다"고 권고한 반면, 장기영 체신부장관은 서울 사수론을 폈다. 결국 대체로 국무위원들은 이범석 장군의 제안에 동의했고, 이에 따라 정부의 수원 이동이 결정되었다[30]. 이날의 기억은 「중앙일보」의 '민족의 증언' 연재 코너에 기록되고 있다. 첫 번째 인용문은 한강 이남으로의 철수를 주장했던 이범석 장군의 회고이고, 두 번째 인용문은 서울 사수론을 강력히 주장했던 장기영 장관의 회고가 담긴 기사이다.

> 회의 벽두에 신성모 국방이 일어나 전황 「브리핑」을 했는데 안일하고 낙관적인 것이었지. 그것은 마치 어떤 국가 전투에서 분대장의 전투보고와 같은 것이었단 말이야. 특히 적정에 대해서는 전혀 아는 바 없었어. 참 한심하지, 그래서 나는 「국방장관 이야기는 더 들을 필요가 없다」고 핀잔을 주었어요. 나는 자격의 권외 사람이지만 다시 일어나 발언을 했지. 요컨대 서울을 사수하겠느냐, 또는 서울 주변에서 저항해서 시간을 쟁취하겠느냐, 위의 두 가지가 될 형편이 못 되면 서울을 철수하여 천도하는 수밖에 없지 않느냐 하는 세 가지 방안에 대해 시급히 결정을 내려야 한다고 말했지. 좌중은 물을 끼얹듯 숙연해 지더군. 바로 이때 중앙청 상공에서 적의 「야크」기 폭음이 요란하게 울려와서 회의가 잠시 중단됐어. 적기

30) 안용현, 1992, 『한국전쟁비사 1: 건군과 6·25』, 경인문화사, 248쪽; 김행복, 앞의 책, 120쪽.

가 사라진 다음 다시 발언을 계속했지. 현재의 전세로 보아 서울 사수가 불가능하다면, 서울 철수 문제로 좁혀 얘기를 해야 되지 않겠소. 여기서 나온 구체안이 서울 포기라면 다음에 서울 시민에 대한 조치 문제가 나올 것이지만 그것은 내 소관 밖이라고 말했지. 그리고 적에 대해 갑자기 반격할 자신이 없다면, 한강철교는 파괴해야 하나, 그 시기도 내가 말할 바가 아니라고 했지. 무엇보다도 중요한 것은 서울시민 철수는 질서 있게 해야 된다고 강조했어. 그리고 나는 회의실에서 나와 버렸는데 그때가 아마 27일 새벽 두 점쯤 될 것 같아.[31]

수도 사수론은 체신 장관 장기영 씨(67)가 가장 강경하게 폈다. 당시 경무대 비서 황규면 씨(현 사업 · 56)말에 의하면 장 장관이 떨리는 목소리로 『한 알의 밀알이 땅에 떨어져 썩어야 새싹이 움튼다. 우리는 오늘 이 자리에 꼼짝없이 남아서 죽는 한이 있더라도 서울을 지켜야 한다. 우리가 죽어야 민주주의의 싹은 죽지 않고 힘차게 뻗어갈 것이다』라고 절규했다고 한다. 장기영 본인은 그때 일을 이렇게 회상한다. 『지금 생각하면 참 무모했던 것 같아. 나이가 젊은 탓도 있겠지(당시 47), 하지만 그때의 비장했던 일은 지금도 생생하게 기억이 나는구먼. 정말 죽을 각오는 서 있었어.』[32]

신 장관은 5시경 국방부에 출근해 제2국장(정훈국)을 불러 정부의 이동을 방송하도록 지시했으나, 결국 보도과장 김현수 대령이 자청하여 정부의 수원 이동을 6시에 공식적으로 보도하였다. 그러나 이후 이 방송 내용은 10시에 취소되었고, 이후 11시에는 다시 번복해 일부는 수원으로 갔으나 일부는 서울에 남아 있다고 이야기되었다[33].

---

31) 『중앙일보』, 1970년 4월 8일, 「민족의 증언 (4) 가장 길었던 3일 ④」, http://news.joins.com/article/1233019(검색일 2019. 9. 11.).

32) 『중앙일보』, 1970년 4월 8일, 「민족의 증언 (4) 가장 길었던 3일 ④」, http://news.joins.com/article/1233019(검색일 2019. 9. 11.).

33) 국방부 군사편찬연구소, 2005, 앞의 책, 70쪽.

번복되는 방송으로 피란길에 올라야 할지 여부를 두고 고민에 빠진 서울 시민들 중 대부분은 결국 서울을 빠져나오지 못한 채 북한군의 치하에 놓이거나 생명을 잃어야 했다.

이 대통령은 행정부 각 부처 장관들에게는 물론, 국회에도 피란 사실을 알리지 않고 피란길을 떠났다. 전쟁과 같은 위기의 상황에서 대통령의 위치는 극비 사항일 수 있으며, 특히 국군 통수권자인 대통령의 안위는 매우 중요하다. 그러나 정부의 조치가 적극적으로 필요하고, 여러 기관들 간의 유기적인 업무 협조가 필수적인 전쟁 초기의 상황에서 대통령과 대부분의 국무위원들은 가족과 함께 서울을 빠져나갔다.

(3) 이승만 대통령과 행정부의 피란[34)]

27일 3시 30분 이 대통령 일행을 태운 기차는 "가능한 전속으로 달려 남으로 직행하되 세우라는 별도 명령이 있을 때까지 계속 달리도록" 되어 있었다[35)]. 서울역을 출발한 기차는 정확한 목적지 없이 남쪽을 향해 달려가고 있었던 것이다. 수원을 지나 깜빡 잠이 든 이 대통령은 불현듯 기차를 돌리라는 명령을 내렸다. 대구역에 도착하기 10분 전의 일이었다. 주변에서 대구에 들러 서울 소식을 알아보고 기차를 돌리자고 만류했고, 11시 40분경에 대구역에 도착하였다. 12시 30분, 열차는 다시 서울 방향으로 이동했는데, 수원 일대에 도착한 후 차로 다시 서울로 들어갈 계획이었던 것으로 보인다. 그러나 대전

34) 당시 국무회의록과 정부 부처의 피란에 대한 기록은 전무하다시피 하여 12개 부처의 피란 상황에 대해서 구체적으로 알 수는 없다. 다만, 내무부, 문교부, 상공부 등 일부 부처의 피란 과정은 『임시수도 천일 (상)』(부산일보사, 앞의 책)에 간략히 일화(逸話)의 형태로 서술되어 있다. 반면, 이승만 대통령의 피란 과정에 대해서는 당시 관련자들의 회고가 일부 남아 있어, 이를 바탕으로 진행된 연구들을 중심으로 교차 검증해 정리하였다.

35) 부산일보사, 앞의 책, 29쪽.

역에 나와 있던 윤치영과 허정은 북상을 만류한 반면, 이영진 충남지사는 대통령과 함께 서울에 올라가겠다고 이야기했다[36]. 그렇지만 결국 이 대통령은 충남지사 관사를 임시 거처로 삼고 대전에 머물면서 국무회의를 주재하는 등 집무를 시작했다.

이후 이 대통령은 대전에서 무초 대사로부터 미국 정부의 기본 정책과 전쟁에 대응하는 구체적인 조치를 듣게 되면서 크게 기뻐하였다. 대통령은 비서를 통해 서울시민들에게 보내는 방송 원고를 작성하게 했다. "친애하는 서울 시민 여러분…"으로 시작하는 방송 원고는 "미국이 원조를 시작했고 정부도 수도를 사수할 각오를 갖고 있으니 걱정할 것 없다는 것과 내무장관이 책임을 지고 돌볼 것이라는 등"의 내용이 담겨 있었다. 이철원 공보처장이 서울 중앙방송국에 전화를 걸어 당직 아나운서를 대기시켰고, 방송국에서는 대통령의 육성 전화를 디스크에 담아 내보내고 있었다. 이때가 27일 23시였고, 3시간 후부터 북한군 편의대가 서울 진입을 시작했다[37]. 아래는 이 대통령의 피란길 수행비서였던 황규면 비서의 회고이다.

> 이 박사께서는 무초 대사와 만난 다음 '국민을 안위하기 위해서라도 방송하는 것이 좋겠어'라고 말씀하셨습니다. 이때 이철원 공보처장도 들어왔습니다. 대통령께서는 나를 보고 방송 원고를 구술할 터니 어서 받아쓰라고 해요. 방송은 그날 밤 10시에 내보내야하므로 이 박사의 구술을 다시 정서할 겨를도 없었습니다. 나는 붉은 색연필로 이 박사의 구술을 받아썼지요. 그 내용은 대강 UN에서 우리를 도와 싸우기로 작정하고 이 침략을 물리치기 위해 공중으로 군기·군물을 날라 와서 우리를 도우니까 국민은 좀 고생이 되더라도 굳게 참고 있으면 적을 물리칠 수 있을 것이니, 안심하라는 취지였지요. 문장의 서두를 다듬고 있을 수가 없었습니다.

36) 부산일보사, 앞의 책, 27~31쪽; 프란체스카 도너 리, 앞의 책, 26쪽.
37) 부산일보사, 앞의 책, 39쪽.

이 박사께서는 즉시 전화 수화기에 대고 구술하신 원고를 읽으셨지요. 이것이 그날 밤 나간 대통령의 녹음방송입니다.[38)]

이 방송이 나갈 무렵 치안국으로 들어온 경찰 보고에 따르면 동대문 일대까지 적의 탱크가 진입했다는 것이었다. 내무부 간부들은 이 소식을 듣고 서울을 떠나야겠다고 결정했으나 백성욱 내무장관은 "방금 대통령 각하의 육성방송을 듣지 않았소? 내무부는 서울을 지켜야 합니다. … 대통령 각하는 내무장관이 서울에 남아 시민들을 돌보고 있다고 말씀하셨잖소? 안 죽겠다 싶으니 나보고 남아 있으라고 하는 것 아니겠소?" 라며 치안국장과 함께 끝가지 버티다가 28일 4시에 겨우 서울을 탈출했다[39)]. 백 장관이 가장 마지막으로 피란을 떠난 국무위원이었다.

대통령이 서울을 떠난 후 각 장관들도 대체로 27일 아침부터 뿔뿔이 헤져 피난길에 올랐다. 신성모 국방은 비서실장 신동우 중령(현 경향신문 전무)과 함께 27일 하오 4시에 한강을 넘었고 임병직 외무는 12시쯤 단신 자동차를 손수 몰고, 장기영 체신은 하오 7시쯤 각각 서울을 빠져나와 수원에 도착했다. 무임소까지를 합친 13명의 각료가 모두 27일 안으로 수원에 안착했지만 오직 백성욱 내무만이 한강 다리가 끊긴 28일 상오 7시에 서빙고에서 나룻배로 한강을 건넜다. 여하튼 현직 각료 중 한 사람도 적치하에 갇히지 않았다는 것은 다행한 일이라 하겠다. 각 장관 가족들도 무사히 피난할 수 있었다. 장관 가족 피난문제를 다룬 당시의 한 총무처 직원은 익명을 요구하면서 『장관 가족들은 다른 사람들의 이목도 있고 해서 서울역을 피하여 용산역에서 27일 아침 5시차로 피난길에 올랐다』고 증언하고 있다.[40)]

---

38) 『중앙일보』, 1970년 4월 22일, 「민족의 증언 (10) 가장 길었던 3일 ⑩」, http://news.joins.com/article/1235145(검색일 2019. 9. 11.).

39) 부산일보사, 앞의 책, 40~41쪽; 57쪽.

7월 1일 오전 3시, 북한군이 수원을 지났다는 급한 보고를 들은 후 주변의 권유로 이 대통령은 충남지사 관저를 빠져나와 지프차로 이리에 도착하였다. 이리에서부터 목포까지는 기차를 통해 이동하였고, 해군 목포경비부 소속 소해정이 대통령을 태우고 목포항을 출발해 부산항에 도착했다. 200해리의 뱃길을 19시간 동안 달려 부산에 도착한 때가 7월 2일 오전 11시 30분이었다. 7일가량 부산에서 머물던 대통령 일행은 7월 9일 대구로 이동했다[41]. 아래는 당시 해군 목포지구경비사령관 정긍모 대령의 회고이다.

> 김 서장[42]은 조용히 「대통령 각하 내외를 모시고 왔는데 정 대령이 협조해주어야 하겠다」는 거예요. 나는 그때까지 이 대통령이 목포 쪽으로 오신다는 연락은 전혀 받지 않았습니다. 「지금 그 분이 어디 계시느냐」 물었더니, 목포역에서 2km 떨어진 선로 위의 기차 안에 있다는 거예요. 그리고 김장흥 서장의 이 얘기는 목포서장에게도 알리지 말라는 겁니다. 이렇게 되니까 또 의심이 좀 생기더군요. 그래서 내가 직접 확인하려고 김 서장을 「지프」에 태우고 현장에 가 보았습니다. 정말 … 이 대통령 내외와 황 비서, 이 처장의 네 명이 있지 않아요. … 그때 내 휘하에는 7척의 소주정이 있었는데 그 중에서 좀 좋다는 배가 제514함과 제307함이었지요. 이 두 배는 5백t과 3백50t급의 소해정인데 해안 경비 차 출동 중이었으므로 무전으로 불러 높은 분을 부산까지 모실 테니 준비하라고 지시했습니다. 그리고 다시 목포유지한테서 「시볼레」 승용차를 빌어 내가 몰고 가서 대통령 내외와 수행원을 태우고 기지사령부로 왔지요. … 승무원 30명의 514함을 307함이 호위하면서 19시간 항해 끝에 대통령을 부산까지 무사히 모셔다 드렸습니다. … 그 보고에 의하면 비바람이 쳐 파고가 2m나 되어 배의 동요가 심했는데도 대통령은 꿈쩍도 않고 배 멀미를 안

40) 『중앙일보』, 1970년 5월 29일, 「민족의 증언 (26) 대통령의 피난(하)」, http://news.joins.com/article/1239978(검색일 2019. 9. 11.).

41) 프란체스카 도너 리, 앞의 책, 31~40쪽.

42) '김 서장'은 김장흥 경무대 경찰서장을 가리킨다.

하시더래요. 그리고 가끔 갑판으로 나와 바람을 쐬면서 현재의 위치를 묻기도 했답니다.[43)]

이 대통령이 대구로 이동하면서 국회와 정부, 대통령이 모두 임시 수도 대구에 모이게 되었다. 이후 전황에 따라 육군본부는 평택, 수원, 대전을 거쳐 결국 대구로 이동하였고, 미 8군사령부도 대구에 위치하게 되면서 대구는 말 그대로 '임시 수도'로서 정치 · 군사의 중심지로 기능하기 시작했다. 그러나 북한군이 낙동강 방어선을 돌파하기 위해 전 전선에서 공세를 감행해옴에 따라 대구 북방까지 북한군이 진출하게 되었고, 대구 정면이 위기에 처하게 되면서 정부와 국회는 부산으로 이동하였다. 내무부와 국방부, 육군본부는 대구에서 북한군의 공세를 막아내다가, 북한군의 9월 최종공세가 시작되면서 국방부와 육군본부 역시 9월 5일 부산으로 이동했다[44)]. 서울 수복으로 정부가 다시 환도하기 전까지 부산은 명실상부 임시 수도로서 많은 피란민들이 모여드는 대한민국 제2의 도시로 자리 잡았고, 이후 1951년 1 · 4 후퇴로 정부가 다시 부산으로의 이전을 결정하면서 부산은 전쟁 중 두 번에 걸쳐 임시 수도로 기능하였다.

3 전쟁 발발 당시 국회의 구성과 대응

(1) 제2대 국회의 구성

6 · 25 전쟁이 발발한 때는 제2대 국회 임기가 시작한 직후였다.

---

43) 『중앙일보』, 1970년 8월 26일, 「민족의 증언 (64) 대전의 25시－제2의 엑서더스 소란 ③」, http://news.joins.com/article/1252624(검색일 2019. 9. 11.).

44) 국방부 군사편찬연구소, 2008, 『6 · 25전쟁사 5: 낙동강선 방어작전』, 국방부, 58쪽.

1948년 5월 10일 총선거로 제헌 국회[45]가 구성되어 헌법과 정부조직법 등 관련 법률의 제정, 대통령 및 부통령 선출 등을 통해 대한민국 정부가 수립되었다. 제헌 국회의 임기는 애초에 2년이었으므로, 1950년 5월 30일에 제2대 국회의원 선거가 전국적으로 실시되었다. 제헌 국회의원 선거는 대한민국 정부와 국회가 수립되기 전에 치러졌기 때문에 군정법령에 따라 한시적으로 제정된 「국회의원선거법」(1948. 3. 17. 제정 및 시행, 군정법령 제175호)에 근거하였으나, 제2대 총선은 제헌 국회가 제정한 「국회의원선거법」(1948. 12. 23. 일부개정, 법률 제17호)에 따라 실시되었다. 전쟁 발발 약 한 달 전에 국회의원 선거가 치러진 것이다.

제2대 총선에는 제헌 국회의원 선거와 달리 단독 정부 수립을 반대하고 통일 정부 수립을 주장하는 '중간파' 세력들이 대거 참여하였다. 총 2,209명의 후보자가 등록하였고, 그 중에서 무소속으로 출마한 후보자가 전국적으로 1,500여 명[46]이었다. 당시 210개 선거구에서 각각 국회의원을 1명씩 선출하였기 때문에, 평균 10:1이 넘는 경쟁률을 보였던 것이다. 무소속의 약진은 실제 선거 결과에서도 나타

45) 모스크바 3국 외상회의에서는 미·소 공동위원회를 통해 한반도에 임시정부를 수립하고, 미·영·소·중 4개국에 의한 신탁통치를 결정한 바 있다. 미·소 공동위원회가 두 차례 열렸으나 협의대상에 대한 합의에 이르지 못하고 공동위원회가 결렬된 후 한반도 문제는 결국 UN으로 이관되었다. 1947년 11월 UN 총회는 'UN한국임시위원단'을 설치하고 이들에게 총선거에 대한 감시 임무를 부여하였다. 소련은 UN 한국임시위원단의 입북을 거부하였으며, 1948년 2월 UN 소총회에서는 위원단이 접근·감독 가능한 지역에서만이라도 선거를 실시하는 것으로 결정되었다. 이에 따라 1948년 5월 10일, 한반도에서는 최초로 민주적인 질서에 따른 선거가 실시되었고, 제헌 국회가 구성되었다.

46) 당시 무소속 입후보자 수에 대해 『국회사』(국회사무처, 1971, 337쪽)에서는 1,496명, 『대한민국선거사』(중앙선거관리위원회, 1964, 308쪽; 758쪽)에서는 1,513명이었다고 기록하고 있다. 이는 선거 중도 사퇴 후보 수의 포함 여부, 이후 당선자들의 당적 변화 또는 전쟁으로 인한 당시 자료의 분실 등으로 인해 수치가 상이한 것으로 생각된다. 정확한 수치를 확인할 수는 없으나, 전체 총 입후보자 대비 무소속 후보자의 비중이 상당하다는 사실은 변함없이 확인된다.

났다. 총 210명의 당선자 중 무소속 당선자가 124명으로, 전체 의석의 60%를 차지하였다. 무소속 당선자는 전 지역에서 고루 등장하고 있으며, 특히 그 중에서도. 전국 평균에 비해 무소속 당선자가 과반을 차지한 지역은 경기(73%), 전북(68%), 경북(62%), 경남(81%), 제주(67%)였다. 무소속 의원의 숫자가 증가하면서 기존의 정당 출신 당선자의 비중이 극히 낮았다. 특히, 여당의 역할을 했던 대한국민당이 17석, 야당이었던 민주국민당이 27석을 얻으면서 기존의 정당이 선거에서 제 역할을 하지 못했음을 알 수 있다. 대한국민당, 국민회, 대한청년당, 일민구락부, 대한노동총연맹, 여자국민당, 대한부인회, 중앙불교위원회를 범여당계로, 민주국민당, 사회당, 민족자주연맹을 범야당계로 구분[47]하더라도 그 수치는 여전히 낮게 유지되고 있음을

〈표 2〉 제2대 국회의원 선거(1950) 결과 정당별 의석 수[48]

구분	서울	경기	충북	충남	전북	전남	경북	경남	강원	제주	계
무소속	7	19	7	11	15	12	22	26	5	2	126
대한국민당	2	6	3	3	1	2	3	-	4	-	24
민주국민당	2	3	2	1	3	9	2	2	-	-	24
국민회	1	-	-	3	1	3	1	2	2	1	14
대한청년단	-	-	-	-	3	4	2	1	-	-	10
대한노동총연맹	1	-	-	-	1	1	-	-	-	-	3
사회당	1	1	-	-	-	-	-	-	-	-	2
일민구락부	-	1	-	1	-	-	1	-	-	-	3
민족자주연맹	1	-	-	-	-	-	-	-	-	-	1
대한부인회	1	-	-	-	-	-	-	-	-	-	1
중앙불교위원회	-	-	-	-	-	-	1	-	-	-	1
여자국민당	-	-	-	-	1	-	-	-	-	-	1
계	16	30	12	19	22	30	34	32	12	3	210

47) 국회사무처, 1971, 『국회사』, 국회사무처, 338쪽.
48) 중앙선거관리위원회, 1964, 『대한민국선거사』, 400쪽.

확인할 수 있다.

제헌 국회는 1948년 5월 31일 개원한 이후 2년간의 활동을 마치고 1950년 6월 2일 폐회식을 거행하였다. 5월 30일 실시된 총선거 결과에 따라 구성된 제2대 국회가 등원 후 첫 회의를 개최한 것은 6월 19일 오전 10시의 일이었다. 이날 제1차 회의에서는 의장 및 부의장 선거가 실시되었다. 제2대 국회의 구성에 따라, 어떠한 정파도 원내에서 확실한 우위를 갖추기 어려운 상황이 되었다는 것이 국회의장 및 부의장 선거[49]에서도 잘 드러나고 있다. 당일 국회에 등록한 의원 209명이 실시한 국회의장 선거에서는 신익희 의원 96표, 오하영 의원 46표, 조소앙 의원 48표 등 과반수를 얻은 의원이 없어 2차 투표를 실시했고, 그 결과 신익희 의원 109표. 조소앙 의원 57표, 오하영 의원 42표 등으로 신익희 의원이 당선되었다.

국회부의장은 2인을 각각 선출하였다. 1차 개표 결과 조소앙 의원 28표, 조봉암 의원 38표, 이갑성 의원 27표 등으로 과반수 득표자가 없어 2차 투표를 실시했고, 그 결과 장택상 의원 69표, 조봉암 의원 57표, 조소앙 의원 30표, 이갑성 의원 22표 등으로 여전히 과반수 득표자가 없었다. 이에 장택상, 조봉암 의원을 대상으로 결선투표로 3차 투표가 실시되었고, 장택상 의원이 104표, 조봉암 의원이 99표로 장택상 의원이 당선되었다. 또 다른 국회부의장 1인에 대해서 투표를 실시한 결과 조봉암 의원 67표, 지청천 의원 37표, 이갑성 의원 33표 등으로 2차 투표로 이어졌으며, 2차 투표에서도 조봉암 의원 91표, 지청천 의원 64표로 3차 결선투표가 실시되었다. 그 결과 조봉암 의원 114표, 지청천 의원 81표로 조봉암 의원이 또 다른 부의장으로 당선되었다. 이렇게 구성된 국회의장단 선거 후 거행된 개회식을 시

49) 이 글에 실린 제2대 국회 국회의장 및 부의장 선거 과정과 그 결과는 제2대 국회 제7회 1차 본회의 속기록(1950. 6. 19.)에 실려 있는 내용을 토대로 하였다.

작으로 제2대 국회는 막을 올렸다.

제2차 회의는 전쟁 발발 5일 전인 20일 10시 25분에 개의하였다. 이날 회의에서 신익희 의장은 보고의 형식을 통해 교섭단체 구성에 대한 논의를 제기하였다. 여러 의원들 간의 교섭단체 구성과 관련한 의견이 오고간 이후, 교섭단체 구성 결과를 26일까지 사무국에 제출하도록 했다가 최종적으로는 월요일(26일) 전 25일까지 국회사무처에 제출하는 것으로 결정되었다. 이후 미가(米價) 앙등(仰騰)에 대한 긴급 대책에 관한 질의와 그 대책, 귀속재산 경매와 광목 공매에 관한 질의와 그 대책, 보상 물자 중 비료 배급에 관한 질의와 그 대책에 대해 관계 장관을 22일에 국회에 출석하도록 해 설명을 듣자는 긴급동의안이 가결되었다. 이후 정부로부터 시정방침에 대한 연설을 듣자는 제안이 담긴 동의안은 부결되었고, 이어서 당선된 이후 구속된 김명동 의원의 석방결의안이 통과되었다. 22일 오전 10시에 다시 개회하는 것으로 하고 오후 12시 40분에 2차 회의는 산회가 선포되었다.

제2대 국회 제7회(임시회) 회기의 경우 1차와 2차 본회의 속기록을 제외하고는 전쟁으로 분실되어 안건 처리 상황이나 당시 국회본회의의 상황을 짐작하는 것이 어렵다. 그러나 남아 있는 속기록에서의 논의들을 종합해보면 6월 21일은 “임시 장충(奬忠) 공휴일”[50]이었고, 국회의 긴급동의안 가결에 따라 6월 22일은 미가, 귀속재산, 비료 배급 등을 논의하기 위해 관계 장관이었던 농림부, 상공부, 법무부, 교통부, 재무부, 사회부 장관 등 총 6명의 국무위원들의 국회 출석 및 질의가 있었을 것으로 추정된다. 『국회사』[51]에서도 제7회 회기 중 전쟁 발발 전까지 중요안건처리 현황으로 의장 및 부의장

50) 제2대 국회 제7회 2차 본회의 속기록(1950. 6. 20.), 18쪽.

51) 국회사무처, 앞의 책, 342~343쪽.

선거와, 김명동 의원 석방에 관한 결의안 채택만을 언급하고 있다.

(2) 전쟁의 발발과 국회의 대응

그리고 6월 25일, 북한군의 침략으로 전쟁이 발발하였다. 정부와 달리 국회는 국군 지휘부로부터 전황을 직접 보고받는 위치에 있지 않았고, 26일에서야 국회 차원에서 전황에 대해 논의하고 필요한 조치들을 단행하기 시작했다. 26일 긴급회의를 통해 "대통령을 비롯한 전 국무위원들을 출석시켜 사태 수습을 위한 방책을 논의했으나, 정부 당국조차 사태의 진상을 완전히 파악하고 있지 못하여 구체적인 논의도 못하고 산회"[52]하였다.

> 이튿날인 26일에 국회가 소집되었는데 우선 채병덕 참모총장과 백성욱 내무장관으로부터 전황보고를 들었어요. 그 다음에 이날 회의에서는 「국회는 예산에 구애됨이 없이 군사비 지출을 위해 정부에 대권을 부여한다」는 내용의 결의안을 채택하고, 그날 하오 1시에 끝난 것 같아요. 군사비의 무제한 지출에 대해서는 백상규 의원(경기 장단 · 무 · 납북), 엄상섭(전남 광양 · 무), 이진수(경기 양주 을 · 국민회) 의원이 주로 발언을 했습니다.[53]
>
> 그때 나는 정치부 기자로서 국회에 나갔지요. 같이 어울린 기자로는 김진학 · 백광하 · 편용호 · 한경원 등 15명쯤이었어요. 전쟁이 난 25일은 공일이었고, 또 국회의원들이 뿔뿔이 흩어졌는지, 개회를 못했어요. 우리 국회출입기자들은 25일에 사태가 벌써 심상치 않다는 것을 알았기 때문에 뭐 국회가 이래 하며 서성대던 생각이 납니다. 결국 그날은 흐지부지 지내고, 그 이튿날(26일) 상오 11시쯤 국회가 열렸는데 사회는 신익희 의장

---

52) 국회사무처, 앞의 책, 340쪽.

53) 『중앙일보』, 1970년 4월 10일, 「민족의 증언 (5) 가장 길었던 3일 ⑤」, http://news.joins.com/article/1233511(검색일 2019. 9. 11.). 인용된 부분은 이충환 의원의 회고 부분이다.

이었지요. 그때 정부 측에서는 신성모 국방과 채 참모총장이 나왔는데 조소앙 의원(납북)이 '어떻게 돼서 적의 이런 남침을 몰랐느냐?'고 호통 친 생각이 납니다. 개회된 지 얼마 안 있다가 적 야크기가 삼청동에 기총소사와 폭격을 해서 회의가 중단됐어요. 그 후에 국회가 다시 모여 소위 비밀회의를 연 모양인데 그 회의를 기자들은 취재를 못했습니다.[54)]

증언들로 미루어보았을 때 전쟁이 발발한 25일은 일요일로 국회 소집이 어려웠고, 26일 주간에야 국회 긴급회의가 소집되었던 것으로 보인다. 이날 회의에서는 전 국무위원들이 출석해 전황과 조치들에 대해 논의했으나 정확한 정보를 파악하는 데 어려움이 있었다. 그렇지만 전쟁 발발 이후 시급한 조치를 위한 여러 결의안들이 통과되었다. "정부에 사태수습을 위한 긴급조치를 수립할 것을 건의"하는 비상시국에 관한 결의안, UN과 미국 정부에게 보내는 "6 · 25 사변은 북괴의 불법침략으로 세계평화를 파괴하는 중대 사태임을 지적하고 긴급원조를 요청하는 메시지", 적과 전투를 벌이고 있는 38도선 인근 지역의 주민들에게 보내는 격려문이 작성 및 통과되었으며, 해당 지역에 국회의원 격려 위문단을 파견하기로 결의하였다[55)]. 앞선 증언에서 등장하는 긴급 군사비 지출 결의안도 이날 통과되었다.

그리고 27일 새벽 2시 각 국회의원들에게 긴급비상소집이 통보되었다. 말 그대로 '긴급'하게 소집된 이 회의에는 210명의 의원 중 소재 불명으로 36명의 의원들에게는 국회 소집 통보를 하지 못하여 174명만이 출석하였다[56)]. 이때 각 국회의원들에게로의 연락은 경찰

54) 『중앙일보』, 1970년 4월 15일, 「민족의 증언 (7) 가장 길었던 3일 ⑦」, http://news.joins.com/article/1233916(검색일 2019. 9. 11.). 인용된 부분은 박홍서 기자(당시 연합신문 국회출입기자)의 회고 부분이다.

55) 국회사무처, 앞의 책, 340쪽.

56) 국회사무처, 앞의 책, 340쪽.

서와 파출소를 통해 이루어졌다. 이날의 야간 긴급국회에서는 어떤 내용의 의견들이 오고 갔는지에 대한 증언들이 남아 있다.

27일 새벽 2시께 한창 잠이 들었는데 동대문서에서 날 찾았어요. 긴급 야간국회가 열리니 빨리 모이라는 거예요. 중앙청 자리에 있던 의사당으로 나가니 채병덕 육참총장이 전황설명을 하는데 무슨 뜻인지 종잡을 수가 없었어요. 괜찮으니 안심하라는 얘기 같기도 하고 어떻게 들으면 공식적으로 이런 말을 하지만 실은 그렇지 않으니 알아서 처신하라는 것 같기도 하더군요. 아무튼 한심하고 기가 막힌 태도였어요. 얼마나 답답하던지 당시 부의장이던 장택상 의원이 몇 마디 질문을 하더군요. 꼭 꼭 핵심만 찌르는 내용이었어요. 저쪽 무기가 뭐냐고 물어요. 그러니 탱크와 장거리포를 앞세우고 내려온대요. 그럼 이쪽은? 하니 M1과 카빈총뿐이래요. 그러자 장 의원이 그런 무기를 갖고 어떻게 탱크에 맞서 반격한다고 장담하느냐고 따지자 대답이 걸작이었어요. 무기는 그렇더라도 우리 국군이 워낙 용감하기 때문에 반격할 태세를 갖추고 있다고 하더군요. 그 침통하고 불안한 속에서도 킥킥거리며 웃는 소리가 들렸어요.[57]

27일 새벽 2시께 내가 묵고 있던 남산 밑 어느 호텔로 인근 파출소에서 전화가 왔어요. 빨리 국회로 나오라는 겁니다. 시골서 갓 올라온 처지에 차가 있습니까? 경찰에서 차를 내줍디다. 국회 분위기는 권 의원 설명[58] 그대로였구요. 참으로 한심한 작태들이었어요.[59]

27일 새벽 국회가 급히 소집되어 중앙청 회의실에 갔지요. 신성모 국방장관과 채병덕 육군참모총장이 나와 있었는데 그들은 증언에서 3~5일 이내에 평양까지 점령할 수 있는 만반의 준비와 강력한 군대를 갖추고 있다고 말하더군요. 그 전에도 만일 북괴의 도발이 있을 때에는 순식간에 격

57) 부산일보사, 앞의 책, 64~65쪽. 인용된 부분은 권중돈 의원의 회고 부분이다.
58) 바로 앞 문단에 직접 인용된 '권중돈 의원'의 회고를 의미한다.
59) 부산일보사, 앞의 책, 66쪽. 인용된 부분은 김명수 의원의 회고 부분이다.

퇴하여 해주에서 아침을 먹고 평양에서 점심을 먹고 2, 3일 내에 백두산에 태극기를 휘날릴 수 있을 것이라고 말한 적이 있었거든.[60]

채병덕 총참모장이 국회에 출석해 설명한 전황은 매우 낙관적이었다. 그러나 채 총참모장이 보고한 것과는 다르게 이미 26일 13시 의정부는 함락되었고, 27일 새벽이면 의정부를 점령한 북한군 2개 사단과 2개 전차연대가 3번 국도를 따라 서울 창동 일대까지 접근해오고 있을 때이다. 그럼에도 채 총참모장이 전황을 유리하게 보고한 것은 채 총참모장이 전황을 제대로 파악하지 못했기 때문이 아니라, 전황이 매우 급박했기 때문이라고 짐작해볼 수 있다. 산회된 후 27일 아침, 채 총참모장의 이웃이던 황성수 의원이 직접 채 총참모장을 찾아가 전황을 물었을 때 그는 어쩔 수 없는 일이었다고 대답했다고 한다[61].

27일 새벽 긴급회의에서 채 총참모장의 전황 보고 이후 수도 사수 결의안이 통과되었다. 수도 사수 결의안은 국회의원들이 1백만 애국시민과 같이 수도를 사수한다는 것으로, 원세훈 의원이 동의(動議)하여 만장일치로 통과되었다. 결의안이 논의되는 과정에서 의원들 간의 갑론을박이 있었다고 했다. 적의 공격에도 국회가 앞장서서 서울을 지키겠다는 결의는 선언적인 의미만 지닐 뿐, 실질적으로 수도 사수를 위해 국회와 국회의원들이 할 수 있는 일이 없었기 때문이다. 또

---

60) 『중앙일보』, 1970년 4월 13일, 「민족의 증언 (6) 가장 길었던 3일 ⑥」, http://news.joins.com/article/123369(검색일 2019. 9. 11.). 인용된 부분은 정일형 의원의 회고 부분이다.

61) “27일 아침 … 바로 맞은편에 살던 채병덕 참모총장 집에 가서 전황을 직접 물어봤지요. 채 소장은 대뜸 빨리 떠날수록 좋다면서 어제 국회에서 한 보고는 군기라서 할 수 없이 거짓말을 했다고 사과하지 않겠어요? 평생, 이런 거짓말은 처음 했다면서 몹시 괴로운 표정이었습니다.”(『중앙일보』, 1970년 4월 13일, 「민족의 증언 (6) 가장 길었던 3일 ⑥」, http://news.joins.com/article/123369(검색일 2019. 9. 11.). 인용된 부분은 황성수 의원의 회고 부분이다.)

한, 정부나 국회가 서울에 남아 있다가 북한군에 의해 사로잡힌다면 전쟁이 곧바로 종결될 수 있다는 것이었다. 특히나, 북한군이 서울로부터 북방 약 10km 정도밖에 떨어지지 않은 의정부를 점령한 지 한 나절이 지난 시점에서, 그리고 이미 정부는 대전으로 천도를 결정한 상황에서 이에 대한 충분한 정보를 갖지 못한 채 국회에서 결의안이 통과되었다.

> 그때 국회에서 한 수도 사수 결의는 국회의원들이 흥분한 탓도 있지만, 정부가 아무리 도망친다 하더라도 수도 사수의 엄연한 결의를 국민에게 보여주기 위한 것이었지요. 수도 사수의 결의까지에는 갑론을박이 오고 갔어요. 사수 결의에 냉담한 측은 의원은 전투원이 아닌데 어떻게 사수결의가 되겠느냐는 주장이었지요. 현실적으로 정부가 옮기게 될 경우, 국민들에게 실정을 이야기하고 정부를 믿고 따르라고 하면 될 것이라는 것이었습니다.62)

신익희 국회의장과 조봉암 국회부의장을 중심으로 한 국회의원 일부가 수도 사수 결의안을 전달하기 위해 경무대를 방문했을 때는 이미 이 대통령이 피란길을 떠나 서울역으로 출발하고 난 이후였다. 이 소식을 뒤늦게 알게 된 신익희 국회의장과 국회의원들은 뿔뿔이 흩어져 피란길에 올랐다.

> 26일 낮에는 채병덕 참모총장이 적을 의정부 밖으로 격퇴했다는 말을 듣고 안심, 그날 밤에는 중앙청에서 비상국회를 열고, 해공(신익희 의장)의 제의로 수도 사수 결의안을 만장일치로 채택했어요. 그러나 해공이 이 결의안을 전하려 경무대에 갔다가 행정부가 이미 수원으로 철수했다는 소

62) 『중앙일보』, 1970년 4월 15일, 「민족의 증언 (7) 가장 길었던 3일 ⑦」, http://news.joins.com/article/1233916(검색일 2019. 9. 11.). 인용된 부분은 윤길중 의원의 회고 부분이다.

식을 듣고, 27일 새벽에 뿔뿔이 헤어졌습니다.[63)]

국회의 수도 사수 결의는 만장일치로 채택됐어요. 결의문 내용은 국회의원은 1백만 애국시민과 같이 수도를 사수한다는 것이었는데 나는 이 결의문 작성에 참여했습니다. 그 결의문을 가지고 행정부 인사를 찾아봤더니 아무도 없어요. 그래서 그걸 가지고 반도호텔에 있는 미 대사관으로 갔지요. 무초 대사는 없고 다른 직원들이 서류를 불태우고 있지 않아요. 이거 사태가 급하다고 느꼈어요. 국회로 다시 돌아갔지만 아무도 없었고 중앙청사를 같이 쓰고 있는 장관들도 보이지 않더군요. 그게 27일 아침이지요.[64)]

야간 국회는 수도 서울의 사수를 결의했지요. 지금 생각으로는 원세훈 의원(서울중구갑 · 민주연맹)이 주동적 발언을 한 것 같아요. 비상국회는 한 시간 정도 계속된 것 같습니다. 수도 사수의 문안 작성은 신익희 의장에게 일임하여 의장실에서 신 의장 · 사무총장 · 나 이렇게 문안을 작성해 가지고 경무대로 갔는데 이 박사는 벌써 피난 갔지 않아요. 그래 할 수 없이 이낙형 부통령[65)](고인)을 찾아가 단잠 자는 것을 깨워 그간의 경과를 말하고 결의문을 전달했지요. 다시 국회에 돌아오니까 새벽 4시쯤이었어요. 대통령이 피난 갔다는 소식이 전해지자 국회의원들도 모두 뿔뿔이 헤어졌어요.[66)]

국회의 수도 사수 결의안 가결과 정부 천도 결정의 엇박자는 정부

63) 『중앙일보』, 1970년 4월 13일, 「민족의 증언 (6) 가장 길었던 3일 ⑥」, http://news.joins.com/article/123369(검색일 2019. 9. 11.). 인용된 부분은 황성수 의원의 회고 부분이다.
64) 『중앙일보』, 1970년 4월 13일, 「민족의 증언 (6) 가장 길었던 3일 ⑥」, http://news.joins.com/article/123369(검색일 2019. 9. 11.). 인용된 부분은 정일형 의원의 회고 부분이다.
65) 기사의 원문을 그대로 가져온 것으로, '이시영'의 오기(誤記)로 생각된다.
66) 『중앙일보』, 1970년 4월 13일, 「민족의 증언 (6) 가장 길었던 3일 ⑥」, http://news.joins.com/article/123369(검색일 2019. 9. 11.). 인용된 부분은 이충환 의원의 회고 부분이다.

와 국회 간에 전황 및 상황에 대한 정보 공유가 전혀 이루어지지 않았음을 보여줌과 동시에, 국가기관이 질서를 유지하며 피란을 떠난 것이 아니라 정부 각료, 국회의원, 공무원 등이 각개 철수해 집결지로 정해진 곳까지 알아서 집합하는 형태로 정부와 국회의 이동이 이루어졌다는 것을 의미한다.

(3) 국회의 피란

경무대를 방문했으나 이 대통령에게 결의안을 결국 전달하지 못한 채 정부가 대전으로 옮겨가는 것으로 결정되었다는 사실을 뒤늦게 알게 된 신익희 국회의장은 국회로 돌아오는 대로 정회하였고[67], 각 국회의원들에게 27일 오전 7시에 마지막 남행열차가 서울역에서 떠난다는 사실을 전달하였다[68]. 신 의장의 연락을 받은 국회의원들의 경우 기차를 통해 후방으로 이동할 수 있었지만, 연락을 받지 못했거나 서울에 남아 있는 가족들과의 연락 문제 등으로 대부분의 의원들은 각자 서울을 빠져나왔어야 했다.

피란을 떠나는 과정에서 많은 의원들의 행방이 불명한 상황이 발생했다. 제2대 국회가 개원한 지 얼마 되지 않아 의원들의 연락망을 충분히 갖추지 못해 피란 소식이 전해지지 못했을 뿐만 아니라, 무엇보다도 6월 27일 새벽에 있었던 긴급회의에서 수도 사수를 결의했기 때문이었다. 9·28 수복 이후 국회가 서울로 복귀했을 때 보고된 바에 따르면, 전체 의원 210명 중 임시 국회와 함께 남하한 의원이 147명, 재미(在美) 의원이 1명, 남하하지 못한 의원이 62명이었다. 62명 중 피점령 지역에 잔류했지만 생존한 의원이 32명, 서울에 갇혔다가 사망한 의원이 3명, 납북되었거나 행방이 불분명한 의원이 총 27명

67) 김행복, 앞의 책, 122쪽.

68) 부산일보사, 앞의 책, 67쪽.

으로 확인되었다[69]. 이후 “6·25 사변으로 인하여 행방불명이 된 별표에 열기한 의원은 국회에 다시 등록할 때까지 재적의원 수에 산입하지 아니한다”는 조항으로 구성된 「행방불명 국회의원 재적 수 산정에 관한 특별조치법」이 통과되었는데, 해당 법률의 부칙에 명시된 행방불명 국회의원은 아래와 같다.

〈표 3〉 전쟁 중 피랍 또는 행방불명된 국회의원 명단(정당별)[70]

정당 소속(의원 수)	의원명(지역구)	
대한국민당(3)	김웅진(경기 화성군을구) 조종승(충북 단양군)	김경배(경기 연백군갑)
민주국민당(1)	김용무(전남 무안군갑구)	
국민회(4)	구덕환(충남 서천군) 정인식(전남 광산군을구)	박철규(충남 예산군) 이상경(경남 하동군)
사회당(1)	조소앙(서울 성북구)	
민족자주연맹(1)	원세훈(서울 중구갑구)	
무소속(17)	오하영(서울 종로을구) 윤기섭(서울 서대문을구) 류기수(경기 용인군) 백상규(경기 장단군) 박영래(전북 완주군을구) 최병주(전북 부안군) 조규설(경북 영천군을구) 양재하(경북 문경군) 신용훈(경남 창녕군)	장연송(서울 동대문구) 이종성(경기 이천군) 안재홍(경기 평택군) 김헌식(충남 논산군갑구) 신석빈(전북 정읍군갑) 조헌영(경북 영양군) 박성우(경북 상주군갑구) 김칠성(경남 부산시병구)

그 결과, 전체 의원 210명 중 위 표에 명시된 27명을 제외한 183명으로 의원 정수가 조정되었다. 행방불명된 의원 외에도 이종린(충

69) 제2대 국회 8회 폐회식 속기록(1950. 11. 26.), 3쪽; 8~10쪽.

70) 국회의원들의 지역구 및 소속 정당은 『대한민국선거사』(중앙선거관리위원회, 앞의 책, 747~757쪽)를 참고하였다.

남 서산군갑구, 일민구락부), 최윤호(전북 김제군을구, 무소속), 김홍용(전남 담양군, 무소속) 의원은 피란을 떠나지 못하고 사망 또는 피살된 것으로 확인되었다. 또한, 국회와 함께 피란을 떠나왔지만 전쟁으로 인해 최원봉(경남 부산시무구, 무소속), 이판열(전남 구례군, 민주국민당), 김명동(충남 공주군을구, 대한국민당), 이긍종(충남 연기군, 무소속), 권오훈(경북 달성군, 무소속) 의원이 사망하였다. 이상 전쟁 중 사망한 것으로 확인된 국회의원 8명의 지역구에서는 1952년 2월 5일 보궐선거가 실시되면서 의원 정수는 183명으로 유지되었다.

서울을 떠나온 국회는 7월 4일 대전 충남도청에서 임시비상국회를 소집했으나, 의사정족수에 훨씬 못 미치는 의원들만 대전에 도착한 상황이라 결국 이날 임시비상국회는 "간담회 형식으로 사태 수습에 대한 의견 교환"의 장에 그쳤다. 또한, "의장 직권으로 지청천 · 서민호 · 김종회 · 황성수 · 이용설 · 김용우 의원들로서 비상대책위원회를 설치하고 수시로 동 위원회로 하여금 행정부 및 각국 외교사절단 등과 긴밀한 연락관계를 담당케 함으로써 급변하는 전황과 국제정세에 대비한 유기적이고 기동적인 국회소기관으로서의 임무"를 수행하도록 했다[71].

이후 국회는 정부의 이동에 따라 대전, 대구, 부산으로 함께 이동하였다. 제8회 국회는 "6월 27일 새벽 회의를 끝으로 제7회 국회가 자동 폐회된 다음 1개월여가 지난 7월 27일, 사변 수습을 위한 10건의 대통령 긴급명령에 대한 처리를 비롯하여 전시에 대비한 각종 긴급안건심의를 위하여 소집"[72]되었다. 원래 6월 25일까지 구성하기로 했던 상임위원회는 전쟁으로 미루어졌다가 7월 28일에 비로소 구성되었고, 각 상임위원장과 전원위원장, 국회 사무총장을 임명함으로서

71) 국회사무처, 앞의 책, 341쪽.

72) 국회사무처, 앞의 책, 344쪽.

국회 기관을 완전히 갖추게 되었다.

대구 문화극장에서 재개회한 국회는 8월 17일 제10차 본회의를 끝으로 부산으로 옮겨 9월 1일부터 10월 1일 제31차 본회의까지 부산 문화극장에서 회의를 계속하였다. 그리고 이후 서울을 수복한 후 정부가 환도할 때 국회도 서울로 복귀하였다. 10월 7일 제32차 본회의를 서울 중앙청 회의실에서 열었으나, 전쟁으로 회의장소가 거의 파괴되어 이후부터 부민관 건물의 극장으로 옮겼다[73]. 그러나 얼마 지나지 않아 중공군이 개입해 공세를 단행함으로써 12월 25일 제10회 국회 제5차 본회의를 끝으로 다시 부산으로 이동했다. 국회가 다시 서울로 복귀한 것은 전쟁이 완전히 끝난 1953년 9월 21일이었다. 전쟁과 피란으로 인해 제7회 3차 본회의부터 제8회 37차 본회의까지의 속기록은 남아 있지 않고, 해당 시기의 『국회사』 기록 역시 매우 소략한 상황이라 전쟁 발발 직전부터 낙동강 방어선 전투를 거쳐 서울 환도에 이르는 시기까지 대구와 부산 국회에서 어떤 결정이 이루어졌는지, 각 사안별로 어떤 논의가 오고 갔는지에 대해 공식 자료로서 확인할 수 있는 방법은 없다.

4 맺음말

1950년 6월 25일 새벽, 북한군의 전면적인 기습 남침으로 인해 발발한 6·25 전쟁은 한반도 전체에 깊은 상흔을 남겼을 뿐 아니라, 개개인들에게도 깊은 트라우마를 남겼다. 전쟁이 끝난 지 70년이 다 되어 가는 이 시점에도 여전히 한국인들에게 6·25 전쟁은 한국 현대

73) 국회사무처, 앞의 책, 345쪽.

사에서 가장 중요한 기억이며, 전쟁 이후 형성된 분단 체제는 아직까지 공고히 한국인들의 일상을 지배하고 있다. 6·25 전쟁을 제대로 이해하는 것은 오늘날의 한국 사회가 형성된 기원을 바로 이해하는 것과 같다. 그러나 그간 6·25 전쟁에 관한 연구는 주로 전쟁 발발의 배경과 원인은 무엇인지, 전쟁 개시의 결정 과정은 어떠했는지 등을 통해 궁극적으로는 전쟁의 책임이 누구에게 있는지를 밝히고자 진행되어 왔다.

본 연구는 국가가 동원할 수 있는 모든 자원을 효율적으로 투입·통제·조정하는 과정을 포함하는 '전쟁지도(Conduct of War)'의 개념에 입각해, 전쟁지도의 주체를 행정부와 국회로 상정하고 이들 국가기관이 전쟁 발발 직후 어떠한 대응 조치들을 시행했으며, 전란을 피해 어떻게 수원, 대전 등지로 피란을 떠났는지 살펴보았다. 초기 정부의 전쟁지도와 관련한 여러 연구 자료와 국회 회의록, 당시 여러 정치인들이 남긴 회고 등을 검토하고 교차 검증함으로써 최대한 당시의 상황을 있는 그대로 재구성해내고자 노력했다. 전쟁은 정치의 연속이라는 클라우제비츠의 오래된 정의를 끌어오지 않더라도, 전쟁을 수행하는 국가기관으로서의 행정부와 국회가 전쟁 초기에 어떻게 행동했는지는 전체 전쟁의 국면을 이해하는 데도 필수적이다.

행정부와 국회는 전쟁 발발 직후 전쟁 상황에 대한 공유가 거의 이루어지지 못했고, 시행된 조치들 역시 서로 협조 하에 이루어진 것으로 보기는 어렵다. 국회는 국방부로부터 직접 전황을 보고받는 위치가 아니었으므로, 국방부장관이나 내무부장관 등의 국무위원이나 육군 총참모장 등을 국회에 출석시켜 상황을 들었을 뿐이다. 그러나 이때 이루어진 전황 보고는 실시간 정보로 보기 어려웠고, 지나치게 낙관적인 입장뿐이었으므로 전황을 제대로 이해하는 데는 별로 도움이 되지 않았다. 그렇다고 행정부가 상황을 제대로 파악하고 있었던 것도 아니었다.

그러던 중 이승만 대통령은 3부 요인이나 전체 국무위원들에게도 알리지 않은 채 서울→대구→대전→이리→목포→부산→대구 등지를 거쳐 피란을 떠났고, 이 사실을 모른 채 국회는 수도 서울 사수를 결의하고 결의문을 이 대통령에게 직접 전달하러 떠나는 촌극이 빚어진 것이다. 피란민들을 통제할 계획이 없었던 것은 물론이거니와 헌법기관인 국회의원 개개인은 물론, 정부 부처 역시도 체계적인 피란 계획 없이 각자 알아서 한강을 건너야 하는 상황이 벌어졌다. 이때 혼란을 부추긴 것은 한강교 조기 폭파와 이 대통령의 녹음 방송이었다. 치안을 담당하는 내무부장관은 이 대통령의 방송으로 끝까지 서울을 지키다 겨우 빠져나왔고, 국회의원 210명 중 30명이 죽거나 행방불명되었다. 전쟁의 상황이 매우 위급하였다는 것을 감안하더라도, 국가 운영에 필수적인 국가기관인 입법부와 행정부가 이와 같이 우왕좌왕하는 모습을 보였다는 것은 전쟁 발발 직후 초기 전투 국면에서 시의적절한 조치나 대응이 어려웠음을 단적으로 보여주고 있다. 비교적 안정된 상황에서 전쟁을 지도할 수 있었던 것은 낙동강 방어선이 형성되고 국가기관이 대구로 옮겨간 이후부터라고 볼 수 있다.

본 연구는 전체 전쟁의 극히 일부 시기 동안, 그것도 가장 위급한 때에 정부의 전쟁지도를 다루었다는 점, 육군본부나 일선 사단의 전투명령이 아닌 행정부와 국회가 보인 대처만을 중심으로 분석했다는 점에서 다소 한계를 지닌다. 그러나 당시의 상황을 잘 보여주는 여러 증언들과 그간의 연구들을 통해 개전부터 약 3~5일 동안 벌어졌던 상황을 재구성해냈다는 점에서 그 의의를 찾을 수 있다. 또한, 본고가 그동안 전투사(史) 중심의 6·25 전쟁 서술을 탈피하여, 개전 직후의 정치적 맥락과 상황을 강조함으로써 초기 전투 시기의 전쟁 수행에 대한 풍부하고 다층적인 이해에 기여할 수 있기를 기대한다.

6·25전쟁 초기 북한군 도하작전의 실패요인 연구
-한강 도하 사례를 중심으로-

| 정상혁 |

1 머리말

6·25전쟁 당시 북한군의 '선제타격작전계획'이 실패한 데는 전쟁 초기 도하작전의 지연이 중대한 요인으로 작용하였다. 전쟁 이전 여건이 불비한 가운데 국군은 이미 주요 하천을 중심으로 개략적인 하천선 방어 개념을 구상하고 있었고, 강과 하천이 다수 존재하는 한반도 지형은 공격부대의 진격속도를 둔화시켰다. 북한군은 개성-문산 축선의 임진강과 춘천-홍천 축선의 소양강을 도하하는데 예상보다 많은 시간을 허비하는 바람에 국군의 주력을 포위 섬멸하는데 실패하였다. 특히 전쟁 초기 서울을 단 3일 만에 점령했음에도 한강 도하를 신속하게 완료하지 못한 것은 명백한 실책이었다. 결국 북한군의 전쟁 초기 도하작전 실패는 전쟁수행 목표였던 '국군 주력의 섬멸'과 '단기 속전속결'을 좌절시키는데 결정적인 역할을 하였다.

그렇다면 전체 전력 면에서 국군에 비해 압도적으로 우세하였던 북한군은 왜 도하작전에서 실패하였는가? 기존 연구들에서 주목하는 요인들은 크게 2가지로 요약할 수 있다. 먼저 첫째, 북한군은 서울 점령 이후 전과확대를 위한 즉각적인 추격을 실시하지 않았다.[1] 결국 이로 인해 국군의 주력은 한강 이남으로 철수하여 재편성을 할 수 있었다. 뿐만 아니라 이 시점에서 김일성은 한강 도하를 위해 군사적으로 중요했던 한강교 점령 임무를 맡고 있었던 105전차여단의 임무를 전환하여 공공기관, 방송국, 형무소 등 정치적 목표들부터 우선 접수하도록 명령을 변경하였다. 이러한 과오로 인하여 북한군은 한강 교량들을 확보하지 못했고 이들 교량들은 모두 파괴되어 버렸다.[2] 만약 북한군이 즉각 추격을 실시하면서 한강 교량들을 확보하였다면 도하작전은 매우 수월해졌을 것이다.

둘째, 북한군은 하천을 극복하기 위한 도하장비가 부족하였기 때문에 한강을 도하하는데 많은 희생을 강요당할 수밖에 없었다는 것이다.[3] 소련 군사고문단 역시도 북한군의 도하장비가 충분하지 않았기 때문에 포병, 전차 등 중장비의 도하가 지연되었다고 분석하고 있다. 특히 한강은 평균 강폭이 1~1.5km, 수심이 3.5m에 이르는 최대의 천연장애물이었기 때문에 도하장비 없이는 이를 극복하기가 어려웠다.[4]

하지만 기존 연구 성과들은 북한군의 도하작전 실패를 충분히 설명하지 못하고 있다. 먼저 서울을 점령한 북한군 3사단, 4사단, 105전차사단이 3일 동안 추격을 실시하지 않은 것에는 그럴만한 이유가

1) 북한군이 즉각 추격하지 않은 이유로 서울 점령 이후의 작전계획이 구체화되어 있지 않았고, 김일성이 서울만 점령하면 인민봉기에 의해 전쟁이 종료될 것으로 전망했기 때문이라는 주장이 있다. 박명림, 『한국전쟁의 발발과 기원 1: 결정과 발발』, 1996, 제7장.

2) 국방부 군사편찬연구소, 『라주바예프의 6·25전쟁보고서 제1권』, 2001, p.166.

3) 국방부 군사편찬연구소, 『漢江線 防禦와 初期 遲延作戰』, 2006, p.226.; 일본육전사연구보급회, 『한국전쟁 1권』, 1991, p.143; 사회과학원 력사연구소, 『조선전사 제25권』, 1981, p.142.

4) 국방부 군사편찬연구소, 『漢江線 防禦와 初期 遲延作戰』, 2006, p.126.

있었다. 구소련의 기록들이 비밀해제 되면서 밝혀진 북한군 작전계획에 의하면 북한군은 2차에 걸친 양익포위를 구상했는데, 한강을 먼저 도하해야 하는 부대는 서울을 점령한 부대들이 아니라 측방에 있었던 2사단과 6사단이었기 때문이다.[5] 또한 서울 점령부대들이 즉각 추격을 실시했더라도 한강 교량들을 점령하는 것은 불가능했다. 북한군 전차가 처음으로 서울로 진입한 시간이 6월 28일 새벽 01:30분이었는데, 6월 27일 15:30에 이미 한강 교량 상에 폭약 설치가 완료되어 있었기 때문이다.[6] 당시 한강교 점령 임무를 맡은 전차부대장은 길을 몰라 헤매다가 한강에 뒤늦게 도착한 이후 교량에 설치된 폭약을 보고나서 건널 결심을 하지 못했다.[7]

다음으로 도하장비가 부족했었다는 주장은 가장 보편적인 것으로 한강 도하작전에 분명 영향을 주었지만 그것만이 결정적인 원인이라고 보기는 어렵다. 사실 북한군은 도하장비만 부족했던 것이 아니라 거의 모든 장비가 부족했는데, 그런 면에서 우선순위가 시급한 것은 전투장비들도 마찬가지였다. 이러한 분석은『라주바에프 보고서』와 북한 공간사에서 다수 발견할 수 있는데 그들의 도하작전 과오를 축소할 수 있는 매우 유용한 분석이라고 할 수 있다. 이러한 주장의 한계를 가장 극명하게 보여주는 사례는 7월에 있었던 북한군의 금강 도하였다. 금강 도하 시에도 북한군은 도하장비가 여전히 부족했고 금강의 모든 교량들이 파괴되어 있었지만 북한 공간사에서는 금강 도하작전을 매우 성공적으로 평가하고 있다.[8]

물론 북한군의 뒤늦은 추격과 도하장비 부족 문제는 전체 전쟁수

---

5) 육군 군사연구소,『춘천-홍천지구 방어전투』, 2012., 석영준, "6·25전쟁 초기작전 간 '북한군의 작전의도 분석-김포지구전투와 춘천지구전투를 중심으로'"『군사연구 124집』,

6) 국방부 군사편찬연구소,『北韓의 全面南侵과 初期 防禦戰鬪』, 2006. pp.658~662.

7) 국방부 군사편찬연구소,『라주바예프의 6·25전쟁보고서 제2권』, 2001, p.16.

8) 허종호,『조국해방전쟁사 제1권』, 1983, p.219.

행 측면에서 작전수행 속도를 저하시킨 것이 사실이다. 북한군의 뒤늦은 추격은 국군의 재편성을 가능하게 했고, 항상 도하장비가 부족했기 때문에 중장비들의 도하는 어려움 속에 진행되었다. 한강에서도 이러한 현상은 마찬가지였다. 그러나 이러한 요인들이 한강 도하작전의 직접적인 실패요인이라고 단정하기는 어렵다.

본 논문에서는 한강 도하작전 실패요인을 좀 더 정확히 이해하기 위해서는 전술적 측면에서의 북한군 도하능력을 분석하고자 한다. 북한군은 전쟁 초기였던 한강 도하작전에서 전술적으로 서툴렀고 이것은 전쟁 초기 국면에 심대한 영향을 주었다. 만약 김포 방면의 북한군 6사단이 전쟁 초기부터 전술적 역량이 우수하여 신속하게 도하에 성공, 영등포 방면으로 진격했더라면 한강 방어선은 존재하지 않았을 것이다. 또한 북한군 3사단, 4사단, 105전차여단이 한강을 7월 3일이 아니라 그 이전에 도하했다면 낙동강 진출 시점은 훨씬 당겨졌을지도 모른다.

이를 통해 볼 때, 북한군의 전쟁 초기 한강 도하작전 실패는 분석 수준을 구분하여 살펴볼 필요가 있다. 상위 수준인 군사전략/작전술 차원에서 북한군의 뒤늦은 추격이나 도하장비의 부족은 북한군의 전반적인 작전템포를 저하시키는 요인으로서 한강 도하를 포함한 군사작전에 일정 부분 영향을 주었다. 반면에 하위 수준인 전술적 차원에서 북한군의 미흡한 전술능력은 전쟁 초기 한강 도하작전 성패 여부를 보다 직접적으로 결정하였고 전체 전쟁수행에 치명적인 영향을 주었다.

그런 의미에서 전쟁 이전 북한군의 도하작전 준비과정과 한강 도하작전에서 북한군의 전술적 능력을 분석하는 것은 한강 도하의 실패요인을 정확하게 규명함에 있어서 큰 의미가 있다. 이를 통해 북한군이 왜 전쟁 초기 도하작전 능력이 부족했는지, 전쟁 초기 전술적인 능력의 미흡이 전체 전쟁수행에 어떤 영향을 주었는지에 대한 이해를 제공할 수 있을 것이다.

2 전쟁 이전 북한군의 도하작전 준비

(1) 교리

북한군은 교리에 따라 훈련하였을 것이고, 개별 전투에서 훈련한 대로 행동하였을 것이다. 따라서 6·25전쟁에서 북한군의 도하작전을 이해하기 위해서는 우선 북한군의 교리를 분석해야 할 것이다. 당시 북한군의 도하작전 교리는 1945년도에 출판하여 1948년에 번역된 『야전규정』과 『강행도하』가 있다. 이들 교리들은 각각 총참모부와 민족보위성에서 출판하였다.

그러나 북한군의 교리들은 소련으로부터 도입된 것이고, 불과 전쟁 발발 1~2년 전에 번역되었기 때문에 실제 이를 체득할 시간은 부족하였다.[9] 더구나 교리에서 요구하는 장비들의 도입은 더욱 늦었고 이를 훈련할 시간 역시 부족했다. 여러 가지를 준비하고 훈련해야 했던 상황이었고 도하작전은 그 중에서 매우 난이도가 높은 과제에 해당했다. 상륙작전이 육·해·공군 간 수많은 사항을 협조해야 하기 때문에 어려운 것처럼 도하작전 역시 공병부대 뿐만 아니라 보병, 포병, 기갑, 통신 등 육군 내 거의 모든 병과를 통합하여 수행해야 하는 작전이라는 측면에서 매우 어려웠다. 따라서 짧은 시간 북한군이 도하작전 교리를 완벽하게 적용하는 것은 어려운 일이었다. 특히 북한군은 교리를 구현하기 위한 장비가 부족했고 이를 수행하는 군관들의 능력도 부족한 실정이었다.

그럼에도 불구하고 도하작전 교리는 전쟁 이전까지 북한군이 군사력을 운용하기 위한 기준이었기 때문에 이를 분석하는 매우 의미 있

9) 북한군 공병군관인 주영복은 매일 〈병사·하사관용 공병교본, 1949년 출간〉을 번역하였다. 이와 같이 당시 북한군 군관들은 번역된 소련군의 군사교범을 통해 교리를 배우고 있었다. 주영복, 『내가 겪은 조선전쟁 제1권』, 1991, p.95~98.

는 활동이다. 일반적으로 군의 교리는 수많은 전투경험과 그로 인해 얻어진 교훈들로 만들어진 것들로서 군의 전투력을 효과적으로 운영하기 위한 지침이 된다. 따라서 교리에 충실하다는 것은 성공 가능성을 높여 주는 것이고 북한군은 교리에 따라 도하작전을 준비했을 것이다.

적의 방어 상태에 따라 북한군의 도하작전 형태는 크게 2가지로 구분할 수 있다. 먼저 적이 방어를 갖추기 전에 신속하게 도하하는 방법과 적이 방어를 갖춘 상태에서 충분히 준비하고 협조된 도하를 하는 방법이 있다. 어떤 방법을 선택해야 하는지에 영향을 주는 것은 하천의 넓이, 깊이, 유속 등 하천의 성질과 적의 방어 상태이다. 이렇게 지형과 기상, 적 상황에 따라 지휘관은 도하작전의 형태를 판단할 수 있다.

신속하게 도하를 하는 방법은 많은 면에서 피해를 줄일 수 있으므로 북한군 교리에서는 상황이 허락한다면 되도록 신속하게 도하하는 것을 강조하고 있다.[10] 이를 위해서는 유리한 도하점을 장악하고 그 도하점을 통해서 부대를 도하시켜야 한다. 그렇기 때문에 북한군의 교리는 기동성 있는 부대가 도하점을 신속하게 점령하고 주력이 도달할 때까지 이를 유지하는 것을 중요하게 생각하고 있다. 북한군 기갑부대 교리에도 도하작전 시 유리한 도하점을 신속하게 점령하는 것을 강조하고 있다.[11] 그러나 도하가 용이한 곳들은 상대 역시 강력한 대비를 하고 있을 것이기 때문에 지휘관은 하천에 이르기 전에 임무분석 및 정찰을 통해 미리 전투의 목적과 기도, 부대의 임무, 전투서열, 도하방법, 화력지원, 연락조직, 적의 방어, 하천의 특성 등을 파악하여야 한다.

---

10) ATIS Document no. 200534, 『강행도하』, 1949년판, 1948년 9월 번역출판, p.120.
11) 김광수, 『한국전쟁 중 북한군의 기갑운용연구』, 2004, pp.20~21.

만약 신속하게 도하할 수 있는 유리한 도하점을 탈취하는데 실패하였다면 북한군 교리에서는 준비되고 협조된 도하, 즉 '강행도하'를 실시할 것을 제시하고 있다. 상대가 이미 하천에서 방어를 준비하고 있는 경우 신속한 도하가 불가능하기 때문에 주로 실시한다. 강행도하를 실시할 경우에도 도하지점의 탈취는 여전히 중요한데 도하의 모든 준비가 대안의 도하지점에서 이루어지기 때문이다. 도하지점에서 북한군은 기습적으로 대안의 적을 소탕하고 교두보를 확보하여야 하고 도하장비를 비밀리에 집결 및 수집하여야 하며 병종 간 협동동작과 화력지원을 충분히 협조한 이후에 도하를 실시하여야 한다.[12)]

이렇게 점령한 도하지점 근처 대안에서의 중요한 활동들은 정찰과 공격계획 완성이다. 정찰은 도하지점의 지형을 분석하고 지뢰 등의 장애물을 제거하기 위한 활동이다. 북한군 교리는 도하하기 전에 부대는 반드시 정찰을 실시하여 적의 약한 지점을 판단하고 도하를 실시해야 한다고 규정하고 있다.[13)] 정찰을 실시하면서 적의 약한 지점이 식별되면 이 방향으로 침투를 실시하는데, 침투부대는 화력을 유도하고 후방을 교란하며 퇴로를 차단할 수 있다는 점에서 유용한 수단이다.[14)] 공격계획은 공병장과 지휘관이 도하계획표를 작성함으로서 완성되고 도하 중에 사단(여단)장은 도하지휘관으로, 공병부대장이나 공병장은 도하지점의 위수사령관으로 임명되어 도하작업을 지도하고 통제하는 임무를 담당하도록 되어 있다.[15)]

도하를 실시할 때, 북한군은 통상 넓은 전선에서 동시에 도하하는 것을 중요시하며 허위도하점을 설치하여 적에 대한 기만대책을 강구할 것을 고려하고 있다. 이러한 기만대책은 적의 병력을 분산 배치하

---

12) 조선인민군 총참모부, 『야전규정』, 1945년판, 1948년 4월 번역출판, p.365.
13) ATIS Document no. 200534, 『강행도하』, 1949년판, 1948년 9월 번역출판, p.117.
14) ATIS Document no. 200534, 『강행도하』, 1949년판, 1948년 9월 번역출판, p.121.
15) 조선인민군 총참모부, 『야전규정』, 1945년판, 1948년 4월 번역출판, p.369~370.

도록 하여 실제 도하 지점에 대한 적의 방어를 약화시킨다는 점에서 의미가 있다. 적의 주의를 주도하지점으로부터 분산시키기 위해 허위 도하점의 설치는 중요한 조치로 판단하고 있다.[16]

또한 도하 실시간의 화력지원을 중요시하였는데 포병, 박격포, 항공대가 화력으로 상대를 제압하는 것을 매우 중요하게 생각하고 있다.[17] 주력이 도하하기 전에 반드시 대안에 교두보를 확보한 후에 도하를 실시하며 상대의 화력을 방어하기 위해 방공무기와 대전차무기를 배치하여야 한다고 강조하고 있다. 특히 도하 전 과정에서 중단 없이 지속적인 화력지원을 강조하고 있다. 도하 시기는 대규모 화력지원 하에 주간 도하를 실시할 수 있고 야간에 은밀하게 도하를 감행할 수 있지만 주력의 도하는 야간도하가 바람직하다고 제시하고 있다. 주력의 도하는 비교적 야간이나 저녁, 미명을 이용하는 것이 유리하다고 하고 있으며 저녁 시간에 도하할 때는 지정된 계선을 점령할 시간을 보장하라고 하고 있다.

도하과정의 절차는 다음과 같다. ① 넓은 전선에서 1제대가 도하하여 차후작전에 유리한 계선 점령, ② 후속 제대가 도하하며 지휘는 보병지휘관이 담당(주력의 도하는 야간이 바람직), ③ 1제대가 대안을 확보하면 야음을 이용하여 교량가설(아침에는 교량을 해체하고 도선판을 이용하여 도하)[18] 이를 통한 개략적인 북한군의 도하작전 소요시간은 사단 단위로 4.5~6.3시간이 소요될 것으로 판단된다.[19] 도하작전 형태와 방법은 다음과 같다.

---

16) 조선인민군 총참모부, 『야전규정』, 1945년판, 1948년 4월 번역출판, p.364.

17) 조선인민군 총참모부, 『야전규정』, 1945년판, 1948년 4월 번역출판, p.367.

18) 조선인민군 총참모부, 『야전규정』, 1945년판, 1948년 4월 번역출판, p.372.

19) 보병부대는 "시" 시간에 상륙도하하고, 중장비 부대는 "시" 시간 이후 도선판으로 도하하며, 사단 주력부대는 1, 2제대가 도하 완료되는 4시간 이후에 교량을 통해 도하한다. 장성진, "낙동강 영산전투시 북한군의 도하작전 분석", 『軍史』 제78호(2011.3), p.139.

〈표 1〉 도하작전 형태 및 방법

구 분[20]	도하기재	도하시기	도하제대	도하기재
상륙도하	떼(뗏목), 공격단정, 주교	교두보 형성	1제대, 전위대	보병, 관측병, 경화기
여듭도하	밧줄, 흙가마니			
수영도하	부유기재(판대기, 원목, 외투-천막, 짚주머니 등)			
도선판 도하	도선판	교두보 확장	2제대 중량 초과장비	포병, 전차 탄약
교량도하	벌교(뗏목다리), 부교(장비), 수중교(흙가마니)	주력도하	주력	-

출처: 장성진, "북한군 군사교리 형성과 운용에 관한 연구, 1945~1950", 북한대학원 대학교 박사학위 논문(2014), pp.208~209를 재구성.

이렇게 북한군의 도하작전 교리를 살펴본 결과 도하지점 선정, 도하준비 과정, 정찰 및 침투, 화력지원, 도하시기 선택, 교량가설까지 상당히 정교하게 구성되어 있음을 알 수 있다. 북한군은 전쟁 경험이 없었지만 전쟁 이전 비교적 우수한 교리를 보유할 수 있었다. 이것은 도하작전 교리뿐만이 아니라 북한군 전체적으로 소련군의 교리를 받아들인 결과라고 할 수 있다. 하지만 이러한 교리를 실전에서 구현하기 위해서는 그에 적합한 장비를 갖추어야 하고 부단한 훈련을 통해 이를 체득해야 했다. 북한군이 단기간 내에 이러한 교리들을 내면화하는 것은 쉽지 않은 일이었다.

20) 상륙도하: 수륙양용장갑차와 같이 자체로 도하가능한 장비가 도하 여울도하(여듭도하): 소하천(폭 60m 이하, 수심 1m 이하)에서 도하장비 없이 도섭 도하 헤엄도하(수영도하): 개인용 부유기재를 이용하여 인원이 도하 배떼도하(도선판도하): 배나 문교를 이용하여 인원 및 장비가 도하 교량도하: 부교를 설치하여 도하하는 곳 북한군 교리 22-9-2 『집단군(군단)·사(여)단』, 2009, p.264.

(2) 도하장비

북한군은 1949년 3월 평양 북방의 간리에 총 병력 1,000명 수준의 공병연대를 창설하였고 예하에 공병 1개대대, 중부교대대, 경부교대대를 두고 있었다. 이후에 북한 공병부대는 소련으로부터 장비를 도입하고 1950년 4월에 공병여단으로 증편하였다.[21] 소련측 자료에 의하면 전쟁 발발 이전 북한군은 총 9개의 군 공병대대, 30개의 사단 공병중대가 있었는데 장비가 매우 부족하였고 대부분의 공병작업들은 수작업에 의존하는 수준이었다.[22] 도하장비 역시 수량이 부족했고 수량이 적은 대부분의 도하장비는 최고사령부 예하에 있었는데, 하위 제대인 사단들은 자체 도하장비가 없었기 때문에 사령부로부터 우선순위에 따라 도하장비를 증원받는 형태로 운용되었다.

전쟁 발발 이전 북한 공병부대가 보유하였던 대부분 도하장비의 충당은 주로 소련의 지원이나 차관 형식으로 전투 장비를 구매하는 형태로 이루어졌다. 도하장비 역시 마찬가지였다. 도하장비는 상륙을 위한 선박이나 문교, 부교 등을 의미한다. 아래의 도표는 러시아 외무성 문서고 자료로서 1949년 4월 28일 북한이 요청한 도하장비들과 1949년 6월 4일 소련군이 공급한 장비들인데, 물론 이후에 더 많은 장비들이 도입되었다. 여기서는 북한군이 주로 어떤 도하장비들을 사용했는가를 알 수 있다.

최초 교두보 형성단계에서 사용되는 상륙보트 등의 장비제원은 아래 도표와 같다. 모든 보트의 제원을 파악할 수는 없지만, 가장 많은 수량이 신청되었던 LMN형 보트는 일부 정찰조 인원들을 태울 수 있을 정도의 소형 보트이고, A-3보트의 경우는 대략 1개 소대급 인

---

21) 연대장에는 장인호 대좌가 임명되었고, 연대 예하에는 공병 1개 대대(약 250명), 중도하대대, 경도하대대, 전기중대, 급수중대, 자동차 수리소, 기계수리소 등이 있었다. 국방부 군사편찬연구소, 『漢江線 防禦와 初期 遲延作戰』, p.273.

22) 러 국방부. 김종국 역, 『러시아가 본 한국전쟁』, 2002, p.367.

〈표 2〉 1949년 소련군의 북한군 도하장비 지원

구 분	요청	공급	수량단위
수송선/함교/자동이송장치 갖춘 NLP 유형	6	3	척
N2P 수송선/함교	1	1	척
“jam sea” 수륙양용 보트	6	-	대
“A-3” 보트	12	12	대
DSL형 공격상륙작전용 보트	12	12	대
LMN형 압축 보트	20	20	대
"BMK” 모터보트	6	5	대

출처: 육군본부 군사연구실, 『한국전쟁사의 새로운 연구 1』, 2004, pp.596~601.

원을 태울 수 있는 보트였다. 나머지 정확한 제원을 파악하기 어려운 보트들 역시 대부분 중대급 이하에 해당하는 소부대급 도하기재들로 판단된다. 중장비들을 도하시킬 수 있는 도선판에 해당하는 N2P, NLP와 비교해보면 보트들이 적재할 수 있는 용량에는 한계가 있음을 알 수 있다.

〈표 3〉 전쟁 이전 소련군이 제공한 도하장비 제원 중 일부의 제원

구 분	승무원/탑승원 or 화물용량	길이	높이	중량
“A-3” 보트	10/20 o 6,000lb	20ft	1ft 4in	900lb
LMN형 압축 보트	1/5 or 1,400lb	10ft 6in	2ft 9in	95lb
NLP	5~9/10,000lb	23ft	2ft 8in	900lb

출처: Gordon L. Rotman, *World War Ⅱ River Assault Tactics*, 2013, p.19.

이 자료에서 핵심이 되는 것은 ‘NLP’와 ‘N2P’ 같이 많은 인원과 장비를 도하시킬 수 있는 도선판/교량장비이다. 이러한 장비들은 주로 교두보 확장 단계나 주력도하 단계에서 운용되어 차후작전을 신속하게 전개하는데 도움을 준다. NLP는 주로 중량이 가벼운 경장비

를 도하시키는 기재이고, N2P는 NLP보다 중량이 무거운 중장비를 도하시키는 기재이다.23) 이 자료를 통해 북한군이 사용한 도하장비들을 알 수 있으며 북한군 편제와 2차 대전시 소련의 도하작전 양상을 고려했을 때 NLP는 경부교대대에서, N2P는 중부교대대에서 운용했을 것으로 보인다. NLP와 N2P는 개별로 운용되면 도선판으로서 전차나 포병 1~2대 정도를 도하시킬 수 있는 장비이지만 이를 연결시키면 교량장비로서 활용되는 장비로서 오늘날의 문교/부교장비에 해당한다.

북한군이 보유했던 도하장비들의 정확한 수량은 알 수 없지만 여러 자료를 통해 제한적으로 추정해 볼 수 있다. 북한군이 실제 보유했던 도하장비 수량에 대한 연구는 부족한 편인데 김광수의 연구는 사료 검증 및 포로 진술 자료를 통해 도하장비의 수량을 추정하고 있다.24) 그에 따르면 중도하장비인 N2P 수량을 총 48조로 판단하고 있고, 경도하장비인 NLP의 수량은 총 24조로 파악하고 있다. 전쟁 초기에 N2P 중 24조는 김포 방면의 6사단이, 나머지 24조는 105전차여단이 운용한 것으로 파악하고 있다. 이와 관련하여 소련측 자료에서도 북한군 6사단은 N2P 부교대대와 16톤의 NLP를 증원받아 임무를 수행했다고 기술하고 있으며 1사단이 일부 공병부대를 지원받아 운용한 것으로 기록되어 있다.25)

종합해보면 전쟁 초기 북한군이 보유했던 도선판/교량장비들은

23) 2차 세계대전 당시 소련군은 NLP를 경부교대대에서 운용하였는데, NLP는 200~250ft 길이의 부교를 건설할 수 있는 장비로서 5~14톤의 중량의 장비를 지탱할 수 있는 장비였다. N2P는 중부교대대에서 운용하였으며 N2P는 325ft 길이의 부교를 건설할 수 있는 장비로서 30톤 중량의 장비를 지탱할 수 있었다. Gordon L. Rotman, *World War II River Assault Tactics*, 2013, p.28.

24) 김광수, "한국전쟁 전반기 북한의 전쟁수행 연구: 전략, 작전지휘 ,동맹관계", 2008, p.72.

25) 러 국방부. 김종국 역, 『러시아가 본 한국전쟁』, 2002, p.367.

N2P 총 48조, NLP 24조로 보인다. 도하장비 대부분은 김포 방면 6사단과 서울 방면 105전차여단에서 운용되었고, 경도하장비인 NLP 일부는 북한군 1사단이 운용했을 것으로 추정된다. 나머지 사단들의 경우 도선판이나 교량장비는 없었지만 보트 및 단정이나 나룻배, 뗏목, 부유물 등의 현지 조달 기재를 최대한 활용했던 것으로 파악된다.

도하장비의 수량이 충분하지 않았음을 당시 북한군 군관들은 잘 인식하고 있었다. 전쟁 당시 북한군 공병부 군관이었던 주영복은 북한 측에서 요청한 수준의 도하장비를 소련군으로부터 수령 받지 못했다고 회고록에서 진술하고 있다. 주영복은 1950년 4월 중순 블라디보스톡으로부터 나진-청진 지역으로 도착한 군수장비를 접수하는 임무를 맡고 이를 확인한 결과 1949년 공병국이 청구한 공병기재 수량의 5분의 1에 불과했다고 한다.[26] 일본 육전사연구보급회의 기록에서도 북한 측이 요청한 도하장비는 4개팀 분량이었으나 실제 소련으로부터 수령한 것은 1개팀 분량에 지나지 않았다고 기록하고 있다.[27]

도하장비들의 소요를 검토한 영향력 있는 집단은 북한 내 소련 군사고문단이었다. 소련군은 북한군을 이제 걸음마를 시작한 갓난아기 수준으로 생각하였기 때문에 군사 분야의 모든 결정들을 직접 담당하였다. 정병준에 의하면 소련 군사고문단은 주로 광활한 평야지대에서의 전투 경험을 갖고 있기 때문에 한반도의 지형에는 익숙하지 않았고 그에 따라 도하장비를 충분히 요청하지 않았다.[28]

그러나 소련 군사고문단이 단순히 한반도 지형을 고려하지 않았기 때문에 도하장비를 충분히 요청하지 않았다는 주장은 검토가 필요하다. 거의 모든 군사장비가 부족한 가운데 도하장비는 전차, 항공기,

---

26) 주영복, 『내가 겪은 조선전쟁 제1권』, 1991, p.200.

27) 일본 육전사연구보급회 편. 이원복 역, 『韓國戰爭』, 1991, pp.55~56.

28) 정병준, 『38선 충돌과 전쟁의 형성』, 2006, p.518.

포병 등의 전투장비에 비해 우선순위가 낮을 수밖에 없다. 더구나 소련 군사고문단은 미군의 참전을 고려하지 않았기 때문에 도하는 항공기 폭격이 없는 상황에서 이루어질 것이라고 가정했고, 그에 따라 도하장비 수량을 적게 판단했을 것이다. 뿐만 아니라 소련 군사고문단은 이러한 도하역량을 고려한 작전계획을 수립하였다. 소련 군사고문단은 도하장비를 균등 할당한 것이 아니라 집중적으로 운용했다. 즉, 서울을 측면에서 공격할 수 있는 김포 방면의 6사단과 중장비가 많은 105전차여단에 도하장비를 집중 할당했던 것이다.

결국 북한군이 도하장비 부족으로 인해 전쟁목표인 단기 속전속결을 완성할 수 없었던 것은 부분적으로만 사실이다. 북한군은 한강에서 신속한 도하작전에 실패했기 때문에 유엔군에게 시간을 허용했다. 그러나 금강에서의 도하작전을 고려한다면 단지 도하장비 부족 때문에 한강 도하작전에 실패했다는 것은 재검토가 필요하다. 북한군은 도하장비가 없었지만 그들의 공간사에서 금강에서의 도하작전을 매우 성공적으로 평가하고 있다.[29] 또한 한강 도하 이전 소련 군사고문단과 북한군은 도하장비 부족을 이미 알고 있었고 도하장비를 돌파 지점에 집중하고 있었다. 비록 북한군이 한강과 금강에서 도하 성공 이후에 중장비 도하에 많은 시간을 허비한 것은 사실이지만 각각의 개별 도하작전 성패는 북한군의 전술적 능력 발휘 여부에 따라 달랐다.

(3) 훈련

전장에서의 마찰을 줄여주는 것은 훈련이다. 북한군의 교리를 구현하기 위해서는 실전과 같은 훈련이 관건이었다. 북한군은 전쟁 이전 가용시간이 부족했지만 소련군 교리에 따라서 많은 도하훈련을 실시하였다. 겨우 소부대급 훈련 정도를 실시하였던 대다수의 국군

29) 허종호, 『조국해방전쟁사 제1권』, 1983, p.219.

부대에 비해 북한군은 대체로 연대급 훈련을 숙달할 정도로 비교적 잘 훈련된 편이었다. 전체적으로 북한군이 국군에 비해 잘 훈련된 편이었지만 그 중에서도 도하훈련이 어떻게 진행되었는지를 분석해야 할 것이다.

전쟁 이전 1949년 여름과 겨울, 1950년 봄에 걸친 기간에 북한 인민군의 모든 부대는 전투훈련을 실시하였다. 훈련의 강도는 점차 강화되었으며 각종 검열을 통해 미비점을 보완하고 다음 훈련이 진행되었다.[30] 특히 4월에는 전군 차원에서의 검열이 있었다. 북한군은 38경비 1여단과 3여단을 38선상에 배치하여 경계를 전담시키면서 주력 부대는 후방에서 사단급 훈련과 보·전·포합동훈련을 실시하였다. 이러한 훈련 결과는 소련 군사고문단의 검토를 받았으며 1950년에 들어서는 서울을 중심으로 한 남한 지형을 연구하면서 대규모 남침 예행연습까지 실시할 정도였다.[31]

전쟁 이전에 북한군의 도하훈련은 1949년 하계 군사훈련 시기에 대대 및 연대 도하훈련을 실시하였다.[32] 도하장비를 동원한 훈련은 장비의 도입 시기를 고려하면 적어도 1949년 후반기 이후부터 가능했을 것으로 추정된다. 인민군 공병장교였던 주영복의 회고록에 의하면 사단급 도하훈련은 1950년 2월 대동강에서 공병 진지돌파 훈련과 함께 실시되었다. 훈련내용은 "① 도섭도하, ② 보병·경화기, 그리고 보급품을 운송하는 뗏목으로서 도하, ③ 보트에 의한 상륙도하, ④ 포차·탱크를 위한 합선 견인도하"였다.

> 제2차 대전 때에는 어느 나라의 공병부대에도 주교·부교 시설과 그것

30) 박명림, 『한국전쟁의 발발과 기원 1: 결정과 발발』, 1996, pp.345~346.

31) 온창일, 『한민족전쟁사』, 2001, p.492.

32) 장성진, "북한군 군사교리 형성과 운용에 관한 연구, 1945~1950", 북한대학원 대학교 박사학위 논문(2014), pp.136~137.

> 을 도하할 수 있는 기술이 있었는데, 극히 원시적이었던 인민군 공병대에는 그러한 배도 없었고 기술도 없었다. 그러나 어쨌든 1946년 인민군 공병이 창설되어 소련 고문들로부터 삽·도끼 따위의 규격·무게·용도 등부터 배우기 시작한 이래로 이제 인민군 공병은 대동강만한 하천에 하루에 1개 사단 병력을 도하시킬 수 있는 부대로 성장했다. 그렇지만 이것도 바람이 없고, 비도 오지 않고, 대안에 적이 없다는 조건에서만 이뤄질 수 있었다.[33)]

1950년 2월 북한군은 대동강 상류에서 공병 축성지대 돌파연습과 도하훈련을 실시하였는데, 이 때 2개 보병사단과 105전차여단이 참가한 가운데 사단급 도하훈련을 실시하였다. 주영복에 의하면 훈련부대는 이 때 "포병·전차를 위한 합선 견인도하"를 실시했다. 소련 군사고문단은 이를 두고 105전차여단이 6시간 이내에 한국의 평균 폭을 가진 하천을 도하할 수 있는 능력을 갖추었다고 평가하였다.[34)]

그러나 주영복에 의하면 이것은 '기상에 제한이 없고 대안에 적이 없다는 조건'에서 이루어진 실전적이지 못한 훈련이었다. 즉, 도하를 위해서는 포병이 도하지점 건너편의 적들을 화력으로 제압하면서 지속적인 화력지원 하에 각 병종들이 긴밀한 협조 하에 도하기재에 탑승 및 하차를 거쳐 도하를 실시해야 하는데, 그러한 과정이 포함된 제병협동훈련이 이루어지지 않았음을 의미한다.

특히 전쟁 초기 도하작전 간 화력지원이 미흡했고 포병들의 도하경험이 미흡하였던 것은 훈련부족으로 인한 것이었다. 이것은 작전이 장기화되는 주된 원인 중의 하나였다. 소련 군사고문단 역시 도하작전 간 포병들이 하천 건너편 종심의 주요 고지들의 국군 화력을 충

33) 주영복, 『내가 겪은 조선전쟁 제1권』, 1991, pp.185~187.

34) Kalinov, *How Russia Built North Korean Army*(The Reporter, 1950) p.20.; 손장래, 『한국전쟁시 피·아 기갑운용』 p.5에서 재인용.

분히 제압하지 못했다고 지적하고 있다.[35] 북한군 보병 고급 지휘관들은 포병 화력을 통제하는데 미숙하였고 화력지원이 제대로 이루어지지 않았기 때문에 대안에서 노출된 보병과 공병들은 많은 희생을 감수해야만 했다. 뿐만 아니라 포병들의 도하경험이 없었기 때문에 도하작전이 지연될 수밖에 없었다.[36]

또한 실전적 훈련을 위해서는 모든 도하장비를 갖춘 상태에서 도하훈련을 실시해야 했을 것이지만 1950년 2월에는 도하장비들이 부재한 상태였다. 북한군이 소련에 요청한 도하장비는 4월 블라디보스톡에서 나진 및 청진 지역으로 접수되었기 때문이다.[37] 주영복은 2월의 대동강 도하훈련이 당시 가용한 모든 도하기재를 투입한 훈련이었다고 말하고 있지만 그것은 제한된 수량의 도하기재였을 것이다. 주영복이 묘사한 훈련에서도 부교를 이용한 도하훈련을 실시하지 않고 도선판을 이용한 견인도하만 실시한 것은 도하기재의 부족 때문이었을 것으로 생각된다.

뿐만 아니라 도하작전을 할 수 있는 제반 훈련여건도 불비하였다. 전쟁 발발 이전 38선 지역의 교량을 신설 및 보수하는 등 다수의 작업 소요는 공병들의 훈련을 어렵게 하였을 것이다. 또한 당시 사단급 지휘관들은 차후작전에 해당하는 도하훈련보다는 당면과제인 공병 축성지대 돌파 연습에 좀 더 관심을 갖고 있었다. 더구나 사단 공병대대는 제대로 된 도하장비를 갖고 있지 않았으며 대부분의 공병 작업을 수작업에 의존해야 하는 열악한 상황에 처해 있었다.

북한군이 계획한 전쟁수행의 핵심이 단기 속전속결전이라는 점에서 하천이 많은 한반도 지형을 신속히 극복하기 위해 도하훈련이 중요하였다. 그러나 북한군은 모든 병종의 통합이 이루어져야 하는 도

35) 국방부 군사편찬연구소, 『라주바예프의 6·25전쟁보고서 제1권』, 2001, pp.315~317.
36) 러 국방부. 김종국 역, 『러시아가 본 한국전쟁』, 2002, p.223.
37) 일본 육전사연구보급회 편, 앞의 책, p.55.

하훈련을 위한 시간이 부족했고 도하장비가 늦게 도착했기 때문에 중장비 도하와 제병협동훈련을 숙달할 수 없었다. 또한 전쟁을 준비해야 하는 과정에서 여러 작업과 훈련들로 인해 도하훈련을 실시할 여건도 불비하였고, 1950년 2월에 실시된 사단급 도하훈련도 실전적이지 못한 환경에서 실시되었다.

이와 같이 북한군은 소련군으로부터 전수받은 교리를 갖고 있음에도 불구하고 도하장비 및 훈련 부족으로 전쟁 초기 한강에서 신속한 도하작전에 실패하였다. 도하장비의 부족보다도 도하훈련의 부족은 북한군의 전술적 역량을 약화시킴으로써 전쟁 초기 많은 문제를 발생시켰다. 도하작전 교리에 제시된 정찰, 침투, 기만, 화력지원, 협동동작 등의 원칙들은 한강에서 제대로 준수되지 않았고 그 결과 북한군은 한강을 신속히 도하하는데 실패하였다. 북한군 6사단과 105전차사단은 얼마 안 되는 도하장비를 집중 운용하였지만 결국 한강을 도하하는데 실패하였고, 북한군 포병들은 한강 이남의 국군 화력을 제압하는데 실패하였다.

3 전투사례 분석: 한강 도하

(1) 개요

북한군은 6월 28일 서울을 점령했음에도 불구하고 29일부터 도하탐색 및 선견대 도하를 실시하여 30일이 되어서야 본격적인 도하작전을 실시하였다.[38] 북한군의 105전차여단 같은 경우 서울에 진입하여 한강교를 점령하라는 명령이 있었지만 실제로 서울을 점령하고

38) 박명림, 『한국전쟁의 발발과 기원 1: 결정과 발발』, 1996, p.321.

나서 인민군은 부차적인 목표 달성에 시간을 낭비하였다.[39] 이것은 정치 지도자의 개입이 크게 작용한 결과였다. 인민군이 서울 외곽에 접근했을 때인 6월 27일 김일성은 중앙청, 서대문형무소, 방송국 점령에 주안점을 두었는데 이러한 목표들은 정치적인 상징성은 있을 것이지만 군사적인 가치는 낮았다. 그로 인하여 105전차여단은 김일성과 총참모장 강건이 부여한 작전 우선권 때문에 교량을 점령하지 못한 채 6월 28일과 29일 오전까지 서울 시내를 배회했다. 결국 북한군은 교량 확보는 물론이고 한강 북안의 선박들조차 제대로 탈취할 수 없었다.[40] 만약 북한군이 신속하게 한강 도하지점을 점령하고 도하함으로써 국군의 주력을 추격하였더라면 유엔군의 참전은 어려웠을 수도 있다.

그러나 북한군의 전체적인 작전계획을 고려했을 때 서울 정면의 부대들은 적절히 국군을 압박하여 견제하는 임무를 맡고 있었고, 측방에 위치한 김포 방면 6사단과 춘천 방면 2사단이 한강을 도하하여 2차 양익포위를 완성하도록 되어 있었다. 이를 위해 북한군은 김포 방면의 6사단에 가장 많은 도하장비를 할당했지만 예상 외로 도하가 늦었고, 춘천 방면의 2사단은 춘천 전투에서 막대한 피해를 입고 서울 방면의 전투에 참가조차 하지 못했다.[41] 특히 김포 방면의 6사단은 북한군 중에 가장 많은 도하장비를 할당받았음에도 6월 28일까지 도하가 지연되는 바람에 국군의 방어선을 형성을 허용했다. 결국 6월

---

39) 각 사단장들은 서울에서 퇴각하는 적을 적극적으로 추격하거나 한강 도선장들을 점령하지는 않은 채 결단을 내리지 못하고 모호하게 행동하였다. 또한 105땅크여단 예하부대들도 서울을 점령한 후 3일 동안 적을 추격하지 않은 채 아무런 행동도 취하지 않음으로써 적에게 한강의 남쪽 강변을 강화하고 교량을 파괴할 수 있는 여유를 주었다. 국방부 군사편찬연구소, 『라주바예프의 6·25전쟁보고서 제1권』, 2001, p.166.

40) 김광수, 『한국전쟁 중 북한군의 기갑운용 연구』, 2004, pp.29~31.

41) 2사단의 경우 2일차에 한강을 도하하여 서울 동남쪽에 투입되기로 했지만 춘천전투로 인해 지연되어 한강을 5일차 이후에 도하했으며 그 이후에도 서울 지역에 거의 기여를 하지 못했기 때문에 한강 도하작전 분석대상에서는 제외하였음.

29일부터는 한강 주변에 대해 미 공군의 대대적인 폭격이 시작되면서 신속한 도하의 기회는 사라졌다.

1950년 6월 28일 오후 국군이 형성한 한강 방어선의 작전지역은 정면이 26km에 달하였으며 군포장-판교를 잇는 선까지 18km의 종심을 둔 지역이었다. 한강은 북한강과 남한강이 임진강을 흡수, 황해로 흘러드는 길이 514.4km의 한반도에서 4번째로 긴 하천이다. 한강은 그 하폭이 700~1,500m이며 수심은 대체로 2~5m로서 도섭이 불가능한 상당히 규모가 큰 하천이다.[42] 따라서 북한군이 한강을 도하하기 위해서는 충분한 양의 도하장비와 군관 및 병사들에 대한 훈련이 필요하였다. 하지만 전쟁 이전 북한군의 준비가 부족하였기 때문에 소규모로 구축한 다수의 교두보들을 확장하지 못하고 7월 3일까지 작전이 지연되는 결과를 초래했다.

한강을 도하하기 위한 통로는 5개의 교량과 6개의 나루터가 있었다. 당시 한강에서는 용산에서 노량진을 잇는 한강대교(인도교)와 경부 복선화철교(철교), 경인 상행선(철교), 하행선 철교(철교), 광진교(인도교) 등 총 5개의 교량이 있었다. 채병덕 총장으로부터 한강교 폭파를 지시받은 최창식 공병감은 한강으로 이동해 대기하고 있던 폭파조에게 명령하여 28일 02:30경 한강 인도교와 3개소의 철교를 폭파하고, 04:00경에 광진교도 폭파했다.[43] 그러나 경부선 철교와 경인선 상행선 철교는 경간의 침목과 철로가 약간 손상된 수준으로서 이후 미 공군의 폭격에 의해서도 완전히 파괴하지 못했다. 한강변의 나루터는 하중리(서강~여의도), 마포(마포~여의도), 서빙고(서빙고~잠실리), 한남동(한남동~신사리), 광나루(광장동~천호동)의 6개소가 있었다. 각 나루터에는 소형 목선과 부선이 다수 존재하였고 특히 한

42) 국방부전사편찬위원회, 『38도선 초기전투: 서부전선편』, 1985, pp.298~299.

43) 육군본부 군사연구실, 『6·25전쟁 실패사례와 교훈』, 2004, p.72.

남동 나루터는 규모가 커서 차량을 도하시킬 수 있는 시설을 갖추고 있었다.44)

한강선 방어작전은 국군 시흥전투지구사령부 예하 수도사단, 2사단, 7사단이 한강 방어선을 형성하여 북한군 1군단 예하 3사단, 4사단, 6사단, 105전차여단의 공격을 저지하여 7월 3일까지 지연시킨 작전이었다. 국군의 작전개념은 미 지상군이 도착할 때까지 북한군을 최대한 지연시킨다는 것으로서 혼성 2사단은 신사리~이수교 정면을, 혼성 혼성 7사단은 이수교~대방동 정면을, 수도사단은 신길동~양화동 방면을, 김포지구전투사령부는 김포 방면을 방어하였다. 북한군의 작전개념은 3사단, 4사단, 105전차여단이 서울을 공격하면서 북한군 6사단이 김포 방면에서 도하하여 국군의 후방인 경인가도를 차단함으로써 영등포에서 국군의 좌측면을 위협하고 한강방어선을 붕괴시키는 것이었다.

(2) 김포 방면

김포 방면은 영정포~김포반도의 한강 하구 지역으로서 한강 하폭이 2~3km이고 조수간만의 영향을 받아 간만조 시기에는 유속이 1~1.5m/s에 이를 정도로 도하가 매우 제한되는 지역이었다. 국군은 이러한 지형적 여건을 고려하여 이 지역에 대한 국군 배치나 대비계획이 없는 상태였다. 북한군 6사단이 개성을 점령한 이후 국군을 추격하여 26일 김포 방면에 도착하자 육군본부는 철수한 1사단 12연대 2대대 병력과 각종 병과학교 후보생, 보국대대 병력으로 급히 김포지구 전투사령부를 편성하였다.45)

---

44) 하중리 나루터와 한남동 나루터 건너편 여의도와 신사리 일대에는 감제고지가 없고, 각종 주정의 접안이 용이하여 교부보를 설치하는데 유리하였으므로 북한군이 도하지점으로 이용할 것으로 판단되었다. 국방부 전사편찬위원회, 『38도선 초기전투: 서부전선편』, 1985, pp.298.~299.

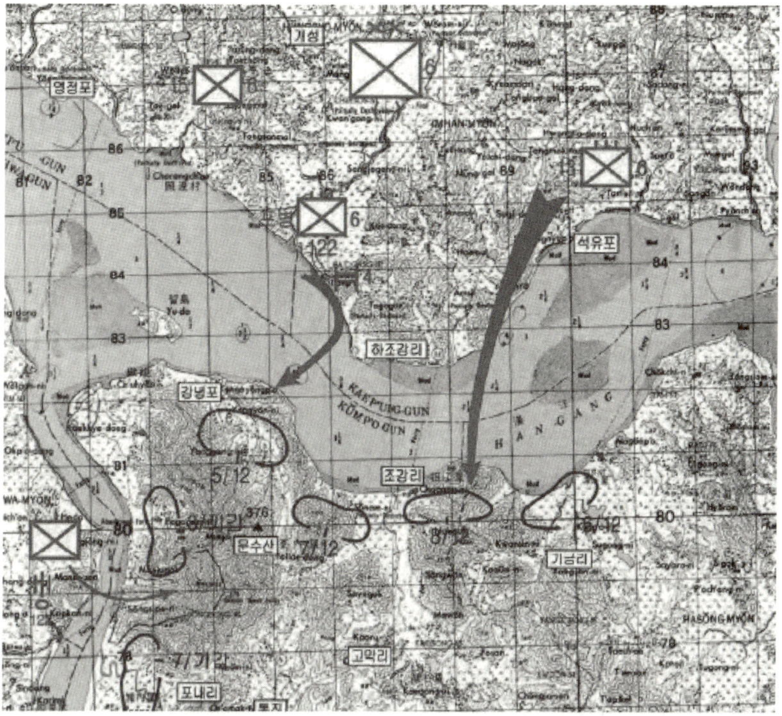

출처: 국방부 군사편찬연구소, 北韓의 全面南侵과 初期 防禦戰鬪』, 2006, p.247.

[그림 1] 김포 방면 전선상황

육군본부는 6사단이 도하에 성공하여 영등포로 진출할 경우 한강 방어선의 좌측면이 위협받을 수 있는 상황이었지만 지형적 여건을 과신하여 초기에 미온적 조치만을 취했다. 초기의 김포지구 전투사령부는 대부분 행정병이나 후보생, 철수병력으로 구성된 취약한 상태였다. 이것은 북한군에게는 커다란 기회였고 6사단은 많은 도하장비를 보유하고 있었기 때문에 국군의 좌측면을 위협하여 한강 방어선을 위협할 수 있는 능력이 충분하였다.

---

45) 국방부 군사편찬연구소, 『北韓의 全面南侵과 初期 防禦戰鬪』, 2006, pp.244~246.

국방부 군사편찬연구소에서 발간한 공간사에 의하면 북한군 6사단은 26일 도하정찰을 실시하고 27일부터 대안에서 지원사격과 함께 본격적인 도하를 시작하였다. 북한군은 26일 주간에 도하정찰 및 선견대 도하를 계속하면서 18:00경에 약 2개 중대 규모가 수척의 어선을 이용해 하조강리-강녕포로 도하를 시도했다가 국군의 일제사격으로 격멸되었고, 석류포에서는 화물선을 끌고 접근하는 발동선(동력단정)이 국군 장갑차 37mm포에 의해 격침되었다.[46] 이처럼 선발대의 주간도하가 연이어 실패하자 북한군은 26일 야음을 이용하여 소규모 침투부대를 다시 강녕포로 침투시켰고 침투에 성공한 북한군 선발대는 국군을 후방에서 기습하였다. 27일 침투부대의 화력유도 하에 북한군 주력은 각종 어선에 분승하여 한강 도하를 개시하였다.[47]

그러나 북한군 6사단의 도하는 25일 한강에 도착하면서 곧바로 시작되었던 것으로 판단된다. 소련측 자료에 의하면 북한군은 25일 한강 도착과 동시에 도하를 개시하였고,[48] 26일 06:30까지 이미 2~3개 대대, 연대 포병 2문이 도하하였다고 기록되어 있다. 북한군은 제한된 가운데서도 26일까지 3km의 교두보를 확보하였고, 27일에는 6사단 예하 13, 15연대 주력과 포병연대 2개 포대, 17독립포병연대 2포대를 도하시키면서 교두보를 5~6km까지 확대시켰다.[49] 이를 분석해 보면 26일에 도하한 병력들은 단순히 선견대 및 침투부대가 아닌 3km의 교두보를 확보할 수 있는 수준의 규모가 큰 병력이었던 것으

---

46) 여기서 나타난 발동선은 소련군의 BMK 계열 모터보트로 추정되며 어선들은 징발된 현지 도하기재로 판단된다.

47) 국방부 전사편찬위원회, 『38도선 초기전투: 서부전선편』, 1985, pp.257~268.

48) 6월 25일 오후 늦게 제6사단의 선두부대들이 제15보병연대 포병과 합동으로 한강을 도하하였으며 6월 26일 아침 06시 30분 무렵에는 조강리 지역에 종심 2.5km 내지 3km의 교두보를 확보하였다. 국방부 군사편찬연구소, 『라주바예프의 6·25전쟁보고서 제1권』, 2001, p.295.

49) 국방부 군사편찬연구소, 『라주바예프의 6·25전쟁보고서 제1권』, 2001, pp.168~169.; 러김종국 역, 『러시아가 본 한국전쟁』, 2002, p.32~33.

로 보인다. 27일에 북한군은 교두보를 확장할 수 있는 포병들이 3개 포대까지 도하한 것으로 파악되고 이를 통해 교두보를 확장할 수 있었다. 그러나 국군의 김포·소사·오류동 지구 지연전(8일간)으로 인해 7월 3일까지도 이 지역에 묶여 있게 되었다.

양측의 기록에 이러한 차이가 발생한 요인은 김포 방면에서 도하하였던 북한군 부대들이 도하한 이후 별다른 전투행동을 하지 못했고, 국군 역시 이 지역에 병력을 거의 배치하지 않았기 때문에 인지한 것이 늦었던 것으로 추정된다. 북한군은 소규모 교두보를 형성했음에도 불구하고 이를 확장하는 다음 단계로 진입하지 못했다. 북한군 6사단이 포병을 신속히 도하시키고 소부대를 적극적으로 운용하여 교두보를 확장한 이후 경인가도를 차단했다면 한강선 방어를 붕괴시킬 수 있었다. 북한군 가운데 비교적 훈련수준이 우수했던 것으로 평가되는 6사단이 그렇게 하지 못했던 것은 전술적으로 도하작전을 충분히 준비하지 못했기 때문이었다.

소련 군사고문단은 김포 방면에서 북한군 포병의 도하장비 부족과 경험 미숙으로 전체적인 도하가 지연되었다고 분석하고 있다. 소규모 교두보 형성 이후 북한군 6사단은 27일이 되어서야 주력 도하에 성공했지만 포병 등 중장비의 도하는 28일 야간까지도 계속되었다. 더구나 만조로 인하여 강이 4~5km까지 범람한 상태였기 때문에 포병 도하를 위해 준비한 선박의 운용이 곤란하였다.[50] 뿐만 아니라 이미 도하한 포병조차 탄약이 부족하였기 때문에 효과적으로 활동하지 못하는 상황이었다.[51] 결국 비교적 이른 시기에 도하를 개시했던 북한군은 28일 포병의 도하가 완료된 이후에야 진격을 재개할 수 있었다. 하지만 이 시점에 이미 한강 이남에 한강방어선이 형성되고 김포지

---

50) 국방부 군사편찬연구소, 『라주바예프의 6·25전쟁보고서 제1권』, 2001, p.295.

51) 국방부 군사편찬연구소, 『라주바예프의 6·25전쟁보고서 제1권』, 2001, p.296.

구전투사령부가 지연전을 내륙 종심에서 전개하기 시작했기 때문에 시기적으로 너무 늦은 것이었다.

북한군 6사단의 포병이 신속한 도하에 실패한 것은 도하장비의 부족 때문만은 아니었다. 6사단은 다른 사단과 달리 중도하장비인 N2P 24조와 경도하장비 NLP 일부를 지원받았다. 이들 도하장비들은 포병 등 중장비를 도하시킬 수 있는 능력을 갖고 있었다. 이것은 북한군의 도하작전 교리를 통해 유추해보면 좀 더 명확해진다.

북한군의 도하준비 모습은 『강행도하』교범을 통해 추정해 볼 수 있다. 우선 김포 방면에서 북한군 6사단이 한강을 도하하기 위해 교량을 가설하는 것은 불가능했을 것으로 생각된다. 『강행도하』교범 도하장비 제원에 따르면 강의 넓이가 1km일 경우 도선판은 약 8~12개가 필요하다.[52] 그러나 한강 하류의 강폭(만조시 4~5km)과 당시 비가 와서 강물이 불어 있는 상황(소련측 자료 강폭 6km)을 고려한다면 북한군이 갖고 있었던 N2P 24조로는 교량 가설까지는 불가하였을 것으로 판단된다.

교량 가설이 불가하였기 때문에 중장비 도하는 오늘날 문교에 해당하는 도선판 도하로만 이루어져야 했다. 『강행도하』교범 부록 8의 장비 제원과 북한군 전체 N2P 보유량을 토대로 계산해보면 북한군 6사단은 도선판을 최소 5개에서 최대 12개까지 보유할 수 있었을 것으로 추정된다.[53] N2P로 제작한 도선판은 강을 도하하는데 대략적으로 동력을 가진 선박을 사용하면 30분, 밧줄을 사용하면 1시간~1

52) 6사단 전체 N2P 보유량(24조) ÷ 1개 도선판 조립하는데 필요한 N2P 소요량(16톤 3개/30톤 5개/60톤 2개) = 북한군 보유 전체 도선판 수량(16톤: 8개/30톤: 약 5개/60톤: 12개).
북한군이 보유한 N2P가 몇 톤형인지에 따라 도선판 수량이 5개, 8개, 12개로 구분 추정됨.
ATIS Document no. 200534, 『강행도하』, 1949년판, 1948년 9월 번역출판, 부록 6.
53) ATIS Document no. 200534, 『강행도하』, 1949년판, 1948년 9월 번역출판, 부록 8.

시간 20분이 소요되었을 것으로 생각된다(물결 1.0m/s 기준).[54] 기록에 의하면 북한군은 전쟁 이전 동력선이 부족하여 대부분 밧줄을 사용하였다. 즉, 최소 기준을 적용하더라도 준비시간을 제외한다면 이론적으로 약 1시간 30분이면(도선판 1대에 중장비 1~2대 적재 가정시) 최소 5~10대 이상의 중장비는 도하가 가능하다.

북한군 포병은 25~26일 포 2문, 26~27일 동안 포병 3개 포대를 도하시켰다. 즉, 3일 동안 포 18문을 도하시키는 수준에 머물렀는데, 이것은 상당히 미흡한 수치이다. 포 18문의 수량은 북한군이 가지고 있었던 도선판 수량(5~12개)을 고려한다면 교리적으로 적어도 약 4~6시간(2~3회 왕복)이면 도하가 가능한 수량이기 때문이다. 그러나 북한군 포병들은 도하작전 준비(도선판 조립, 적재 및 하역, 장비 결속)에 숙달되지 않았기 때문에 포병부대의 도하는 장시간 소요되었다. 이것은 미국의 항공폭격이 도하작전을 어렵게 하였다는 점, 주간 도하가 어려웠다는 점을 감안하더라도 상당히 미흡한 수치로 여겨진다.[55]

결국 당시 북한군 전체의 도하장비 숫자가 부족했던 것은 사실이지만 북한군 내에서 6사단의 도하장비 숫자는 적지 않은 수준이었다. 이것은 당시 북한군 6사단이 N2P로 운용할 수 있는 도선판의 수량을 『강행도하』교범 부록의 장비제원을 바탕으로 분석함으로써 알 수 있었다. 더구나 소련측 자료에 의하면 6사단은 N2P 뿐만 아니라 경도하장비인 NLP도 일부 보유하고 있었으며 행주나루터에서 얻을 수 있는 나룻배나 공격단정 위에 합판 등을 설치할 경우 도하장비를 추가로 제작할 수도 있었다.

북한군 6사단이 전쟁 당일 25일부터 도하를 실시했음에도 불구하

54) 북한군은 동력선이 부족한 것으로 추정되고 주영복의 회고록에 따르면 1950년 2월 대동강 도하훈련시에도 밧줄을 사용한 합선 견인도하 훈련을 실시했다.

55) 국방부 군사편찬연구소, 『라주바예프의 6·25전쟁보고서 제1권』, 2001, p.149.

고 28일이 되어서야 도하작전을 완료할 수 있었던 것은 도하작전에서 기술적 숙련이 부족했으며 효과적인 전술을 사용하지 못했기 때문이다. 북한군 포병들은 압도적인 화력 격차에도 불구하고 대안의 국군 화력을 효과적으로 제압하지 못했다.[56] 보병과 포병의 협조는 통신장비 부족, 첩보공유 미흡 등으로 인하여 실패하였다.[57] 일부 보병 침투부대들이 후방으로 침투하였지만 당시 북한군의 정찰기관이 취약하게 편성되어 있었기 때문에 효과적으로 운용되지 못했다. 또한 중장비들의 도하경험이 부족했기 때문에 무리하게 주간도하를 실시하다가 미 공군의 폭격에 의해 많은 피해를 입기도 하였다. 김포 방면에서 6사단은 1개 전차대대를 보유하고 있었지만 북한군 전차 도하는 6월 28일이 되어서야 T-34전차 2대가 최초로 출현한 것이 고작이었다. 북한군 6사단의 진격이 늦어지는 동안 6월 26일부터 미 공군이 참전하였고 6월 30일 국군 1사단 잔류 병력들은 한강을 도하하여 6사단 부대들에 대한 강력한 저항을 전개하였다.

(3) 한강교 부근

한강에서 북한군의 도하공격은 6월 29일부터 흑석동, 여의도 일대에서 도하 탐색전의 형태로 시작되어 6월 30일부터 본격적인 도하를 시도하였다. 북한군은 주공인 4사단을 신촌-여의도-영등포 방면으로

---

56) “개전 초기부터 작전 제2단계(7. 3~10)시까지도 조선인민군 군단에 포병참모부가 조직되어 있지 않았는데, 이는 군단이 주공 방면에 포병군을 조직하는데 있어 부정적으로 작용하였다.” 즉, 한강 도하에서 조선인민군은 포병을 통합하여 집중적으로 운용할 수 없는 상황이었다. 7월 3일 영등포가 함락될 당시 북한군 4사단, 6사단, 105전차사단, 제17군단 포병연대 포병화력을 집중시킨 이후에야 영등포를 점령할 수 있었다는 점을 고려할 때, 그리고 영등포가 점령되자 한강 방어선이 붕괴되었다는 점을 고려할 때 포병의 전술적 운용 실패는 한강 도하작전에서 중대한 과오라고 판단된다. 국방부 군사편찬연구소, 『라주바예프의 6·25전쟁보고서 제1권』, 2001, pp.304~305.; p.330.

57) 국방부 군사편찬연구소, 『라주바예프의 6·25전쟁보고서 제1권』, 2001, p.416~418.

투입하고 105전차사단은 주공을 직접지원토록 하였다. 조공인 3사단은 한남동-신사리-말죽거리 방면으로 투입하여 주공방향을 기만하고 이후 수원으로 진격하여 국군의 우측을 포위하고, 또 다른 조공인 6사단은 김포 방면에서 공격하여 국군의 좌측면을 포위하려고 하였다. 1사단은 수원 점령 시까지 서대문 일대에서 예비대 임무를 맡았다.[58)]

이에 대해서 국군 혼성 2사단은 신사리~이수교 정면, 혼성 7사단은 이수교~대방동 정면, 혼성 수도사단은 신길동~양화교 정면을 방어하고 김포지구전투사령부는 경인가도를 확보하고자 하였다. 당시 국군은 병력 및 장비 부족이 심각했으며 포병 장비를 모두 한강 이북에 두고 왔기 때문에 사단별 화력이 박격포 2~3문과 기관총 2~3정에 불과한 수준이었으며 철수한 병력들을 여기저기서 모아 혼성부대로 편성하여 방어선에 투입할 정도로 취약한 상태였다.[59)]

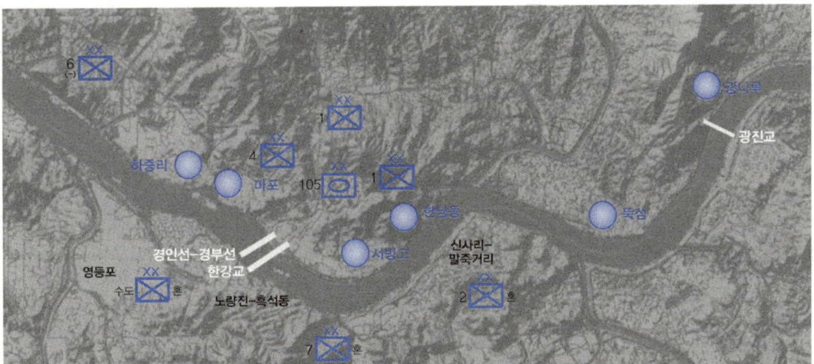

[그림 2] 한강교 부근 전선상황

58) 선두부대인 3사단은 포병연대를 남산 기슭과 신촌 일대에 배치하여 화력 지원태세를 갖추었다. 적은 도하작전을 지원하기 위해 야포와 박격포 등 총 365문으로 편성된 포병부대들을 투입하였다. 국방부 군사편찬연구소, 『漢江線 防禦와 初期 遲延作戰』, 2006, pp.164~166.

59) 국방부 군사편찬연구소, 『漢江線 防禦와 初期 遲延作戰』, 2006, pp.166~168.; 나종남, 『군사작전을 통해 본 6·25전쟁』, 2018, pp.77~78.

먼저 여의도-영등포 방면의 지형적 특징을 살펴보면 강 사이에 여의도가 위치하고 한강 이북과 여의도 사이에 다시 밤섬이 위치하고 있었다. 따라서 한강을 도하하기 위해서는 이들 섬들을 확보하는 것이 중요하였다. 또한 이 지역에는 하중리나루터와 마포나루터가 위치하고 있어 북한군은 이 지역을 중심으로 도하작전을 준비하였다.[60]

여의도-영등포 일대에서 북한군 4사단은 105전차사단의 직접지원을 받는 북한군의 주공이었다. 서강(하중리)-마포-한강대교 간에 배치되었으며 사단사령부는 신촌에 위치하였다. 또한 예비로 있었던 북한군 1사단 포병연대와 122mm 곡사포를 보유하고 있는 독립 포병연대의 강력한 화력지원을 받을 수 있었다. 북한군은 29~30일까지 소규모 부대를 계속 투입하였고 7월 1일부터는 본격적인 도하를 시도하였다.

북한군은 29일 하중리나루터에 집결한 다음 포병의 엄호 하에 뗏목을 타고 도하하여 먼저 밤섬을 확보하였다. 그런 다음 국군 수도사단 8연대가 방어하고 있는 여의도를 확보하고자 하였다. 북한군은 압도적인 화력지원 하에 29일에 여의도 비행장을 점령하였지만 30일에 국군이 이를 탈환하면서 양측 간에 치열한 공방전이 벌어졌다. 이후 7월 1일 04:00부터 북한군은 하중리와 마포나루터에서 거룻배와 뗏목을 이용하여 부대를 여러 제파로 나누어 공격을 가했고, 이후 7월 2일 새벽에도 공격을 계속하였으나 성공하지 못하는 바람에 도하작전은 소강상태에 빠졌다.[61] 북한은 제대를 제1파, 2파, 3파로 나누어 계속해서 투입하였지만 그 과정에서 희생자만 증가하였고 교두보를 확장하는데 결국 실패하였다.

노량진-흑석동 일대에서는 북한군 3사단과 4사단이 29일부터 이촌

---

60) 국방부 전사편찬위원회, 『38도선 초기전투: 서부전선편』, 1985, pp.300~302.

61) 국방부 전사편찬위원회, 『38도선 초기전투: 서부전선편』, 1985, pp.312~317.

동-한남동 일대에서 도하작전을 위한 지형정찰을 실시하였다. 이 지역에서는 최초 주도하지점(여의도-영등포 방면)을 기만하기 위한 양공이 주로 실시되었다. 북한군은 노량진-흑석동 방면에서 양공을 실시하면서 실제 도하는 양 측방의 영등포와 신사리 방면에서 실시하려 하였다. 반면에 국군은 철교가 있는 노량진-흑석동 지역을 북한군의 주공으로 판단했고 이 지역에 혼성 7사단을 배치하는 한편 병력을 증원하면서 화력의 우선권을 부여하였다. 이는 북한군의 작전의도를 완전히 오판한 결과라고 할 수 있었다.

노량진-흑석동 방면에서도 북한군 3사단, 4사단은 29~30일 포격을 가하면서 소규모 부대를 계속해서 투입하였으나 연이어 국군에게 저지 또는 격멸 당했고 대부분 강변에서 격멸되었다. 북한군은 7월 1일 국군 복장으로 변장한 1개 소대를 침투시켜 대안의 국군에게 화력을 유도함으로써 교두보를 확보하고 노량진의 일부 방어선을 무너뜨리는 성과를 거두었다. 하지만 한강 지역의 북한군은 김포 방면의 6사단과는 달리 교두보를 즉시 확장하기 위한 도하장비가 부족하였으며 미 공군의 항공폭격이 강화되고 있는 상황에서 많은 피해를 입고 있던 상황이었다. 계속해서 교두보 확장에 실패하자 결국 북한군은 주공을 최초 조공이었던 노량진-흑석동 방면으로 전환하고 교량 복구작업을 시도하게 되었다.[62] 북한군은 경부선 철교 차안과 대안을 확보한 상태에서 7월 1일부터 야간에 은밀하게 서울 철로 수리반을 동원하여 교량을 보수하는 작업을 시작하였다.[63]

신사리-말죽거리 방면의 북한군 3사단은 전체의 조공으로서 한남동-신사리-판교-수원 방향으로 진격하려고 하였다. 3사단은 최초 조공으로 공격을 하다가 수원으로 진격하여 한강 이남의 국군을 포위

62) 국방부 전사편찬위원회, 『38도선 초기전투: 서부전선편』, 1985, pp.324~325.

63) 국방부 전사편찬위원회, 『38도선 초기전투: 서부전선편』, 1985, pp.318~324.

섬멸하기 위해 기동할 예정이었다. 북한군 3사단은 사단의 작전을 위해 동작동 일대에서 침투부대를 일부 투입하고 신사리 일대에서 양공작전을 펼쳐 주공방향을 기만하려고 하였다. 북한군은 28일 오후부터 도하지역을 정찰하면서 신사리 일대에 요란사격을 실시하여 주공 방향을 기만하려고 하였다. 이는 주공지역보다 조공지역에서 1일 일찍 작전을 개시하여 주공 방향을 기만하기 위한 의도였다.

신사리-말죽거리 방면에서도 역시 다른 지역과 마찬가지로 북한군 3사단은 29~30일 소부대를 계속해서 투입하였지만 실패하였다. 29일에 뚝섬나루터에서 1개 소대 규모의 북한군이 거룻배를 타고 도하를 시도하였으며 30일 증강된 중대 규모의 북한군이 반포리와 신사리 일대로 도하하기도 했다. 이에 국군은 반격하여 북한군의 도하장비를 일부 격파하면서 교두보를 위협하였다. 교두보가 위기에 빠진 것을 인식한 북한군은 주공을 도하시키기 전에 교두보 주위의 적을 소탕하기 위해 7월 1일에 1개 대대 규모의 선견대를 도하시켰다. 북한군 선견대는 나룻배를 타고 도하하여 교두보 주위의 국군을 완전히 섬멸하는 성과를 달성하였다.[64] 그러나 북한군이 선견대를 종심에서 활용하지 않았기 때문에 이후부터 이 지역에서 국군은 지형을 이용한 축차진지를 편성하여 북한군의 교두보 확장을 저지하기 시작하였다. 결국 북한군 3사단은 한강 방어선의 일부를 돌파하는데 성공했지만 이후 한강 이남에서 교두보를 확장하는 데는 실패하였다.

북한군은 한강 도하에서 김포, 여의도, 노량진, 신사리 등 여러 지역에서 교두보를 구축하였지만 이를 확장할 수 있는 능력이 부족하였다. 기존 연구에서 북한군의 문제점으로 지적하고 있는 것은 도하장비의 부족이다. 물론 포병과 전차 등 중장비를 도하시킬 장비가 부족했기 때문에 북한군은 교두보를 확보하는 동안 많은 피해를 감수

64) 국방부 전사편찬위원회, 『38도선 초기전투: 서부전선편』, 1985, pp.302.

해야 했던 것이 사실이다. 북한군 105전차사단 예하 204기계화연대의 경우 7월 1일까지 교두보를 확보하는 동안 약 35%의 전투력 손실을 입었을 정도였다. 이것은 포병이나 전차가 도하하여 교두보 안전을 확보하지 못했기 때문에 발생했던 것이 사실이다. 결국 북한군이 7월 3일 복구된 경부선 철교를 통하여 전차 4대를 도하시킨 이후 한강 방어선이 붕괴되었다는 사실은 기존 연구의 설득력을 강화하는 측면이 있다.

그러나 북한군 3사단, 4사단은 2주 후 금강을 도하할 때에는 한강 도하와는 완전히 다른 모습을 보여주게 되었다. 북한군 공간사에서도 금강 도하는 위대한 승리로 평가되고 있다.[65] 금강에서도 한강 도하와 마찬가지로 교량은 파괴되었고 도하장비는 부족한 상태였다. 더구나 금강을 방어하고 있는 것은 혼성 편성된 오합지졸의 한국군이 아니라 비교적 화력이 우수한 미국 보병사단이었기에 더욱 불리한 상황이었다. 그럼에도 불구하고 북한군은 금강 도하작전 임무를 매우 성공리에 완수하였다.

과연 어떤 점이 이러한 차이를 불러 왔을까? 그것은 북한군 도하작전의 전술적 역량 차이라고 할 수 있다. 한강 도하를 보장하기 위해서는 소련군 교리 상에도 나와 있듯이 정찰, 화력지원, 침투부대 활용, 병종 간의 협동동작이 필요하였다. 그러나 북한군의 전쟁 초기 현실은 교리에 부합하지 않았다. 북한군 역시 이러한 점을 잘 인식하고 있었다.[66] 우선 첫째, 북한군은 정찰 기관이 취약하였고 그나마 얻은 첩보도 병종 간 공유하지 않았다. 그랬기 때문에 적의 배치를 정확히 알지 못했고 많은 선견대들이 강변에서 국군에 의해 저지·

65) 사회과학원 력사연구소, 『조선전사 제25권』, 1981, pp.174~193.

66) 박기환, "한강 도하작전에서 나타난 몇가지 문제" 민족보위성 전투훈련국, 『군사지식』 8호(1950년 8월) US NARA RG 242 Captured Enemy Document(North Korea) Doc. No. 200858

격멸당하는 결과를 초래했고, 포병부대들은 종심상의 국군에 대한 첩보를 획득하지 못했기 때문에 이를 화력으로 제압하지 못했다.

둘째, 북한군 포병은 하천선 대안 국군 후방 1.5~2km까지의 적 방어체계를 제압하는 것은 성공했지만 그 다음 종심상의 국군을 화력으로 제압하는데 실패하였다.[67] 그렇기 때문에 거의 모든 도하구역에서 2~3km의 교두보를 확보했지만 이를 확장하는데 실패한 것이다.[68] 포병부대들은 보병부대와 협조하지 않았고, 지휘체계상 포병 편성이 미흡하여 화력을 집중적으로 운용하지 못했다. 당시 북한군 포병들이 미 공군의 공격 강화로 포 방열지역을 한강으로부터 북쪽으로 3~5km 후방에 설치하였다는 점,[69] 그리고 국군이 방어진지를 한강 뚝방이 아닌 남쪽 후방의 고지 상에 배치하는 경향이 있었다는 점은 이를 심화시켰다.[70] 결국 북한군 포병들은 사정거리를 벗어난 국군의 화력체계를 충분히 제압할 수 없었으며 소련측 자료들도 이 점을 개선해야 할 사항으로 지적하고 있다.[71]

셋째, 북한군은 침투부대 활용에 있어 충분히 종심으로 진출하여 화력체계, 퇴로차단 등의 임무를 수행해야 함을 강조하고 있는데 한강에서는 그러한 모습들이 나타나지 않았다. 특히 포병의 화력지원 범위가 제한되는 상황에서 침투부대는 유용한 타격수단이었음에도

---

67) 소련 군사고문단은 조선인민군 포병의 과오를 지적하고 있다. "하천장애물을 도하하는 경우, 대포 및 박격포는 하천 대안의 가장자리 뿐 아니라 최근접 종심 2.5~3km까지의 주요 고지들에 대해서도 사격을 실시해야 한다" 국방부 군사편찬연구소, 『라주바예프의 6·25전쟁보고서 제1권』, 2001, p.315.

68) 국방부 군사편찬연구소, 『라주바예프의 6·25전쟁보고서 제1권』, 2001, p.304.

69) 국방부 군사편찬연구소, 『라주바예프의 6·25전쟁보고서 제1권』, 2001, p.196.

70) "수도경비사령부 제8연대 부연대장 중령 이현진 증언" 국방부 군사편찬연구소, 『6·25전쟁 참전자 증언록』, 2003, p.582

71) 적(국군)이 주요부대를 대안상의 종심 2~3km 지점에 배치함으로써 포병화력에 의해 무력화되지 않았고, 강의 도하는 자주 실패하였으며, 또한 지나치게 장기화되었다. 러 국방부. 김종국 역, 『러시아가 본 한국전쟁』, 2002, p.223.

한강 도하작전 시 북한군은 침투부대를 종심 깊이 운용하지 않았다. 이후 북한 공간사에서 금강 도하의 성공요인이 종심 깊이 5~6km까지 침투식 기동을 실시하여 적을 포위하고 포병을 습격한 것이라고 강조하고 있다.[72] 하지만 한강 도하작전에서 북한군의 선견대 및 침투부대를 초기에 대량으로 운용하지 않았고, 그나마 운용하는 부대들도 많은 숫자가 강변에서 저지 및 격멸되었다. 또한 소규모 부대들이 도하에 성공했으나 과감하게 종심으로 깊숙하게 기동하지 않았으며 대부분 한국군에 대한 첩보가 부족하여 효과적으로 활용되지 못했다. 1950년 8월에 북한 민족보위성 전투훈련국에서 발간한 『군사지식』을 보면 북한군은 이러한 선견대 운용의 전술적 중요성을 한강 도하를 통해 인식한 것으로 보인다.[73]

넷째, 북한군은 병종 간 협동동작이 미흡하였다. 도하작전에 있어 보병, 포병, 공병의 협조가 중요함에도 각 병과들은 서로 간에 협조를 적극적으로 하지 않았다. 통신장비의 부족도 하나의 이유가 되겠지만 더욱 근본적인 것은 협동작전에 대한 개념이 부재했다는 사실이다. 각급 부대 포병참모부들은 보병부대 참모들과 정찰사항을 공유하지 않고 도하작전에 대해 협조하지 않은 채 빈약한 정찰정보에 기초하여 계획을 수립하였고,[74] 공병은 화력의 엄호 없이 독자적으로 도하장비를 운용하다가 많은 피해를 입었다. 보병 선견대 역시 거의 모든 도하지역에서 6월 29~30일 도하를 시도하였지만 포병의 화력지원을 받지 못하여 강변에서 대부분 각개격파되었다.

---

72) 허종호, 『조국해방전쟁사 1권』, 1983, pp.204~212.

73) 김도일, "한강 도하시 선견대로서의 보병대대" 민족보위성 전투훈련국, 『군사지식』8호(1950년 8월) US NARA RG 242 Captured Enemy Document(North Korea) Doc. No. 200858

74) 국방부 군사편찬연구소, 『라주바예프의 6·25전쟁보고서 제1권』, 2001, p.425.

4 한강 도하 이후의 변화

북한군은 전쟁 초기의 성공으로 서울을 조기에 점령했음에도 임진강, 소양강 방면의 부대 진격이 지연되었고 특히 한강을 조기에 도하하는데 실패하였기 때문에 국군의 재편성과 미군의 참전을 허용하게 되었다. 북한의 공간사 역시도 한강에서 교량이 파괴되고 나룻배 등 도하기재들이 파괴되었기 때문에 많은 어려움을 겪었다고 기술하고 있다.[75] 이후 북한군은 한강 도하작전의 과오를 분석하고 이를 개선하고자 하는 노력을 실시하게 된다.

한강 도하 이후에 북한은 정찰기관을 확대하여 정찰역량을 대폭 증강시켰다.[76] 특히 7월부터는 피난민으로 가장한 비정규전 부대 투입을 대폭 확대하여 적 상황에 대한 첩보 획득을 강화하였다. 또한 침투부대들을 도하 이후 종심 깊이 운용하여 포병화력진지를 소탕하거나[77] 후방의 퇴로를 차단하는 임무를 부여하였다. 공주 전투에서도 보병대대는 공주 서남 14km 지점까지 지체 없이 우회하였으며 대전전투에서는 4사단 18연대가 산악 침투식 기동으로 후방 깊숙이 위치한 퇴로를 차단함으로써 결정적인 성과를 거두었다. 북한군은 일점양면전술에 의해 도하할 시에 정면을 기만작전을 통해 압박하고 측방으로 대규모 부대가 5~6km 이상 종심 깊이 침투식 기동을 실시하여 적의 후방을 위협하는 전술적으로 향상된 모습을 보였다.[78] 정찰, 침투, 우회기동, 기만작전, 퇴로차단 등 교리에서 요구하는 사항

---

75) 사회과학원 력사연구소, 『조선전사 제25권』, 1981, p.142.

76) 사회과학원 력사연구소, 『조선전사 제25권』, 1981, p.170.

77) 사회과학원 력사연구소, 『조선전사 제25권』, 1981, p.204~219.
; 허종호, 『조국해방전쟁사 1권』, 1983, p.197~200.

78) 북한군 교리에서 통상 우회는 공격개시 1일전 또는 공격개시 직전 수행, 집단군(군단)에서는 1개 연대, 사단에서는 1개 대대, 연대에서는 1개 중대가 우회대 임무를 수행

들이 철저히 지켜지기 시작하였다. 이것은 침투부대가 정확한 첩보를 통해 과감하게 행동한 결과라고 할 수 있다.

또한 북한군은 보·전·포 협동공격에서 이전에 비해 월등히 향상된 모습을 보였다. 대전 전투에서 북한군은 소부대와 포병을 활용하여 적을 무력화시킨 다음 보병과 전차, 공병 협동부대가 지속적 화력지원 하에 도하작전을 실시하였다. 이 시기 북한의 공간사는 보병과 포병의 협동작전이 효과적으로 이루어졌다고 분석하고 있다. 특히 포병의 종심상 화력체계를 강화하는 노력들이 이전에 비해 강화되었다.

북한군은 한강 도하 이후 전술 능력을 향상시키기 위해 다양한 노력을 했기 때문에 금강 도하작전에서 성공을 거둘 수 있었다. 하지만 북한군은 여전히 도하장비가 부족했기 때문에 금강 도하 간에도 도하작전 성공 이후 중장비의 도하가 1~2일 지연되는 것은 불가피한 현상이었다.[79] 그러나 한강 도하에서 교두보를 확장하지 못하고 김포 방면에서 3일간(6. 25~28), 서울 방면 한강 도하에서 4일간(6. 30~7.3)이나 지연된 것에 비해 금강에서 매우 신속하게 도하에 성공했다. 북한군은 금강 지역의 공주전투에서는 공격개시 당일(7. 14) 도하에 성공했고, 대평리전투에서는 7월 15일 야간에 본격적으로 도하를 시작하여 16일 13:30에 도하에 성공했다.[80] 이것은 정찰, 침투, 기만, 화력지원, 제병협동 등의 측면에서 북한군의 전술적 능력이 한강 도하시보다 향상되었기 때문으로 보인다. 그러나 전술적인 능력은 향상되는 반면에 전투력의 손실은 계속해서 누적되었기 때문에 낙동강 방어선에서는 작전한계점에 도달하고 말았다.

---

79) 육군본부 군사연구실, 『6·25전쟁 사례와 실패교훈』, 2004, p.126.

80) 대평리전투의 경우 북한군 3사단은 7월 13일 대평리에 도착하여 14일과 15일 아침 산발적으로 도하를 시도하였음. 그러나 북한군 3사단은 조치원에서 미군과의 전투와 공습으로 많은 피해를 입었다는 점에서 재편성이 필요했고, 14일과 15일 아침의 도하는 본격적인 도하라고 하기보다 정찰 및 탐색의 성격이 강했음.

전술적 차원보다 상위 수준인 상급부대 차원에서도 많은 변화가 발생하였다. 먼저 김일성은 최고사령관 명령 85호를 통해 "조국해방전쟁의 전투경험을 연구하며 보급하는 사업을 조직할 데 대하여"를 공표하면서 전투교훈 분석을 강조하였다. 그리고 '영웅 칭호', '전선의 영예 훈장' 등 국가훈장을 제정하여 영웅적인 행동을 장려하였고[81] 지휘체계를 개편하여 최고사령관과 군사위원회 제도를 구축하고 전선사령부와 예하 1, 2군단의 참모조직과 통신기재를 강화하였다. 뿐만 아니라 김일성은 스탈린에게 소련 군사고문 25~35명을 전선 이남으로 파견하여 전선사령부에서 활용할 수 있도록 해 달라고 요청하기도 하였다.[82]

5 금강 도하

금강은 북한군 교리에 의하면 대하천이었으며 수심은 깊고 유속은 급류에 해당하였다. 공주 지역의 금강은 강폭이 500~1,000m이고 유수폭은 200~300m, 수심은 2~5m였으며 유속은 5~10km/h였다. 대평리 지역의 금강은 강폭은 200~300m, 수심은 2~5m, 유속은 5.4~10.8km/h였다. 금강에서 미군은 12일 밤과 13일 아침 공주, 대평리, 신탄진 등 금강에 있는 4개의 교량과 모든 나루터에 있는 배를 파괴하였다. 이에 대해 북한군 4사단은 14일 아침 공주에서 강을 도하할 준비를 하였고 3보병사단과 105전차여단은 13일에 금강 북안에 도

81) 허종호, 『조국해방전쟁사 1권』, 1983, p.194; 사회과학원 력사연구소, 『조선전사 제25권』, 1981, p.142.

82) 국사편찬위원회, 『한국전쟁, 문서와 자료, 1905~1953년』, 2006, "조선민주주의 인민공화국 주재 소련 대사가 소련 내각회의 의장에게 보낸 전문"

착하여 도하를 준비하였다.[83)]

공주 지역에서 북한군 4사단은 강을 도하하기 이전에 정찰을 실시하였다. 북한군 정찰대는 금강 북안에서 강폭, 유속, 수심, 하상의 상태를 조사하였는데,[84)] 병력 배치상의 약점을 발견한 것으로 추정된다. 당시 미 24사단 34연대는 병력이 부족하여 30km의 광정면에 병력을 배치하였기 때문에 공백지역이 많이 있었다.[85)]

북한군은 7월 14일 08:00 미군의 방어진지에 포격을 가하는 가운데, 4사단 5, 18연대를 공주 정면으로 공격시키면서 16연대를 검상리 일대에서 은밀하게 도하시켰다. 검상리는 미군과 국군 사이의 지역으로 병력이 충분히 배치되지 않은 지역이었는데, 북한군은 이 지역으로 08:00~09:30까지 약 500명의 침투부대를 도하시켰고 이들은 침투 이후 후방에 위치한 63포병대대를 습격하여 와해시킨 다음 퇴로를 차단하려 하였다.[86)] 이에 두려움을 느낀 미군 부대들은 무단으로 철수하기 시작했고 금강 방어선은 붕괴되고 말았다. 북한군은 공격을 시작한지 하루도 채 안 된 14일 밤 23:00에 공주를 점령하는데 성공하였다.

대평리 지역에서 북한군 3사단은 14일부터 전초전 성격의 주간 도하를 2차례 시도하였지만 격퇴당하자 야간도하를 계획하고 15일 야간과 16일 새벽에 걸쳐 도하를 실시하였다. 이 지역을 방어하고 있는 미 24사단 19연대는 6개 중대 중 4개 중대를 전방에 배치하고 나머지 2개 중대를 예비로 보유하고 있었다.[87)] 이미 좌측의 미 34연대가 철수한 상황이었기에 19연대의 좌측방은 노출되어 있었고, 19연대는

83) 國防戰史研研究所, 『鳥山-大田戰鬪』, 1993, pp.137~159.
84) 國防戰史研研究所, 『鳥山-大田戰鬪』, 1993, p.133.
85) 육군본부 군사연구실, 『6 · 25전쟁 실패사례와 교훈』, 2004, p.127~128.
86) 일본 육전사연구보급회 편. 이원복 역, 『韓國戰爭』, 1991, pp.233~234.
87) 나종남, 『군사작전을 통해 본 6·25전쟁』, 2018, p.103.

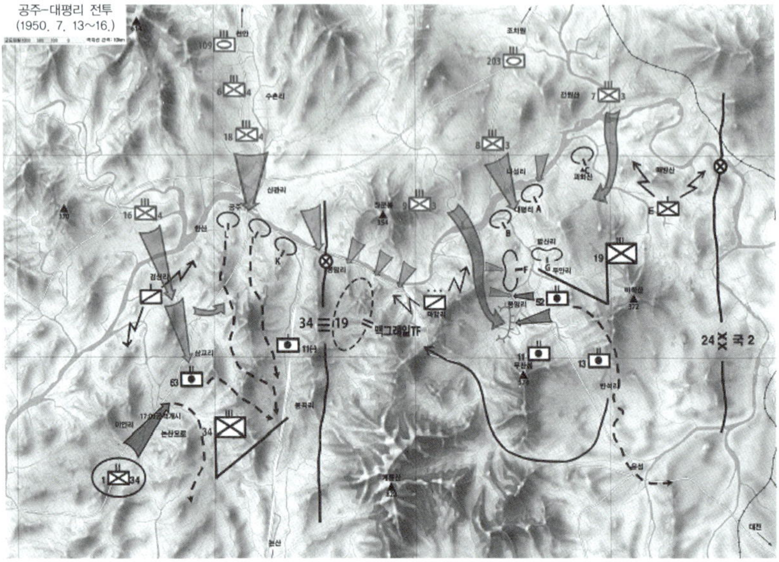

출처: 나종남, 『군사작전을 통해 본 6 · 25전쟁』, 2018, p.102.

[그림 3] 공주–대평리 전투(1950. 7. 13~16.)

후방의 예비대를 맥그레일 특수임무부대로 편성하여 좌측 상왕리 일대에 보강하였다. 그러나 전반적으로 19연대의 좌 · 우측방에는 병력 부족으로 취약한 지역들이 다수 있었다.

북한군은 정찰을 통해 병력이 약하게 배치된 지역을 파악하고 있었다. 북한군은 부강리 일대와 송원리(B중대와 수색중대 사이) 일대에 침투부대를 침투시켜 미군의 후방을 교란하였다. 정면에서 공격을 가하는 가운데 양 측방에서 병력이 약하게 배치된 지역으로 측방 도하를 실시하고 침투부대를 종심 깊이 운용하였다. 후방으로 침투한 병력은 봉암리 일대의 미군 11포병대대를 타격하고 나서 철수로를 차단함으로써 미군을 포위하였다. 결국 미군은 포위망을 뚫기 위해 막대한 손실을 감수해야만 했다.[88)]

금강선에서 북한군은 교리에 나타난 것들을 적극적으로 적용하여 큰 성공을 거두었다. 북한군은 정찰을 통해 상대의 약한 지점을 파악하고 작전계획을 수립하였으며 침투부대를 운용하여 신속하게 후방의 포병부대를 타격하는 한편 퇴로를 차단하여 미군의 방어선을 붕괴시켰다. 이 과정에서 북한군은 정면공격을 통해 적을 기만하면서 양 측방의 취약한 지역으로 침투부대를 집중하여 침투시키는 방법을 사용했다. 이러한 침투부대들은 이전처럼 교두보에서 무기력하게 지원부대를 기다리는 것이 아니라 획득된 첩보를 바탕으로 미군의 후방 깊숙한 지역까지 침투하여 결정적인 역할을 수행하였다.[89] 뿐만 아니라 포병 화력운용 면에서 연대·대대급 수준의 보·포 협조가 이전에 비해 향상된 모습을 보였다.[90]

6 맺음말

전쟁사를 통해 보면 전술적 성과가 전략적으로 확대되는 사례가 상당히 많다는 점을 알 수 있다. 또한 전략적 차원의 계획이나 조치나 전장의 마찰에 의해 휴지조각이 될 수 있다는 사실도 간과할 수 없다. 그러한 측면에서 6·25전쟁 초기 한강 도하는 전술적인 국면이지만 북한군의 전체 전쟁 국면에서 매우 중요하였다.

북한군은 국군의 한강선 방어를 허용했기 때문에 작전목표였던 국군의 주력을 섬멸하는데 실패했다. 전쟁 전반을 통틀어 북한의 가장 결정적인 실수 가운데 하나는 신속히 한강을 도하하는데 실패한 것이다. 결국 북한군은 미군의 참전을 허용하였고 또 다른 하천선인 낙

88) 國防戰史硏究所, 『烏山-大田戰鬪』, 1993, pp.165~167.

89) 육군본부 군사연구실, 『6·25전쟁 실패사례와 교훈』, 2004, p.126~127.

90) 국방부 군사편찬연구소, 『라주바예프의 6·25전쟁보고서 제1권』, 2001, p.352.

동강에서 전투력이 고갈되어 버렸다. 만약 북한군이 한강을 도하했다면 '선제타격작전계획'의 1단계에서 국군 주력을 포위 섬멸할 수 있었을 것이다. 그랬다면 국군은 조직력을 상실하여 축차적인 지연전을 펼칠 수 없었을 것이고 미군의 증원 병력이 도착하기 전에 한반도는 공산화되었을지도 모른다.

한강 도하작전에서 실패한 것과 관련하여 기존 연구에서 가장 주목하는 것은 북한군이 서울을 점령한 이후 국군을 즉시 추격하지 않아 한강 교량을 확보하는데 실패했고, 도하장비가 부족했기 때문에 하천을 도하할 때 중장비 도하가 지연되어 전체 작전템포를 상실하였다는 것이다. 이러한 요인은 군사전략 및 작전술 측면에서 북한이 전쟁목표를 달성하는데 실패하는 중대한 요인이 되었다.

그러나 전술적 차원에서 북한군은 금강 도하작전을 매우 성공적으로 수행했고, 그 결과 미 24사단은 와해되어 이후 대전전투에서 사단장까지 포로로 잡히는 수모를 당했다. 당시 미군은 금강의 모든 교량과 나룻배 등 도하기재를 파괴하였으며 북한군은 전쟁 초기와 마찬가지로 도하장비가 부족한 상황이었다. 한강 도하와 유사한 상황에서 북한군이 금강 도하를 성공적으로 완수한 것을 어떻게 설명해야 할까?

개별적인 도하작전의 성패요인은 전술적 수준의 영향을 더 받았다. 전쟁 이전 북한군은 소련군의 교범을 번역하여 우수한 교리를 보유했지만 실제 이를 체득할 시간이 부족했다. 또한 도하에 필요한 주요장비는 부족했을 뿐만 아니라 늦게 도착했기 때문에 이를 운용해 볼 시간이 부족했고 도하훈련 역시도 실전을 고려하지 않고 행정적으로 수행되었다. 결국 북한군은 전쟁 초기에 도하작전을 전술적으로 충분히 준비하지 못한 상태로 전쟁을 수행했던 것이다. 그 결과 임진강과 소양강 도하에서부터 이미 어려움을 겪기 시작하였다.

한강 도하에서 북한군은 승리를 위한 결정적인 기회를 상실했다.

김포 방면의 6사단은 가장 많은 도하장비를 할당받고 있었는데 한강을 도하 후 영등포 방면으로 진출하여 국군의 좌측방을 위협하는 중요한 임무를 맡고 있었다. 또한 3사단, 4사단, 105전차사단은 북한군의 주력이었고 서울을 점령한 사기충천한 군대였기 때문에 국군의 패잔병들이 급히 투입된 한강 방어선을 무너뜨릴 전투력이 충분했다. 그러나 이들은 도하작전에서 소규모 교두보를 확보하는데 성공했지만 이를 확장하는데 결국 실패했다. 소련군의 도하작전 교리에서 강조된 정찰, 침투, 기만, 화력지원, 제병협동 등의 전술적 원칙들은 한강에서 전혀 실현되지 않았다. 북한군은 김포 방면과 한강 방면에서 각각 3~4일간 지연됨으로써 전쟁목표를 달성하는데 실패하였다.

한강 도하에서의 실패를 교훈으로 하여 북한군은 전술적인 과오를 개선하였다. 그 결과 금강 도하작전에서는 소련군 교리에서 제시된 도하작전 원칙들을 구현하려고 노력하였다. 여전히 도하장비가 부족했기 때문에 중장비 도하가 1~2일 지연된 것은 막을 수 없었지만 김포나 한강에서의 작전을 고려할 때 금강 도하는 매우 성공적이었다. 하지만 이미 국군이 축차적인 방어선을 점령하면서 지연전을 펼치고 있었고 미 공군이 이를 적극 지원했으며 미 지상군이 증원되고 있었다. 또한 북한군의 전투력 손실은 계속해서 누적되고 있었다.

정리해보면 기존 연구에서 주목했던 북한군의 한강 교량 점령 실패나 도하장비의 부족은 군사전략 및 작전술 등 상위 수준에서의 실패요인이라고 할 수 있다. 그러나 전쟁 초기 소련 군사고문단이 그들의 개입사실을 은폐하기 위하여 한강 이남으로 내려오지 않았다는 점, 북한군 고급 지휘관들의 능력이 부족했다는 점, 신속히 추격했다 하더라도 한강 교량 파괴를 완전히 저지할 수 없었다는 점, 전투장비를 우선적으로 요청해야 했기 때문에 도하장비가 상대적으로 부족할 수밖에 없었다는 점에서 그들의 과오는 예견된 것이었으며 일부 불가피한 측면도 있었다.

그러므로 한강 도하의 실패는 상기 요인과 함께 전술적 차원에서 같이 살펴볼 때 잘 이해할 수 있다. 전쟁 이전 도하장비의 수량이 이미 정해진 상황에서 북한군이 유일하게 변화시킬 수 있었고, 또 그렇게 해야 했던 것은 전술적 능력을 향상시키는 것이었다. 그러나 북한군은 전쟁 초기까지 전술적으로 충분히 준비되지 못했던 도하작전 때문에 전쟁 초기에 많은 어려움을 겪었다. 비록 이후의 전투에서 북한군은 도하작전의 많은 부분을 개선하여 금강 도하를 비교적 성공리에 완수하였지만 그것은 이미 뒤늦은 조치였다. 어쩌면 도하장비 부족은 많은 요인 중 하나였을 것이지만, 북한군은 그들 군대의 역량 부족보다 장비 부족을 주된 요인으로 대신 제시하고 싶었는지도 모른다.

대전 전투와 미군의 전투 효율성

| 박일송 |

1 머리말

'대전 전투'는 6·25전쟁 초기에 실시된 전투로 너무나 잘 알려진 전투이다. 제일 먼저 파병된 미 제24보병사단이 질주하는 북한군의 예봉을 꺾기 위해 오산에서부터 전투를 벌였지만 번번이 실패하다가 급기야 대전에서 대패하고 사단장이 실종되기에 이르고 말았다. 이러한 대전에서의 불명예를 만회하도록 낙동강에서 반격하면서 미 제8군 사령관 워커(Walton Walker) 중장은 미 제24사단으로 하여금 대전을 재탈환하도록 배려하였다. 그러나 대전에서 미군이 경험한 충격은 쉽게 지울 수 없었다. 특히 제2차 세계대전에서 승리한 미군이 신생 군대에 패배했다는 사실은 받아들이기 힘든 결론이었다.

많은 연구가들이 북한군의 우수성과 미군의 오만을 승패의 요인으로 꼽고 있다. 맥아더 역시 미 제24사단으로 북한군의 진격을 저지하고 제1기병사단을 인천에 상륙시켜 전쟁 이전 상태를 회복하고자 하였다.[1] 그러나 미 제24사단은 북한군의 진격을 막지 못했고, 결국 대전에서 결정적인 타격을 입고 말았다. 이러한 미 제24사단의 패배는 딘(William Dean) 소장을 비롯한 24사단의 전술적 과오도 있었지만 궁극적으로는 1950년 미군 전체의 현상을 그대로 보여준 것이기도 하다.

1950년의 미군, 그 중에서도 극동 육군의 상황은 전투를 위한 군대라기보다는 점령군으로서 일본의 치안 유지가 중요 임무인 군대였다. 전쟁을 위한 준비보다는 점령한 일본 열도의 조속한 전후 복구와 이 과정에서 발생하는 치안 유지가 제일의 임무였던 것이다. 그 해 6월에 한반도에서 전쟁이 발발하자 이러한 군대가 북한 '정규군'을 상대하였던 것이다. 결국 1950년의 미군은 '전투 효율성'이 극히 저조한 군대였으며, 이러한 전투 효율성을 지닌 군대가 패배하는 것은 당연한 귀결일 것이다.

본 논문에서는 대전 전투의 전투 경과를 개략적으로 살펴보고, 이를 '전투 효율성'이라는 측면에서 미군의 전투 수행을 분석하여, 대전 전투의 패배가 단순히 미 제24사단 내의 문제가 아니라 미 극동 육군 전체의 문제였음을 보여 줄 것이다.[2] 이를 위해 전투 효율성의 개념을 정립하고 이를 분석하는 기준을 설명하며, 이와 같은 기준에서 대전 전투를 분석할 것이다. 이 과정에서 미 제24사단을 비롯한 극동 미 육군의 문제점은 무엇이었고, 이러한 문제점들이 실제 전장에서 어떻게 나타났는지 설명함으로써 6·25전쟁 초기 지연전 단계에서 미군의 참전에도 불구하고 북한군의 진격을 막아내지 못하고 미군도 국군처럼 낙동강까지 밀리게 된 이유를 설명할 것이다. 대전

---

1) 맥아더가 최초에 구상한 'Blue Heart' 계획에 의하면 미군 2개 사단으로 38도선을 회복하려 했으나, 이것이 여의치 않자 북한군 진출을 저지하기에 급급하여 총 5개의 미군 사단을 투입하였고, 인천 상륙을 위해 추가적으로 2개 사단을 투입하였다.

2) 6·25전쟁에 참전한 미군의 전투 효율성이 급격하게 상승한 것은 리지웨이(Matthew Ridgway) 장군이 부임하고 미 제8군의 전투 능력을 향상시키려고 노력하면서 부터이다.

전투는 군대가 무엇을 통해 전투력을 발휘하는지 아니면 전투력의 발휘를 위해서는 무엇을 준비해야 하는지 보여줌으로써 현재의 우리에게 중요한 교훈을 남겨준다.

2 미 제24사단과 대전 전투[3)]

미 제24보병사단은 제2차 세계대전 당시 뉴기니, 레이테, 루존 전역에 참전한 부대로 전쟁이 끝난 후 일본 큐슈 지역에 주둔하고 있었다. 장교와 부사관들 중 절반 이상이 참전 경험을 보유하고 있었으나 병사들은 그러하지 못하였다. 또한 전후의 감군 정책으로 인해 사단의 각 연대들은 2개 대대로 편성되어 전체 병력이 15,000여명에 불과하였다. 이들이 6·25전쟁에서 북한군과 전투를 벌인 최초의 미군이었다.

대전에 이르기까지 미 제24사단은 죽미령, 평택-안성, 천안, 전의-조치원, 공주, 대평리 등에서 전차를 앞세운 북한군의 진출을 저지하고 방어선을 구축하고자 노력하였지만 번번이 실패하고 막심한 피해를 입었다. 실제로 대전 전투가 벌어지기 직전의 사단 병력은 이를 잘 설명해준다. 사단은 제19, 21, 34보병연대와 포병 등 지원부대로 편성되었다. 제일 늦게 한국에 도착한 제19연대(연대장 Gay Meloy 대령)는 대전 전투가 시작되기 직전의 금강선 방어를 위한 대평리 전투에서 배속된 부대를 포함한 3,400여 명 중 약 650여명(19%)의 손

---

3) '대전 전투'에 대한 설명은 온창일 외, 「6·25전쟁 60대 전투」(황금알, 2010), 55~62쪽; Roy E. Appleman, *South to the Naktong, North to the Yalu* (Washington, D.C.; U.S. GPO, 1960), pp.146~181; 온창일, 「한민족 전쟁사」(법문당, 2001), 601~611쪽 참조.

실을 입었다. 더욱 치명적인 것은 연대의 2개 대대 중 제1대대가 약 43%의 손실로 전투력을 상실한 것이다.[4] 이로 인해 연대는 휴식과 재편성을 위해 영동으로 철수할 수밖에 없었다. 제21연대(연대장 Richard Stephens 대령)는 죽미령과 전의-조치원 전투에서 타격을 입고 1,400여명의 손실로 1,100여명 만 보유하고 옥천에서 재편성 중이었다.[5]

그나마 제34연대가 유일하게 전투부대로서의 역할을 수행하고 있었다. 그러나 제34연대도 평택-안성과 천안, 그리고 공주 지역에서의 계속되는 전투로 인해 피해도 심했을 뿐 만 아니라 전투피로에 시달리고 있는 실정이었다. 또한 연대장들이 전사나 부상으로 약 2주의 기간 동안 3명이나 임명되는 상황에 처해 있었다. 따라서 연대도 최상의 전투력을 보유하고 대전 전투에 임한 것은 아니었다.

딘 소장이 대전에서 오랫동안 북한군의 진출을 저지할 수 없다는 것은 이미 결정되어진 것이나 마찬가지였다. 공주와 대평리 전투 이후 사단의 6개 보병대대 중에 겨우 3개 대대만 투입이 가능한 상태에서 북한군 제3, 4사단과 제105전차사단의 공격을 장시간 버틴다는 것은 물리적으로 거의 불가능한 상황이었던 것이다. 거기에 국군 수도사단과 대치하고 있는 북한군 제2사단까지 추가적으로 투입된다면 이는 거의 절망적인 결과가 명확하였다. 그리하여 7월 18일부터 대전 방어에 들어간 딘 소장은 다음 날인 19일에 대전에서 철수할 복안을 가지고 있었다. 그러나 워커 중장의 요청으로 20일에 철수하기로 계획을 변경하였으며, 이것이 미 제24사단에게 재앙을 가져오게 된 계기가 되었다.

---

4) Roy E. Appleman, *South to the Naktong, North to the Yalu* (Washington, D.C.; U.S. GPO, 1960), p.144.

5) T. R. Fehrenbach, *This Kind of War; The Classic Korean War History* (Washington, D.C.; Brassey's, 1998), p.88.

한편 파죽지세로 남진하는 북한군은 경부가도를 중심으로 배치된 미군을 격파하였으며, 중부 및 중동부 전선에서도 커다란 어려움 없이 진격하고 있었다. 이들 앞에 놓인 대전은 전략적으로 북한군에게 대단히 중요한 목표가 되었다. 대전은 당시 13만 명의 인구를 보유한 대한민국의 4대 도시였으며 교통의 요충지로 대전에서 대구, 금산, 또는 광주 방향으로 진출할 수 있었기 때문에 북한군의 차후 작전을 위해 빠른 시간 내에 확보할 필요가 있었다. 동시에 미군의 주력인 제24사단에게 결정적인 타격을 준다면 전쟁에서 승리할 가능성이 그만큼 높아짐을 의미하기도 하였다.

이를 위하여 북한군은 지금까지 사용해오던 전형적인 전술로 미 제24사단을 공격하여 대전을 확보하고자 하였다. 소련군의 영향을 받은 북한군은 상대방의 주력을 섬멸하는데 많은 중점을 두고 작전을 실시해왔다. 주로 정면 공격과 더불어 우회 및 침투 기동을 통해 상대방의 전투력을 섬멸하고자 하였으며, 이러한 전술은 병력이 절대적으로 부족하여 부대 간 간격이 발생할 수밖에 없었던 국군과 미군에게 대단히 효과적이었다.

대전에서도 이와 같은 전술을 구사하였다. 공주를 공략한 북한군 제4사단이 논산을 경유하여 대전을 서쪽 및 남서쪽에서 공격하고, 대평리에서 미 제19연대를 공격하였던 제3사단이 유성 방향에서 공격하고자 하였으며, 이들을 제105전차사단이 지원하기로 하였다. 또한, 대전에서 옥천으로 이어지는 미군의 퇴로를 차단하기 위해 진천-청주 방향에서 진출하고 있던 제2사단을 투입하여 미 제24사단을 완전히 포위하여 섬멸적인 타격을 입히고자 하였다. 그러나 다행스럽게도 국군 수도사단이 북한군 제2사단을 문안산을 비롯한 청주 지역 일대에서 저지함으로써 북한군 제2사단은 대전 전투에 참가할 수 없게 되었다. 비록 제2사단이 대전 공략에 참여하지 못하게 되었지만 미 제24사단의 상황을 고려하면 여전히 압도적인 병력과 장비의 우위를 점하고 있었다. 더불어 T-34 전차의 지원을 받으면서 북한군은 기갑 부대와 보병에 의한 정면 돌파와 후방차단의 전형적인 전술을 사용하기에 충분한 병력을 보유하고 있었다.

대전에서 북한군을 지연하게 된 딘 소장은 새로이 제34연대장으로 부임한 보샘프(Charles E. Beauchamp) 대령에게 이 임무를 부여하고 제21연대에게 대전-옥천 간의 퇴로를 확보하게 하였으며, 사단 수색중대는 금산 방면을 담당하여 남측방의 안전을 확보하고자 하였다. 이후 적에 의해 포위되기 전에 대전에서 철수하려고 하였으며, 이는 19일로 예상하고 있었다. 이러한 계획은 계속되는 전투로 인해 사단이 입은 피해와 전투피로, 그리고 전황을 바탕으로 한 것이었다.

신임 연대장 보샘프 대령은 제1대대를 유성 방향에서 접근하는 도로를 중심으로 갑천에 배치하여 적 주공 방향에 대한 대비를 하였고, 그 후방의 비행장에 제3대대를 예비로 확보하여 유사시 제1대대를 증원하고자 하였다. 한편 남서쪽 논산 가도 방향에는 제3대대 L중대에서 1개 소대를 차출하여 갑천 주변에 배치하였으며, 경부선 철로를 중심으로 한 북쪽 방향에는 I중대(-)를 투입하였다. 이를 지원하는 포병은 가용한 부대를 통합하여 1개의 혼성대대로 편성하고, 이를 비행장에 배치함으로서 적의 예상 주공 방향에 대한 대비를 하였다. 전반적으로 병력이 부족한 상태에서 제34연대장은 유성-대전 축선에 상당한 방어의 중점을 두었으며, 다른 지역은 경계부대만 배치할 수밖에 없었다.

이러한 제34연대의 방어계획은 제8군사령관 워커 중장에 의해 변경되었다. 제24사단 하나로 북한군의 진출을 저지하기를 기대하던 미군 지휘부는 이것이 불가능하자 결국 제25사단과 제1기병사단을 우선적으로 투입하기로 결정하면서, 이 중에 제1기병사단의 영동 부근 투입을 위해 대전에서 더 많은 시간의 확보가 요구되었다. 결국 워커 중장은 제24사단이 대전을 하루 더 방어해 줄 것을 요구하였고 사단의 철수 일자는 19일에서 20일로 변경되었다. 이와 같은 제8군 사령관의 지시에 부응하기 위하여 딘 소장은 대전의 제34연대를 보강하고자 제19연대 제2대대와 사단 수색중대를 제34연대에 배속시키고 7월 10일에 사단에 공수된 3.5인치 대전차 로켓도 연대에 지급하였다.

제24사단이 대전을 방어하기에는 여러 가지 문제점을 가지고 있었다. 먼저, 북한군에 월등히 열세한 병력과 장비로 방어해야 되는 처지에 있었다. 앞서 살펴 본 바와 같이 계속되어 온 전투로 상당한 피해를 입은 상태였기 때문에 제34연대와 증강된 보병 및 포병 등을 포함하여 약 4,000여명의 병력과 1개의 혼성포병대대로 방어를 실시해야만 되는 상황이었다. 이에 반해 북한군 사단들은 약 60~80%의 병력을 유지하고 있었으며,[6] 결정적으로 전차 사단의 지원 속에 작전의 주도권을 장악하고 있는 상황이었다. 둘째, 병력의 부족은 방어정면의 확대로 귀결되었다. 제24사단이 3개의 보병대대로 대전의 전면을 방어하기에는 역부족이었으며, 이는 방어부대 간에 넓은 간격이 발생하는 결과를 초래하였다. 여기에 산악을 이용하여 우회하는 적을 대응하는 것은 더욱 어려운 상황이었다.

마지막으로, 탄약과 장비의 부족이다. 적 전차와 보병을 분리하기 위해서는 포병 및 박격포의 지원이 필수적인데 탄약이 절대적으로 부족하여 화력 지원이 원활하지 못하였다. 특히, 보병 부대가 즉각적으로 활용할 수 있는 60mm, 81mm, 4.2인치 박격포 탄의 부족은 심각한 문제였다. 여기에 통신 장비의 절대적인 부족은 그나마 열세인 미군이 마치 눈을 감고 전투하는 상황을 전개하였다. 특히 유선의 절대적인 부족과 이를 보완하는 무전기의 결함 및 건전지의 부족은 지

6) T. R. Fehrenbach, *This Kind of War; The Classic Korean War History* (Washington, D.C.; Brassey's, 1998), p.88.

휘관들로 하여금 전방 상황을 전혀 인지하지 못하게 하는 결과를 초래할 수 있었다.

여기에 병사들의 자질과 전쟁에 임하는 자세가 더욱 문제를 악화시켰다. '경찰 역할'(police action)로 초기에 참전한 제24사단의 병사들은 자신들의 참전 사실 만으로 북한군이 진격을 멈추고 38도선 이북으로 돌아갈 것으로 인식하고 있었다. 이것이 잘못된 판단임을 알았을 때에는 자신들이 전투 군인의 임무 보다는 점령군의 임무에 더욱 충실하였음을 알게 되었다. 일본에 주둔하면서 훈련을 거의 실시하지 않았고 참전 경험이 없는 병사들로 충원된 부대였다.[7] 이와 같은 결점들은 결국 전장에서 싸우는 장병들이 피로 보상할 수밖에 없었다.

북한군의 공격은 7월 19일 아침에 야크기의 공습으로 시작되었다. 옥천 북방의 제21연대 진지를 공격한 야크기는 연대의 대공포와 미 F-51전폭기의 공격의 격추되거나 격퇴되었다. 동시에 대평리에서 대전으로 남하하는 북한군 전차와 야포를 공격하여 피해를 주었다. 그러나 지상에서의 전투는 순조롭지 못하였다. 북한군은 논산과 유성방향에서 정면공격을 실시하면서 대전 남방으로 우회하여 미 제24사단의 퇴로를 차단하고자 하였다.

북한군 제4사단 제18연대는 7월 18일 우회기동을 시작하여 20일 밤과 새벽에 대전-논산 및 대전-대구의 도로를 차단하였다. 이들은 1.5기수의 탄약과 3일분의 식량 및 개인별로 1-2발의 박격포탄을 메고 산악행군을 통해 은밀히 기동하여 퇴로를 차단한 것이다.[8] 이로써 제24사단의 퇴로는 완전히 차단되었지만 딘 장군이나 보샘프 대령은 이러한 사실을 모르고 있었다. 이들은 이동 중에 논산 가도에서

---

7) Roy E. Appleman, *South to the Naktong, North to the Yalu* (Washington, D.C.; U.S. GPO, 1960), p.180.

8) 조선 민주주의 인민공화국 과학원 력사연구소, 「자유와 독립을 위한 조선인민의 정의의 조국해방전쟁」(조선 로롱당 출판사, 1959), 75~76쪽.

수색중대 1개 소대와 조우했지만 정확한 정보가 지휘관들에게 전달되지 못하였다.

논산 가도에 배치되어 있던 L중대의 1개 소대는 몰려드는 적을 막아내지 못하였지만, 마침 사단장의 지시로 적시에 도착한 제19연대의 제2대대가 적을 격퇴함으로서 진지를 고수할 수 있었다. 그러나 적의 주공 방향이었던 유성 방면은 시간이 흐르면서 상황이 점점 악화되어갔다. 유성-대전 가도를 중심으로 갑천 주변에 배치된 제34연대 제1대대는 적의 공격을 막아내고 있었지만 현 진지의 고수가 불가능함을 깨닫고 야간을 이용하여 철수할 것을 연대장에게 건의했으나 연대장은 여전히 현진지의 고수를 지시하였다. 부임한지 얼마 되지 않은 보샘프 대령은 자신의 연대가 대전에서 2일간 방어하는 것 못지않게 연대 전체의 전의(戰意)와 사기를 고양하여 싸우는 부대로 바꾸는 것 역시 시급하다고 판단하고 있었으며, 이를 위해 자신이 현장에서 지휘하며 전투를 지휘하고 있었다.[9] 그러나 그날 밤에 전차의 굉음소리를 내며 진지를 통과하자 대대장 아이레스 (Red Ayres) 중령은 다시 한 번 대대의 철수를 건의하였으나 연대장은 여전히 다음 날까지 대전 방어가 가능하다고 믿고 이러한 건의를 묵살하였다.

북한군은 20일 새벽 3시에 대대적인 공격을 시작하였다. 제34연대 제1대대는 전차의 지원을 받으며 공격하는 북한군의 압박을 견디지 못하고 철수하기 시작하였다. 이미 전차에 의해 퇴로가 차단당했을 것을 우려한 대대장은 동쪽이 아닌 남쪽으로 철수하였다. 그러나 연대장이 정확한 상황을 파악한 것은 날이 밝은 후였다. 비행장 부근의 제3대대에서 2개 중대로 반격을 지시하였으나 이들의 진격은 북한군의 공격으로 허사가 되었고, 간신히 본대와 합류할 수 있었다.

---

9) Clay Blair, *The Forgotten War: America in Korea, 1950~1953* (Doubleday; New York, 1987), p.133. Beauchamp 대령은 당시 대부분의 연대장들보다 나이가 적은 42세의 적극적인 장교였다.

한편 남쪽의 제19연대 제2대대는 더욱 혼란스러웠다. 대대장은 통신 두절로 인해 예하 중대의 정확한 상황을 파악할 수 없었을 뿐만 아니라 대대의 상황을 연대지휘소에 보고할 수도 없었다. 결국 대대는 철수하는 제34연대 1대대와 더불어 남쪽으로 철수하고 말았다. 이로 인해 대전을 방어하기 위한 병력은 제34연대 3대대와 혼성포병대대가 전부였으며, 사단장과 대대장은 정확한 상황파악을 하지 못하고 있었다. 실제로 사단장은 20일 오전 중에 처음으로 실전 배치된 3.5인치 로켓포로 전차 사냥에 몰두하고 있었다. 그러나 대전 시내에 적 전차가 출현하였다는 사실로 사태의 심각성을 깨달은 사단장은 연대장에게 날이 어두워지기 전에 철수시킬 것을 지시하였다.

오후 늦게 철수를 시작한 제34연대는 대전 시가지 전투보다 더욱 큰 시련을 겪었다. 이미 곳곳에 퇴로를 차단한 적뿐만 아니라 시내를 통해 공격해오는 적들과 교전을 하면서 철수해야만 되었다. 결국 철수를 완료한 사단은 사단장이 실종되고 투입된 3,933명 중 1,150명의 손실을 입었으며, 대부분의 장비를 상실하였다. 또한 장교들의 손실이 높아 전투력을 발휘할 수 없는 상태가 되고 말았다. 대전을 20일까지 방어하라는 워커 중장의 지시를 달성하였지만 이를 위한 대가는 너무 큰 것이었다.

3 미 제24사단의 전투 효율성 분석

(1) 전투력과 전투효율성

제24사단이 대전에서 패배한 것은 참전 이후 계속되어 온 전투의 피해가 큰 것도 이유가 되지만 근본적으로 사단이 전투 부대로서 준비된 사단이었는지 의문을 갖게 한다. 죽미령 이후 보여준 사단의 전투 수행은 북한군이 결코 두려워 할 존재가 아니었으며, 따라서 참전 사실 자체만으로 북한군이 38도선 이북으로 퇴각할 것이라는 기대도 사라지고 말았다. 결국 대전에서 사단은 치욕적인 패배를 경험하고 제25사단과 제1기병사단에게 전선을 넘겨줄 수밖에 없었다. 이와 같이 제24사단이 패배한 이유는 가장 먼저 절대적인 병력과 화력의 차이에서도 살펴볼 수 있지만 전투효율성이라는 측면에서 그 답을 찾을 수 있을 것이다.

제24사단의 전투효율성을 분석하고 평가하기에 앞서 어떻게 전투력을 평가하는지에 대한 설명이 필요하다. '전투력'(combat power)은 한 국가의 '군사력'(military power)에서 분화된 개념이다. 많은 연구가들이 한 국가의 안보를 책임지며 필요시 전쟁을 수행하는 군대의 능력을 평가하여 더 나은 군대를 건설하는데 일조하고자 하였다. 군사력은 전쟁에서 승패에 영향을 주는 결정적인 요소이며, 궁극적으로 국가안보에 있어서 최후의 수단이다. 그러나 군사력의 유지는 국가의 막대한 지출을 강요하기 때문에 적절한 군사력을 건설하고 유지하기 위해 다양한 분석과 평가 방법을 동원한다. 이러한 방법 중에 아마도 가장 손쉽게 활용되어지는 것이 양적 비교일 것이다. 위협이 되는 국가의 군대와 직접적인 수적 비교를 통해 우열을 가리는 것이다. 그러나 이러한 양적 비교는 무형의 요소를 평가하지 못하는 문제점이 있다. 전쟁이나 전투 수행은 정형적인 요소 이외에도 리더십, 동기(motivation), 사기, 그리고 우연(chance)이라는 비선형적인 것들에 의해 상당한 영향을 받는데, 직접적인 양적 비교는 이러한 요소들을 포함하지 못한다.

따라서 양적인 요소와 더불어 무형적인 요소들을 포함한 비교 평가를 위해 비교우위분석, 계량화, 위협분석 등의 방법을 사용한다. 이 중에서 몇 가지 대표적인 분석틀에 대한 고찰이 필요하다. 가장 일반적인 방법은 두 개 또는 그 이상의 군대와의 상대적 군사력 비교이다. 상대적 군사력 비교의 가장 일반적인 방법이 '총괄 평가'(net assessment) 방법이다.[10] 총괄 평가 방법은 한 국가의 군사력과 전쟁수행 능력을 적국과 개별적으로 비교 평가하여 명확한 결과를 도출할 수 있다. 이 때문에 미국 국방부 내에 '총괄평가국'(Office of Net Assessment)을 운용하고 있을 정도이다. 그러나 이 방법은 한 군대의 모든 요소를 포함하여 비교 평가하기가 곤란하다. 그것은 상대국과 자국의 비교 요소들을 객관적으로 평가하고자 하지만 자신들이 세운 기준에 의해 평가하기 때문에 상대국의 무형요소들을−의사결정과정, 리더십, 동기화(motivation) 등−제대로 평가하지 못하는 결함이 있다.

두 번째 유형은 계량화를 통한 비교 평가이다. 이 방법은 평가요소들을 지수를 이용한 계량화를 통해 비교 평가가 용이하도록 하는 방법으로 운용분석(operation research)에서부터 시작된 분석법이다. 가장 대표적으로 두퓨이(T.N. Dupuy)는 각각의 평가요소를 지수화하여 수치로 나타냄으로써 전투결과를 예측할 수 있는 방법을 소개하였다.[11] 그러나 너무 복잡한 지수화 과정은 널리 받아들여지지 않았을 뿐만 아니라 무형적인 요소를 다루지 못하는 단점이 있다. 셋째 유형은 문화적인 접근이다. 대표적으로 린(Lynn)은 한 국가의 군대가 전투 능력을 발휘하는데 영향을 주는 요소로 가치, 동기, 그리고 군사력 운용체계 자체에 중점을 두고 있다.[12] 그러나 이 방법은 국가

---

10) Williamson Murray & Allan R. Millett, *Calculations: Net Assessment and the Coming of World War Ⅱ* (New York: The Free Press, 1992) 참고.

11) T. N. Dupuy, *Numbers, Predictions and War Using History to Evaluate Combat Factor and Predict the Outcome of Battles* (Fairfax, Va.: Hero Books, 1985) 참고. 이 방법을 제2차 세계대전 당시의 미국과 독일의 비교 분석에 이용한 것은 Martin van Creveld, *Fighting Power: German and U.S. Army Performance, 1939~1945* (Westport, Ct.: Greenwood Press, 1982) 참고.

나 조직의 사회적, 문화적 분야가 군사력 발휘에 어떤 영향을 주는지에 너무 중점을 두다보니 정량적인 요소들을 무시하는 경향을 보여주고 있다.

마지막 방법은 군대가 전쟁이나 전투에서 어느 정도 효율적으로 군대를 운용하고 얼마나 효과적으로 전투력을 발휘하는지 평가하는 것이다. 밀렛(Allan R. Millett)과 머레이(Williamson Murray)는 이를 '군사적 효율성'(military effectiveness)의 개념으로 설명하고 있다.[13] 군사적 효율성이란 한 마디로 "한 군대가 자원을 전투력으로 전환하는 절차와 방법"(the process by which armed forces convert resources into fighting power)[14]이라고 정의하면서, 이를 정치적, 전략적, 작전술적, 전술적 수준으로 구분하여 분석하고 있다. 이 방법은 한 국가가 군대가 어느 정도 전쟁 수행능력을 확보하였는가, 그리고 이를 실제 전장에서 얼마나 효과적으로 발휘하였는가를 상대적이면서 동시에 심층적으로 비교하고 평가할 수 있다는 장점을 가지고 있다.

가장 이상적인 군대는 '군사적 효율성'의 네 수준 모두에서 탁월한 능력을 보유한 군대이다. 그러나 역사적으로 볼 때 이러한 경우는 거의 없는 실정이다. 따라서 모든 군대는 강한 수준과 약한 수준을 보유하고 있는데, 가장 대표적인 비교가 제2차 세계대전 당시의 미군과 독일군이다. 독일군은 네 수준 중에서 작전술적 수준과 전술적 수준에서 탁월한 효율성을 확보한 반면 정치적, 전략적 수준은 그러하지

12) John Lynn, *The Bayonets of the Republic: Motivation and Tactics in the Army of Revolutionary France, 1791~94* (Urbana, IL.: University of Illinois Press, 1984) 및 John Lynn, *Battle: The Cultural History of Combat*, 이내주, 박일송 역, 「배틀: 전쟁의 문화사」(청어람미디어, 2006) 참고.

13) Allan R. Millett & Williamson Murray, *Military Effectiveness, Vol. I: The First World War* (Boston: Allen & Unwin, 1988), Ch. 1 참고.

14) Ibid. p.2.

못하였다. 반대로 미군은 작전술적, 전술적 수준보다 정치적, 전략적 수준에서 참전국 중에서 가장 뛰어난 효율성을 보여주었다. 그 결과로 독일군은 전투에서 승리하였고, 미군은 전쟁에서 승리하였다.

이러한 '군사적 효율성' 패러다임을 응용하여 '전투효율성'(combat effectiveness)으로 한 전투에서 한 부대가 어느 정도 전투력을 확보하여 전투에 임했는지, 그리고 이러한 전투 능력은 제대로 발휘되었는지를 분석할 수 있다. 따라서 '전투효율성'은 '한 부대가 보유한 자원을 전투력으로 전환하는 절차와 방법'으로 정의할 수 있다. 이것은 '군사적 효율성'의 분석 수준 중에서 작전술적 수준과 전술적 수준에 중점을 두고 분석하는 것과 유사하다. 대전에서의 제24사단의 전투 수행은 특히 전술적 수준에서의 '전투효율성'을 분석하는 것이다.

전투효율성을 분석하는데 기준이 되는 요소는 다양하지만 대체적으로 전장기능별 분석이 유용하다. 전장 기능은 시대의 변화에 따라 점점 다변화되는 추세에 있다. 처음에는 대략 지휘, 화력, 기동 및 방호의 4대 기능이었지만 여기에 정보와 전투근무지원이 추가되었으며, 정보화 시대에 들어서서 네트워크 환경이라는 요소까지 포함되어 총 7대 기능으로 구분하고 있다.[15)]그러나 6·25 전쟁 당시의 상황에 이와 같은 7대 기능을 모두 적용하기 보다는 이를 조정하여 적용함으로써 당시의 상황에 적절한 분석이 가능할 것이다. 본 논문에서는 제24사단의 전투 수행을 분석하기 위해 리더십, 정보, 통제 및 통신, 화력 및 기동, 그리고 훈련이라는 요소를 중점적으로 분석하여 제24사단이 왜 대전에서 많은 피해를 입고 패배하였는지를 설명하고자 한다.

리더십은 부여된 임무를 완수하기 위해 지휘관들이 목표, 지침, 동

15) 전장 7대 기능에 대해서는 육군본부, 「지상전 세부개념서 Ⅱ: 기능별 운용 개념」(육군인쇄창, 2008) 참고.

기부여 등을 통해 부대원들에게 영향을 주는 요소이다. 리더십을 평가함에 있어서 정형화된 지휘 형태는 존재하지 않지만 각각의 지휘관들이 독특한 방법으로 부대원들에게 영향을 주는 것은 명확한 사실이다. 중요한 것은 당시의 전장 상황에서 지휘관의 지휘 형태-주로 의사 결정으로 나타나는-가 얼마나 적절하였는지와 지휘관에 따른 독특한 지휘 형태가 해당 부대의 전투 수행에 어떠한 영향을 주었는지를 살펴볼 것이다. 특히 대전 전투에서 사단장과 연대장의 지휘 형태는 대전 전투에서의 경과와 결과에 결정적인 영향을 주었다. 전투가 종결되고 사단장이 실종되면서-나중에 포로가 되었음이 밝혀졌지만-많은 비판이 있었던 것이 사실이다. 그러나 결론적으로 지휘관들의 역할은 결코 부정적이지 않았음이 명확하다.

정보는 크게 두 가지 영역으로 하나는 적에 대한 정확한 정보를 바탕으로 '정보 우위'를 달성하고 이를 예하 부대에게 적시 적절하게 제공하는 영역이며, 다른 하나는 적이 아군에 대한 정보를 획득하지 못하도록 하는 거부의 기능으로 구분된다. 결론적으로 대전 전투에서 미군은 적에 대한 정보를 제대로 확보하지 못했을 뿐만 아니라 오히려 미군에게 역정보를 알려줌으로써 적절한 지휘결심을 방해하는 결과를 초래하였다.

통제 및 통신은 리더십 및 정보 요소와 직접적으로 연관이 있지만 하나의 요소로 분리하여 보는 이유는 대전 전투를 비롯한 미군의 초기 전투에서 이 요소가 전투 경과와 결과에 상당한 영향을 끼쳤기 때문이다. 특히 통신의 결정적인 결함은 제24사단이 전투부대로서 임무를 수행하는데 있어서 막대한 영향을 끼쳤다는 사실에서 우리에게 주는 전쟁사적 교훈은 대단히 크다고 할 수 있다.

화력과 기동은 전투 수행 중에 적의 전투력을 저하시키거나 파괴하면서 자신의 전투력을 보호하는 기능을 하는 요소이다. 따라서 상대방의 전투력을 무력화시킬 수 있는 적절한 무기체계를 보유하였는지, 이를 효율적으로 운용하였는지가 중점적인 분석 대상이다. 이러한 화력과 기동에는 공군력도 포함되기에 대전에서 미군에게 유리하게 작용하였을 것으로 오판하지만 실제로는 미군이 상대적으로 북한군에게 불리하게 작용하였음을 알 수 있다.

마지막으로 훈련 요소는 전장 기능에는 포함되지 않지만 제24사단이 전투에 참여하기 이전에 일본에서 점령군으로서 어떠한 훈련을 실시하였는지를 분석함으로써 실전에서 전투력을 발휘할 수 있는 준비 상태를 살펴볼 수 있다. 불행하게도 제24사단의 훈련 수준은 기대 이하였으며, 당시의 국군과 비슷한 훈련 수준에 머물러 있었다.

결국 제24사단의 전투 능력은 이러한 요소들이 종합되어 나타났다. 대전에서는 리더십을 제외한 모든 요소들에서 문제점들이 나타났으며, 부정적인 영향을 준 요소들은 복합적으로 작용하면서 더욱 악화된 결과를 초래하였다.

(2) 리더십

리더십의 핵심은 지휘관이다. 대전 전투에서 중요한 위치에 있었던 지휘관은 앞서 살펴본 바와 같이 제24사단장 딘 소장과 제34연대장 보샘프 대령이었다. 딘 소장은 1899년에 일리노이의 작은 도시에서 태어나 어린 시절을 보낸 후 육군 장교가 되고자 미국 육사(West Point)에 도전하였지만 입학시험에 실패하고 캘리포니아 대학의 법학과에 진학하였다.[16] 그러나 육군에 대한 열망은 여전하여 졸업 후 법학도가 아닌 육군 장교 시험에 합격한 이후 기갑장교로 성장하였다. 제2차 세계대전 당시에는 노르망디에 후속부대로 상륙한 패튼 장군의 휘하의 제44사단에서 부사단장과 사단장을 역임하였으며, 이 때

16) 딘 소장의 경력에 대해서는 William F. Dean, *General Dean's Story* (New York: The Viking Press, 1954), pp.5~16 참고.

능력 있는 사단장으로서 명성을 떨쳤다. 전쟁이 끝나고 1947년 주한 미 군정장관과 제7사단장의 직책을 수행하였으며, 이후 제8군 참모장을 거쳐 1949년 10월에 제24사단장에 부임하였다.

전쟁이 발발하고 미군이 참전하자 큐슈의 제24사단이 제일 먼저 참전하여 북한군의 진출을 저지하는 임무를 부여 받자 딘 소장은 사단장 겸 주한 미 지상군 사령관으로 전쟁을 지휘하였다. 이후 제8군 사령부가 설치되자 제24사단장의 역할만 수행 하였다. 최초 죽미령에서부터 대전에 이르기까지 딘 소장은 어느 일정 선에서 북한군을 저지하려고 최선을 다했다. 제일 먼저 선정된 곳이 평택-안성 선이었고, 이것이 붕괴되자 금강선에서 재차 방어선을 구축하고자 하였다. 그러나 금강 방어선이 붕괴되고 대전으로 후퇴할 수밖에 없었다. 딘 소장이 최초에 판단하기로 대전은 전략적으로 중요하지만 오랫동안 방어하는 것은 불가능하다고 여겨서 하루 동안만 지연전을 펼치다 후퇴할 계획이었다.

이와 같은 지휘결심을 볼 때 딘 소장은 참전 이후 적절하게 부대를 운용하여 임무를 달성하려고 노력했으며, 그의 판단이 건전하였음을 알 수 있다. 그러나 그 자신도 전후에 실토하였듯이 "나무에 너무 가까이 다가가 숲을 보지 못했다"는 비난을 면하기는 어렵다.[17] 실제로 그는 사단의 지휘권한을 후방의 부사단장과 대전의 제34연대장에게 일임하고 중요한 순간에 전차사냥에 나서는 결정적인 실수를 범하였다. 딘 소장이 이러한 행위를 한 것은 계속해서 후퇴하려는 부대원들의 전의와 사기를 고양하고, 대한민국 국민과 군대에 신뢰감을 주면서, 도대체 북한군이 어떻게 싸우는지 직접 보려고 대전에 남아 적에게 가까이 다가가려고 하였다.[18] 그러나 오히려 후방 지휘소에

---

17) Appleman, *South to the Naktong, North to the Yalu*, p.145.

18) Ibid.

서 지휘를 하거나 대전에서도 연대 지휘소에서 전체 전황을 파악하며 적절한 지시를 하였다면 제24사단의 피해는 그리 크지 않았을 수도 있었다.

이 외에도 몇 가지 추가적인 비판이 존재한다. 먼저, 사단 수색 중대를 제34연대에 배속하여 금산 가도에서 철수함으로써 북한군의 남쪽 기동에 대해 전현 대책을 세우지 못한 점이다. 그러나 이것은 딘 소장의 의도와 정반대로 나타난 전형적인 '마찰'의 결과이다. 딘 소장은 수색중대를 제34연대에 배속함으로써 연대장이 더욱 정확한 정보를 신속하게 얻을 수 있을 것이라고 판단하고 수색중대를 배속시켰지만 명령 처리과정의 실수로 금산 지역에서 철수하는 결과를 초래하여 북한군 제4사단 제18연대가 노출되지 않고 미군의 퇴로를 차단할 수 있었던 것이다.

또 다른 비판은 좀 더 이른 시간에 철수하지 않고 20일 오후 늦게 철수 명령을 내린 점이다. 워커 장군이 제1기병사단의 상륙과 전개를 위해 20일까지 북한군을 대전에서 저지하라는 임무를 부여하였지만 상황이 허락하지 않는다면 19일 밤에 철수할 수도 있었다. 그러나 딘 소장이 철수를 결심한 것은 20일 점심 식사 이후였다. 전투가 종료되고 나서 모든 것이 명백해진 후의 판단으로는 19일 밤, 즉 북한군이 유성 방향의 제1대대 진지를 전차로 돌파하였을 때 전 부대가 철수하였다면 커다란 피해를 받지 않고 옥천으로 이동할 수 있었을 것이다. 이때는 북한군도 퇴로를 완전하게 차단하기 전이기 때문에 철수에 큰 문제가 없었을 것이다. 그러나 문제는 딘 소장과 보섐프 대령이 북한군에 대한 정확한 정보를 갖고 있지 못하였다는 사실이다. 더구나 연대장은 19일 밤에도 20일까지 충분히 방어가 가능하가고 믿으며 이를 딘 소장에게 인식시켜 주었다.[19]

---

19) Blair, *The Forgotten War*, pp.132~133.

전후에 딘 소장은 대전에서의 자신의 실수로 수색중대의 제34연대 배속과 19일에 철수하지 않은 것을 들고 있으나 전술적인 관점과 당시의 상황을 놓고 볼 때, 이 보다는 연대장에게 대전 방어의 권한을 일임하는 것 보다는 사단장으로서 전체적인 윤곽을 파악하는데 더욱 노력하고 이를 바탕으로 사단을 직접 지휘하였다면 미군의 피해는 그리 크지 않았을 것이다.

사단의 연대장들은 대체로 능력이 뛰어난 장교들이었다. 제19연대장 멜로이 대령이나 제21연대장 스티븐스 대령은 웨스트 포인트를 졸업하고 제2차 세계대전 경험자로서 전투 경험이 풍부할 뿐만 아니라 부대 지휘에도 뛰어난 능력을 보여주었다. 실제로 전의-조치원 전투나 대평리 전투에서 연대장들은 퇴로가 차단되거나 부상을 당했음에도 부대를 이끌고 성공적으로 지휘하여 왔다. 그러나 제34연대의 경우는 이들과 상황이 달랐다.

제34연대장으로 처음 전투에 참가한 장교는 Jay B. Lovless 대령이었다. 상급자들에게서 "신경질적이고 예민하며, 참을성이 부족한 독재자"와[20] 같다는 평가를 받은 그는 결국 딘 소장의 뜻대로 평택-안성 선에서 적극적으로 방어전투를 수행하지 않음으로서 해임되었다. 후임으로는 제2차 세계대전 당시 딘 소장과 같이 제44사단에서 근무한 마틴(Robert Martin) 대령이었다. 전투지휘관으로 명성을 떨친 그는 신임연대장으로서 무엇을 해야 하는지 잘 알고 있었다. 우선은 북한군의 진출을 저지하는 것이고, 다른 하나는 제34연대의 전의를 높이는 것이었다. 적극적이고 열성적인 마틴 대령은 결국 이 임무를 달성하기 위해 진두지휘하다가 천안에서 전사하고 말았다.

마틴 대령의 후임은 당시 일본에 주둔하고 있던 제7사단 제32연대장이던 미 육사 출신의 보샘프(Charles E. Beauchamp) 대령이었다.

---

20) Ibid. pp.91~92.

앞서 설명한 것처럼 당시 대부분의 연대장이 40대 후반이었던 것과는 대조적으로 42세의 젊은 연대장으로 열성적이고 긍정적인 장교였다. 보샘프 대령은 대전 전투에서 실질적인 지휘관이었다. 그 역시 전임자인 마틴 대령과 같이 두 가지의 임무를 달성하려고 진두지휘를 하면서 적극적으로 노력하였지만 제34연대를 싸우는 전투부대로 전환시키지는 못하였다. 또한 그 역시 북한군뿐만 아니라 아군의 전황을 제대로 파악하지 못하여 결정적인 철수 시점을 놓치고 말았다.

전체적으로 사단장과 연대장들의 뛰어난 리더십을 발휘하였다. 물론 철수 시점을 잘못 파악하여 많은 피해를 입은 것은 지휘관들의 잘못이지만 당시의 전황을 고려한다면 다른 지휘관이라도 크게 달라지지 않았을 것이다. 제34연대의 경우에는 짧은 기간에 너무 자주 지휘관이 교체되는 불운까지 겹쳤다. 약 2주의 기간에 세 명의 지휘관을 경험하는 것은 흔치 않은 일이다. 물론 전시 상황이기는 하지만 지휘관이 부대를 파악하고 영향력을 발휘하여 부대를 변화시키기에는 너무 짧은 기간이었다. 그렇기 때문에 제34연대는 다른 연대와 달리 가장 전투력이 떨어지는 결과를 초래하였던 것이다.

죽미령에서 대전에 이르는 동안 제24사단의 장교 손실이 높았던 것은 북한군의 우회 및 퇴로 차단 전술에도 기인하지만 더 큰 이유는 바로 병사들이 전투를 두려워하며 후퇴만 하려하는 경향을 변화시키기 위해 지휘관들이 진두에서 지휘하였기 때문이다. 전투 경험이 전혀 없는 병사들로 구성된 부대를 훈련도 제대로 실시하지 않음으로써 전투부대보다는 점령지에 주둔하던 식민지 군대의 경향이 지배적이었던 것이다. 이는 뒤의 훈련 부분에서 추가적으로 설명할 것이다.

(3) 정보

정보의 측면에서 대전을 방어하던 제24사단은 눈 뜬 장님이었다.

죽미령 이후의 계속되는 전투로 북한군의 전술을 파악은 하였지만 대전에서는 이에 대한 대책을 정확하게 준비하지 못하였다. 특히, 북한군의 우회 및 퇴로 차단 방법은 잘 알려졌기 때문에 이에 대한 대비책을 명확하게 강구하여야 했지만 그러하지 못했다. 먼저 금산 가도에 대한 대비가 없었다. 실수에 의한 결과라고 할지라도 사단 수색중대를 금산 지역에서 철수시켜 대전으로 이동시킨 것은 북한군의 기도를 파악하지 못하는 결정적인 이유가 되었다. 또한 제21연대를 옥천 방향에 배치하여 제34연대의 퇴로를 확보하고자 하였지만 북한군은 이 보다 서쪽의 터널을 차단하고 말았다. 딘 소장은 제21연대를 더 적극적으로 활용하여 양쪽 모두를 확보하도록 하여야 했지만 그렇게 하지 못한 실수를 범하였다. 그 결과로 사단이 철수할 때 북한군의 차단 부대로 인하여 제대로 철수하지 못하고 분산되어 철수할 수밖에 없었다.

북한군의 기동을 파악하기 위한 정찰은 대부분 항공정찰에 의해 이루어졌지만 북한군은 전의-조치원 전투 이후로 가능하면 야간에 기동하는 방법을 채택하였다. 특히 전차부대는 주간 기동을 제한함으로써 항공정찰을 통한 북한군의 의도 파악은 한결 더 어려워졌다. 여기에 미군은 다급하게 참전하면서 전투에 반드시 필요한 지도를 제대로 확보하지 못하였다. 대부분 제2차 세계대전 당시 일본군이 만든 지도를 이용하여 전투를 수행하였는데 이로 인해 미군은 지리를 파악하거나 북한군과 아군의 정확한 위치를 표정하는데 어려움을 겪었다.

반면에 북한군은 남한 출신을 이용하거나 피난민 속에 첩자를 보내어 미군의 부대 배치에 대한 정보를 보다 소상히 파악한 것으로 추측된다. 부대 간의 전투지경선을 이용하여 침투한다거나 미군의 지휘소와 포병 진지를 정확히 알고 습격하는 일이 발생하였다. 대전에서도 19일 밤에 북한군은 미군 혼성 포병대대를 습격하여 화력지원이 어렵게 하였다.

미군은 북한군의 허위 정보에 곤란을 겪기도 하였는데 20일 새벽에 제34연대 제1대대가 마치 원위치를 고수하고 있는 것으로 보고하여 연대장과 사단장을 혼란에 빠지게 하였다. 이는 이전의 전투에서 획득한 미군 무전기를 이용하여 제34연대 지휘소에 허위 정보를 제공함으로써 발생한 혼선이었다.

전체적으로 미군보다 북한군이 정보우위를 점하고 대전 전투에 임했음이 분명하다. 현대적인 군대인 미군이 보다 전근대적인 군대라고 얕보던 북한군에게 정보의 측면에서 열세인 것이 아이러니이면서, 동시에 아무리 현대화된 첨단 장비를 갖춘 군대라 할지라도 토착군대가 가지는 장점을 무시하지 못한다는 교훈을 주며 현재의 우리에게도 시사하는 바가 크다.

(4) 통제 및 통신

통제와 통신은 앞에서 설명한 리더십이나 정보 분야에도 많은 영향을 주는 요소이다. 그러나 리더십은 지휘관을 중심으로 이들의 지휘결심과정과 능력이나 부대에 끼치는 영향력을 고찰하였고, 정보는 아군 보다는 적에 대한 첩보 수집과 정보 활용 능력을 살펴본 반면 통제와 통신은 아군에 대한 유효적절한 통제 와 통신 활용 능력을 중점적으로 고찰한다는 측면에서 약간 다르다고 할 수 있다.

이러한 관점에서 미 제24사단과 제34연대는 대전에서 실질적인 통제를 실시하지 못하였으며, 이러한 결과를 초래한 가장 큰 이유는 통신장비의 절대적인 부족에서 기인한다. 대전 전투에서 연대와 사단의 후방지휘소 간의 연락은 거의 불가능하였다. 이는 북한군의 공중폭격과 뒤이은 퇴로차단으로 인한 것이었다. 또한 연대와 예하 대대나 포병대대와의 연락도 어려움을 겪었는데, 북한군의 포격으로 유선이 단절되면 즉각 복구하여야 하지만 유선의 절대적인 부족으로 복구가 되지 않아 연대장이나 사단장이 예하 대대의 상황을 정확히 파악하기 어려웠다. 이를 보완할 수 있는 무전기 역시 건전지의 부족으로 2~3시간 사용하고 나면 사용이 불가능한 상태가 되어 전방 대대의 상태를 파악하지 못하는 결과가 빈번하였다.

실제로 유성방면의 제34연대 제1대대와 논산방면의 제19연대 제2대대가 북한군의 공격으로 방어진지를 이탈하여 남쪽으로 철수한 사실을 연대장과 사단장이 전혀 알지 못하고 있었다는 점은 대전 전투에서 제24사단의 통제 및 통신 능력이 대단히 열악했음을 보여 준다. 이와 같이 통신장비의 부족과 결함으로 인한 부대 통제력의 상실은 지휘관들로 하여금 예하 부대 운용 능력을 박탈하는 현상을 야기하며, 제34연대장이나 제24사단장의 입장에서 보면 수족을 상실한 상태에서 전투를 실시하는 것과 마찬가지였다. 이러한 문제점은 북한군이 야간 전투를 주로 활용하면서 미군에게는 더욱 큰 제한사항으로 지속되었다.

(5) 화력과 기동

미군이 북한군에 비해 우세하다고 추측할 수 있는 요소가 바로 화력과 기동력이었다. 대전에서 미군은 충분한 화력을 보유하고 있었다. 두 개의 포대로 구성된 세 개의 포병대대를 하나의 혼성 포병대대로 통합하여 제34연대를 지원하도록 하였으며 기상만 허락한다면 언제든지 공군이 지원할 수 있는 상태에 있었다. 또한 M-24 경전차로 무장한 사단 전차 중대가 있었으며, 충분한 트럭을 보유하고 있어 대체적으로 북한군에 비해 뒤지지 않은 화력과 기동력을 보유하였다. 그렇지만 장비의 보유가 곧 전투력으로 전환되지는 않는 것이 전장의 실상이다. 대전에서도 북한군은 미군의 화력과 기동력을 무력화시킬 수 있는 전술을 구사하였다. 그 하나는 야간 공격이고 다른 하나는 후방퇴로차단이었다. 북한군의 야간 공격으로 인하여 미 공군과 포병은 적과 접전 중인 미군 지상군을 제대로 지원하지 못하였으며, 통신상의 결함으로 화력지원은 거의 불가능한 상태에 이르게 하였다.

미군의 또 다른 결정적인 문제점은 북한군 보병부대를 지원하는 제105전차사단의 T-34전차를 상대할 수 있는 충분한 장비와 숙달된 운용요원을 확보하지 못한 점이다. 2.36인치 바주카나 M-24 전차는 T-34의 적수가 되지 못했다. 이는 이미 국군의 초기 전투나 죽미령, 천안 등지에서 증명되었다. 다행스럽게도 3.5인치 로켓포가 긴급히 공수되어 12일부터 사단에 분배되어 사용하기 시작하였다. 그러나 대전 전투에서 이 위력적인 대전차 무기는 북한군의 전차를 무력화시킬 정도로 큰 효과를 나타내지 못하였다.

우선은 북한군이 야간에 주로 전차를 운용함으로써 목표물이 되는 것을 피하였고, 한편으로는 3.5인치 로켓포가 대량으로 지급되지 못한 것도 그 이유이다. 이로 인해 제34연대의 전방 대대 진지가 쉽게 붕괴되는 결과를 가져왔으며, 결국 제34연대와 근접전투를 전개함으로써 공군력 운용도 어렵게 하였다. 방어하기가 유리한 갑천 선에 배치된 전방 두 개 대대의 붕괴는 대전 방어선의 붕괴를 의미하기 때문에 화력과 기동력, 특히 전차에 대한 대책 미비가 준 영향 또한 크다고 할 수 있다.

결국 양적 우세가 곧 승리를 의미하지 않음이 다시 한 번 증명되었다. 가변적인 요소가 너무 많은 전장 환경에서 전투력을 제대로 발휘하려면 이러한 무기체계를 얼마나 유효적절하게 운용하느냐가 관건이다. 역으로 상대방이 우세에 있는 무기체계를 적절하게 사용하지 못하도록 하는 것 또한 대단히 중요한 점이라는 것을 보여준다.

(6) 훈련

전쟁에 참전하기 전의 제24사단의 훈련 상태는 최소한 일본에 배치되어 있던 미군 전체의 일반적인 훈련 수준이라고 해고 무방하다. 제24사단은 일본에서 점령군으로 아주 안락한 생활을 영유하고 있었다. 대부분의 장교들은 가정에 일본인 하인을 2~3명씩 두고 있었으며, 주말마다 연회가 지속되었고,[21] 병사들은 편하게 지내면서 GI 법의 혜택을 고대하고 있었다. 따라서 전반적으로 전투 준비보다는 점령군으로 준비하면서 경찰과 같은 역할 및 생활을 하고 있었다.

이러한 현상은 1949년 중반 워커 장군이 제8군 사령관으로 부임하면서 완전히 바뀌었다. 신임 사령관은 제8군의 가장 중요한 임무로 전투 준비태세를 갖추기 위한 훈련에 두고 점령군으로서의 임무를 다음으로 미루었다. 그리하여 제8군 전체의 4개 사단이 모두 각개전투 훈련부터 다시 시작하는 프로그램을 도입하였다. 7월부터 시작된 훈련은 우선 전투경험이 전무한 신임병들의 전투력 향상에 목적으로 두고 9월에 완료하며, 연말까지 중대급 훈련과 평가를 마친 뒤 1950년 전반기에는 대대급 훈련과 평가를 완료하는 계획이었다. 연대급 훈련은 1950년 후반기에 계획되어 있었다. 따라서 제8군 예하의 사단들은 전쟁이 발발하였을 때 대대급 훈련을 마쳤거나 마무리 수준에 있었으며, 연대급 훈련은 시작하지 못한 상태였다.[22]

제24사단의 경우 제34연대가 훈련 수준이 가장 미흡하였다. 그러한 이유로 1950년에 워커 장군은 연대장을 해임하고 러블레스 대령

21) 전쟁이 발발하기 하루 전인 6월 24일 밤에도 딘 소장은 부인과 같이 한복으로 치장하고 사단의 간부들과 연회를 즐기고 있었다. Dean, *General Dean's Story*, pp.12~13.

22) Roy K. Flint, "Task Force Smith and the 24the Division: Delay and Withdrawal, 5~19 July 1950," in Charles Heller & William Stofft, ed. *America's First Battles, 1776~1965* (University Press of Kansas, 1986), pp.269~270.

을 새롭게 연대장으로 임명하였다. 이러한 상태의 사단과 연대들 중에서 제34연대가 대전을 방어하게 된 것이다. 전투 경험이 전무한 병사들이 대부분인 제34연대는 초기부터 심각한 문제점을 나타냈다. 연대장과 예하 지휘관들이 전장 공포나 퇴로 차단에 대한 병적인 두려움, 싸우기 보다는 후퇴하려는 경향의 제34연대를 전환시키려고 노력하였지만 짧은 기간에 이를 달성하는 것은 불가능한 것이었다. 이러한 현상은 일본에 주둔하면서 제대로 된 훈련, 특히 실전과 같이 실제 탄약을 사용하면서 포탄의 폭음 속에서 훈련을 하지 못한 것이 가장 큰 이유이다.

그나마 다행인 것은 대부분의 부사관들과 장교들이 제2차 세계대전을 경험했다는 점이다. 이들은 제24사단 병사들의 전의를 고취시키려고 진두지휘를 하면서 솔선수범을 보여주었지만 부대 병사들의 공격정신은 쉽게 나타나지 않았다.[23] 이로 인해 마틴 대령을 비롯한 많은 장교와 부사관들이 전사하거나 부상당하는 결과를 초래하였으며, 이는 계속해서 지휘관과 부사관들의 잦은 교체로 연결되어 부대의 응집력과 단결력을 저해하고 동료를 신뢰하지 못하는 악순환이 계속되었다.

4 맺음말

미군의 참전 소식은 대한민국 국민과 국군에게 커다란 희망을 가져다주었지만, 실제로 전장에서의 전투 수행은 기대에 미치지 못하였

---

23) 제8군이 체질을 바꾸어 진정한 전투부대로 탈바꿈하게 된 것은 1951년부터이다. 리지웨이 장군과 밴플리트 장군이 차례로 제8군사령관에 부임하면서 이들의 끊임없는 노력이 전의에 불타는 싸우는 군대로 전환시켰다. Kelly Jordan, *Building Combat Power: The Combat Effectiveness of the United States Eighth Army in Korea, January-July 1951* (M.A. Thesis, The Ohio State University, 1996) 참고.

다. 미국인 당사자들 역시 미군의 참전으로 북한군이 38도선으로 되돌아가리라는 희망을 가졌지만 이것 역시 북한군의 강력한 공격으로 물거품이 되었을 뿐만 아니라 낙동강까지 계속되는 패배에 괴로워할 수밖에 없었다.

대전 전투는 이러한 결과에 대한 명확한 설명을 제공해 주고 있다. 제일 먼저 참전한 제24사단의 전투 효율성은 전체적으로 낮은 상태에 있었다. 지금까지 많은 연구자들이 지휘관의 지휘능력에 대한 비판을 중심으로 설명하고 있지만, 오히려 지휘관들의 능력은 최소한 평균적인 미군 수준에 있었다. 리더십 보다는 T-34전차를 제압할 수 있는 대전차 무기를 비롯한 화력의 열세, 정보의 부실로 인해 적에 대한 정확한 인식 부족, 통신 장비의 부족으로 인한 효과적인 통제의 불가능 등이 더 결정적인 요소들이었다. 특히 참전 이전의 훈련 상태는 대단히 미흡하였으며, 제24사단을 비롯하여 일본에 주둔하던 대부분의 미군 사단들은 비슷한 상태에 있었다. 여기에 구소련 고문단의 조언을 받은 북한군의 전술을 묵과해서도 안 될 것이다.

결론적으로 대전 전투에서의 패배는 예견된 것이나 다를 바 없다. 다만 이것을 제24사단의 잘못이라고 보기보다는 미군 전체의 문제점이라고 할 수 있다. 제24사단이 아닌 다른 사단이 참전하여 전투를 실시하였다고 해도 크게 다를 바가 없었을 것이라고 쉽게 추측할 수 있기 때문이다. 일본에 주둔하고 있던 네 개의 사단 모두가 비슷한 병력을 보유하고 있었으며, 유사한 장비로 동일한 훈련 프로그램에 의해 움직이고 있었다.

그렇다고 제24사단의 희생이 결코 헛된 것은 아니었다. 2주의 기간 동안 북한군의 주공을 막아내며 적의 진출을 지연시켰고, 대전에서는 이틀이라는 시간을 확보하여 제25사단과 제1기병사단이 영동 지역에 배치될 수 있도록 하였기 때문이다. 다만 이 논문에서는 대전에서 나타난 사단의 문제점들이 무엇이고 이러한 문제점들이 무엇으로부터 기인하는가를 '전투 효율성'을 이용하여 규명하는데 중점을 두었다.

시간이 흐르고 전투에 단련되면서 제24사단은 정예 사단으로 다시 부각되었다. 그러나 그렇게 되기까지 너무 많은 희생을 감수해야만 되었다. 어느 부대든지 참전 초기부터 높은 전투 효율성을 발휘할 수 있도록 평시에 '싸우는 부대'로 준비하는 것을 최우선순위로 두는 것은 어쩌면 너무 당연한 결론일 것이다. 그러나 이러한 단순하고 명확한 명제도 제24사단이 보여 준 것처럼 현실적으로는 쉽지 않은 요구일 수도 있을 것이다. 그러함에도 불구하고 대전 전투는 우리에게 점령군과 같은 당면한 요구에 부응하는 것보다 궁극적인 요구인 '당장 싸울 수 있는 전투 부대'로 육성하기 위해 훈련시키고 준비하는 것이 얼마나 중요한 임무인지 일깨워 주고 있다.

백마고지 전투의 재조명
-국군 제9사단의 향상된 작전수행 능력 분석을 중심으로-

| 나종남 |

1 머리말

전투사(combat history) 혹은 전투 연구(combat studies)는 전쟁사의 중요한 부분이다. 최초의 역사기록으로 남아있는 고대 그리스의 마라톤 전투로부터 로마와 카르타고가 결전을 벌였던 칸나에 전투, 중세의 백년전쟁에 있어서 전환점이 되었던 크레시 전투, 나폴레옹의 아우스터리츠 전투, 미국 남북전쟁 중의 게티스버그 전투, 제1차 세계대전의 솜(Somme) 전투와 베르됭(Verdung) 전투, 제2차 세계대전의 스탈린그라드전투와 미드웨이 해전, 과달카날 전투 등 수없이 많은 전투에 대한 연구는 전쟁사뿐만 아니라 인류의 역사 전체에서 중요한 부분을 차지하고 있다.

6·25전쟁에 참전한 미군 부대가 수행한 전투에 대한 연구는 비교적 쉽게 찾아볼 수 있다. 6·25전쟁에 대한 미국의 공간사가 발행되는 시점과 때를 같이하여 미군 부대가 수행한 몇 가지 중요한 전투–낙동강 방어선 전투, 인천상륙작전, 장진호 전투, 지평리 전투, 벙커

힐 전투 등—에 대한 다양한 연구서가 출판되었으며, 이러한 흐름은 최근까지 이어지고 있다.[1] 한편 중국에서도 중국군이 성공적으로 수행한 청천강 전투, 상감령 전투와 금성전투에 대해 많은 연구서가 출간된 바 있다. 이러한 개별 전투사에 대한 분석을 통해 통사(通史) 서술에서 제시한 6·25전쟁에 대한 포괄적, 전체적 분석 이해와 더불어, 전쟁의 중요한 전환점을 이끌었던 또 다른 모습을 조명할 수 있다.

그런데 6·25전쟁에 대한 국내 연구에서는 개별 전투사가 차지하는 비중이 극히 제한적이다. 6·25전쟁에 대한 연구가 비교적 활기를 띠었던 1990년대 이후만 보더라도, 6·25전쟁에 대한 다양한 관심과 사료 발굴 과정에서도 유독 개별 전투사, 특히 국군이 담당하여 수행한 전투에 대한 체계적 분석과 조명은 여간 찾아보기 쉽지 않다. 1980년대 초반에 국방부 전사편찬위원회가 다부동 전투를 시작으로 27권에 달하는 전투사 시리즈를 발간하였으나, 추가 편찬은 중단된 상태다.[2] 최근에는 육군 군사연구소가 '6·25전쟁 전투사 시리즈'[3]

1) Arned L. Hinshaw, *Heartbreak Ridge: Korea, 1951* (New York: Praeger, 1989); Curtis Utz, *Assault from the Sea: The Amphibious Landing at Inchon* (Washington, D. C.: Naval Historical Center, 1994); Uzal W. Ent, *Fighting on the Brink: Defense of the Busan Perimeter* (Paduach, Kentucky: Turner Publishing Company, 1996); J. D. Coleman, *Wonju: The Gettysburg of the Korean War* (Washington, D.C.: Brassey's, 2000); Kenneth E. Hamburger, *Leadership in the Crucible: The Korean War Battles of Twin Tunnels and Chipyong-ni* (College Station, Texas: Texas A&M University Press, 2003); Bill McWilliams, *On Hallowed Ground: The Last Battle for Pork Chop Hill* (Annapolis, Maryland: Naval Institute Press, 2004).

2) 발간 순서대로 정리하면 다음과 같다—다부동 전투, 장진호 전투, 38도선 초기전투(중·동부전선편), 용문산 전투, 인천상륙작전, 신령·영천 전투, 백마고지 전투, 청천강 전투, 38도선 초기전투(서부전선편), 평양탈환 작전, 안강·포항 전투, 단양·의성 전투, 금성 전투, 저격능선 전투, 현리 전투, 양구 전투, 수도고지·지형능선 전투, 월비산·351고지 전투, 백석산 전투, 임진강 전투, 진천·화령장 전투, 노전평 전투, 충주·점촌 전투, 도솔산 전투, 오산·대전 전투, 교암산 전투, 횡성 전투.

3) 『중공군 공세 의지를 꺾은 현리-한계 전투』(2009), 『유엔군 3차 반격작전 시 지암리-파로호 전투』(2011).

를 새롭게 발간하고 있는데, 기존 전투사에 새롭게 발굴된 사료와 연구 결과를 반영하여 참신한 시각을 제시했다는 점은 높게 살만하지만, 일부 서술이 지나치게 자의적이라는 지적도 있다.

그렇다고 해서 6·25전쟁 중 국군이 수행한 주요 전투에 대한 연구가 아예 없었던 것은 아니다. 가장 눈에 띠는 사례는 6·25전쟁 발발 50주년 경에 본격화되었던 춘천전투에 대한 관심과 새로운 조명이었다. 이를 통해서 춘천전투가 갖는 의미를 새롭게 제시하였으며, 춘천전투를 '춘천대첩'으로 해석하는 성과가 있었다.[4] 이외에도 국군 제17연대의 화령장 전투와 국군 제1사단의 다부동 전투는 개별 연구자들에 의해 비교적 자세하게 분석된 대표적 전투이다.[5] 이와 더불어 남정옥은 6·25전쟁 중에 발생한 주요 10대 전투를 선정하고, 이들을 소개 및 분석한 바 있다.[6]

기존 공간사 서술에서 백마고지 전투는 6·25전쟁을 대표하는 전투 중의 하나로 손꼽히며, '치열했던 격전(激戰)' 혹은 '중공군을 상대로 승리한 전투의 대명사' 등으로 알려져 왔다. 특히 이 전투는 당시에 *The New York Times* 등 국내 및 국외 언론의 관심이 집중될 정도로 유명해서 온 국민들에게 널리 홍보된 대표적 전투이기도 하다. 그리고 전투가 진행되는 중간에 이승만 대통령, 밴 플리트 미 제8군사령관 등이 직접 국군 제9사단 사령부를 방문하여 전황을 보고 받고, 국군 제9사단장 김종오 소장을 격려했을 만큼 전투 자체의 중

---

4) 강원대학교 & 육군 쌍용부대, 「6.25 한국전쟁의 신화: 춘천대첩, 무엇을 남겼나?」 춘천대첩 50주년기념 학술세미나 자료집, 2000; 이대용, 『두 번의 혈전: 춘천전투와 낙동강교두보 사수』(서울: 도서출판 백년동안, 2014).

5) 정완진, 『붉은 신호탄: 화령장 전투 4일간의 기적』 (서울: 매일경제신문사, 2013); 장삼열, "화령장 전투의 군사적 재조명과 의의," 군사, 제73권, 2009; 조봉휘, "6.25전쟁 시기 다부동지역에서 한국군의 군수지원에 관한 연구," 동의대학교 박사학위 논문, 2015; 다나카 츠네오, "다부동 전투를 통해 본 연합작전의 교훈," 군사, 제53권, 2004.

6) 남정옥, "한국전쟁 10대전투 고찰," 전사, 제3호, 2001.

요도 측면에서도 여느 전투와 달랐다. 그러한 맥락에서 기존에 발간된 국방부 공간사 등의 연구에서도 백마고지 전투를 비교적 자세하게 다루고, 이 전투가 갖는 의의를 중점적으로 분석하였다.

백마고지 전투에 대한 기존의 연구가 비교적 자세하게 진행될 수 있었던 이유는 이 전투에 대한 사료(史料)가 상대적으로 많았기 때문일 것이다. 앞서 지적한 대로, 백마고지 전투가 발생하기 이전부터 수많은 내부와 외부의 관심이 집중되어 있었기 때문에 국군과 미군의 작전일지, 전투상보, 기타 보고들이 자세하게 작성 및 제작되었으며, 이와 더불어 승리로 끝나 이 전투를 조명하기 위한 비교적 많은 초기 전투분석이 제시된 바 있다. 이중에서도 미 제1, 9군단과 미 군사고문단(KMAG) 등이 작성한 자료는 국내에서도 활용 가능하여 많은 연구에 활용되고 있다.[7] 그럼에도 불구하고 백마고지 전투에 대한 연구는 여전히 1980년대 공간사에서 제시한 시각에서 크게 벗어나지 못하고 있다.[8] 앞서 제시한 '치열한 격전'의 이미지에 얽매여 새롭게 발굴된 자료를 활용한 참신한 시각과 접근을 시도조차 못하고 있다.

이 글은 6·25전쟁의 고지쟁탈전이 절정을 향해 치닫던 1952년 가을, 국군 제9사단이 철원 북방 무명 395고지에서 중국군 제38군과 약 10일에 걸쳐 치열하게 싸워서 승리한 백마고지 전투를 전투 효율성(combat effectiveness)의 시각에서 분석할 것이다.[9] '치열한 격전'

---

7) 이 글에서 사용한 주요 1차 사료는 육군본부, 『한국전쟁사료: 전투상보』 58권 (제9사단); HQ, 9th US Corps, "Special After Action Report Hill 395 (White Horse Mountain) 6~15 October 1952"; 8202nd Army Unit, US Military Advisory Group, "Command Report, Oct. 1952, ROKA Combat Units, KMAG, 9th ROK Division, etc." 등이다.

8) 온창일 외, 『6·25전쟁 60대 전투』(서울: 황금알, 2010), pp.278~289.

9) 전투 효율성(combat effectiveness)을 어떻게 정의할 것인가에 대해서는 다양한 의견이 있으며, 학자들은 연구 목적과 가용 사료의 종류와 범위에 따라 다양하게 정의하여 사용하고 있다. 여러 학자들이 사용하고 있는 전투 효율성에 대한 정의와 모델은 대체로

의 대명사로 알려진 백마고지 전투를 보다 입체적으로 분석하여, 구체적으로 진행된 개별 전투의 양상이 어떠했는가를 살펴볼 것이다. 또한 이 전투를 승리로 이끌었던 국군 제9사단이 승리할 수 있었던 과정에 대해서도 분석할 것이다. 이를 위해서는 1951년 5월에 현리 전투에서 패배한 이후 제9사단이 경험한 재편성 과정, 1951년 동계에 수행한 전초전과 1952년 하계에 실시한 훈련, 그리고 10일 동안 치열하게 전개된 총 12차례의 공방전의 구체적 양상을 입체적, 다각적 시각에서 살펴볼 것이다.

2 국군 제9사단의 전시 재편성: 현리전투에서 백마고지까지

국군 제9사단은 1950년 10월 25일에 충청도 출신 장병을 근간을 이뤘던 제28, 29, 30연대를 모체로 창설되었다. 제9사단은 창설 직후부터 약 2개월 동안 경상북도와 전라북도 일대의 산악지대를 중심으로 활동하던 적 게릴라를 진압하는 작전을 수행하였으며, 이후 중국군 참전으로 전세가 복잡해지자 육군본부의 명령에 의해 1950년 12월 중순에 드디어 전선으로 출동하였다.

달성 가능한 임무에 대한 판단, 부대의 작전수행에 대한 평가 등을 둘러싸고 차이가 있는데, 대표적인 것으로는 Trevor Dupuy가 Combat Effectiveness Variables에 근거하여 제시한 Quantified Judgement Method(QJM) 등이 있다. 다만, 이 글에서는 전투 효율성을 "전투에서 최단 시간 내에, 최소의 물자와 병력을 사용하여, 정해진 목표를 달성하기 위해 전투에 임하는 군대 조직의 능력(ability of a military organization to achieve its assigned missions with the least expenditure of resources (both material and human) in the shortest amount of time)"으로 정의한 Peter R. Mansoor의 연구에 따른다. Peter R. Mansoor, *The GI Offensive in Europe: The Triumph of American Infantry Division* (Lawrence, Kansas: University of Kansas Press, 1999), p.3.

전방으로 진출한 이후 제9사단은 동부전선에 배치되어 산악지대 작전을 수행하였으며, 1951년 4월에는 국군과 유엔군의 총반격 작전의 선두에서 한계령 부근까지 진출하기도 했다. 그러나 1951년 5월에 개시된 중국군의 제5차 공세에서 제9사단은 국군 제3군단의 일원으로 현리지구 전투에서 치욕적인 패배를 당했다. 중공군 2월 공세 초기에 제8사단이 당했던 횡성전투에서의 패배와 마찬가지로 국군 제3군단이 현리전투 당한 치욕스러운 패배는 이 시기에 국군이 가지고 있던 고질적인 문제와 근본적인 한계를 드러낸 대표적 사례였다.

현리전투에서 치욕적 패배를 당한 직후 국군 제9사단의 상황을 파악할 수 있는 기록은 극히 제한적이다. 1951년 6월 30일에 미 제8군사령부가 국군 제9사단에 대한 군수분야 점검 후 작성한 보고서에 따르면, 제9사단의 군수 및 병참 상황은 매우 열악했다. 식량과 군복, 전투화 등에서는 미군의 지원으로 인해 큰 어려움이 없었으나, 전투장비와 차량 등의 보유 현황은 매우 심각해서 전투임무를 수행하기 어려울 지경이었다. 그 이유는 현리전투 직후 미 제8군사령부가 국군 제3군단 예하부대에 대한 병참지원을 금지했는데, 이에 따라 국군 제3사단과 국군 제9사단에게는 전투물자와 장비가 제공되지 않았기 때문이었다. 따라서 1951년 6월 현재 제9사단이 보유한 81mm 박격포는 고작 12문으로, 편제 보유량 54문의 1/4에 불과했다. 제9사단의 일부 부대가 상급부대의 지시에 의해 작전에 투입될 경우, 기관총과 박격포 등 임무수행에 필요한 장비는 인접 미 제3사단으로부터 대여하여 사용했다.[10)]

1950년 11월부터 1년 넘게 제9사단의 포병 고문관으로 근무했던 엘돈 앤더슨(Eldon B. Anderson) 소령의 증언에서는 창설 초창기에 제9사단의 전투수행 능력에 대한 구체적인 정황 파악이 가능하다. 앤

---

10) "Staff Visit 9th ROK Division," 30 June 1951.

더슨 소령은 제9사단이 포병 화기 및 탄약 부족으로 인해서 제대로 전투임무를 수행할 수 없었다고 지적하였다. 그는 일시적으로 제9사단에게 미군 부대의 포병화력이 배속 및 제공되는 경우에도 국군 지휘관들이 이들을 효과적으로 사용한 사례는 거의 없었다고 주장하였다. 그는 국군의 경우 지휘관으로부터 부사관에 이르기까지 모든 간부들이 전체적으로 화력의 중요성을 인식하지 못하고 있었으며, 평상시에도 기관총이나 포병 장비 등에 대한 수리와 정비에도 별다른 관심을 기울이지 않았다고 평가하였다. 따라서 비록 한국군 장병들의 전사적 기질은 미군에 비해 결코 뒤처지지 않았지만, 한국군의 작전 수행에 결정적 차질을 가져오는 요소로 간부의 리더십 부족과 포병 화력 운용 미숙 등이라고 분석하였다.[11)]

그런데 이 시기에 국군 부대가 가지고 있는 문제점과 그에 따른 해법에 대해서는 대한민국 정부와 국군 지휘부, 미 제8군 사령부가 서로 다른 생각을 가지고 있었다. 대한민국 정부는 한국군이 가지고 있는 가장 심각한 문제로 한국군의 무기 및 장비, 인력 부족을 지적하며, 당장 미국이 한국군의 규모를 증강시키고, 이들에 대해 충분한 무기와 보급지원을 증가하면 한국군의 전투수행 능력이 향상될 것이라고 주장하였다.[12)] 정일권 참모총장을 포함한 국군 지휘관들은 한국군에 대한 미군의 병참지원에도 불구하고, 여전히 한국군은 소총과 수류탄 등 기초 전투물자를 포함한 절대적 병참부족에 시달리고 있다고 강조하였다. 또한 국군의 장교와 병사 대부분은 정규훈련을 받은 기회가 턱없이 부족했으며, 그 결과 정규작전을 제대로 수행하는데 많은 어려움이 있다고 주장하였다.[13)] 실제로 국군 제6사단이 사

11) Debriefing Report, No. 76, 6 March 1952, Fort Sill, Oklahoma, RG 550, Records of HQ, US Army Pacific, Military Historian's Office, Organizational Files, Box 61. NARA.

12) 나종남, "한국전쟁 중 한국 육군의 재편성과 증강, 1951~53," p.221.

창리 전투에서 중공군에게 포위될 위험에 처하자 철수할 것을 지시한 사단장 장도영 준장은 훈련이 안된 병력을 보존하기 위해서는 적이 다가오기 이전에 철수할 수밖에 없었다고 주장하기도 했다.[14)]

하지만 한국군 사단급 부대가 반복적으로 보여주는 형편없는 작전수행에 대한 미군 지휘관과 KMAG 고문관의 평가는 달랐다. 미군 지휘관들은 한국군의 장교를 포함한 간부 전체의 리더십 부족을 가장 우선적으로 해결해야 할 문제로 지적하였다. 이들은 한국군 장교와 부사관에게서 "강한 전투의지의 근간이 되는 열정적, 전문적 리더십을 기대하기 어렵다"고 평가하였다.[15)] 또한 한국군은 "(중공군으로부터 공격을 당할 경우) 제대로 싸워보지도 못한 채 매번 공포와 공황에 빠져 스스로 붕괴한다"고 분석하였다. 미 제8군 사령부 전투 관찰단(Combat Observation Team)이 1951년 3월에 국군 제3군단의 전투수행을 관찰한 후 작성한 보고서는 "(한국군 지휘관들이) 부대를 효율적으로 장악 및 통제하지 못하는 것이 가장 큰 문제"로 지적하였다.[16)] 이처럼 중공군 참전 이후에 국군 부대가 수행하는 전투수행 과정에서 드러난 문제점에 대한 미군 지휘관과 KMAG의 평가는 예리하고 정확했다.

이처럼 전선의 주축을 담당해야 할 한국군에 심각한 문제가 발생하자, 미군 지휘부는 이를 해결하는 임무에 착수하였다. 1951년 4월에 미 제8군 사령관으로 부임한 밴 플리트 중장은 현리전투 직후 국군 제3군단을 해체하였는데, 이로 인해서 태백산맥 동쪽에서 작전을 수행하던 국군 제1군단을 제외한 모든 전선의 전방에서 한국군 부대

---

13) 김행복, 『한국전쟁의 전쟁지도: 한국군 및 UN군 편』, p.450.

14) 장도영, 『장도영 회고록: 망향』, p.215.

15) Ridgway to Hull, 23 July 1951, Ridgway Papers, Box 20.

16) Far Eastern Command, Report of Army Field Observations (March 1951), pp.7~8. USAMHI.

의 모습을 찾아볼 수 없었다.[17] 한국군의 작전수행에 심각한 문제점을 보고 받은 조지 마셜(George C. Marshall) 미 국방장관은 과거 필리핀에서 실시했던 방안, 즉 미군 지휘관이 한국군 부대를 지휘하는 방안을 검토하라고 지시하기도 했다.[18] 하지만 이와 같은 조치만으로는 한국군이 가지고 있는 근본적인 해법은 될 수 없었다. 한국군이 다시 전장에 투입되어 중공군에 맞서 싸울 수 있는 군대로 만들기 위한 해법이 필요했다.

결국 미 제8군사령부는 전체적인 훈련과 전투수행 능력이 부족한 한국군 부대를 교육훈련 시키기 위해서 야전훈련사령부(the Field Training Center, FTC)[19] 설치라는 해법을 선택하였다. 이를 통해서 미 제8군사령부가 의도했던 바는 한국군 사단급 부대의 전투 효율성(combat effectiveness)을 향상, 즉, 한국군 사단이 장차 전투임무를 수행할 수 있을 정도의 전투수행 능력을 갖추도록 훈련을 실시시키는 것이었다. 이를 위해서 미 제8군사령부 예하 미군 각 군단이 한국군 사단을 훈련시키기 위해 야전훈련사령부(Field Training Command)를 설치하여 운용하되, 한국군에 대한 전체적인 훈련 책임과 통제는 KMAG이 담당할 예정이었다.[20] 밴 플리트 사령관은 FTC 훈련 프로그램을 구상하던 1951년 6월 중순부터 한국군의 사단급 부대에 대한 훈련의 중요성을 강조하면서, 미군 각 군단장들로 하여금 FTC 훈련 프로그램에 준비에 만반을 기하라고 지시하였다. 특히 한국군이 전투 중에 약점으로 지적되었던 각종 장비에 대한 효율적 운

17) 나종남, "한국전쟁 중 한국 육군의 재편성과 증강, 1951~53," p.220.

18) Chief of Staff to Command in Chief, Far East Command, 23 May 1951, Van Fleet Paper, Box 86.

19) 1951년 7월 말부터 조직되기 시작해서 8월부터 임무를 수행한 the Field Training Center 혹은 the Field Training Command에 대해서는 유성종, "6·25전쟁 시 야전훈련사령부(FTC)의 창설과 역할," 군사, 제91호, 2016, pp.1~32를 참고할 것.

20) 나종남, "한국전쟁 중 한국 육군의 재편성과 증강, 1951~1953," pp.232~235.

용, 소부대 전투 기술, 수색과 정찰, 장교와 부사관의 리더십 향상 등에 역점을 맞추라고 지시하였다.[21)]

한국군 사단에 대한 훈련 실시의 책임은 야전훈련소장인 미군 군단장이 담당하였다. 따라서 미군 군단장들은 자신이 지휘하는 군단에서 유능한 장교와 부사관을 선발하여 한국군 부대를 훈련시키기 위한 시설과 훈련장 마련에 착수하였다. 한국군에 대한 훈련 임무를 위해 선발된 미군 장교와 부사관들은 본격적인 훈련이 시작되기 이전에 미리 교육훈련 계획을 수립하고, 훈련이 진행되는 도중에는 일일 단위로 교육훈련 결산을 실시하여 전체적인 진행경과를 파악하였다.[22)] 특히 미군 장교와 부사관들은 미군 교육훈련 기관에서 실시하는 전술의 기본 내용을 한국군 훈련에 도입하여 적용하였는데, 그 결과 지금까지 한국군과 미군 사이에 차이가 났던 소부대 전술의 구체적 내용이 일치될 수 있는 계기가 되었다.

미군 각 군단이 운영하는 FTC에서 한국군 사단급 부대를 훈련시키기 위해 구상한 표준훈련 기간은 대략적으로 9주였다. 이를 자세하게 살펴보면, 제1주에는 부대 이동 및 훈련준비, 훈련을 시작하기 위한 부대검열을 실시하고, 나머지 8주는 개인훈련으로부터 시작하여, 소부대 및 대부대 훈련으로 구성되었다. 첫 주에는 개인정비와 편제장비 훈련을 시작하기 위한 준비시간이었으며, 이후 본격적인 훈련이 시작되어 사격과 기동, 제대별 화력운용과 전술 등이 분대, 소대, 중대, 대대 순서로 진행될 예정이었다. 제대별 훈련이 종료된 직후에는 약 1주일에 걸쳐 마지막 단계인 FTC 본부에 의한 검열 혹은 지휘소훈련(Command Post Exercise, CPX)이 진행될 예정이었다. 한편 훈련 기간 중에는 1주일 동안 최소 60시간, 1일 10시간 이상의 훈련시

21) Commanding General, US Eighth Army to Commanding General, I US Corps, “Letter of Instructions,” 19 June 1951, Van Fleet Papers Box 81.

22) 나종남, “한국전쟁 중 한국 육군의 재편성과 증강, 1951~1953,” pp.232~235.

간이 엄수되었다. 또한 규정된 시간 중 30%는 야간훈련에 할당되었다.[23)]

하지만 국군 제9사단이 FTC에 입소하기까지는 많은 우여곡절이 있었다. 1951년 7월 중순부터 제9사단이 배치되었던 캔사스 선(Line Kansas) 일대의 방어지역에 대한 중공군의 침투 시도가 수차례 감행되었으나, 한국군 제9사단이 이를 제대로 방어하지 못했기 때문이었다. 이에 따라 미 제1군단에서는 전방에 배치된 제9사단의 방어실패에 대비한 역습계획을 마련해야 했다. 미군 제1군단장은 한국군 제9사단이 제대로 방어하지 못하고 붕괴될 경우 미 제9군단과 제1군단의 측방이 노출되어 심각한 상황이 전개될 것이며, 이를 해결하기 위해서는 최소 3~4일 동안 지속적인 반격작전을 시도해야 할 것이라고 판단하였다. 따라서 제9사단의 방어지역 일대가 붕괴되기 이전에 어떠한 조치를 강구하는 것이 필요하다고 판단하였다.

현리전투 이후 국군 제9사단의 전투 효율성을 향상시킬 방안을 고심하던 밴 플리트 사령관은 1951년 7월 말에 제9사단을 전선으로부터 즉시 후방으로 이동시켜 재편성 작업에 착수하라고 지시하였다. 그 이유는 제9사단과 제3사단 등 한국군 사단들이 그 동안 작전을 수행하는 과정에서 전투피로가 누적되었을 뿐만 아니라, 각급 부대의 편제장비도 제대로 갖추지 못해서 전투 효율이 낮아졌다고 판단했기 때문이었다.[24)] 하지만 밴 플리트 사령관의 지시와 달리, 미 제1군단

---

23) 이 기간에 추구한 훈련 목표는 총 여섯 가지였다. 첫째, 보병 소총수를 육성하고, 이들이 보병 중대의 일원이 되도록 한다. 둘째, 보병 사단을 구성하는 각 병과의 모든 구성원이 담당 분야에 대한 지식과 기술을 향상시킨다. 셋째, 소부대와 팀들이 단위부대(Unit) 혹은 상급부대의 일원으로 임무를 수행할 수 있는 능력을 갖춘다. 넷째, 분대~소대~중대~대대 전술을 구사하여 각급 부대의 전투효율성을 향상시키고, 전투승리에 필요한 '협조된 팀워크'를 달성한다. 다섯째, 전투근무 및 전투지원 임무를 담당하는 부대의 역량을 향상시킨다. 여섯째, 모든 제대 지휘관의 지휘와 통솔 능력을 향상시킨다. 유성종, "6·25전쟁 시 야전훈련사령부(FTC)의 창설과 역할," p.20.

24) "Commanding General's Journal," 22 July 1951, Van Fleet Papers Box 81.

장 오다니엘 소장은 국군 제9사단을 전선 후방으로 이동시켜 그곳에서 직접 보충훈련을 실시하려는 구상을 세웠다. 중공군의 압박이 여전히 심각한 상황에서 국군 1개 사단을 후방으로 철수시킨 후 훈련시킬 수 있는 여유가 없었기 때문이었다.[25] 대신 미 제1군단장은 국군 제9사단을 재편성하기 위해 미 제8군사령부에 자동소총 31정, 경기관총 81정, 중기관총 53정, 81mm 박격포 43문, 통신장비 117대 등의 장비를 요청하였다.[26]

하지만 밴 플리트 사령관은 미 제1군단장의 판단에 반대하였다. 왜냐하면 미 제1군단장이 구상하는 국군 제9사단에 대한 훈련, 즉 전선 직후방에서 짧은 기간동안 실시할 훈련으로는 자신이 요구하는 철저한 재편성과 증강을 통한 본질적, 포괄적 훈련이 될 수 없을 것이라고 우려했기 때문이었다. 따라서 밴플리트 사령관은 미 제1군단장에게 국군 제9사단을 "후방으로 이동시킨 후 KMAG이 주도하는 훈련 프로그램을 통해 포괄적이고, 철저하게 훈련(a through, intensive training program in a rear area under close supervision of KMAG)" 시키라고 구체적으로 지시하였다.[27] 결국 이와 같은 우여곡절 끝에 미 제1군단장은 국군 제사단을 경기도 포천군 내촌면 일대에 설치될 예정인 제1야전훈련사령부로 이동시켰다. 이때 밴 플리트 사령관은 직접 미 제1군단장에게 전문을 보내서 국군 제9사단에 대한 훈련의 목적이 "고도의 전투 효율성 향상과 사기 진작(a high degree of combat effectiveness and morale)"이라고 명시하며, 훈련

25) "Commanding General's Journal," 24 July 1951, Van Fleet Papers Box 81.

26) 이와 같은 요청에 대해 밴 플리트 사령관은 과거 전투에서 국군 제9사단이 적에게 많은 장비를 유실하였음을 상기하면서, 가급적이면 국군 제9사단에는 경장비 위주로 제공할 것을 지시하였다. 다만 현행 작전수행에서 긴급하게 필요한 통신장비에 대해서는 즉시 제공하겠다고 약속하였다. "Commanding General's Journal," 24 July 1951, Van Fleet Papers Box 81.

27) "Commanding General's Journal," 24 July 1951, Van Fleet Papers Box 81.

종료된 직후 48시간 이내에 제9사단을 즉시 전투임무에 투입할 수 있도록 준비시키라고 지시하였다.[28)]

제9사단은 한국군 사단 중에서 최초로 미 제1군단이 주관한 FTC 훈련 프로그램에 입소하였으며, 1951년 8월 18일부터 10월 12일까지 약 8주 동안 훈련을 받았다. 그런데 국군 제9사단이 FTC에서 훈련받은 결과가 어떠했는지를 파악하는 것은 쉽지 않다. 다만 다음과 같은 두 가지 사료와 정황 증거를 통해서 국군 제9사단의 FTC 입소 훈련이 기대 이상으로 성공적이었음을 짐작할 수 있다. 첫째는 1952년 초에 KMAG이 작성한 야전훈련사령부의 확장 가능성에 대한 보고서이다. KMAG 본부는 1952년 2월 말에 야전훈련사령부의 운용에 대한 보고서를 통해 왜 미 제8군 사령부가 FTC를 조직하였고, 어떻게 운용하고 있는지를 개략적으로 설명하였다. 특히 국군 제9사단이 제1야전훈련사령부에 입소하여 성공적으로 훈련을 받은 내용을 개략하였으며, 이러한 성공이 차후 제2 및 제3야전훈련사령부의 조직 및 확장으로 연결되었다고 분석하였다.[29)] KMAG도 제1야전훈련사령부에서 진행된 훈련 프로그램으로 인해서 "국군 제9사단의 전투효율성이 대단히 증가하였다(the greatly increased battle worthiness of the 9th ROK division)"고 분석하였는데, 특히 훈련을 통해 전투원 개인은 물론 각급 부대의 지휘자 및 지휘관의 전투 중 역할과 리

---

28) Commanding General, US Eighth Army to Commanding General, I US Corps, "Letter of Instructions," 5 August 1951, Van Fleet Papers Box 81.

29) "HQ, Field Training Command−Command Report, January 1952," 29 February 1952. 한편 국군 제9사단이 FTC 훈련을 받는 기간 중 FTC의 운영 및 한국군 부대의 훈련진행 상황을 점검하기 위해 수많은 사람이 방문하였다. 대표적인 방문은 훈련 개시 불과 4주 후인 1951년 9월 14일에 이승만 대통령, 이기붕 국방장관, 이종찬 육군참모총장, 오다니엘 미 제1군단장, 라이언 KMAG 단장 등의 방문이었다. 이날 방문에서 한국과 미국의 주요 군사지도자들은 국군 제9사단의 훈련 프로그램 전반에 대해 보고를 받은 후, 제9사단장으로부터 훈련 지행 경과에 대하여 경청한 뒤, 야외훈련을 시찰하였다. "Commanding General's Journal," 14 September 1951, Van Fleet Papers Box 81.

더십이 향상되었다고 분석하였다.[30]

두 번째는 국군 제9사단이 야전훈련사령부에서 약 8주간 교육을 성공적으로 마친 이후 다시 미군 사단과 임무를 교대하여 전선에 투입된 점이다. 1951년 10월 12일에 FTC 훈련을 마친 제9사단은 즉시 미 제1군단에 배속되었으며, 이후 미 제3사단이 추계작전을 종료한 10월 20일에 철원 평야 북방의 281고지와 395고지 일대, 즉 철의 삼각지대의 좌측 지역을 인수하였다. 이후 제9사단은 우측에 제30연대를, 좌측에 제29연대를 배치하고, 후방에 제28연대를 예비로 배치하였다. 또한 미 제1군단의 우익을 담당하던 국군 제9사단은 우측의 미 제15사단 및 좌측의 미 제1기병사단과 연계하면서 작전을 수행하였다.[31] 그리고 1951년 11월 초에 제281고지와 395고지에서 중공군 제42군 예하 126사단과의 약 4일에 걸쳐 격렬한 고지쟁탈전을 치르는 과정에서 처음에는 고지를 빼앗겼으나, 이후 성공적인 반격작전을 통해 마침내 두 고지 모두 탈환하는데 성공하였다.[32] FTC에 입소하기 이전에는 기대하기 힘들었던 결과였다. 이러한 차이는 제9사단이 그동안 야전훈련사령부에서 미군이 주도하는 훈련을 성실하게 수행한 결과였으며, 또한 점차 확대되는 국군에 대한 화력 증강 프로그램의 효과가 긍정적으로 작용한 것이었음을 알 수 있다.

한편 1951년 10월 중순에 전선으로 복귀한 국군 제9사단은 11월 초에 수행한 일련의 전투 이후에도 부대 자체의 교육훈련을 지속적으로 실시하였다. 특히 1951년 11월 말 이후 1952년 5월경에 이르기

30) "HQ, Field Training Command－Command Report, January 1952," 29 February 1952.

31) 『휴전회담 개막과 고지쟁탈전』, p.559.

32) KMAG이 밴 플리트 사령관에게 보고한 바에 따르면, 395고지에 대한 전투에서 국군 제9사단은 적과의 교전에서 약 400명을 확정 사살하는 동안 단 1명의 사상자만 발생할 정도로 완벽하게 작전을 수행했다. "HQ, Field Training Command－Command Report, January 1952," 29 February 1952.

까지 정전회담으로 인해서 전 전선이 소강상태에 빠져 있었는데, 이 기간 중에 제9사단은 KMAG의 지도에 따라 FTC에서 훈련했던 내용을 보완하였다. 또한 철원 평야 북방지역의 산악지역에서 전투를 수행할 수 있도록 소부대 전술훈련, 화력훈련, 야간전투, 보전협동 훈련 등에 박차를 가했다.

국군 제9사단이 1952년 초에 자체적으로 실시한 훈련 중에서 가장 눈에 띄는 것은 각급 제대의 공격 및 방어훈련, 보병에 대한 포병 및 전차의 화력지원, 각종 화기의 실사격 훈련 등이었다. 특히 1952년 6월에 실시한 자체 훈련에서는 공격과 방어 시에 보병과 포병, 공병 등을 통합적으로 운용하는데 역점을 둔 Team Combat Training을 중점적으로 실시하였다.[33] 반면에 1952년 7월에는 각 연대별로 필요한 훈련을 자체적으로 판단하여 실시토록 하였는데, 가장 두두러진 훈련은 사격과 소부대 전술, 그리고 야간전투였다. 각 연대별로 살펴보면, 우전방에 투입된 제28연대는 소구경 화기의 실사격 훈련(Small Arms Practice Firing)에 역점을 두었으며, 좌전방에 투입된 제30연대는 중대 습격(Company Raid) 훈련에 가장 많은 시간을 할애하였다. 반면에 후방에서 예비 임무를 수행하던 제29연대는 가장 많은 훈련을 실시하였는데, 특히 공격 및 방어 시의 소대전투, 소총전투사격, 보전협동조 훈련(Tank-Infantry Team Work Training) 등을 중점적으로 실시하였다.[34]

그리고 1952년 8월에는 지금까지 실시했던 훈련과는 차원이 다른 대대적인 사단급 훈련이 실시되었다. 우선 상급부대인 미 제9군단의 통제에 의해 진행된 8주 훈련 프로그램이 1952년 8월 초에 종료되었다. 이 훈련에서는 전방의 전선에 배치된 연대의 후방 예비대대를 대

33) ROKA Combat Units－Command Report, June 1952.

34) "Report on the Subject of Training Conducted during July," ROKA Combat Units －Command Report, July 1952.

상으로 집중적으로 훈련시켰으며, 특히 전선에 배치되었을 당시 수행한 전투에서 파악된 훈련 소요를 중심으로 훈련을 전개하였다.[35] 군단 통제 훈련이 종료된 직후 제9사단장 김종오 소장은 8월 13일부터 약 5주간에 걸쳐 자체 사단통제 자체 훈련을 주도하였다. 이 훈련은 전방의 전선에 배치된 연대의 교환 주기를 고려하여 각 연대별로 최소 3주 이상 대대급 이상 공격과 방어훈련을 실시할 수 있도록 지시하였다. 이때 제9사단장이 훈련 중점으로 내세운 사항은 고도의 사격기술훈련(high level of firing training)과 야간전투 친숙훈련(familiarization of combat in night time)이었다. 또한 주별 및 일일 훈련 시간은 야전훈련사령부에서 적용했던 것과 유사하게 주별 최소 60시간 이상, 일별 최소 10시간 이상으로 결정하였다. 제30연대는 사단에 배속된 미 제53전차중대와 협력하여 보전협동 공격을 중점적으로 실시하였는데, 각 중대별로 하루씩 돌아가면서 전차를 활용한 고지 공격연습을 실시하였다. 또한 야간전투에서 전차를 활용한 공격방법 등을 중점적으로 연습하였다.[36]

당시 제9사단에서 근무했던 국군 지휘관들은 훗날 백마고지 전투에서의 승리가 1952년 여름에 본격적으로 실시했던 사단의 체계적 훈련에 힘입은 바 크다고 주장하였다. 사단장 김종오 소장의 명령에 의해 부대 교육훈련을 담당했던 부사단장 김동빈 대령은 예하 부대에 대한 사격, 화약물 취급 등의 훈련에 중점을 두었다고 주장하며, 이와 같은 5주짜리 집중 훈련이 종료된 직후에 백마고지에 대한 적의 공격이 시작된 것이 다행이라고 회고하였다.[37] 제30연대 1대대장 김영선 소령도 8월 14일부터 9월 20일까지 사단 계획에 의하여 5주

35) ROKA Combat Units－Command Report, August 1952.

36) Training Memorandum No. 21, ROKA Combat Units－Command Report, August 1952.

37) 중앙일보사 편, 『민족의 증언』 6권, p.163.

간 교육훈련을 마친 이후 대대 장병의 사기가 어느 때보다 왕성하였고, 훈련의 성과도 매우 컸다고 회고하였다. 특히 김영선 소령은 전선에 투입된 이후에도 지속적으로 대대에 대한 교육 훈련을 실시하였는데, 전투임무 수행 중의 교육훈련에 더 큰 효과가 있다는 점을 확인하였기 때문이라고 주장하였다.[38)]

3 백마고지 전투 분석: 국군 제9사단의 전투 효율성을 중심으로

기존의 역사 서술에서는 '치열한 격전'의 대명사로 알려진 백마고지 전투에서 국군 제9사단이 승리할 수 있었던 이유를 제9사단 장병이 보여준 불굴의 전투의지와 정신력, 그리고 사단장 김종오 소장을 포함한 지휘관들의 탁월한 리더십과 우수한 전투지휘 등으로 분석하였다. 하지만 이것만으로는 과연 국군 제9사단이 미군 사단에게도 기대할 수 없을 정도로 뛰어난 전투력을 발휘하여 약 세 배나 많은 규모의 중공군을 제압하고 승리할 수 있었던 이유, 즉 기존과 완전히 달라진 작전수행 능력을 보유하게 된 이유에 대한 해답을 찾기는 쉽지 않았다.

전투에 투입된 피아 교전부대 규모, 작전 지속시간 및 간격, 포탄 사용량, 사상자 등의 백마고지 전투의 상황을 기록하여 남긴 다양한 사료를 분석하면, 이 전투가 동일한 시기에 벌어졌던 다른 어떤 전투에 비해서도 전투 효율성 측면에서 뒤떨어지지 않는 전투였음을 알 수 있다. 따라서 이번 장에서는 국군 제9사단이 백마고지 전투에서 압도적으로 많은 병력을 보유한 중공군에 맞서 싸워서 승리할 수 있

---

38) 김영선, 『김영선 회고록: 백마고지의 광영』, pp.62~63.

었던 이유를 전투 효율성의 측면에서 분석할 것이다.

(1) 전초전 — 1951년 11월의 395고지 전투

1951년 7월 중순부터 시작된 정전회담이 진행되었으나, 국군과 유엔군은 점차 공산측이 고의적으로 회담을 지연시키는 것에 대응하기 위해서 1951년 10월 초부터 추계공세작전을 개시하였다. 이 작전은 휴전선 부근에 새롭게 형성된 전선에 대한 전면공세를 감행하여 유엔군과 공산군이 기싸움을 벌이고 있는 정전회담에서 유리한 입장을 차지할 수 있도록 압박하려 하였다. 이에 따라 1951년 10월 초부터 약 2주일 동안 서부전선에서는 10km를 전진하여 Line James Town을 확보하며, 중부전선에서는 Line Nomad Polar으로 진출하며, 동부전선에서는 단장의 능선, 가칠봉, 남강 인근까지 진출하였다.[39]

중부전선의 미 제3사단은 Operation Commando의 최종 목표인 Line James Town으로 진출한 뒤 철원평야 북쪽의 효성산 남쪽의 최남단 395고지와 281고지를 탈취하였다. 이후 국군 제9사단이 1951년 10월 17~20일 사이에 철원 평야 북방에서 작전을 수행하던 미 제3사단으로부터 작전지역을 인수하였는데, 당시 작전구역은 중강리~유정리~284고지~395고지(CT 381399)~281고지(CT 353385)를 연하는 선이었다.[40] 즉, 국군 제9사단이 담당한 주저항선은 철원 평야 북단과 중공군의 주저항선인 효성산 남쪽의 작은 고지들을 횡으로 연결하는 야산지대였는데, 이중에서도 395고지와 281고지는 북에서 남쪽으로 이어지는 3번 도로와 43번 도로에 대한 엄호가 가능할 뿐만 아니라, 철원 평야를 감제할 수 있는 요충지였다. 따라서 피아간에 이 고지들을 점령 및 확보하기 위한 치열한 경쟁과 혈투가 예고되었다.

39) 『휴전회담 개막과 고지쟁탈전』, p.443.

40) 『백마고지 전투』, p.24.

국군 제9사단이 미 제3사단을 대신하여 철원 북방에 투입되어 작전을 수행하던 당시, 중공군 제42군은 395고지와 281고지 등 철원 평야에 대한 핵심 감제고지를 만회하기 위한 작전수립에 나섰다. 특히 1951년 11월에 접어들어 정전회담에서 현 접촉선을 중심으로 군사분계선을 설정할 수 있다는 내용을 골자로 합의가 이뤄질 예측이 제기됨에 따라, 점차 주요 전초진지를 둘러싼 치열한 전투가 재개될 것으로 예상되었다.

결국 11월 3일에 중공군 제422군 예하의 126사단이 야간 22:30분부터 대대적인 공격준비사격을 시작으로 281고지에 대한 공세를 시작하였다. 약 1개 연대규모의 병력을 281고지에 집결한 적의 공격에 맞선 제29연대 1대대는 11월 4일 새벽 04:00경에 고지 정상을 적에게 내주고 후퇴하였으나, 이후 연대장이 제3대대 병력을 추가 투입하여 반격작전을 개시한 결과 정오경에 다시 281고지를 재탈환하는데 성공하였다.[41] 281고지 탈취에 실패한 중공군 제126사단은 하루 뒤인 11월 5일 야간 21:00경에 395고지 방면으로 공격을 재개하였다. 395고지를 담당했던 제29연대 2대대가 적의 공격을 받아 위험에 처하자, 제9사단장은 즉시 제28연대장에게 2개 대대를 투입하여 395고지를 방어토록 지시하였다. 이에 따라 일시적으로 중공군에게 탈취되었던 395고지 정상은 적시적인 반격작전을 개시한 아군 제28연대 예하부대의 효과적인 돌격과 치열한 교전으로 적을 제압할 수 있었으며, 이후 오전 11:00경에 마침내 고지 전체를 장악하는데 성공하였다.[42]

이로써 국군 제9사단은 미군을 대신하여 투입된 직후 실시된 최초의 전투에서 중공군의 공격을 완벽하게 저지함으로써 임무를 완수하

41) 『휴전회담 개막과 고지쟁탈전』, pp.563~564.
42) 『휴전회담 개막과 고지쟁탈전』, pp.566~567.

였다. 물론 이 시기에 진행된 중공군의 공격 병력과 화력 등의 규모가 압도적 수준이 아니었기 때문에 방어작전 수행에 큰 어려움은 없었으나, 불과 5개월 전에 중공군에게 치욕적인 패배를 당했던 현리전투에서의 기억을 씻어낼 수 있을 만큼의 소중한 승리였다고 평가할 수 있다. 뿐만 아니라 이 전투를 통해서 국군 제9사단의 모든 장병은 전시 재편성을 위해 미군의 주도하에 성실하게 진행되었던 FTC 훈련의 성과와 전투력 향상 효과를 체감하였으며, 그 결과 차후 실시될 전투에 대한 자신감을 갖게 되었다.43)

(2) 예고된 혈전 — 국군과 중공군의 변화

1952년 10월 초에 시작된 백마고지 전투가 유난히 치열한 격전으로 전개된 이유를 다음과 같은 몇 가지 요소로 분석할 수 있다. 먼저 성공적으로 전시 재편성을 마친 국군 제9사단의 전투수행 능력과 전투 효율성이 증가 때문이었다. 앞서 지적했듯이, 국군 제9사단은 성공적으로 FTC 훈련을 마친 상태였으며, 또한 입소에 앞서 대대적인 병력 보충이 이뤄져 막강한 전투력을 발휘할 수 있는 만반의 준비가 갖춰진 상태였다. 뿐만 아니라 사단의 전 장병들이 절치부심(切齒腐心)하여 1951년 5월에 현리전투에서 당했던 치욕스러운 패배를 두 번 다시는 당하지 않겠다고 각오하였기 때문이었다.44) 특히 1952년 5월에 제9사단장으로 부임한 김종오 소장에게는 백마고지 전투는 결코 물러설 수 없는 한 판이었다. 그는 앞서 지적한 현리전투 당시 국군 제3사단을 지휘하였으나, 역시 치욕스러운 패배를 당한 경험을 가지고 있었다. 비록 사단은 바뀌었으나, 그가 제9사단장으로 부임한

43) "HQ, Field Training Command—Command Report, January 1952," 29 February 1952.

44) 김영선, 『김영선 회고록: 백마고지의 광영』, p.57.

이후 가장 먼저 극복해야 할 것은 중공군에게 연전연패했던 한국군 부대의 패전의식이었다. 한편 1952년 춘계에 백마고지에 투입된 중공군 제38군은 1950년 10월에 압록강 인근까지 진격한 국군 제6사단에게 절망적 타격을 주었던 바로 그 부대였다. 따라서 사단장 김종오 소장은 두 차례나 치명적 타격을 주었던 중공군을 백마고지에서는 반드시 극복하겠다는 마음가짐을 가지고 있었다.[45]

백마고지 전투가 유례없는 혈전으로 치러진 또 다른 이유는 1952년 가을 즈음에는 국군과 중공군 부대 모두 막강한 포병화력을 보유하였기 때문이었다. 한국군에 대한 화력 증강, 특히 포병화력의 증강은 한국군에 대한 재편성이 본격적으로 거론되기 시작한 1951년 중반부터 구상되었던 사안이다. 한국군이 화력부족으로 인해 전투에서 고전을 겪는 모습을 관찰한 밴 플리트 미 제8군사령관은 한국군에 대한 재편성을 성공적으로 이루기 위해서는 이들에 대한 화력증강이 근본적인 문제이며, 이를 위해서는 미군의 장비와 무기 지원이 필수적이라고 판단하였다.[46] 결국 이와 같은 밴 플리트 사령관의 지침에 따라 KMAG은 우선 한국군 각 사단별로 105mm 포병대대를 신설하여 지원토록 하고, 이와 별도로 육군본부 예하에 155mm 1개 대대와 105mm 6개 대대로 구성된 별도의 포병단 6개를 창설하는 계획을 수립하였다.

하지만 단순하게 포병 장비의 지원만으로는 한국군에 대한 포병화력의 증강이 완성된느 것은 아니었다. 다른 병과와 달리 포병은 장비의 조작과 운영뿐만 아니라 화력운영 전반에 대한 교육과 훈련이 병행되어야 제대로 효과를 발휘할 수 있었기 때문이다. 따라서 KMAG

45) 유현종, 『백마고지: 김종오 장군 일대기』, pp.312~315; 남도현, 「Behind War: 김종오 장군」.

46) 전시 한국군에 대한 미 제8군사령부의 포병 증강 프로그램에 대해서는 나종남, “한국전쟁 중 한국 육군의 재편성과 증강, 1951~1953,” pp.235~239를 참고할 것.

은 조기에 한국군 부대에 포병 운용 인력을 육성하며, KMAG 주도 하에 포병 부대에 대한 효과적 운영에 관한 교육도 필요하다고 분석하였다. 이를 위해서는 미 제8군 예하의 포병부대들이 신설된 한국군 포병부대와 연합 훈련을 실시하여, 한국군 포병부대에 대한 관리와 훈련을 담당토록 하였다.[47] 그 결과 1952년 초에 전선에 투입된 한국군 보병사단은 최소 1~2개 105mm 포병대대를 보유하였으며, 또한 특정한 임무를 수행할 경우에는 육군본부와 미 제8군사령부로부터 다량의 포병 화력을 지원받아 작전을 전개하였다. 1952년 10월에 실시된 백마고지 전투에서도 국군 제9사단은 105mm 총 4개 대대와 155mm 2개 대대의 화력지원을 받으면 작전을 수행하였다.

한편 1952년 후반기에 중공군에도 많은 변화가 있었는데, 이중에서도 가장 눈에 띠는 부분은 중공군의 대대적 포병화력의 증강이었다. 1952년 8월에 마오쩌둥은 정치협상회의 상임위원회 회의에서 "현재 우리의 부대는 감소했다. 그러나 장비는 더욱 강화되었다. 우리는 과거 20여 년의 전투를 치렀지만 공군은 없었고, 적이 우리를 폭격하기만 했었다. 현재 공군도 만들어졌다. 고사포와 대포, 탱크도 모두 갖추었다. …"라고 주장하면서 자신감을 드러냈다. 또한 1952년 9월의 무기체계는 1951년 7월과 비교해서 큰 차이가 있는데, 비록 여전히 미군에 비해서는 무기와 장비 면에서 열세였으나, 작전 조건은 뚜렷하게 개선되었다고 분석하였다.[48]

---

47) 나종남, "한국전쟁 중 한국 육군의 재편성과 증강, 1951~1953," pp.237~238.

48) 『중국군의 한국전쟁사』 3권, p.398. 구체적인 내용은 다음과 같다. "산포(山砲), 야포, 유탄포 총계가 1,141문에서 1,493문으로 증가했고, 그 중에서 야포는 388문에서 507문으로 증가했으며, 유탄포는 347에서 578문으로 증가되었다. 산포는 수량 면에서 기본적으로 변화가 없었다. 고사기관총은 2,291정에서 2,462정으로 증가되었고, 고사포는 805문에서 988문으로 증가되었으며, 로켓발사기는 752개에서 3,028개로 증가되었고, 경박격포는 4,717문에서 4,899문으로 증가되었고, 중박격포는 208문에서 241문으로 증가되었다. 문반동포는 443문에서 1,030문으로 증가되었고, 로켓포는 73문에서 162문으로 증가되었다. … 탱크는 125대에서 160대로 증가되었다."

1952년 후반기에 본격화된 중공군의 포병화력 증가는 국군 및 유엔군에게도 큰 위협으로 인식되었다. 미 제8군사령부는 1952년 봄에 서부전선에서 공격하던 중공군 부대의 대포가 710문에서 884문으로 증가하였으며, 특히 4월부터 6월 사이에 중공군이 매일 평균 발사하던 포탄의 숫자가 2,388발에서 6,843발로 증가했다고 분석하였다. 미 제8군사령부는 중공군이 전선에 투입한 이와 같은 화력 증가가 기존과 달리 눈에 띠게 달라진 보급능력의 향상 때문이라고 평가하였다.[49)]

한편 중공군의 전투태세에서 드러난 또 다른 변화는 갱도 중심의 지탱점식 방어체계 구축이었다. 중공군은 1951년 하계와 추계 방어작전, 1952년 춘계와 하계 진지공고화 투쟁에서 굳건한 방어, 특히 갱도에 의지해 작전을 수행하는 방어전술을 통해 견고한 진지에 의지해 공격과 방어를 진행하는 작전 경험을 축적시켰다. 이 과정에서 각 부대 및 병종에 따라 고사포병의 후방 운송과 엄호, 전선 포병진지의 엄호 및 각급 지휘관과의 협동작전 등 한반도 작전 특성에 맞는 공격 및 방어전술을 숙지한 상태였다.[50)] 따라서 중공군은 장차 진행될 국군과 유엔군과의 교전에서 고수방어에 성공한 이후, 진지를 중심으로 공격할 수 있는 유리한 여건이 마련되었다고 평가하였다.[51)]

한편 1952년 가을, 정전회담이 포로문제에 대한 협상을 둘러싸고 난항을 맞고 있는 상황에서 소위 '철(鐵)의 삼각지대'로 알려진 한반도 중앙의 요충지에 자리 잡은 395고지가 가지고 있는 작전적, 지리적 여건은 백마고지 전투를 격전으로 이끌었던 또 다른 요소였다. 철원 평야 북쪽에 자리 잡은 395고지는 피아간에 서로 확보 및 고수하지 않을 수 없는 요충 지였다. 평강을 정점으로 하고 김화와 철원을

49) Walter G. Hermes, *Truce Tent and Fighting Front*, pp.284~285.

50) 『중국군의 한국전쟁사』 3권, p.397.

51) 『중공군이 경험한 6·25전쟁』 제1권, p.176.

빗변으로 하는 철의 삼각지는 한반도의 중앙 고원지대로서 교통의 요충지이자 남북으로 3번, 43번, 47번 도로 등이 관통하는 주요 병참로였다.[52] 따라서 미 제8군은 1951년 후반에 고지쟁탈전이 시작된 순간부터 철의 삼각지에 대한 확보를 매우 중시하였다. 이에 따라 미 제8군은 1951년 동계작전 초기에 김화~철원 선을 확보했으나, 휴전의 타결을 모색하던 판문점의 회담으로 인해 평강 공략은 보류하였다.[53]

한편 1952년 6월부터 전 전선에서 고지 쟁탈전이 재개되었는데, 이때 나타난 양상은 대체로 공산군이 주요 전초기지를 선공하여 장악하면, 이를 아군이 역습으로 탈환하는 방식으로 전개되었다. 그런데 대개의 경우 아군의 공격은 빼앗긴 고지의 일부만 탈환하거나 아니면 고지 자체를 아예 포기하는 경우가 많았다.[54] 이러한 와중에 철원 평야 북방의 281고지와 395고지에 대한 중공군 제38군의 공격이 개시되었다. 이처럼 395고지와 281고지를 탈취하여 차후작전 수행에 유리한 입장을 차지하려는 중공군과, 이에 맞서서 이 두 개의 고지를 지켜내려는 국군 제9사단과 프랑스 대대의 전투는 1952년 가을에 진행된 고지 쟁탈전의 전형으로 평가할 수 있을 만큼 치열하게 전개되었다. 백마고지 전투에서 성공적으로 방어작전을 수행한 국군이 철원 평야 서쪽의 저격능선 방면에서 선제공격을 가할 수 있었던 것도 사실상 이와 같은 치열하게 전개된 고지 쟁탈전에서 중공군을 상대로

52) 『백마고지 전투』, pp.23~24.

53) 아군이 395고지를 확보할 경우 이점은 우선, 철원 평야를 감제하여 철원 및 김화 일대에서 유리하게 작전을 수행할 수 있으나, 만약 이 고지를 적에게 빼앗길 경우 미 제9군단의 주저항선이 남쪽으로 고대산 선까지 밀리지 않을 수 없었다. 이로 인해서 철원에서 서울로 통하는 유엔군의 주보급로가 심각한 위협을 받게 될 것이었다. 또한 395고지를 점령한 측이 휴전회담에 유리한 차기작전의 발판을 굳히게 된다는 점 등이었다. 『휴전회담 고착과 고지쟁탈전 격화』, pp.396~397.

54) 『백마고지 전투』, p.261.

승리할 수 있다는 자신감을 가지고 있었기 때문이었다.

(3) 백마고지 전투, 10일 동안의 혈전[55)]

국군 제9사단은 좌전방에 제30연대, 우전방에 제29연대를 배치하고, 제28연대를 예비로 확보하였으며, 배속된 제51연대를 대대 단위로 운용하면서 주저항선을 방어하였다. 이 중 백마고지 방어를 담당한 제30연대는 395고지에 제1대대, 중마산 일대에 제2대대, 역곡천 남안에 제3대대를 예비대로 배치하였다. 적은 중공군 제38군단 예하 제114사단 제340, 제324연대가 배치되어 있었으며, 제113사단이 좌인접 미 제2사단 정면에, 제112사단이 제38군단 예비로서 수정덕산 부근에 배치되어 있었다. 작전기간 중 기상은 대체로 청명하였으며 야간에도 월광으로 인하여 비교적 관측이 양호하였다. 특별한 제한요인이 없는 한 월광은 야간공격을 위주로 하는 적 에게 유리하였고, 청명한 날씨 역시 아군의 항공지원에 유리하였다.

1952년 10월이 되자 전 전선에 걸쳐 적의 공세징후가 나타나기 시작하여 정찰과 경계를 강화하였다. 우선 미 제5공군의 항공기가 10월 3일 22:30분부터 10월 6일 15:10분까지 적의 공격 기세를 사전에 격파할 목적으로 19회에 걸쳐 적 예상 집결지와 포병부대, 접근로 등

---

55) 백마고지 전투의 구체적인 경과에 대한 기존의 기록은 크게 두 가지로 구분할 수 있다. 첫째는 전투가 진행된 날짜를 기준으로 전투 경과를 기술한 것인데, 이때 사용된 핵심 사료는 제9사단과 예하 연대의 전투상보에 작성된 날짜별 전투 경과였다. 육군본부, 『한국전쟁사료: 전투상보』 58권 (제9사단); HQ, 9th US Corps, “Special After Action Report Hill 395 (White Horse Mountain) 6~15 October 1952.” 두 번째 기술은 총 12차례에 걸쳐 실시된 공방전을 중심으로 기술하는 것인데, 이러한 기술은 KMAG에서 작성한 Command Report의 내용을 따른 것이다. 8202nd Army Unit, US Military Advisory Group, “Command Report, Oct. 1952, ROKA Combat Units, KMAG, 9th ROK Division, etc.” 이후에 작성된 공간사 서술에서도 위의 두 가지 중 하나에 따라고 있다. 국방군사연구소, 『한국전쟁』(下), (1997), pp.389~395; 국방부 군사편찬연구소, 『6・25전쟁사』 10권, (2012), pp.396~430. 이 글에서는 2012년에 발간된 공간사의 내용을 중심으로 총 12차례의 공방전 전개 과정을 정리하였음.

에 대대적인 폭격을 실시했다. 이에 대해서 적도 포격을 시작하더니, 10월 3일부터는 점차 강화되어 10월 5일에는 하루 만에 약 2,000발의 포탄을 아군에게 쏟아 부었다. 이와 같은 중공군의 집중포화는 395고지의 아군 방어진지에 대한 파괴사격으로 간주되었는데, 제9사단이 현 방어정면을 인수한 이래 가장 치열한 포격이었다.

제1차 공방전은 10월 6일 아침부터 국군 제9사단 정면을 포격하던 중공군이 야음이 내리기 시작하던 19:00시 경부터 제114사단 예하 1개 대대 규모를 395고지에 대한 정면에 투입하면서 시작되었다. 이날 공격에서 적은 395고지 공격에 앞서 좌인접 미 제2사단 방어지역과 서남방 3km 지점의 281고지에 대해서도 대대적인 공격을 병행하였다. 적의 공격이 시작되자 아군 포병이 일제히 포격을 실시했는데, 특히 국군 제9사단을 지원하던 미 제213포병대대와 미 제955포병 대대가 효성동 일대의 적 예상 포진지와 집결지에 155mm의 포격을 집중하였다. 제30연대는 3차에 걸쳐 진행된 치열한 공방전 끝에 약 1시간 만에 적을 격퇴하였다.

약 30분 만에 시작된 5개 중대 규모의 적이 두 번째 공격을 시작하자, 제9사단 지휘부는 일대 혼란에 빠졌다. 특히 약 3시간 동안 진행된 공격에서 적의 선두 일부가 395고지 주봉 인근까지 진격함에 따라 사단장 김종오 소장은 즉시 제28연대 1대대와 사단 수색중대를 역습을 위해 투입하기로 결정하였다. 395고지 정상까지 접근한 적과 치열한 전투가 계속되던 와중에 제30연대와 제28연대 1대대의 효과적인 방어작전으로 인해 적은 퇴각하였다.

두 차례의 공격에서 막대한 인명손실을 입은 적은 불과 1시간 만에 제3차 공격을 감행하였다. 이번 공격에서는 종전 공격과 달리 약 1,000여발에 달하는 포격을 쏟아 부은 이후, 약 2개 대대 규모의 병력을 395고지 정상을 향해 여러 방면에서 투입하였다. 이에 따라 제9사단장은 즉시 항공기에 의한 전술폭격을 요청하는 한편, 사단의 전

지원포병의 화력을 주지지 전면의 탄막지대에 집중시켰다. 이후 약 5시간 동안 지속된 처절한 야간 전투에서 미군의 B-29 폭격기로부터 155mm 야포에 이르기까지 아군의 대대적인 화력지원이 실시되었으며, 이후 395고지 주봉과 화랑고지 인근까지 접근한 적과 아군 사이에 근접전투가 치열하게 전개되었다. 하지만 제3차 공격에서는 아군이 압도적인 화력으로 적을 격퇴하려 했으나, 중공군이 화랑고지 전방 무명고지에 거점을 확보한 채 종료되었다.

제4차 공세는 화랑고지 전방 무명고지에 진지를 구축한 중공군을 격퇴하기 위한 아군의 공격으로 개시되었다. 아군의 공격이 시작되자마자 적의 포병화력이 아군 진지에 집중되었으며, 곧이어 아군의 폭격기와 포병에 의한 무차별적 대규모 화력지원이 이어졌다. 약 12시간 넘게 지속된 공방전 중에는 아군의 포병 사격이 잠시 멈춘 사이에 5개 중대 규모의 적이 395고지 주봉을 향해 공격해 왔으며, 백마고지 전투가 개시된 이후 최초로 주봉이 적에게 장악되었다. 하지만 제28연대 2대대가 시기적절하게 역습을 감행하였으며, 치열한 교전 끝에 395고지를 상실한 지 약 4시간 만에 주봉을 탈환하였다.

백마고지 정상을 빼앗긴 적은 약 5시간 후에 또 다른 공세를 개시하였는데, 기존에는 야간공격만 고집하던 적이 처음으로 주간공격을 감행한 것이 특징이었다. 이후 공격 개시 약 2시간 만에 압도적인 규모의 적이 395고지 정상을 탈취했으며, 후퇴한 아군은 즉시 포병사격과 항공 화력을 요청하였으나 일부 우군 피해가 발생하는 등 혼란이 가속되어 철수할 수밖에 없었다. 하지만 오후에 전열을 가다듬은 아군은 17시 경에 제8연대 3대대를 앞세워 반격을 개시하고, 이에 맞춰 항공기와 포병화력을 395고지 정상에 집중하는 등 본격적인 야간전투에 돌입하였다. 이후 피아간에 치열한 교전이 발생하였으며, 마침내 23시 경에 아군이 395고지를 탈취당한 지 15시간 만에 재탈환하였다.

그런데 이전 전투에서 막대한 피해를 입은 중공군이 불과 1시간 여 만에 또 다시 제6차 공세를 재개함에 따라 백마고지 정상 일대에서 방어준비에 나선 제28연대 3대대 장병들이 긴장하기 시작했다. 395고지의 주봉을 차지하기 위해 피아의 병력이 수류탄 투척거리까지 근접하여 교전을 벌이는 등 백마고지 전투가 시작된 이래 가장 치열한 전투가 벌어졌던 제6차 공방전에서는 국군 부대가 395고지 남동쪽 능선에서도 밀려나는 등 가장 큰 위기에 내몰리기도 했다. 하지만 사단장 김종오 소장은 즉시 제29연대를 다시 투입하기로 결심하고, 이를 위해 제53전차중대를 제29연대에 배속하여 395고지를 향한 공격 시에 투입하여 적 직사화기를 제압토록 하였다. 또한 미 공군기가 10~30분 간격으로 출격하여 395고지 일대에 대한 대대적인 포격을 전개하였다. 이와 같은 지원에 힘입어 제29연대 1대대와 3대대가 10월 9일 15시 경에 다시 395고지 정상을 탈환하는데 성공하였다. 이후 적의 역습을 저지하기 위해서 제29연대는 395고지 전방의 화랑능선까지 진출하여 적을 격퇴하였다.

10월 9일 야간에 공방전에서 아군 화력에 심각한 타격을 입고 퇴각한 중공군은 10월 10일 미명을 기해 1개 대대 규모의 부대를 395고지로 직접 향하는 능선 접근로로 투입하여 공격을 재개하였다. 이후 약 1시간 만에 395고지 9부 능선까지 진출한 적과 아군 사이에 치열한 백병전이 전개되었으나, 시기적절하게 도착한 증원부대의 합세에 힘입어 일시적으로 빼앗겼던 395고지 주봉을 06:30분경에 탈환하고 적을 격퇴하였다.

하지만 불과 1시간 30분 후에 중공군이 제8차 공세를 개시함에 따라 395고지 사수를 위한 절체절명의 조치가 필요한 상황이었다. 특히 10월 11일 오전에는 안개가 자욱하게 395고지 일대를 뒤덮자 아군 후방의 포병 및 항공기에 의한 화력지원이 원활치 않게 되어 결국 적과의 치열한 근접전을 치룰 수밖에 없었다. 또한 전장이 불확실한 상황에서 개시된 아군의 오폭으로 인해서 우군피해가 발생하자, 아군 진지에 혼란이 발생하였다. 결국 오전 09:30분경부터 불과 300m의 거리를 두고 적과 치열한 교전을 벌였다. 이후 제29연대 2대대가 역습을 개시하여 13:20분경에 정상으로부터 중공군을 몰아내고 진지를 정복함으로써 다시 한 번 395고지의 주인이 바뀌었다.

제8차 공세에서 제29연대 2대대의 역습으로 395고지를 탈환한 사단장 김종오 소장은 제30연대로 하여금 즉시 화랑고지 일대를 향해 진격하여 적을 추격하도록 지시하였다. 하지만 이러한 아군의 의도를 파악한 적이 아군을 향해 대규모 포격을 감행함에 따라 아군의 추가 공격은 실시되지 못했다. 그러던 중 10월 10일 18시 경에 중공군 2개 대대 규모가 은밀하게 화랑고지에서 주봉 방향으로 공격을 개시하였다. 적에 의해 불의의 기습을 당한 아군은 일시적으로 395고지 정상을 빼앗겼으나, 다음날 정오경에 제29연대와 제30연대가 협공으로 고지 정상을 다시 탈환하는데 성공하였다.

하지만 백마고지 정상에서 쫓겨난 적군은 불과 3시간 만에 다시 5개 중대 규모의 병력을 투입하여 공세를 개시하였다. 10월 11일 오후에 시작된 제10차 공방전에서 중공군이 아군 방어진지에 최대한 은밀하게 접근한 뒤 395고지 정면으로 직접 공격을 개시함에 따라 아군의 후방 화력지원이 제대로 작용하지 못했다. 그 결과 아군 제29연대 2대대 방어 병력은 적의 압도적인 공격에 밀려 후퇴하였으며, 결국 20:00시경에 백마고지 정상을 적에게 내주고 말았다. 이와 같은 예측하지 못한 상황에 처한 사단장 김종오 소장은 제30연대에게 다시 반격토록 지시하여, 이튿날 13:00경에 395고지 탈환에 성공하였으나, 이 공격에서는 많은 인명손실이 뒤따랐다.[56] 제10차 공방전을 끝으로

56) 제10차 공방전에서 활약한 제30연대 1대대의 강봉우 소위, 오귀봉 하사, 안영권 하사는 소대원과 함께 수류탄을 뽑아 들고 적진에 뛰어들어 기관총 진지를 폭파하고 자신들도 현지에서 장렬하게 전사하였다. 이들의 희생 덕분에 제1중대는 일제히 돌격하

적은 더 이상 395고지 주봉에 접근하지 못했으며, 이에 따라 395고지 정상 일대에 대한 아군의 대대적인 방어진지 구축이 시작되었다.

중공군 약 1개 대대 병력에 의해 개시된 제11차 공방전은 불과 1시간 정도 지속되었으나, 적은 395고지 정상 일대에 강력한 방어진지를 구축한 아군의 진지를 돌파할 수 없었다. 결국 많은 사상자를 내고 퇴각한 적은 불과 세 시간 후에 야음을 틈타 다시 395고지 동쪽 능선 방면으로 공격을 개시하였으며, 이 공격은 10월 13일 새벽 04:00까지 지속되었다. 하지만 아군은 395고지 정상 일대에 강력한 진지를 구축한 방어선을 중심으로 적의 공격을 막아냈으며, 이 사이에 적에게 연속적인 타격을 가해 적을 화랑고지 너머로 몰아내는데 성공하였다. 이후 사단장 김종오 소장은 후방에 예비로 준비 중이던 제28연대를 화랑고지 방면으로 진출시켜 적을 추적하였으며, 이어서 제29연대가 화랑고지 전면까지 진출함에 따라 적을 완전히 격퇴할 수 있었다.

돌이켜 보건대, 국군 제9사단은 10월 6일부터 15일까지 백마고지에서 중공군 제38군 예하 3개 사단의 공격을 받아 10여 일간 12차례의 쟁탈전을 반복하여 7회나 주인이 바뀌는 혈전을 수행하였으며, 끝까지 백마고지를 확보하는데 성공하였다.

(4) 국군 제9사단의 전투 효율성 분석

백마고지 전투에 관련된 여러 가지 자료와 데이터를 분석하여 국군 제9사단의 전투 효율성을 파악할 수 있다. 여기에서 분석할 자료는 앞서 살펴본 총 12차례의 공방전이 진행되는 과정에서 발견된 전

여 13:00경에 백마고지 정상을 탈환할 수 있었다. 이 정상 탈환을 마지막으로 적은 다시 395고지 정상에 접근하지 못했으며, 이날 수훈을 세운 세 명의 용사를 '백마고지 3군신(三軍神)'으로 추앙하고 있다. 『백마고지 전투』, p.213.

투별 교전 지속시간, 교전 사이의 간격, 피아 투입부대 규모, 사상자, 탄약 소모량 등이다. 이들에 대한 분석을 통해 백마고지 전투에 대한 입체적, 다각적 이해가 가능하며, 또한 이 전투를 성공적으로 이끈 국군 제9사단의 작전수행 능력을 평가할 수 있다.

가장 먼저 분석할 자료는 약 12회로 진행된 공방전의 지속 시간, 각 교전 사이의 간격 등인데, 이를 종합하면 다음의 〈표 1〉과 같다.

〈표 1〉 교전 지속 시간 및 교전 사이 간격[57)]

구분	교전 개시	교전 종료	지속 시간	교전 사이 간격	비고
1차	10. 6. 19:15	10. 6. 20:15	60분 (1h)		
2차	10. 6. 20:40	10. 7. 00:00	200분 (3h 20m)	25분	
3차	10. 7. 00:40	10. 7. 05:10	270분(4h 30m)	100분(1h 40m)	
4차	10. 7. 14:00	10. 8. 02:40	760분(12h 40m)	590분(9h 50m)	정상 쟁탈전
5차	10. 8. 02:40	10. 8. 23:05	1,125분(19h 25m)	0분	정상 쟁탈전
6차	10. 9. 00:20	10. 10. 00:30	1,450분(24h 10m)	85분(1h 25m)	정상 쟁탈전
7차	10. 10. 00:30	10. 10. 06:40	370분(6h 10m)	0분	정상 쟁탈전
8차	10. 10. 08:00	10. 10. 13:20	320분(5h 20m)	80분(1h 20m)	정상 쟁탈전
9차	10. 10. 15:20	10. 11. 12:04	1,240분(20h 40m)	120분(2h)	정상 쟁탈전
10차	10. 11. 12:15	10. 12. 13:20	1,485분(24h 45m)	11분	정상 쟁탈전
11차	10. 12. 13:40	10. 12. 16:50	130분(2h 10m)	20분	
12차	10. 12. 19:50	10. 15. 11:00	425분(7h 5m)	180분(3h)	

위 자료에서 알 수 있듯이, 대체로 395고지 정상에 대한 공격과 탈취, 역습 등의 순서로 전개된 교전의 지속시간은 그렇지 않은 교전에 비해 상대적으로 오랫동안 진행되었음을 알 수 있다. 특히 4차, 5차, 6차, 9차, 10차 공방전은 등은 최소 12시간, 최장 24시간이 넘게

57) 8202nd Army Unit, US Military Advisory Group, "Command Report, Oct. 1952, ROKA Combat Units, KMAG, 9th ROK Division, etc."

지속된 전투였다. 반면에 7차와 8차 공방전은 395고지 정상을 뺏고 빼앗는 치열한 전투를 전개되었음에도 불구하고 5~6시간 정도 만에 종료되었다. 물론 6차 공방전과 7차 공방전 사이의 간격이 전혀 없기 때문에 전투 지속시간 구분이 무의미하다고 생각할 수 있으나, 두 전투에 참가한 아군의 교전부대가 상이했기 때문에 이때의 교전시간은 유의미하다.

한편 각 공방전 사이의 간격, 즉 총성이 멈췄던 시간을 살펴보면 다음과 같다. 우선 1차부터 3차까지의 공방전은 거의 연속적으로 진행되었음을 알 수 있다. 또한 4차부터 11차까지의 공방전이 진행되는 약 8일 동안 교전이 멈춰진 시간은 고작 8시간 30분 정도에 불과했다. 10월 7일 오후부터 15일 정오경까지 백마고지 전투는 밤낮을 가리지 않고 매번 전투가 벌어졌으며, 이 기간 중에 총성과 포격이 멈췄던 시간은 길어야 2시간 이내였음을 알 수 있다. 다시 말해서, 거의 쉴 사이 없이 격렬한 전투가 지속되었던 셈이다. 또한 4차와 5차 공방전, 6차와 7차 공방전은 쉴 사이 없이 곧바로 진행된 연속전투였으며, 9차부터 11차 사이의 전투 역시 거의 멈추지 않고 지속되었음을 알 수 있다.

두 번째로 살펴볼 자료는 일곱 차례나 395고지 정상을 뺏고 빼앗는 격전을 벌이는 과정에서 피아가 각각의 전투에 투입한 병력의 규모와 사상자, 보충 병력 등이다. 먼저 총 12차례의 공방전을 벌이는 동안 각 전투에 투입된 피아의 투입부대 규모는 〈표 2〉에서 보는 바와 같다.

다음 자료에서 알 수 있듯이, 최초로 395고지 정상에 대한 쟁탈전이 개시된 시기는 10월 7일 오후이며, 제4차 공방전부터였다. 사실상 백마고지 전투가 가장 치열한 격전으로 접어들기 시작한 시점이다. 이 전투에서 중공군의 공격부대는 대체로 아군의 방어병력에 비해 1/2 혹은 1/3수준이었으나, 주로 야간 공격을 통해서 아군이 방어하

〈표 2〉 전투별 피아 투입부대 규모[58)]

구분	아군 규모			적 규모	비고
	최초 투입	역습 / 반격	계		
1차	30연대 1·3대대		2개 대대	1개 대대	
2차	30연대 1·3대대	28연대 1대대	2+1개 대대	5개 중대	
3차	30연대 1·3대대 28연대 1대대		3개 대대	2개 중대	
4차	30연대 1·3대대	28연대 1·2대대	2+2개 대대	5개 중대	정상 쟁탈전
5차	28연대 1·2대대 30연대 1대대	28연대 3대대	3+1개 대대	3개 대대	정상 쟁탈전
6차	28연대 1·3대대 30연대 1·3대대	29연대 1·3대대	4+2개 대대	4개 대대	정상 쟁탈전
7차	28연대 1·3대대 29연대 1·3대대		4개 대대	1개 대대	정상 쟁탈전
8차	28연대 1·3대대 30연대 1대대	29연대 1·3대대	3+2개 대대	1개 대대	정상 쟁탈전
9차	28연대 1·3대대	29연대 1·3대대 30연대 2·3대대	2+4개 대대	2개 대대	정상 쟁탈전
10차	28연대 1·3대대	29연대 1·2대대 30연대 1·2대대	2+4개 대대	5개 중대	정상 쟁탈전
11차	30연대 3대대, 29연대 3대대	30연대 1대대	2+1개 대대	1개 대대	
12차	30연대 1·3대대	28연대 1·3대대 29연대 1·2대대	2+4개 대대	2개 대대	

는 395고지 정상을 공격하여 점령하였다. 하지만 아군은 정상에서 밀려난 즉시 적 병력의 2~3배에 해당하는 예비대를 동원하여 역습 및 반격을 개시하여 고지 정상을 재탈환하였다. 한편, 전투에 투입된 규모 면에서 가장 많은 피아 병력이 투입된 시기는 10월 8일부터 12

58) HQ, 9th US Corps, "Special After Action Report Hill 395 (White Horse Mountain) 6~15 October 1952"

일 사이에 진행된 5차부터 10차까지의 공방전이었으며, 이 시기에 아군은 평균적으로 5개 대대 규모의 병력, 적군은 약 2개 대대 이상의 병력을 투입하여 교전하였다. 또한 이 자료에서는 국군 제9사단장 김종오 소장을 포함한 예하 지휘관들이 매 전투마다 효율적으로 주력 부대를 지정하고, 시기적절하게 예비대를 편성하여 투입함으로써 위기를 극복할 수 있었음을 알 수 있다. 특히 395고지 주봉에 대한 쟁탈이 이뤄졌던 4차부터 10차에 이르는 공방전에서는 최초에 투입된 병력에 비해 예비대로 투입한 병력의 규모가 많았던 적도 있었다. 그 이유는 치열하게 지속되는 395고지에서의 불확실한 전투 상황을 타개하기 위해서 강력한 예비대를 보유한 뒤, 이들을 적절한 시기에 투입하여 전체적으로 전황을 유리하게 전개하려 하였음을 알 수 있다.

한편 백마고지 전투 기간 중 발생한 피아의 사상자 데이터를 정리하면, 아래 〈표 3〉에서 보는 바와 같다.

〈표 3〉 피아 인명손실(단위: 명)[59]

<table>
<tr><th colspan="2" rowspan="3">구분</th><th colspan="3" rowspan="2">적</th><th rowspan="3">구분</th><th colspan="4">아군</th></tr>
<tr><th colspan="3">국군 제9사단 전투상보</th><th rowspan="2">미 제9군단 보고서</th></tr>
<tr><th>국군 제9사단 전투상보</th><th>미 제9군단 보고서</th><th>중공군 공간사</th><th>장교</th><th>사병</th><th>계</th></tr>
<tr><td rowspan="3">전사</td><td>확정</td><td>8,234</td><td>2,695</td><td rowspan="3">1,748</td><td rowspan="3">전사</td><td rowspan="3">22</td><td rowspan="3">483</td><td rowspan="3">505</td><td rowspan="3">421</td></tr>
<tr><td>추정</td><td>6,098</td><td>1,873</td></tr>
<tr><td>항공</td><td></td><td>707</td></tr>
<tr><td colspan="2">부상(추정)</td><td>1,001</td><td>4,241</td><td>3,062</td><td>부상</td><td>93</td><td>2,423</td><td>2,516</td><td>2,391</td></tr>
<tr><td colspan="2">포로</td><td>57</td><td>51</td><td>562(실종)</td><td>실종</td><td>2</td><td>389</td><td>391</td><td>507</td></tr>
<tr><td colspan="2">계</td><td>15,390</td><td>9,525</td><td>5,372</td><td>계</td><td>115</td><td>2,906</td><td>3,021</td><td>2,812</td></tr>
</table>

59) HQ, 9th US Corps, “Special After Action Report Hill 395 (White Horse Mountain) 6~15 October 1952”; 8202nd Army Unit, US Military Advisory Group, “Command Report, Oct. 1952, ROKA Combat Units, KMAG, 9th ROK Division, etc.”

위 자료에서 알 수 있듯이, 약 10일 동안의 전투에서 제9사단의 총 사상자 수는 약 3,000여 명에 달한다. 이중에서 전사자는 전체 사상자의 약 1/6 정도이며, 실종자도 10% 이상이니, 전체 사상자 중에서 전사자와 실종자의 비율이 상대적으로 높은 비율을 차지하였다.[60)]중공군 제38군의 인명손실에 대한 기록은 파악하는 주체에 따라 큰 차이가 있음을 알 수 있는데, 이중에서도 전사자와 부상자의 숫자에서 큰 격차가 있음을 알 수 있다.

약 10일 동안 백마고지 전투를 수행하는 동안 국군 제9사단에 발생한 전체 사상자 규모는 1951년 2월 11~13일 사이에 횡성전투에서 국군 제8사단에서 발생한 총 7,464명(대부분 포로 및 실종자)의 사상자와는 비교할 수 없이 작은 수준임을 알 수 있다.[61)] 반면 미 제23연대전투단이 1951년 2월 중순에 지평리 전투에서 중공군 약 5개 사단과 약 5일 동안 대결하는 과정에서 발생한 사상자는 총 342명(사망 51명, 부상 250명, 실종 42명)에 불과했으니, 제9사단이 수행한 백마고지 전투에서 훨씬 많은 사상자가 발생하는 치열한 전투였음을 알 수 있다.[62)] 그리고 6 · 25전쟁에서 미군이 수행한 대표적인 고지쟁탈전으로 알려진 단장의 능선 전투(the Battle of Heartbreak Ridge, 1951. 9. 13~10. 15)를 수행하는 미 제2사단과 프랑스 대대에서 약 1달 동안에 발생한 사상자 수는 총 3,736명(전사 597명, 부상 3,055명, 실종 84명) 정도였는데, 이 숫자는 제9사단이 10일 동안 백마고지 전투에서 입은 인명피해 규모와 비슷하다.[63)] 또한 미 제3사단이 정전 직전인 1953년 7월 13~20일 사이에 7일 동안 폭찹고지(the

60) 중공군 공간사에서는 백마고지 전투 중에 발생한 국군 제9사단의 인명 손실을 총 9,300여 명으로 추산하였다. 『중공군의 한국전쟁사』 3권, p.420.

61) Coleman, *Wonju: The Gettysburg of the Korean War*, p.157.

62) Thomas M. Ryan, *Battle of Chipyong-ni, 13~15 February 1951*, Tab C.

63) Office of the Chief of Military History, Special Staff, US Army, *Action on 'Heartbreak Ridge,'* p.17, 18, 26.

Pork Chop Hill) 전투를 수행하는 동안 발생한 사상자는 총 1,118명(사망 52명, 부상 894명, 실종 172명)이었는데, 이 숫자는 백마고지 전투에서 발생한 국군 제9사단의 사상자의 약 1/3에 불과했다.[64] 이처럼 6·25전쟁 중에 발생한 다른 전투와 비교할 때, 1952년 10월의 백마고지 전투에서 발생한 제9사단의 사상자 규모가 상대적으로 많았으며, 그만큼 치열하게 수행했음을 알 수 있다.

한편 작전 기간 중 제9사단에는 총 1,836명의 신병이 보충되었는데, 이는 당시로서는 어디에서도 유례가 없던 일이다. 제9사단의 병력 증원을 구체적으로 살펴보면, 10월 10일에는 890명(장교 1명, 사병 889명), 10월 11일에는 312명(장교 14명, 사병 298명), 10월 12일에는 366명(장교 17명, 사병 349명), 10월 15일에는 사병 300명이 등이었다. 백마고지 전투 초기까지 일일 단위로 장교와 사병이 고작 10명 이내로 보충되었으나, 백마고지에서 진행되는 혈전 소식이 알려지면서 육군본부가 가용한 보충병력을 우선적으로 제9사단에 할당하였기 때문이었다. 이렇게 보충된 병력들은 각 연대와 대대에 배치되었으며, 기존의 전투원들과 힘을 합쳐 전투 후반기의 격전을 펼치는데 일조하였다.

마지막으로 살펴볼 자료는 백마고지 전투가 진행되던 약 10일 동안 전투에 사용된 각종 화력장비의 포탄 소모량과 폭격의 규모이며, 이를 아래의 〈표 4〉와 〈표 5〉에서 정리하였다. 다음 자료에서 알 수 있듯이, 중공군은 백마고지 전투 초기인 10월 6~7일, 8~9일에 가장 많은 포병사력을 실시하여 국군 제9사단을 몰아붙여 395고지를 조기에 탈취하려 했음을 알 수 있다. 반면에 아군은 10월 8~15일까지 매일 평균 약 20,000발이 넘는 포병사격을 실시하였는데, 이 기간 중에는 395고지 주봉에 대한 쟁탈전이 치열하게 전개되었고, 이 과정에

64) McWilliams, *On Hallowed Ground: The Last Battle for Pork Chop Hill*, p.416.

〈표 4〉 피아 포병 사격 및 아군 항공 지원[65)]

<table>
<tr><th rowspan="3">일시/기간</th><th rowspan="3">적
포병(발)</th><th colspan="3">아군</th><th rowspan="3">비고</th></tr>
<tr><th rowspan="2">포병(발)</th><th colspan="2">항공기</th></tr>
<tr><th>소티(회)</th><th>폭탄량(lb)</th></tr>
<tr><td>10. 5 ~ 6</td><td>1,468</td><td>2,183</td><td>55</td><td>83,200</td><td></td></tr>
<tr><td>10. 6 ~ 7</td><td>10,910</td><td>19,428</td><td>61</td><td>115,800</td><td></td></tr>
<tr><td>10. 7 ~ 8</td><td>2,226</td><td>12,251</td><td>76</td><td>117,480</td><td>정상 쟁탈전</td></tr>
<tr><td>10. 8 ~ 9</td><td>12,024</td><td>31,102</td><td>52</td><td>49,100</td><td>정상 쟁탈전</td></tr>
<tr><td>10. 9 ~ 10</td><td>4,474</td><td>19,222</td><td>46</td><td>48,820</td><td>정상 쟁탈전</td></tr>
<tr><td>10. 10 ~ 11</td><td>4,340</td><td>23,455</td><td>90</td><td>224,160</td><td>정상 쟁탈전</td></tr>
<tr><td>10. 11 ~ 12</td><td>3,430</td><td>18,940</td><td>200</td><td>216,760</td><td>정상 쟁탈전</td></tr>
<tr><td>10. 12 ~ 13</td><td>5,467</td><td>23,023</td><td>76</td><td>128,680</td><td>정상 쟁탈전</td></tr>
<tr><td>10. 13 ~ 14</td><td>5,768</td><td>18,587</td><td>70</td><td>142,300</td><td></td></tr>
<tr><td>10. 14 ~ 15</td><td>4,631</td><td>19,808</td><td>19</td><td>16,000</td><td></td></tr>
<tr><td>계</td><td>44,339</td><td>149,604</td><td>745</td><td>1,142,300</td><td></td></tr>
</table>

서 포병이 막강한 화력을 지원하여 교전부대의 작전을 지원하였다. 한편 작전기간 전체에 걸쳐 아군 항공기에 의한 폭격도 실시되었는데, 주로 395고지 정상을 둘러싸고 치열하게 전투가 전개되던 10월 10일부터 12일 사이에 가장 많은 출격과 막대한 분량의 폭격이 집중적으로 투하된 것을 알 수 있다.

한편 다음 〈표 5〉는 작전기간 중 아군이 운용한 다양한 포병 화기의 일자별 탄약 소모량을 보여주고 있다. 대체로 국군 제9사단을 직접 지원하던 105mm 4개 포병대대가 화력지원의 주축을 이뤘으며, 미군이 운용한 155mm 2개 포대와 4.2" 중박격포 1개 중대가 전방 교전부대에 대한 화력지원에 가세하였다. 시기적으로는 중공군이 최초로 395고지 주봉을 점령당한 10월 7~9일 사이, 그리고 아군이 395

65) 8202nd Army Unit, US Military Advisory Group, "Command Report, Oct. 1952, ROKA Combat Units, KMAG, 9th ROK Division, etc."

〈표 5〉 일자별 탄약 소모량(단위: 발)[66]

구분	105mm				155mm		4.2"	계
	제51 포병 대대	제52 포병 대대	제50 포병 대대	제30 포병 대대	미 제213 포병 대대	미 제955 포병 대대	제9중 박격포 중대	
10. 6~7	4,054	6,214		3,550	1,002	2,648	3,597	21,065
10. 7~9	1,550	13,125	6,778	13,807	12,999	11,751	3,179	63,189
10. 9~10	199	6,900	1,933	4,157	2,757	332	776	17,054
10. 10~12	11,857	27,817	14,586	21,741	6,973	2,226	3,296	88,496
10. 13~15	4,029	4,000		5,406	12,595	5,054	5,021	36,105
계	21,689	58,056	17,343	48,661	36,326	22,011	15,869	219,945

고지 주봉을 완전하게 점령한 뒤 강력한 방어진지를 구축하려던 10월 10~12일 사이에 가장 많은 포탄이 소모되었음을 알 수 있다.

한편 백마고지 전투 기간 중 사용된 포탄 사용량을 다른 전투와 비교하면, 우선 미 제3사단 15연대가 1951년 9월 24일부터 10월 6일까지 Hill 487과 Hill 477에서 수행한 Battle of Bloody Angel에서 사용한 총 포탄은 61,836발(105mm 48,576발, 155mm 13,260발)에 불과했으니, 약 10일 동안 20여만 발의 포탄이 투하된 백마고지 전투의 상대적 치열도를 파악할 수 있다.[67] 미 제2사단과 프랑스 대대가 1951년 9월 13일부터 30일까지 17일 동안 수행한 단장의 능선 초기 전투에서 사용된 총 포탄은 221,579발(105mm 184,191발, 155mm 37,388발)이었으며, 항공기 폭격 지원은 총 25회 440 소티였다.[68] 또한 미 제3사단이 1953년 7월 13~20일에 폭찹고지(the

66) 육군본부, 『한국전쟁사료: 전투상보』 58권 (제9사단)

67) 5th Historical Detachment, EUSAK, *The Battle of Bloody Angel*, 30 January 1952.

68) "Heartbreak Ridge, September-October, 1951," Special Report, G-3 Section, 2nd Infantry Division.

Pork Chop Hill) 전투를 수행하는 7일 동안 사용한 탄약은 총 115,763발로 집계되었는데, 이 숫자는 백마고지 전투에서 사용된 포탄과 유사한 분량이었다.[69)]

4 맺음말: 백마고지 전투에 대한 평가와 새로운 이해

백마고지 전투는 전투가 개시된 순간부터 많은 이들로부터 관심을 끌어 모았다. 국군 제9사단이 중공군 제38군을 상대로 395고지라는 제한된 공간에서 고지쟁탈전을 수행하고 있다는 소식이 전해지자 자연스럽게 수많은 언론사들이 관심을 표명하였다. 이러한 관심의 상당 부분은 1951년에 현리전투에서 붕괴에 가까운 패배를 당한 제9사단이 18개월 후에 약 3배에 달하는 중공군을 상대로 격전을 치루고 있었기 때문이었다. 동아일보를 포함한 국내 주요 신문들은 1952년 10월 9일부터 백마고지에서 진행되고 있는 전투에 대해서 대대적으로 보도하였으며[70)], 이후 국군 제9사단의 승전이 예상되는 10월 12일부터는 각 신문사가 앞 다투어 백마고지의 전황을 자세하게 보도하기 위한 경쟁을 벌였을 정도였다.[71)] 미국의 *The New York Times*도 백마고지 전투가 종료된 이후 국군 제9사단의 승리를 자세하게 전송하면서, 이번 전투에서의 승리를 통해 전시 한국군의 재편성과 증강을

69) 같은 시기에 중공군이 사용한 포탄은 약 71,826발인데, 이는 백마고지 기간 중에 적이 사용한 포탄 양보다 많음을 알 수 있다. McWilliams, *On Hallowed Ground: The Last Battle for Pork Chop Hill*, p.417.

70) "一年來最大激戰," 동아일보, 1952년 10월 9일; "피에 물든 백마고지," 경향신문, 1952년 10월 11일.

71) "白馬高地 固守, 十二日夜 狂信的 反擊 敵을 屠戮," 동아일보, 1952년 10월 14일; "북을 치는 中共, 遺棄屍體五百," 경향신문, 1952년 10월 15일.

다시 평가하는 계기가 될 것이라고 분석하기도 했다.[72]

백마고지 전투가 수행되는 동안 이승만 대통령과 밴 플리트 사령관을 포함한 국내외 수많은 정책결정자들이 제9사단 사령부를 방문하여 성공적인 전투수행을 격려하였다. 이승만대통령은 10월 12일에는 경무대에서 국군 제9사단의 성공적인 작전수행을 찬사하는 축하전문을 보내서 사단장 김종오 소장을 격려하였다. 또한 다음날 오후에는 직접 밴 플리트 미 제8군 사령관과 함께 국군 제9사단 사령부를 방문한 자리에서 즉석에서 "자네들이 막강한 미군 사단들 못지않게 용감하게 승리해 주고, 국위를 선양하고 있기에 …."라고 연설하였다.[73] 이승만 대통령은 백마고지 전투가 완전히 종료된 이후에도 다시 한 번 제9사단 사령부를 방문하여 사단장 김종오 소장을 포함한 일선 지휘관과 장병들을 격려하였다.[74]

한국에 부임한 이후 국군 제9사단에 특별한 관심을 가지고 있었던 밴 플리트 미 제8군사령관은 백마고지 전투가 치열하게 전개되던 10월 9일에 사단장 김종오 소장을 방문하여 당시까지의 전황을 보고받은 이후, "승리를 기대한다"고 격려하면서 국군 제9사단에 대한 최대한의 지원을 약속하였다.[75] 국군 제9사단의 성공적인 작전수행 능력에 확신을 가지고 있었던 밴 플리트 사령관은 지인에게 보낸 10월 10일자 서신에서 "제9사단이 철원 북방에서 수행 중인 성공적인 작전 수행에 대단히 만족한다.(I am extremely proud of the splendid work of the 9th ROK Division in the Chorwon area.) 본인은 제9사단이 중공군을 완전히 격퇴시킬 것으로 확신한다"고 평가하였

---

72) "South Korean Troops Improved in Combat," *The New York Times*, 19 October 1952.

73) 『백마고지 전투』, p.243; 『한국전란 3년지』, p.B~56.

74) 『백마고지 전투』, p.244.

75) 『백마고지 전투』, p.244.

다.[76] 이와 같은 밴 플리트 사령관의 지원과 후원에 대해 김종오 소장은 훗날 “모든 시선이 우리에게 집중되고 있는데, 국군의 위신과 제9사단의 명예를 위하여 결코 물러설 수 없는 싸움이었다”고 당시의 심정을 회상하였다.[77]

국군 제1군단이 배속되었던 미 제9군단장 Reuben E. Jenkins 소장은 백마고지 전투가 종료된 직후 제9사단에 표창을 주었으며, 사단장과 일선 지휘관이 보여준 탁월한 전투지휘과 한국군 전투원들의 우수한 전투수행 능력을 치하하였다.[78] 그는 또한 이승만 대통령에게 보낸 서한에서도 국군 제9사단의 전투수행 능력을 칭찬하였는데, 사단장 김종오 소장의 적절한 부대 교체, 예하 부대의 우수한 전술적 수행능력, 한국군 장병의 강인하고 용감한 전투 의지를 제9사단이 백마고지 전투에서 승리할 수 있었던 원동력으로 꼽았다.[79]

미국과 중국의 공간사도 백마고지 전투와 국군 제9사단의 성공적인 작전수행에 대하여 극찬을 아끼지 않았다. 미국의 공간사는 백마고지에서 제9사단이 보여준 작전 수행은 “완벽한 전투 준비, 효과적인 정보 활용, 효율적 전술 구사, 공중과 포병, 기갑에 의한 강력한 화력 지원이 원활하게 들어 맞은 최고의 전투 사례(a prime example)”였으며, 1952년 여름부터 마크 클라크(Mark Clark) 유엔군 사령관이 요구했던 여러 가지 요소가 제대로 결합된 완벽한 전투의

76) Van Fleet to Major General Orlando C. Mood, 10 October 1952, Van Fleet Papers Box 71. 밴 플리트 장군이 Mood 소장에게 보낸 이 편지는 백마고지 전투가 한창 진행 중이던 시점에 작성되었다는 점은 눈여겨 볼만하다. 왜냐하면 아직 백마고지 전투가 종료되지 않은 시점에도 밴 플리트 장군은 국군 제9사단의 작전수행 능력을 신뢰하였으며, 종국에는 백마고지를 장악할 것을 확신한 것으로 추정할 수 있기 때문이다.

77) 『백마고지 전투』, p.244.

78) Major General Reuben E. Jenkins, “Citation－Command General 9th Division, ROKA,” 22 October 1952, Van Fleet Papers Box 69.

79) Reuben E. Jenkins, Major General to Syngman Rhee, President, ROK, 23 October 1952, Van Fleet Papers Box 69.

전형이라고 분석하였다.[80] 중국의 공간사는 8박 9일 동안 지속된 281.2고지와 394.8고지에 대한 반격전투에서 중국군이 성공하지 못한 원인을 "너무 급하게 작전을 전개했고, 목표 선정이 적당하지 않았으며, 지형이 불리했고, 작전계획이 노출되었기 때문이었다"고 분석하였다. 또한 1952년 추계 공세에서 중공군이 점령 목표로 선정한 23개의 고지 중에서 오직 제9사단 정면의 두 개 고지에서만 점령에 실패했다고 분석하였다.[81]

지금까지 국군 제9사단이 1952년 10월 초에 약 10일 동안 치열하게 전개된 격전에서 승리한 백마고지 전투의 전개과정과 제9사단이 승리하는 과정에서 기록한 구체적인 데이터를 살펴보았다. 특히 새롭게 다양한 자료를 활용하여 전투 효율성의 측면에서 입체적, 다각적 시각에서 접근함으로써, 보다 구체적으로 백마고지 전투를 분석하였다. 그 결과 국군 제9사단이 전투기간 내내 정보, 기동과 화력 등 전장의 제 요소를 효과적으로 결합한 탁월한 작전을 수행하였으며, 이 과정에서 높은 전투 효율성을 유지하면서 성공적으로 작전을 수행할 수 있었음을 파악할 수 있었다.

---

80) *Truce Tent and Fighting Front*, p.307.

81) 『중국군의 한국전쟁사』, p.420.

1950년대 한국군의 미국 군사유학 시행과 그 영향

| 김민식 |

1 머리말

제2차 대전 이후 독립국가들은 국가수립 과정에서 군대의 필요성을 자각하였으며, 자국 군대를 증강하고자 강대국의 군사교육을 적극적으로 수용하였다. 그리고 이는 군사제도뿐만 아니라 다양한 지식·기술·이념이 전파되는 과정으로, 전후 독립국가들의 정치·사회 변화에 중요한 영향을 미쳤다.[1)]

한국의 국가수립 과정도 이 경우와 맥락을 같이 한다. 1950년대 한국 정부는 북한에 대한 군사·경제적 우위를 달성하기 위하여 미국의 군사원조를 수용하면서 한국군의 인적·물적 자원을 적극적으로 활용하였다. 그리고 미국 정부는 냉전이 세계적으로 확산되는 가운데 자유진영 국가들로부터 위신을 확보하고 동아시아에서 자국의

1) 대표적인 연구로는 John J. Johnson, *The Role of the Military in Underdeveloped Countries*(New Jersey: Princeton University Press, 1962) 참조.

이익을 보장하고자 한국에 대한 군사원조를 확대하면서 한국군 운영에 지속적으로 개입하였다.

특히 6·25전쟁 시기 한국군 증강 문제가 대두하면서 한·미 양국 정부는 한국군 장교단의 자질을 향상시키기 위하여 대규모 군사유학 시행을 합의하였다.[2] 이때 한국 정부는 미국의 선진 제도와 기술을 도입하기 위한 통로로서 군사유학에 주목하였다. 반면 미국 정부는 군사유학을 통하여 미국이 추구하는 가치와 이념을 한국 사회에 전파하고자 하였다. 즉, 1950년대 한국군의 미국 군사유학 시행은 한국 정부에게는 국가존립과 발전, 그리고 미국 정부에게는 냉전정책의 성패와 맞물려 있는 중요한 사안이었다.

기존 역사학계에서는 1950년대에 한국군이 강력한 정치세력으로 성장하는 요인으로 군사유학에 주목하였다.[3] 그리고 군사사(軍事史) 학계에서는 한국군의 '미국화(Americanization)' 측면에서 군사유학을 다루었다.[4] 그러나 이상의 연구들은 미국의 대한정책이라는 거시적인 구조를 강조하였기 때문에 한국 측의 입장은 적극적으로 평가하지 못하였다. 이에 반해 주체와 한국 사회의 사회·문화적 측면까지 포괄한 연구는 한국군 연구에서 미국의 영향력과 더불어 한국 측의 대응에 주목해야 한다는 문제의식을 환기(喚起)하였다.[5] 본 논문

2) 본 논문에서 '한국군'은 '대한민국 육군'에 한정됨을 밝혀둔다. 미국은 1950년대 한국군을 지상군 위주로 편성하고자 육군 장교에 집중하여 군사유학을 제공하였다.

3) 노영기, 「5·16쿠데타 주체세력 분석」, 『역사비평』 57호, 2001; 도진순·노영기, 「군부엘리트의 등장과 지배양식의 변화」, 정용욱 외, 『1960년대 한국의 근대화와 지식인』, 선인, 2004.

4) Jong-nam Na, "Making Cold War Soldiers: The Americanization of the South Korean Army, 1945~1955"(Ph. D. diss., University of North Carolina, 2006); 박동찬, 『주한미군사고문단(KMAG)의 조직과 활동(1948~53)』, 한양대학교 사학과 박사학위논문, 2011.

5) 허은, 『미국의 헤게모니와 한국 민족주의: 냉전시대(1945~1965) 문화적 경계의 구축과 균열의 동반』, 고려대학교 민족문화연구원, 2008.

은 이와 같은 문제의식을 바탕으로 1950년대 한국군의 확대·재편과정을 한국 정부의 국방정책 측면에서 분석하고, 한국군의 능동적인 역할을 규명하기 위하여 군사유학에 주목한다.

본론에서는 먼저 미국이 군사유학을 제공한 본질적인 의도를 살펴본다. 군사유학은 동맹국 군대를 미군과 동일한 기준으로 만들고자 하였던 미국의 '동맹국 군대 표준화 구상'의 핵심 정책이었다. 군사유학을 매개로 이것이 한국군에 어떻게 적용되었는지 확인한다. 그리고 유학생 선발 과정과 한국군 장교들에게 제공된 '동맹국 장교 특별반 과정(Special Allied Officers Course, 이하 '특별반')'을 검토하여 군사유학의 절차와 내용을 규명한다. 마지막으로 군사유학에 대한 한국 정부의 방침을 분석하여 1950년대 한국 정부가 한국군 증강과 더불어 한국 사회 재건과 부흥이라는 국가운영의 차원에서 군사유학을 시행하였다는 사실을 규명한다.

본 논문에서 활용한 주요 사료는 미 국립문서기록관리청(NARA) 문서 집단의 사료 중 주로 주한미군사고문단(U.S. Military Advisory Group to the Republic of Korea, 이하 '고문단') 부관과(Adjutant Section)에서 생산한 문서들을 이용하였다. 고문단 부관과가 한국군 교육훈련과 군사유학 관련 업무를 담당하였기 때문에 이에 대한 정책 전반을 확인할 수 있다. 그리고 한국 정부의 구상을 확인하기 위하여 국가기록원 대통령 기록관에서 소장하고 있는 이승만 대통령의 국방 관련 지시사항을 중점적으로 활용하였다.

1950년대 한국군이 생산한 문서는 육군 기록정보단으로 이첩되었으나 군사유학 관련 문서는 보존되어 있지 않아 그 내용을 확인하기 어렵다. 따라서 구술사료를 활용하여 문헌사료의 한계를 극복하고자 하였다. 주요 구술대상은 육군사관학교(이하 '육사') 10기와 생도 2기 출신 가운데 선정하였다. 이들은 일제 강점기 일본군과 중국군에서 복무한 경험이 없어 군사유학을 통하여 제대로 된 군사교육을 처음 경험하였다. 그리고 1950년대 군사유학의 중점인 '특별반' 과정에 주요 대상자들로서, 그 내용을 확인하는데 적합하다.[6)]

2 미국의 한국군 '표준화' 구상과 방안

(1) 군사원조와 동맹국 군대 '표준화' 구상

제2차 세계대전 이후 미국은 소련의 팽창주의에 적극적으로 대처하기 위하여 봉쇄정책을 추진하였다. 1947년 3월 트루먼 대통령은 소련의 동부 지중해 진출을 계기로 그리스와 터키에 대한 군사원조계획을 발표하고, 자유진영 국가들에 군사원조를 제공하기 시작하였다.[7)] 미국의 군사원조는 1949년 중국 공산화와 소련 핵 실험 성공으로 크게 진전되었고, 같은 해 '상호방위원조법(Mutual Defense Assistance Act)'이 제정되면서 북대서양조약기구뿐만 아니라 아시아 지역에도 군사원조를 제공하였다.[8)] 그리고 이 법에 근거하여 '상호방위원조계

---

6) 구술 대상자는 황규만(육사10기, 1952년 미 보병학교 초등군사반 수료), 신위영(육사10기, 1952년 미 보병학교 초등군사반 수료), 박경석(생도2기, 1953년 미 보병학교 초등군사반 수료), 박보희(생도2기, 1952년 미 보병학교 초등군사반 수료), 장정열(생도2기, 1954년 미 보병학교 초등군사반 수료), 정우봉(생도2기, 1953년 미 보병학교 초등군사반 수료), 김운용(연락장교, 1953년 미 보병학교 초등군사반 수료)으로 총 7명이다. 구술을 허락하고 연구 활용에 동의해주신 대상자들에게 감사드린다.

7) 미국은 1947년 5월 그리스·터키 원조 법안(Greek-Turkey Aid Bill)을 마련하여 군사장비를 이관하기 시작하였다. 그리스·터키에 대한 미국의 개입은 미국 세계정책의 근본적인 전환을 야기하였으며, 이에 대해서는 Howard Jones, *"A New Kind of War": America's Global Strategy and the Truman Doctrine in Greece*(New York: Oxford University Press, 1989), Ch.1~3을 자세히 볼 것.

8) 박동찬, 앞의 논문, 2011, 25쪽. 군사원조 대상국들은 우선순위를 고려하여 세 그룹으로 구분되었다. 제1그룹은 북대서양조약기구의 회원국들로 영국, 프랑스, 이탈리아 등이 있었으며, 제2그룹은 그리스와 터키, 제3그룹은 한국, 이란, 필리핀이 포함되었다.

획(Mutual Defense Assistance Program)'을 시행함으로써 본격적으로 집단 방위체제를 구축하기 시작하였다.

상호방위원조계획은 군사장비와 무기의 직접 이관, 군수물자 생산능력 향상을 위한 지원, 군사장비와 무기에 대한 기술교육 및 각종 군사훈련 등 크게 세 가지 양상으로 구분되었다.9) 이때 이 계획이 장기적으로 성과를 거두기 위해서는 원조 대상국들이 미국의 군사교리를 이해하고 스스로 미국이 제공한 군사장비와 무기를 운용할 수 있도록 만드는 것이 무엇보다도 중요하였다. 따라서 상호방위원조계획의 가장 근간이 되는 사항(primary emphasis)은 동맹국 장교에게 미국의 군사교리와 장비, 무기에 대한 교육과 훈련 프로그램을 제공하는 것이었다.10)

미국은 크게 세 가지 형태의 군사훈련 프로그램을 제공하였다. 군사학 교관을 양성하기 위하여 전문가로 구성된 훈련팀을 현지로 파견하는 경우가 있었고, 군사장비와 무기 운용방법을 교육하기 위하여 기술자를 제공하기도 하였다. 그러나 가장 대표적인 프로그램은 동맹국 장교들을 미국 현지 군사교육기관에 위탁하여 정규 교육과정을 제공하는 군사유학이었다.11)

군사유학은 미국의 동맹국 군대 '표준화(standardization)' 구상에 핵심이면서, 상호방위원조계획의 성패(成敗)에 중요한 전제가 되었

상호방위원조법 전문은 앞의 논문 〈부록 3〉을 참조.

9) Lyman L. Lemnitzer, "The Foreign Military Aid Program", Proceedings of the Academy of Political Science, Vol.23, No.4, (1950), p.438. 렘니처 소장은 1949년부터 1년간 미 국방부장관실 내의 군사원조실장을 역임하였다. 미 국방부는 상호방위원조계획의 집행 부서였으며, 군사원조실은 군사원조 업무 전반을 검토하였다.

10) Robert H. Connery and Paul T. David, "The Mutual Defense Assistance Program", The American Political Science Review, Vol.XLV, No.2, (1951), pp.328~329.

11) James K. Wilson, Jr., "Development of Requirements for the Mutual Defense Assistance Program"(Washington, D. C: Industrial College of the Armed Forces, 1954), p.18.

다. 표준화 구상은 군사훈련과 군사작전을 시행하는데 있어서 미군의 조직과 절차, 기술을 기준으로 동맹국 군대를 재편하는 것을 의미한다. 이것의 궁극적인 목적은 동맹국 군대가 미국식 무기와 군사장비에 의존하게 만들어 미국이 제공하는 군사원조의 가치를 극대화하는 데에 있었다.[12)]

특히 6·25전쟁을 계기로 미국의 대외 군사원조 정책이 크게 확대되면서 동맹국 장교들의 군사유학은 군사적 목적을 넘어서 미국의 대외정책 전반을 증진시킬 수 있는 정책으로서의 위상을 확립해 나갔다. 1954년 미 군사원조실장 대리를 역임한 윌슨(James K. Wilson, Jr.) 대령은 군사유학을 동맹국 정부의 대표자들과 장교단에 미국인들의 사고와 방식을 경험하게 만드는 과정으로서 '진정한 미래 이익을 위한 씨앗(seed of real future benefit)'으로 설명하였다.[13)] 즉 미국은 군사유학을 통해 동맹국 장교단과 긴밀한 관계를 구축하고자 하였고, 이것은 동맹국에 미국의 대외정책을 지속적으로 관철시키기 위한 '귀중한 통로(valuable channel)'를 확보하는 과정이었다.[14)]

이와 같이 트루먼 독트린 이후 미국의 세계 정책은 점차 소련에 대한 군사적 봉쇄에 중점을 두고 동맹국에 군사원조를 확대하는 것으로 전환되었다. 1947년 당시 한반도는 미 합참의 극동방위선에서 제외되었고, 미 합참은 한반도에서 소련과 전면전 시 공군 중심의 핵무기 의존전략을 채택하고 있었다. 그리고 같은 해 9월 한반도 문제를 UN에 상정한 이후 주한미군 철수를 전제로 대한정책을 재검토하기 시작하였다. 그 결과, 1948년 4월 포병화력과 중화기를 제외한 5

12) Lyman L. Lemnitzer(1950), op. cit., pp.439~440.

13) James K. Wilson, Jr.(1954), op. cit., p.14.

14) Ernest W. Lefever, "The Military Assistance Training Program", Annals of the American Academy of Political and Social Science, Vol.424(1976), p.92.

만 명 수준으로 국방경비대를 증강하는 NSC 8이 채택되고 9월부터 주한미군의 철수가 시작되면서, 한국군 육성에 대한 논의는 자연스럽게 철군의 대안으로써 군사원조에 주안점을 두게 되었다.

한국 정부는 일방적으로 군사력 증강을 추진하면서 미국에 대규모 군사원조를 요청하였다. 그러나 미국의 군사원조는 NSC 8에 의한 수준으로, 1949년 6월 10만 명으로 급속히 팽창한 한국군은 무기와 군사장비가 매우 부족할 수밖에 없었다. 이러한 상황에서 이승만 대통령이 직접 트루먼 대통령에게 추가 원조를 요청하였으나 받아들여지지 않았다.[15)]

미국은 주한미군 철수에 대한 보완조치로써 대규모 군사원조 보다는 최소한의 개입정책의 일환으로서 한국군의 군사교육과 훈련 수준을 향상시키는 데에 주목하였다. 따라서 한국에 군사고문단을 설치하여 한국군의 조직·훈련 및 무장에 관여하였다.[16)] 그리고 소수의 한국군 장교들에 군사유학을 제공함으로써 한국군의 훈련과 더불어 한국군이 미국식 군대의 골격을 갖추도록 만드는 데에 집중하였다.[17)]

그러나 1949년 후반 미국의 대외정책이 재무장과 적극전략으로 선회하면서, 미국 내 정책결정자들 사이에서는 일본의 부흥을 위해서 한국의 방위가 중요하다는 '일본 중심의 동아시아 재편론'이 강조되기 시작하였다. 그리고 1950년 1월 한·미 상호방위원조협정의 체결로 추가 원조에 대한 법제적인 조건이 마련된 상황에서 한국의 전략

15) "The President of the Republic of Korea(Rhee) to President Truman", Aug 20 1949, FRUS, 1949, Vol.Ⅶ, pp.1075~1076; "President Truman to the President of the Republic of Korea(Rhee)", Sep 26 1949, FRUS, 1951, Vol.Ⅶ, pp.1084~1085.

16) 고문단의 구성과 기능에 대해서는 조이현, 「1948~1949년 駐韓美軍의 철수와 駐韓美軍事顧問團의 활동」, 서울대학교 국사학과 석사학위논문, 1995 참조.

17) 1948년 8월 최초로 6명의 한국군 장교들이 미 보병학교에 파견되었다. 이들은 10개월간의 군사교육을 이수하고 한국군 지휘관들에게 미국식 무기사용과 미군 편제, 전술을 교육하였다. 그리고 1950년 4월에는 33명의 장교들이 미군부대의 행정과 훈련을 시찰하기 위하여 주일 미군기지로 파견되었다.

적 가치에 대한 재평가는 대한 군사원조가 확대될 수 있는 가능성을 높였다. 따라서 1950년 6월에 접어들면서는 한국에 대한 추가지원계획이 사실상 확정되었다.18)

(2) 한국군 증강 논의와 군사유학의 확대

6·25전쟁은 미국의 대한 군사원조 정책에 일대 전환을 야기하였다. 미국은 개전 초기 미군 병력만으로 북한군을 상대하기 역부족이라 판단하였기 때문에 현실적인 차원에서 한국군의 병력을 충원하고 무기를 지원하였다. 그러나 1950년 10월 중공군 개입이후 한국군은 급속히 붕괴되었고, 이는 유엔군 전선 전체에 심각한 부담으로 작용하였다. 그리고 1951년 5월 NSC 48/5로써 미국의 전쟁 전략이 '휴전'으로 기울면서, 미국은 38도선을 확보하는 선에서 휴전협정을 체결하고 외국군을 철수하며 북한의 남침에 대비하여 한국군을 증강한다는 새로운 종전정책을 채택하게 되었다.

한국 정부는 휴전협정 체결이라는 미국의 종전정책에는 전적으로 동의하지 않았지만 한국군의 능력을 향상시키기 위한 군사지원의 확대가 시급하다는 입장은 같았다. 실제 이승만 대통령은 1951년 3월부터 공군 증강을 적극적으로 요청하고 있었다. 그는 미 제5공군에서 최소한 30대의 T-6 훈련기를 지원하고, 주일 미 공군기지와 미국 군사교육기관에서 한국 공군 장교들에게 위탁교육을 제공할 것을 요청하였다.19) 이는 공군 중심의 군사력을 확충하여 미국으로부터 더 많은 군사원조를 획득하고자 하였던 의도였다.

그러나 한국 정부의 입장과는 달리 미 8군은 육군의 전투효율성을

---

18) 박동찬, 앞의 논문, 2011, 141~142쪽.

19) Headquarters, Fifth Air Force, to the John J. Muccio, 'Request of President Syngman Rhee', 17 Mar 1951, RG 330, Records of the Office of Military Assistance, Entry 18, Project Decimal File, Box 68, Korea 091.3~400, 1950.

향상시켜 빠른 시간 내에 눈에 두드러진 전과를 달성해야 한다고 판단하였다. 이에 따라 육군의 화력을 증강하는 방안과 교육훈련 체계를 보강하기 위하여 육군 장교들의 군사유학을 재개하는 사안을 검토하기 시작하였다.[20] 미국 내에서도 이승만 대통령의 공군증강 계획 보다는 육군 중심의 군사력 건설이 현실적이라고 판단하고 있었으며, 한국 공군에 대한 지원은 제한해야 한다는 입장이었다.[21]

이와 같은 미국의 구상은 1951년 5월부터 본격적으로 시행되었다. 한국군 제3군단의 현리전투 패전을 계기로 미 8군사령관이 한국군의 작전통제권을 장악하면서 한국군 증강안에 대한 한국 정부의 입지도 제한되었기 때문이다. 따라서 한국군의 증강은 미 8군의 주도 하에 육군에 집중하는 방안으로 시행되었으며, 군사유학은 한국군 증강 정책이라는 전체 구도 속에서 재개되기 시작하였다.

이때 미국은 보다 장기적인 측면에서 군사유학에 주목하였다. NSC 48/5 채택 이후 미국의 종전정책에서 가장 중요하게 고려되었던 점은 6·25전쟁의 확전을 방지하고, 자유진영에서 위신을 확보하는 것이었다. 미국 정부는 이러한 의도를 달성하기 위해 한국의 국방정책과 한국군 운영에 보다 깊숙히 개입할 수 있어야 하였다. 따라서 앞 절에서 살펴본 동맹국 군대 표준화의 측면에서 한국군 장교들의 대규모 군사유학 시행은 미국이 한국군에 장기적으로 영향력을 관철시킬 수 있는 구조를 만드는데 적합한 정책이었다.

군사유학이 재개되고, 확대 시행되는 과정을 살펴보면 이것이 미국의 입장에서 상당히 중요한 사안이었다는 사실을 알 수 있다. 1951

20) 6·25전쟁 중 육군의 재편성과 증강 정책에 대해서는 나종남, 「한국전쟁 중 한국 육군의 재편성과 증강, 1951~53」, 『軍史』 第63號, 2007, 228~249쪽 참조.

21) Major General S. L. Scott, Director, Office of Military Assistance, to the Director, International Security Affairs, Department of State, 'MDA Training of South Koreans', 29 May 1951, Undated, RG 330, Records of the Office of Military Assistance, Entry 18, Project Decimal File, Box 68, Korea 091.3~400, 1950.

년 5월 한국군 교육훈련 개선의 담당자로 임명된 참페니(A. S. Champeny)는 육군 작전참모부장 테일러(M. D. Taylor)와 한국군 장교들을 위한 '특별반' 개설 문제를 논의하였다. 이때 교육인원으로서 미 보병학교에서는 150명을, 포병학교에서는 100명을 제안하였고 이는 계획에 그대로 반영되었다.[22] 이때 참페니가 한국에 귀국한 날짜가 7월 1일이므로 테일러와는 늦어도 6월 중에 만났다고 볼 수 있다. 채 한 달도 되지 않아 250명에 대한 교육계획을 수립한 것이다.

그리고 미 극동사령부는 대규모 군사유학의 성과를 들며 군사원조실에 이와 같은 교육을 지속적으로 제공해야 한다고 제안하였다.[23] 이에 대해 군사원조실은 회계연도 1953년의 군사유학 시행에 소요되는 자금을 인도차이나 의료계획(Indochina Medical Program)에서 전환한다는 결론을 내렸다.[24] 이는 6·25전쟁 이전 주한 미 대사와 상호방위원조계획 조사단의 지속적인 요청에도 불구하고 추가적인 대한 군사원조가 현실화되지 못하였던 것과 비교할 때, 미국의 대한 군사정책이 명확하게 달라졌음을 보여준다.

이렇듯 대규모 군사유학은 미국의 주도 하에 추진되었다. 그러나 당시 한국 정부도 군사유학 시행에 상당히 적극적으로 협조하고 있

22) Brigadier General A. S. Champeny, AUS, to Commanding General, Eighth Army, 'Agreements Relative to Groups of Koreans Going to the United States for Attendance at Service Schools', 24 July 1951, RG 554, A. G. Decimal Files, 1948~53, Box 57.

23) Brigadier General, GS, Deputy ACofS, G-4 for Foreign Military Aid, to the Director, Office of Military Assistance, Secretary of Defense, 'Training of ROKA Officers in ZI Service Schools Under Auspices of MDAP', 18 Nov 1952, RG 330, Records of the Office of Military Assistance, Entry 18, Project Decimal File, Box 69, 111 FY 52 Korea.

24) Major General G. H. Olmsted, Director, Office of Military Assistance, to the Director for Mutual Security Executive, Office of the President, 'Attendance of ROK Army Officers at U. S. Army Service Schools', 9 Dec 1952, RG 330, Records of the Office of Military Assistance, Entry 18, Project Decimal File, Box 69, 111 FY 52 Korea.

었다. 1951년 5월 22일 이승만 대통령이 국방부장관과 육군참모총장에게 하달한 '장교 훈련에 관한 건(국방 제44호)'을 살펴보면, 이 시기 한국 정부는 UN군 사령부에 육군 장교 만여 명을 훈련시키는데 필요한 미 8군 장교들을 지원해 달라고 요청한 사실을 알 수 있다.[25] 즉, 이승만 대통령은 언젠가는 한국군 스스로 국방을 담당해야 한다고 생각하였으며, 육군 장교들에 대한 군사교육과 훈련을 매우 중요한 현안으로 취급하였다.

그리고 5월 22일과 30일 사이 UN군 측은 이승만 대통령에게 장교 50명에 대한 군사유학 시행을 처음으로 제안하였다. 이에 대해 이승만 대통령은 능력 있는 장교들을 선발하여 군사유학을 보내야 한다는 점을 당부하면서 국방부장관에게 이 제안에 적극적으로 협조할 것을 지시하였다.[26] 이렇듯 대규모 군사유학의 시행은 한·미 양국 정부의 공감대가 형성되어있었기 때문에 보다 신속히 재개될 수 있었던 것이다.

그리고 더 나아가 이승만 대통령은 군사유학의 효과를 군사안보적 측면에서 뿐만 아니라 전후 부흥사업과도 연계하고 있었다. 전쟁 기간 군사유학은 전투효율성 향상을 위하여 보병, 포병 등 전투병과 교육을 중심으로 시행되었다. 그러나 점차 공병, 의무, 부관, 병기, 병참, 수송과 같이 사회 재건사업 일반에 적용할 수 있는 기술·행정병과 교육이 증가하는 방향으로 확대되었다. 일차적으로 이러한 변화는 한국군의 규모가 확장되면서 부대 관리와 군수 지원의 소요가 많아졌기 때문이다. 그러나 전쟁으로 인하여 사회 재건이 시급한 국가시책으로 대두하면서, 한국 정부는 군사유학 이수자들을 보다 광범하게

25) "將校 訓練에 관한 件(大秘指 國防 第44號, 1951. 5. 22)", AA0000360, 국가기록원 대통령기록관 사료.

26) "將校 米國麴에 派遣의 件(大秘指 國防 第47號, 1951. 5. 30)", AA0000364, 국가기록원 대통령기록관 사료.

활용하고자 그 분야를 확대시켜 나갔던 것이다.[27)]

한국 정부의 구상은 당시 민간 유학생에 대한 정부의 방침을 살펴보면 보다 명확하게 알 수 있다. 한국 정부는 민간 유학생들이 인문학 보다는 자연과학에 더 치중하면서 장차 부흥사업에 역점을 둘 것을 지시하였다.[28)] 그리고 유학생을 '공적 사명을 가진 해외여행자'로 간주하여 한국 사회 발전을 위한 다양한 건의사항을 포함한 귀국보고서를 작성하도록 하였다.[29)] 이렇듯 한국 정부는 1950년대 제한된 인적·물적 자원을 극복하는 데에 있어서 유학 이수자들을 매우 적극적으로 활용하고자 하였다.[30)] 특히 1950년대는 도미(渡美) 유학 장교의 수가 민간 유학생 5,029명을 상회하는 10,026명에 달하였으므로,[31)] 유학생 활용에서도 군사유학 이수자들에 보다 주안을 두고 있었다는 사실을 짐작할 수 있다.

---

27) 이에 대해서는 The Adjutant General's Office, Department of the Army, 'Brochure for General James A. Van Fleet', 17 May 1954, RG 330. Records of Other Special Assistants, Entry 185, Van Fleet Files, Box 14, Korea-Proposed Infantry Division 참조.

28) "奬學金 留學生 派遣에 關한 件(大秘指 文外 第7號, 1952. 9. ■)", AA0000471, 국가기록원 대통령기록관 사료.

29) "海外派遣 公務員 等 公的 外國旅行者의 歸還報告書 作成에 關한 件, 1953. 4. 25)", AA0000737, 국가기록원 대통령기록관 사료.

30) 특히 이승만 대통령은 유학에 소요되는 비용을 전적으로 미국 정부가 부담하여 한국 정부의 재정에 부담이 되게 해서는 안된다는 점을 강조하였다. ("民, 軍 留學生 雜費 問題의 件(大秘指 財務 第14號, 1952. 12. 26)", AA0000488, 국가기록원 대통령기록관 사료; "留學 將校 私用費 援助 獲得의 件(大秘指 國防 第5號, 1953. 3. 20)", AA0000507, 국가기록원 대통령기록관 사료).

31) 조성훈, 『한미군사관계사의 형성과 발전』, 국방부 군사편찬연구소, 2008, 161쪽.

3 한국군의 유학생 선발과 '특별반' 이수

(1) 유학생 위임선발과 고문단의 관여

미국이 제공하는 군사유학은 입교 대상자의 계급에 따라 미 지휘참모대학과 병과학교의 고등군사반 및 초등군사반 과정으로 구분된다. 지휘참모대학과 고등군사반은 한국군 장군과 영관장교들을, 초등군사반은 위관장교들을 대상으로 하였다. 1950년대 군사유학의 '확대'는 한국군 위관장교들을 대상으로 한 초등군사반에서 주로 이루어졌다. 따라서 본 절에서는 초등군사반 유학생 선발 과정을 통하여 군사유학의 목적과 의미를 살펴보기로 한다.

우선 유학생 선발과 검증의 책임은 현지에 주둔하는 미군에 주어졌다. 미 육군부 정보처는 외국군 장교 선발 지침 및 입교 안내문을 해외 각국에 전달하였다.[32] 안내문은 유학인원 보고 일정, 입교 및 수료일, 입교 복장과 필요한 장비 및 물품을 소개하는 내용을 담고 있다. 한국의 경우, 대한민국 정부 수립 후 공식적으로 주재하게 된 군사고문단이 책임을 지고 있었다. 그러나 실제 한국의 육군본부가 고문단으로부터 권한을 위임받는 형태로 이루어졌다.

시험은 3단계로 진행되었다. 1단계는 필기시험으로 육군본부에서 각 사단, 군단 및 지구별로 시험관을 파견하여 국어, 영어, 수학, 국사 과목을 평가하였다.[33] 필기시험에 합격한 장교들은 2단계인 구두시험 및 신체검사 실시를 위하여 육군본부에 집결하였다. 구두시험은

32) Director of Intelligence, to Chief, US Military Advisory Group to the ROK, 'Training Foreign Nationals at U.S. Army Schools, 1 Jan 1950 to 30 June 1950', 6 Dec 1949, p.1(Incl 2), RG 338, KMAG, Adjutant General, Decimal File, 1948~53, Box 11.

33) 신위영(육사10기, 1952년 미 보병학교 초등군사반 수료) 구술; 장정열(생도2기, 1954년 미 보병학교 초등군사반 수료) 구술.

‘민주주의가 무엇이며, 영어로는 어떻게 표현 하는가’와 같이 자유민주주의에 대한 이해와 함께 영어 수준을 확인하는 방식이었고, 신체검사로는 X-Ray 촬영을 실시하였다.[34]

미 보병학교 유학생의 경우 최종적으로 150명을 선발하였는데, 2단계 시험을 통해 대략 170명 정도를 선발하였던 것으로 보인다. 이들은 육군본부로 재집결하였으며, 한국군 방첩대의 신원조회를 거쳐서 최종적으로 선발될 수 있었다.

> 사상검증은 지나쳤고. 약간 한 걸로 알고 있어. 내가 인민군 포로가 되었다 왔거든. 그래서 내가 처음에 안 되었어. 내가 합격했는데도 빠져서 항의하니까 방첩대에서 뭐가 넘어왔다는 거야. 그래서 내가 인민군한테 부역한 것도 아닌데 나를 빼다니 말도 안 된다. 그래서 처음에 빠졌어. 그래서 사상검증이란 말은 지나치지만은 한국군 방첩대에서 리스트가 올라오면 빠지는 것은 사실이야. 일부 있었다는 것은 부인할 수 없었어. 내 사례로 봐서.[35]

> 사상검증은 170명을 전부 스캐닝 해. 서류상으로. 경력, 과거의 일, 학교 다닐 때 어떻게 했는가. 말하자면 조사를 해. 그 조사는 말하자면 정보적인 조사지. 뒤에 숨어서. 나중에 와서 ○○○ 대위 나오시오, ○○○ 소령 나오시오 하고 방첩대에서 데려가. 그러고는 오지 않아. 나중에 알고 보니 학교 다닐 때 조금 좌경에 가담했던 인원들을 걸러냈어. 그래서 150명이 된 거지.[36]

> 특무부대에서 신상정보 조사한다고. 다 써내라고 한다고. 그래서 사상

34) 김영선, 『백마고지의 광영』, 팔복원, 1997, 114쪽; 정우봉(생도2기, 1953년 미 보병학교 초등군사반 수료) 구술.

35) 박경석(생도2기, 1953년 미 보병학교 초등군사반 수료) 구술.

36) 정우봉(생도2기, 1953년 미 보병학교 초등군사반 수료) 구술.

이니 집안에 뭐 반 한국인 사람들이 있는지 조사한다고.[37)]

신원조회를 통해 20여명을 불합격시켰다는 사실은 신원조회가 비교적 철저히 실시되었다는 점을 보여준다. 비록 군사유학 지원자들이 장교 신분으로 전쟁에 참전하고 있었음에도 불구하고 과거의 경력이나 반공의식 등에 대해서는 끊임없이 검증의 과정을 거쳐야 하였다.

신원조회까지 합격한 인원들은 육군본부 보충대대에서 소양교육을 받았다. 교육은 귀국한 유학생 및 통역관 등 도미 경험자들이 실시하였다.[38)] 교육 내용은 미국의 역사와 문화, 식사예절과 수세식 변소의 사용법 등 미국 사회와 미국인들의 생활양식이 중점이었고, 생활 및 군사 영어도 교육되었다.[39)] 이들은 소양교육 기간에 미 8군으로부터 합격 증명서와 같은 '초청여행명령(Invitational Travel Order)'을 발급 받았으며, 명령을 참고하여 유학 준비를 완료하였다.[40)]

이와 같이 한국군 육군본부에서 선발 시험을 주관하였지만 그것은 고문단의 업무를 일선에서 대신 수행하는 수준이었다. 고문단은 미 병과학교에 대한 한국군의 각종 요청 사항들을 검토하고 결심하여 미 육군부에 요청하였다. 그리고 군사유학과 관련된 모든 기록을 유지하고 진행 상황을 월간 보고서 형태로 육군부에 제출하였다.[41)]

---

37) 장정열(생도2기, 1954년 미 보병학교 초등군사반 수료) 구술.

38) 이치업, 스티븐 엠 · 딸프 공저, 『Call Me "Speedy Lee" 번개장군』, 원민, 2001, 168쪽.

39) 백행걸, 『미완성의 성취』, 팔복원, 1994, 87쪽.

40) 명령의 내용은 차량 소지와 가족동반, 급여지급 기준, 입 · 출국 시 주의사항 정도였다. (1st Lt. Harold L. Durrett, Asst. Adjutant General, KMAG, to Individuals indicated in this order, 'Individual Orders to the ZI', 26 Sep 1953, RG 319, Records of the office of the Assistant Chief of Staff, G~3, Operations, Academic Training Records of Individual Foreign Nationals, 1952~54, Box 11).

41) Headquarters, United States Military Advisory Group to the Republic of Korea, "Advisor's Procedure Guide", 21 June 1956, p.19, RG 334, Records of the U.S. Military Advisory Group to the Republic of Korea(KMAG), Entry 204, USMAG Korea.

특히 고문단은 유학생을 선발하는 과정에서 사전에 한국군 장교들의 보직과 인력 순환을 고려하여 인원을 할당하였다. 예를 들면 포병학교가 100명의 인원을 한국군에 할당하면 고문단은 할당된 100명을 한국군 포병학교 교관 14명, 야전부대 인원 63명, 포병학교 졸업예정자 23명으로 세분화하였다.[42] 그리고 한국군 인사 담당자와 협의하여 유학생들이 교육을 마치고 복귀한 직후 교육 효과를 최대한 발휘할 수 있는 직책에서 근무하도록 배치하였다. 1952년 미 포병학교 초등군사반 과정을 이수한 이연호의 증언은 고문단 차원에서 군사유학 이수자를 어떻게 활용할 것인지에 대한 구상이 있었다는 사실을 알게 해준다.

> 대위로 교육받았다고 작전주임을 하게 되었고 같이 교육 갔던 소위 중위들도 대대로 가서 작전관을 해서 부대마다 전화하면서 잘 통하게 되었다. (중략) 아마도 Mayor 대령이 지시한 것이 아닌가 생각된다. 우리 포병을 전방에 배치하면서 포병의 고문관으로 Mayor 대령이라고 인사권까지 갖고 있었다. 포병감은 행정처리만 하는 사람이고 이 사람이 교육과 기술을 지도하였다.[43]

이는 고문단이 한국군의 교육기관과 야전부대 사이의 장교인력 순환을 비롯하여 한국군 장교의 양성(養成) 및 보수교육(補修敎育)과 보직 등에 실질적으로 관여하였음을 의미한다. 따라서 비록 한국의 육군본부가 고문단으로부터 유학생 선발 업무를 위임받았지만, 그것은 고문단의 영향력이 관철되는 구조 속에서 시행된 것이었다. 그리고 고문단은 이를 통해 한국군 장교단의 인사·교육 업무 전반에 직

42) G3, Adv, to C/S, KMAG, 'Student Officers to US Schools', 22 Aug 1951, RG 338, KMAG, Adjutant General, Decimal File, 1948~53, Box 40.

43) 육군본부, 『포병과 6·25전쟁 증언록』, 2012, 298쪽.

접적으로 관여하는 구조를 만들 수 있었다.

(2) 미국식 군대개념과 문화의 수용

유학생 선발에 최종 합격한 인원들은 6개월 간의 초등군사반 교육을 이수할 수 있었다. 1950년대 군사유학의 실질적인 확대가 초등군사반 교육을 중심으로 이루어졌다는 점에서 이를 확인하는 것은 미국이 군사유학을 제공한 본질적인 의도와 더불어 미국이 군사유학을 통해 한국군 장교단에게 요구하였던 것은 무엇인지, 나아가 한국군 운영에 대해 어떤 구상을 하고 있었는지 등을 확인하는데 중요하다.

〈표 1〉 미 포병학교 유학단 인원 규모 및 계급 구성(단위: 명)

구분	제1차 (51.10~52.3)	제2차 (52.4~9)	제4차 (53.3~9)	제5차 (53.11~54.4)	제6차 (54.4~54.8)	제8차 (55.10~56.3)
위관	91	92	116	105	104	123
영관	7	17	7	8	7	5
계	98	109	123	113	111	128

출처: Final Processing Roster(Artillery Students, US Schools), 6 Sep 1951, RG 554, A.G Decimal Files 1948~53, Box 40; U.S. Artillery School, 1953a; 1953b; 1954a; 1954b; 1955, *US Artillery School Allied Officers Course(渡美留學記)* 참조.

주 1) ( )는 유학단별 교육기간이다.

주 2) 도미유학기는 미 포병학교 유학단 기수별로 제작한 앨범이며, 미 포병학교 전자 도서관(Morris Swett Library Digital Collections & Archives) 홈페이지에서 확인 가능하다. 현재 2, 4, 5, 6, 8차 유학단의 앨범이 탑재되어 있다.

먼저 한국군 장교들에게 제공되었던 교육의 정식 명칭이 '초등군사반'이 아닌 '동맹국 장교 특별반 과정(Special Allied Officers Course, 이하 '특별반')'이었다는 사실에 주목할 필요가 있다. 특별반 과정은 미군 장교들에게 제공되는 초등군사반 과정과 비교하였을 때 소대 지휘 능력을 배양하기 위한 교육이라는 점에서 그 교육 목적은 동일하였다. 그러나 미국은 군사유학의 의도를 보다 효과적으로 관철시키고자 초등군사반 과정을 일부 수정한 '특별반' 과정을 한국군 장교들에게 제공하였다.

구술을 토대로 특별반 과정을 유추해보면, 이는 화기학, 전술학, 학술 분야로 구분되었다는 사실을 알 수 있다. 먼저 화기학에서는 수류탄, M1 · 카빈 · 브라우닝 소총, 기관총, 박격포에 대한 이론교육과 기록 사격을 실시하였다. 다음으로 전술학은 분대~대대급 공격 · 방어전술과 공병, 기갑 등 보병 이외의 병과에 대하여 교육하였고, 소대 지휘능력 배양에 중점을 두었다. 마지막으로 학술은 군대예절, 통솔법, 응급처치, 차량학 등의 기초 과목과 대대급 인사 · 정보 · 작전 · 군수 업무를 가르치는 참모학이 포함되어 있었다.

이 내용은 1954년을 기준으로 작성한 것으로, 교육내용은 1951년 군사유학이 재개된 이래 점차 한국군의 실정에 맞게 조정되었다. 이때 교육 내용의 변화 양상은 그것이 미국의 군사유학 제공 의도를 반영하고 있다는 점에서 매우 중요하다. 1차로 특별반을 수료한 황규만과 5차로 특별반을 수료한 장정열의 구술 내용을 비교해보면 처음에는 미군 장교들의 초등군사반 과정이 한국군 장교들에게 그대로 제공되었다는 사실을 확인할 수 있다.

> 미군 교리는 순 제2차 대전 당시 유럽의 평지에서 쓰던 교리를 가지고 우리를 가르쳤으니까. (중략) 그냥 과거에 미군 장교들 초등군사반, 고등군사반 가르치던 스케쥴 가지고 그냥 가르친 거야.[44]

> 맨 처음에 1기서부터는 한국 실정을 다 모르니까 미국식으로 가르친 것 같더라고. 우리 때는 한국의 편제, 한국의 장비능력, 전투능력 같은 거

44) 황규만(육사10기, 1952년 미 보병학교 초등군사반 수료) 구술.

다 알고 거기에 맞춰서 교육시켰다고.[45)]

이후 몇 번의 유학을 거치면서 교육 내용은 조정되었다. 이는 2차로 특별반을 수료한 박보희와 4, 5차로 특별반을 수료한 박경석, 장정열의 증언을 검토하여 확인할 수 있다.

M1소총부터 시작해서 기관총, 기관포, 박격포, 105미리 야포까지. 사격은 직접 훈련하고. M1소총은 다 가지고 있었으니까. (중략) 기관총이나 박격포는 직접 사격하지 않고. 다 내어 놓고 현장에서 배웠습니다. 한국군이 가지고 있던 화기도 많이 있었고 무반동총처럼 미쳐 못 가지고 있었던 화기도 소개하고 그랬습니다. (중략) 군대예절은 한국에서의 초보 교육에 의해 맡겨졌기 때문에.[46)]

리더십은 굉장히 심층까지 가르치더라고. 범위가 굉장히 넓어요. 실습도 하고. 어느 지휘관이 어떤 경우에 어떻게 대처를 실습했는데, 우리는 그런 게 없어. 단순한 원칙론 정도. 응용 및 실습이 없었어. 우리는 이론, 미국은 실습이 많아. 다른 과목들도 실습위주로 되어 있어. 그게 특징이라고. 굉장히 실용적인 교육이구나. 당시에는 상상을 못했던. 그 넓은 지역에서 실질적으로 전부 다 해.[47)]

맨 처음 배운 것이 군대예절서부터 배운 것 같아. (중략) 경기관총은 직접 나와서 쏘는 거야. 우리나라에 편제되어 있는 거야. 로켓트도 직접 쏴본다고. (중략) 중대 전술훈련까지는 전부 직접 실습을 한다고.[48)]

구술을 통해 한국군의 실정에 맞게 정비되는 내용에서 두 가지 특

---

45) 장정열(생도2기, 1954년 미 보병학교 초등군사반 수료) 구술.
46) 박보희(생도2기, 1952년 미 보병학교 초등군사반 수료) 구술.
47) 박경석(생도2기, 1953년 미 보병학교 초등군사반 수료) 구술.
48) 장정열(생도2기, 1954년 미 보병학교 초등군사반 수료) 구술.

징을 확인할 수 있다. 첫째, 유학생들은 점차 한국군에 편제된 장비와 화기에 대해서만 교육을 받게 되었다. 그리고 둘째, 본격적인 군사학 교육에 앞서 군대예절, 리더십 등 장교로서 갖춰야 할 기본적인 소양과 관련된 과목이 추가되었다. 이는 특별반 과정이 초등군사반 과정에 장교후보생 과정(The Infantry Officer Candidate Course)을 접목한 것임을 짐작하게 해준다.

군대예절은 장교후보생 과정에서 훈육관(Tactical Officer)들이 후보생에게 가르치는 기초 과목으로 병영에서 질서를 유지하는데 필요한 예절을 의미하며 명령과 복종, 군인의 용모 및 언행, 상호인사 및 경례, 군 기강, 병영 내 공공시설 사용법 등을 포함한다. 따라서 미국이 한국군 장교들에게 요구하였던 것은 단순한 군사지식의 습득이 아닌 기본적인 행동과 마음가짐에서부터 미군 장교단의 관례와 규범을 체득하는 것이었음을 알 수 있다.[49)]

이러한 사실은 미국이 군사유학을 통해 한국군 장교들에게 군사지식뿐만 아니라 미국 문화를 체험할 수 있는 기회를 제공함으로써 한국의 군대가 '미국식 군대개념'을 수용할 수 있도록 의도 하였다는 사실을 알 수 있게 해준다.[50)] 이것은 한국군의 교리, 조직, 문화가 미군의 기준과 가치를 따르도록 유도하는 것이었다. 따라서 미국은 일본 군대를 경험하지 않고, 해방 이후 단기간이지만 미국식 교육을 받

---

49) 미 장교후보생 과정에서 훈육관은 교육 대상자들에게 미 육군의 본보기(example)를 제공하고, 그들이 동질적인 팀(homogeneous team)이라는 느낌을 갖도록 만드는 역할을 하였다(The Infantry School, Fort Bennin, Manual For Tactical Officers, 1953, pp.1~7). 이에 대해 구술자들은 공통적으로 미 교관과 고문관들을 보며 장교의 본보기를 느낄 수 있었다고 술회하였다.

50) 이에 대해 나종남은 군사유학이 한국군 장교단의 미국화를 위한 패키지 플랜(Package Plan)이었다고 평가하였으며, 한국군이 '미군에 의해 통제될 수 있는' 군대가 되는데 중요한 역할을 한 것으로 보았다(Jong-nam Na(2006), op. cit., pp.201~202). 그리고 허은은 미 본토에서 실시하는 한국군 교육 계획을 한국군 장교들에게 '미국의 이해가 관철되는 정치 전개를 거스르지 않는 군대상'을 주입하는 과정으로 평가하였다(허은, 앞의 책, 2008, 210쪽).

은 젊은 위관장교들을 군사유학의 주요 대상으로 선정하였으며, 교육 내용도 이를 고려하여 편성하였던 것이다.

군사유학은 한국군 장교에게 군사 교육뿐만 아니라 다양한 방식으로 미국 사회를 경험할 수 있는 기회를 제공하였다. 우선 유학 장교들은 공식 일정으로서 견학이나 초청 행사를 경험하였다. 제1차 유학단의 경우, 미 육군부가 워싱턴 D.C.의 알링턴 국립묘지, 백악관, 국방부를 방문하는 일정을 제공하였다.51) 미 병과학교에서는 지역주민의 자택을 방문하거나 교회 예배 참석을 공식화하기도 하였으며, 간혹 지방 방송국과 지역 신문사의 인터뷰를 주선하기도 하였다.52) 그리고 공식 일정 외에도 주말과 연휴 기간에는 개별 여행을 통하여 미국 사회와 접촉할 수 있었다.53)

그러나 이와 같은 군사유학을 통해 모든 장교들이 미국 사회와 미군에 대하여 동일한 인식을 가졌던 것은 아니다. 이들의 인식은 개인의 특정한 경험에 따라 매우 다양하게 형성되었다. 예를 들면 같은 사건에 대해 황규만, 박경석의 인터뷰 내용은 상반되었다.

> 그때 대구 육군 본부 강당에서 잘 때, 전부 작업복 밖에 없잖아. 그거다 벗어던지고 카키복으로 새 옷을 두벌씩 줬다고. 근데 왼쪽 가슴에 S자 도장이 찍혀있었어. 그리고 오른쪽 엉덩이 부분에도 S 라고 도장이 찍혀 있었어. 처음에 그게 무슨 뜻인지도 몰랐어. 새 것이니까 좋아서 입은 거야. 근데 샌프란시스코 도착해서 미국 기자들이 막 몰려오잖아. 그런데 걔네들이 봐도 이상하잖아. 군복에 S 자가 박혀 있으니까. 그러니까 우리도

---

51) Colonel Frank Dorm, Chief, PI Division, to Deputy Chief of Staff for Operations Administration, 'Itinerary for ROK Officers', 21 Sep 1951, RG 319, Chief of Staff, Decimal Files, 1951~52, Box 742.

52) 이계홍, 『장군이 된 이등병』, 화남, 2005, 221~223쪽.

53) 채명신, 『死線을 넘고 넘어』, 매일경제신문사, 1994, 291~293쪽; 이건영, 『敗者의 勝利』, 進明文化社, 1996, 54~56쪽.

응급적으로 대답한 것이 South Korea야. 근데 나중에 알고 보니까 Salvage 였던 거야. 구호품. 그러니까 미군 이놈들이 소 귀에 Earmark 찍는 것처럼 도장을 찍어 놓은 거야. 그러니까 자존심 상했지. 그냥 주지 말이야. 소도 아니도. 그래서 미 보병학교 피엑스에서 그 옷은 다 내버려버리고 새 군복으로 다 샀다고. 그 사건 이후로 전부 반미주의자가 되었어. 전부.[54]

미국 보병학교에서는 미국 장교들과 똑같이 대우했어. 똑같은 식당에서, 똑같이 150달러(유학 기간 중 미국이 한국군 장교에게 지급한 한 달 급여–인용자 주). 그러니 감동한 거지. 당시 한국군이 샌프란시스코 부두에 내렸을 때는 구경거리였지. 군화도 없어서 정복에 워커구두. 그런데 놀라울 정도로 차별을 안두더라고. 나도 S자 붙은 거야. 근데 그거야 할 수 없지 뭐. 난 뭐 그냥 받아들였다고. 고맙다고 생각했어.[55]

한국군 위관장교들이 군사유학을 통해 갖게 된 미국 사회와 미군에 대한 감정은 매우 다양하였으며, 모두 친미주의자가 되었던 것으로 평가할 수는 없다.[56] 그러나 이들은 공통적으로 군사유학이 한국군 초기 발전에 막대한 영향을 미쳤다는 사실에 공감하였다. 그리고 미국 사회과 미군에 대한 개인적인 인식과는 별개로 미국에서 배운 교육 내용을 상당히 신뢰하였으며, 미군의 방식이 '합리적'이라는 생각을 가졌다.[57] 유학 이수자들의 이러한 인식은 이들이 귀국한 뒤 미

54) 황규만(육사10기, 1952년 미 보병학교 초등군사반 수료) 구술.

55) 박경석(생도2기, 1953년 미 보병학교 초등군사반 수료) 구술.

56) 군사유학을 이수한 한국군 장교들의 다양한 대미 인식과 이와 관련된 각종 사례에 대해서는 그렉 브라진스키 지음 · 나종남 옮김, 『대한민국 만들기, 1945~1987: 경제 성장과 민주화, 그리고 미국』, 책과함께, 2011, 160~167쪽 참조.

57) 이와 관련해서 1954년 미 보병학교 고등군사반 과정을 이수한 정승화는 '그들의 합리적인 사고방식과 생활화된 민주주의적 태도는 우리에게 생소한 것이어서, 그런 점을 많이 배웠다. (중략) 이 차이를 우리는 피부로 느끼고 많이 배웠다'고 회고하였다(정승화 지음, 이경식 정리 · 대필, 『대한민국 군인 정승화』, Human & Books, 2002,

국의 군사교육 내용을 한국군에 적극적으로 적용해 나가는데 중요한 기반이 되었다.

4 한국군의 유학 이수자 활용과 그 영향

(1) 유학 이수자 배치와 군 조직개편

한국군은 유학 이수자들을 활용하여 미국식 군사교육을 빠르게 도입해 나갔다. 한국군은 한국 정부의 관심과 지원 아래 유학 이수자들을 중용(重用)하였다.[58] 유학 이수자들은 계급에 비해 상위 보직에 임명되는 경우가 많았는데, 1952년 미 포병학교 초등군사반을 이수한 김춘배는 '교육 후 나는 다시 제50포병대대로 복귀해서 중위인데도 미국 교육받았다 해서 대대 작전장교 임무수행을 하였다.'고 술회하였다.[59] 대대 작전장교는 대위 보직으로서, 김춘배는 자신의 계급보다 한 단계 높은 계급이 수행하는 보직을 맡았던 것이다. 박경석의 경우 1953년 미 보병학교 초등군사반을 수료하고 소령으로 진급하였으며, 이때 보직은 중령이 담당하도록 되어 있는 제2훈련소 작전과장과 감사과장 자리였다.[60]

235쪽).

58) 당시 한국 정부는 군사유학의 성과를 매우 긍정적으로 평가하였다. 1955년 6월 한국 정부는 유학을 마친 젊은 장교들을 '한국군 증강의 핵심체'로 보면서, 미 지휘참모대학, 보병학교, 포병학교 교장에게 무공훈장을 수여할 계획을 추진하였다. ("미포병학교 '윌리암' 소장 외 二명에 대한 무성태극훈장수여의 건 품의"(국무원 사무국장, 1955. 6. 8)", AA0001549, 국가기록원 대통령기록관 사료); 이는 한국 정부가 미 군사교육기관들의 역할을 6·25전쟁에 참전한 야전부대들의 전과와 동등한 의미로서 평가하였다는 것을 보여 준다.

59) 육군본부, 앞의 책, 2012, 123쪽.

60) 박경석(생도2기, 1953년 미 보병학교 초등군사반 수료) 구술.

이와 같은 한국 정부의 관심과 한국군의 지원이 있었지만, 보다 중요한 것은 유학 이수자들 스스로 미국의 군사교육을 매우 합리적이라고 생각하였다는 사실이다. 이러한 측면에서 초등군사반 교육의 가장 큰 소득이 '교수법(教授法)'이었다는 황규만, 신위영, 김운용의 증언은 중요한 의미를 내포한다.

미국에서의 가장 큰 소득은 교수법이야. 이게 가장 큰 재산이야. 그 전에는 교수법이라는 것이 없었거든. 그러니까 어떻게 가르치는가 그게 없었거든. (중략) 교안이든 교재든 다 가져왔지. 교재 거기서 쓰던 거 몽땅 다 가져왔지. 그래서 그때 처음 강의록도 작성하는지 알았어. (중략) 예를 들면 화기학에서 그 전에는 기관총, 소총 있으면 다 진열해 놓고 기관총이면 기관총 설명하고 소총이면 소총 설명하고 이런 식이었단 말이야. 근데 미국 가서 보니까 지금 딱 설명하는 것 외에는 보자기로 다 가려놓고 내가 지금 설명하는 것이 소총이면 소총만 딱 벗겨놓고 설명하였다고. 왜냐면 학생들이 소총에만 집중하겠지. 다 그런 것들까지 배웠다고. 그러니까 학생들이 궁금하지.[61)]

교육 방법이 아주 좋아. 통역관을 대동했잖아. 예습교재를 한글로 통역관들이 2~3일전에 내줘. 교관이 지껄이면 통역관이 통역을 하니까. 바로 통역관이 있으니까 불편한 점이 없지. 교육 방법이 좋아. 그렇지 교수법이지. 예습교재를 주고 꼭 시범을 먼저 시키고. 마지막에는 토론을 하고. 그런 것이 당연한 거지만 그 방법이 좋구나 하는 것. 그런 것 느꼈지.[62)]

교수법도 조금 하고. (중략) 아까 얘기한 강의 · 시범 · 실습 · 시험. 시험도 멀티플 초이스라고 다수 선택형하고, OX 두 가지. 한국에서는 내 초등군사반 다닐 때는 그렇게는 안했었어.[63)]

---

61) 황규만(육사10기, 1952년 미 보병학교 초등군사반 수료) 구술.
62) 신위영(육사10기, 1952년 미 보병학교 초등군사반 수료) 구술.

이처럼 군사유학 이수자들은 강의·시범·실습·시험으로 이어지는 미 병과학교의 교수법이 매우 합리적인 방식이라고 생각하였기 때문에 교육 내용을 보다 적극적으로 수용할 수 있었다. 한국의 젊은 장교들은 대부분이 별도의 군사교육을 받은 경험이 없었고, 일부 인원들이 한국에서 군사교육을 받았다 해도 그것은 김운용의 회고에서처럼 획기적으로 인식될 정도는 아니었다. 그들은 미국식 교수법을 대단히 효과적이라고 보았으며 군사교육에 있어서의 표준으로 받아들였다. 따라서 귀국 후 군사교육기관에 배치된 인원들의 경우, 가장 먼저 교수법과 강의록부터 미국식으로 수정하기 시작하였다.

이때, 앞서 김춘배의 증언에서 알 수 있듯이 군사유학 이수자들은 주로 야전부대 작전 업무를 담당하는 보직에 임명되었다. 유학 이수자들의 보직 현황을 좀 더 구체적으로 검토해 보면, 1952년부터 1954년까지 한국군은 유학 이수자들을 주로 야전부대와 군사교육기관에서의 교육 업무에 배치하였다는 사실을 알 수 있다. 〈표 2〉는 1952년부터 1954년까지 미 보병학교 및 포병학교 초등군사반 이수자들의 귀국 후 최초 보직을 정리한 것이다.

〈표 2〉를 참조하면 한국군은 군사유학 이수자들을 대략 세 가지 분야에서 활용하였다는 사실을 알 수 있다. 먼저, 한국군은 이들을 야전부대의 작전 참모로 임명하였다. 작전 참모는 군사작전 수행과 교육훈련 업무를 총괄하는 장교로서, 유학 이수자들은 한국군의 작전 수행능력을 향상시키고 새로 창설되는 부대의 교육훈련을 전담하기 위해 야전부대 작전 참모로 보직되었을 것이다.

다음으로 한국군은 유학 이수자들을 군사교육기관의 정비와 확충을 위하여 각종 군사교육기관의 교관으로 편성하였다. 이들은 신병 양성을 위한 제1·2훈련소 및 사단 신병교육대 교관부터 장교 양성

63) 김운용(연락장교, 1953년 미 보병학교 초등군사반 수료) 구술.

〈표 2〉 1952~1954년 미 보병·포병학교 초등군사반 이수자 귀국 후 보직

계급/성명	미 보병학교 이수 후 보직	계급/성명	미 포병학교 이수 후 보직
중령 이○영	사단 작전참모	중령 정○완	포병학교 전술학 과장
소령 박○식	5군단 작전과장	대위 이○호	1포병단 작전주임
소령 박○인	제1훈련소 교관	대위 최○원	5사단 26포병대대 작전·정보주임
소령 양○식	제2훈련소 화기학과 부과장	대위 동○균	5사단 26포병대대 작전주임
소령 최○택	보병학교 정보 교관	대위 한○진	7사단 93포병대대 작전주임
대위 정○봉	5군단 교육과장	대위 최○석	12사단 66포병대대장
대위 신○영	수도사단 1연대 1대대 작전교육관	대위 문○구	포병학교 전술학과 교관
대위 김○동	5사단 35연대 작전과장	대위 김○돈	육군사관학교 전술학과 교관
대위 김○배	27사단 작전처 교육과장	소위 고○환	1포병단 51포병대대 작전주임
대위 김○용	27사단 79연대 정보과장 *주 1)	중위 신○균	1포병단 작전보좌관
대위 이○환	28사단 연대 작전과장	중위 김○영	20포병단 작전보좌관
대위 김○현	제1훈련소 전술학과 공격 교관	중위 강○영	6사단 27포병대대 작전장교
대위 탁○길	제1훈련소 화기학과 M1소총 교관	중위 한○진	7사단 93포병대대 작전주임
대위 박○석	제2훈련소 정보교관	중위 김○배	8사단 50포병대대 작전장교
대위 김○영	제2훈련소 교관	중위 박○억	11사단 20포병대대 작전주임
대위 장○열	보병학교 전술학과 방어 교관	중위 오○창	포병학교 통신교관
대위 함○영	보병학교 전술학과 교관	중위 이○구	포병학교 교도대대 작전보좌관
대위 황○만	보병학교 화기학과 기관총 교관	소위 전○식	9사단 30포병대대 작전주임
대위 이○우	보병학교 화기학과 자동소총 교관		
대위 김○진	하사관학교 교관		
중위 백○걸	7사단 작전처 작전교육 과장		
중위 안○준	28사단장 전속부관		
중위 임○재	제1훈련소 전술학과 분대방어 교관		
중위 김○오	제2훈련소 화기학과 사격술 교관		
중위 유○호	제2훈련소 정보 교관		
중위 박○희	보병학교 화기학과 M1소총 교관		

출처: 미 보병학교 이수자들의 보직은 인터뷰 결과와 박정인, 『풍운의 별』, 홍익출판사, 1994, 215~217쪽; 백행걸, 앞의 책, 1994, 89쪽; 이건영, 앞의 책, 1996, 59쪽을 참조하였으며, 본 연구자가 김운용과의 인터뷰 간 확인한 1953년 4차 미국 유학 이수자들의 모임인 '4미회(四美會)' 회원 16명과의 통화 내용을 반영하였음. 미 포병학교 이수자들의 보직은 문홍구, 『나의 軍 나의 삶』, 서문당, 1993, 318쪽; 육군본부, 앞의 책, 2012를 참조.

주 1) 김운용은 실제 사단 작전처에 파견되어 작전 및 통역 업무를 담당하였다.

및 보수교육을 위한 육군사관학교, 보병학교 및 육군대학의 교관까지 육군의 전 교육기관으로 배치되었다.[64)]

마지막으로 한국군은 이들은 부관 혹은 연락장교로 배치하였다. 유학 이수자들 중 영어 능력이 뛰어난 인원들은 사단장급 이상 지휘관의 부관으로 선발되어 통역업무를 전담하였으며, 연락장교로 파견되어 한국군과 미군 사이의 업무를 조율하였다.[65)]

그러나 1953년 7월 휴전협정이 체결되고 1954년 12월 한국군의 증강 및 재편성이 완료되면서 유학 이수자들은 대부분이 군사교육기관의 교관으로 임명되었다. 그리고 이를 육군규정에 반영하여 보다 제도적인 차원에서 뒷받침하였다. 유학 이수자들이 습득한 지식과 기술을 최대한으로 발휘할 수 있는 보직이 바로 군사교육기관의 교관이었기 때문이다. 미 참모대학과 병과학교 교육 이수자는 각각 육군대학과 해당 병과학교 교관으로 최소 2년 이상 근무해야 하였다.[66)] 그리고 교관 임무를 수행하지 않는 인원들도 교육기관의 주요 행정실무자로 보직된 것으로 보아,[67)] 1950년대 중반부터는 군사교육기관의 확충에 주안을 두고 유학 이수자들을 활용하였다고 생각된다.

이처럼 1950년대 중반부터 한국군이 군사유학 이수자들을 병과학교에 중점적으로 배치하기 시작한 것은 이 시기 한국군이 직면한 상황과 그에 따른 군 조직의 변화와도 매우 밀접한 관련이 있다. 전후 한국군은 대규모로 확장된 군대를 안정적으로 관리해야하는 필요성

---

64) 張昌國, 『陸士卒業生』, 中央日報社, 1984, 363쪽.

65) 김운용(연락장교, 1953년 미 보병학교 초등군사반 수료) 구술.

66) 「장병유학규정」 제40조 (육규 600-22, 1964. 6. 15). 이 규정은 1950년대 「육군 유학장병규정」과 「외국 군사학교 이수자 인사관리 규정」을 통합한 것이다. 현재 「외국 군사학교 이수자 인사관리 규정」의 내용을 확인할 수는 없다. 다만, 구술을 통해서 「장병유학규정」에 반영되어 있는 유학 이수자 보직관리에 대한 내용들이 1950년대 그것과 동일하다는 사실을 확인할 수 있었기 때문에 이를 참조하였다.

67) KMAG, ‘Country Statement of Korea’, June 1951, p.5(Section C), RG 319, “KMAG in Peace and War”, Box 8.

에 직면하면서 점차 지원임무(supporting mission)에 중점을 두기 시작하였다.[68] 따라서 한국군의 조직 역시 건설, 의료, 통신, 행정 분야 등 지원임무를 수행할 수 있는 전문 인력을 양성하고 이를 뒷받침할 수 있는 방향으로 재편되기 시작하였다.

한국군은 1954년 9월 기존 교육총감부를 교육총본부로 개편하면서 전투병과학교뿐만 아니라 기술 및 행정병과학교를 교육총본부 예하로 조정하여 군의 기술, 자재 활용 및 교육발전 업무를 통합하였다.[69] 그리고 후방지원을 원활히 하기 위해 1954년 10월 대구에서 2군사령부를 창설하고 그간 미 후방기지사령부를 통해서 지원받아오던 후방지원 일체를 독자적으로 수행하기 위한 기반을 마련하였다.[70] 이에 따라 한국군은 기술 및 행정병과의 군사유학을 확대하여, 유학 이수자들을 기술 및 행정병과 확충에 따른 교관과 주요 행정 실무자로 활용하면서 조직 재편에 필요한 전문 인력을 확보해 나갔다.

실제 기술 및 행정병과가 확충되면서 장병들이 전문적인 기술력을 습득할 수 있는 다양한 군사교육 과정들이 개설되었다. 예를 들면, 부관학교는 1954년에 인사행정반 및 필생 기술반, 1955년에 영어반, 1956년에는 한글 타자반을 개설하여 문서행정, 인쇄학 및 제본학, 영어 등을 교육하기 시작하였다. 병기학교에서는 1953년 차량수리반, 1954년에는 용접 및 다이야반, 1957년에는 샤시제생반, 기계공작반, 엔진재생반을, 병참학교에서는 1955년 피복수리반과 군화수리반을 개설하였다.[71]

---

68) Headquarters, Republic of Korea Army, 'Recommendations', Undated, '2. Enhancement of Military Training', RG 330, Records of Other Special Assistants, Entry 185, Van Fleet Files, Box 12, Recommendations.

69) 陸軍本部, 『육군발전사 제2권: 1953. 7. 27~1962. 12. 31』, 1970, 139~144쪽.

70) 김증기 편저, 『한국 군사사』, 경남대학교 출판부, 2011, 304쪽.

71) 1950년대 기술 및 행정병과학교에 개설된 교과 과정에 대해서는 교육총본부, 『교총사』

〈표 3〉 1952~1954회계연도 미국 군사유학 이수 및 1955~1956회계연도 요청 인원

(단위: 명)

회계 연도 / 과정	1952 회계연도 참석인원	1953 회계연도 참석인원	1954 회계연도 참석인원	1955 회계연도 요청인원	1956 회계연도 요청인원
지휘참모대학	2	6	15	15	20
시 찰	-	9	6	14	18
보병학교	300	336	360	368	320
포병학교	201	248	289	274	164
기갑학교	14	14	17	24	62
공병학교	6	93	98	145	131
통신학교	12	15	20	50	95
항공학교	-	-	10	15	-
군의학교	4	64	28	48	48
부관학교	6	4	6	6	6
경리학교	·	2	4	5	5
병참학교	4	12	12	17	29
헌병학교	2	8	8	12	10
병기학교	5	8	12	54	95
정보학교	-	1	-	5	10
심리전학교	58	-	-	-	-
수송학교	2	2	4	3	18
화학학교	5	5	7	10	10
계	621	827	886	1,050	1,041

출처: The Adjutant General's Office, Department of the Army(1954. 5. 17), op. cit의 Tab M 'Summary of MDAP Training' 재정리.

이러한 교육 과정들이 개설되면서 한국군이 미군으로부터 도입한

제1집, 1958의 제5편 제8장~제12장을 참조; 당시 군대의 교육이 한국사회 전반에 미친 영향에 대해서는 백종천 · 온만금 · 김영호 공저, 『한국의 군대와 사회』, 나남출판, 1994, 7장; 권자경, 「한국전쟁 · 전후복구와 자원동원: 국방 분야 인적자원추출제도의 형성과 제도화」, 『한국거버넌스학회보』 제18권 제2호, 2011을 참조.

각종 기술 및 행정은 한국 사회 전반으로 전파될 수 있었다. 이처럼 1950년대 한국군 장교들의 미국 군사유학은 한국군이 군 조직을 개편하고, 재건 사업을 지원하는 등 국가시책에 앞장설 수 있는 기반을 조성하는 데에 중요한 역할을 하였다.

(2) 장교 교육의 표준화와 주체의식 제고

1950년대 중반 한국군은 한국군의 질적인 향상을 위해서는 군사유학을 확대하는 것이 가장 효과적인 방안이라고 평가하고 있었다.[72] 그러나 한국군이 유학 이수자들의 역할을 강조하고 이들을 주요 보직에 임명하면서 한국군 내 미국의 영향력은 점차 높아졌다. 본 절에서는 이와 같은 관점에서 미국의 동맹국 군대 표준화 구상이 한국군에 적용되는 과정을 살펴보고 그 영향을 평가할 것이다.

대규모 군사유학의 결과 한국군의 장교 보수교육 체계는 미군을 기준으로 표준화되었다. 1950년대 미군 장교의 교육제도는 사관학교 교육에서부터 국방대학까지 5단계로 분류할 수 있다.[73]

〈표 4〉를 보면 군사유학을 통해 2, 3단계에 해당하는 한국군 병과학교 교과 과정이 미국의 병과학교를 기준으로 정비되고 있음을 알 수 있다. 1953년 한·미 포병학교의 교육과정을 비교하면 다음과 같다.

---

72) Headquarters, Republic of Korea Army(Undated), op. cit., '7. Increase of Service Units'.

73) 1단계는 사관학교 교육으로 장교로서의 기본적인 지식과 교양을 배운다. 2단계는 초등군사반으로 중대급 이하 부대의 지휘와 전술을 배운다. 3단계는 사단급 이하 지휘관과 참모가 구비해야할 군사지식 습득을 위한 고등군사반이며, 4단계는 지휘참모대학과 연합참모대학으로 사단급 이상 부대의 이해와 합동작전에 필요한 타군의 성격과 기술을 제공한다. 5단계는 군사전략을 국방에 통합시키는 원리를 연구하는 국방대학과 각 군 대학원이다. 한국군은 4단계 연합참모대학과 5단계 각 군 대학원이 없다. 이를 제외하고는 미군과 동일하였다. (대위 박원구, 「통합 교육훈련에 대한 소고」, 육군본부, 『교육월보』 제60호, 1961, 161~162쪽).

〈표 4〉 1953년 한국과 미국 포병학교 교과 과정

구 분	교 과 과 정
한국 포병학교	**고등군사반**, **초등군사반**, **자동차장교반**, **차량정비반**, **간부후보생반**, **측지장교반**, **화포정비**, **통신장교반**, 통신반장반, **무선통화반**, **항공기조정반**, **항공기정비반**, **항공전술반**, 탄도기상반
미국 포병학교	고등군사반, 초등군사반, 자동차장교반, 차량정비반, 간부후보생반, 측지장교반, 화포정비, 통신장교반, 통신반장반, 무선통화반, 항공기조정반, 항공기정비반, 항공전술반, 탄도기상반, 자동차 정비 감독반, 측지고급과정, 관측장교반, 기상장비 정비, 대 박격포 / 포대 레이더, 섬광 측정

출처: 육군포병학교, 『육군포병학교사』, 2013, 3~30쪽; Fort Sill, *Guide for Student Officers*, 1952, p.23에서 재정리.

주 1) 강조는 1952년부터 편성되었던 과정이다.

또한 정우봉, 박경석의 술회는 한국과 미국의 초등군사반 교육의 유사성을 말해 준다.

> 유학 전 보병학교 교관을 했기 때문에 보병학교 커리큘럼을 잘 아는데, 미국 가서 보니 똑같아. 미국 포트베닝(미 육군 보병학교를 의미-인용자 주)의 것을 똑같이 가져왔어. (중략) 일반 참모학, 화기학, 전술학, 통신, 화학. 미 육군 보병학교와 똑같아. 내용도 별 차이가 없어.[74]

> 우리 초등군사반 교육하고 미국 초등군사반 교육이 똑같아. 내가 27기를 나오고 미국을 갔다 왔거든. 그런데 과목은 똑같아. 그간 우리나라 교재를 미국 교재로 다 바꿨기 때문에.[75]

이와 같은 유사성으로 인하여 군사유학은 해외 위탁교육을 통한 '보충'의 의미를 넘어서 동급의 한국군 군사교육을 '대체'할 수 있는

74) 정우봉(생도2기, 1953년 미 보병학교 초등군사반 수료) 구술.

75) 박경석(생도2기, 1953년 미 보병학교 초등군사반 수료) 구술.

것으로 여겨졌다. 한국군 장교들은 규정 상 국내 초등군사반만 수료하면 유학생 선발 시험에 응시가 가능하였고, 미 병과학교의 군사교육을 이수한 장교는 동급의 국내 병과학교를 수료한 것으로 인정받았다.[76] 이는 1950년대 한국군이 미 병과학교의 교과 과정을 그대로 도입하면서 동아사아에서 미군을 중심으로 하는 군사력 운영의 부분으로서 위치하게 되는 구조를 단적으로 보여주는 사례이다.

4단계 교육인 육군 대학은 개교 시 교관이 모두 미군 장교였다.[77] 이후 고문단은 미 지휘참모대학 과정을 이수한 한국군 장교들로써 육군 대학의 교과 과정을 정비하고자 하였다. 1956년 고문단은 미 지휘참모대학을 이수한 한국군 장교들이 육군대학 교관으로 근무해야한다고 주장하였다.[78] 그리고 이러한 의견은 육군 규정에 그대로 반영되어 지휘참모대학 이수자들은 귀국 후 육군대학 교관으로 최소 2년을 근무하게 되었다.[79]

5단계 교육 기관인 국방대학원의 경우 교과 과정을 준비하는 과정에서 교수진과 참모들이 '파일럿 코스(Pilot Course)'를 진행하였다. 이들은 4개월 동안 미군 장교들의 강의를 통해 19개 과목을 이수하였다.[80] 국방대학원의 창설과정을 통해서도 한국군 군사교육기관의 교과 과정은 동급의 미국 군사교육기관을 참고하여 편성하였으며, 미

---

76) 「육군장교 군사교육 관리규정」 제4장 (육규 350-2, 1955. 6. 1).

77) 국사편찬위원회, 『한국군 초기 역사를 듣다: 군사영어학교 출신 예비역 장성의 구술』, 2012, 334쪽.

78) Colonel, James G. Holland, JR., Senior Advisor, ROKA CGSC, to the Chief, KMAG, 'Final Report to the Chief', 12 July 1956, pp.5~6, RG 319, KMAG in Peace and War, Box 9.

79) 「육군대학 학생선발 규정」 제4조 (육규 600-23, 1959. 12. 1).

80) Headquarters, United Nations Command, Far East Command, 'Command Report (RCS CSGPO-28(R1)) 1st Quater FY 57, July−September 1956', Undated, pp.33~34, RG 550, Records of HQ, US Army Pacific Military History Office Classified, Organizational History Files. Box 84.

군 장교들에 의한 사전 시험 과정을 거쳤다는 사실을 알 수 있다. 1955년 국방대학원이 설치되면서 한국군 장교단의 교육 체계는 최상위 단계까지 미군을 기준으로 표준화되었다.

이러한 장교 교육 체계뿐만 아니라 군사교리에 있어서도 표준화를 확인할 수 있다. 미국으로부터 원자전 교리를 도입하는 과정은 이를 단적으로 보여주는 사례이다. 한국군은 고문단의 요청으로 1955년 원자무기 연구위원회를 설치하였다. 위원회는 군사유학을 통해 사전에 원자전 과목을 교육 받은 8명의 교관들로 구성되어 교범을 번역하고 강의를 실시하였다. 이후 고문단은 충분한 교관요원이 확보되었을 때 한국군의 각 교육기관에 원자전 과목을 편성할 것을 요청하였다.[81] 이에 따라 한국군 포병학교는 1958년부터 초등군사반의 전술학 분야에서 원자전 과목을 편성하였고,[82] 1959년부터는 과목 시간을 12시간에서 48시간으로 확대하면서 교리 수용을 제도적으로 정착시켰다.[83]

고문단은 원자전 교리를 한국군으로 도입하는 과정에서 한국군은 미군이 제공하는 내용 이외에 원자학에 대한 추가적인 자료를 요청할 수 없다고 제한하였다.[84] 즉 새로운 교리는 미국이 판단하는 한국의 전략적 가치에 따라 제한적으로 제공되는 것이었다. 무엇보다 교리의 표준화가 지니는 가장 중요한 의미는 이것이 무기 체계의 혼용을 위하여 반드시 필요한 단계라는 점이다.

결국 미국의 군사유학 제공의 핵심적인 의도는 한국군의 군사제도를 미군을 기준으로 표준화하기 위한 첫 단계로서 장교 교육 체계를 표준화하는 것이었다. 표준화를 통해 미국은 한국군 장교들에게 미국

81) Major General, Carl F. Fritzsche, KMAG, ‘KMAG Position Relative the Continuation of ROKA Atomic Warfare Training’, 23 August 1956, RG 319, KMAG in Peace and War, Box 9.

82) 교육총본부, 앞의 책, 1958, 209쪽.

83) 육군본부, 『교총사』 제2집, 1960, 149쪽.

84) Major General, Carl F. Fritzsche, KMAG(1956. 8. 23), op. cit.

군사제도의 합리성을 각인시켜, 한국군을 미국의 이해관계가 관철될 수 있는 군대로 만들고자 하였다. 다시 말해, 군사 관계에 있어서 종주국으로서의 지위를 강화하고자 하였던 것이다.[85)]

이와 같은 미국의 의도는 초기 한국군의 형성과정과 성격 형성에 있어서 매우 중요한 영향을 미쳤다. 그러나 한국군 장교들의 전문성이 향상되면서 이들은 미국의 군사제도를 보다 비판적으로 수용하기 시작하였다.[86)] 이러한 한국군 장교들의 인식은 미국이 제공하는 군사교육과 한국군에 적합한 군사교육 사이에 차이가 존재하였다는 사실을 보여준다. 그리고 미국의 군사유학 제공 의도와 한국군의 수용 사이에 지속적인 균열을 야기하였다. 결국, 1950년대에 제도상에서는 미국의 동맹국 군대 표준화 구상이 한국군에 전적으로 관철되는 듯 보였으나, 군사적 종주국으로서의 위상은 확고한 지위를 확보할 수 없었다.

5 맺음말

본 논문은 1950년대 한국군의 형성과정을 한국 정부의 국방 정책 측면에서 이해하고 이 시기 한국군의 능동적인 역할을 드러내기 위

85) 고문단은 육군본부 군수참모부 군사 원호처를 통해 군사유학 이수자들이 유학 기간 중 지원받았던 세부적인 내용들을 확인하도록 하였다. 미국의 군사원조로 어떤 혜택을 받았는지 개개인들이 직접 재확인하도록 조치한 것이다(정우봉(생도2기, 1953년 미 보병학교 초등군사반 수료) 구술). 미국의 방식이 '합리적'이라는 인식의 이면에는 이와 같은 지원자와 수혜자의 관계를 명확히 구분하고자 하였던 미국의 의도도 상당히 영향을 미쳤던 것으로 보인다.

86) 송택구 중령(육군본부 작전참모부 교육계장), 「육군교육의 전망」, 육군본부, 『교육월보』 제54호, 1959; 대령 김종구 외(육군대학 학술연구단), 「육군대학 교육과 관련성 있는 육군의 당면문제」, 陸軍大學, 『軍事評論』 第24號, 1963.

한 소재로서 한국군의 미국 군사유학 시행에 대해 살펴보았다. 연구를 통하여 규명하고자 하였던 내용들을 정리하면 다음과 같다.

첫째, 군사유학은 미국의 '합리성'을 보다 쉽게 수용할 수 있는 한국의 '젊은 장교'들을 주요 대상으로 삼았다. 교육 내용 역시 이러한 의도를 반영하여 장교 양성 및 보수교육을 접목한 '특별반' 과정을 제공하였다. 미국은 이 계획을 통해 한국군을 미국의 지적·도덕적 지배가 관철되는 '미국식 군대'로 만들고자 하였다.

둘째, 군사유학을 통하여 한국군에 지적·도덕적 헤게모니를 구축하고자 한 미국의 의도는 궁극적으로 성취할 수 없었다. 대규모 군사유학 시행으로 한국군 장교 교육체계는 미군을 기준으로 표준화되었다. 그러나 1950년대 후반, 군사유학을 제공한 미국의 의도와 이를 수용하는 한국군 장교들의 인식 사이에는 차이가 존재하였고, 이는 미국이 군사적 종주국으로서 그 위상을 확고히 하지 못하였다는 점을 의미한다.

셋째, 한국 정부는 한국군의 증강과 전후 사회 재건을 고려하여 군사유학을 시행하였고, 이를 각종 선진제도와 행정 및 기술력을 획득하는 기회로 활용하였다. 즉, 1950년대 한국 정부는 한국군의 역할과 위상을 북한에 대한 군사적 우위 달성이라는 군사안보적인 측면뿐만 아니라 경제 성장과 사회 부흥이라는 국가운영 차원에서 포괄적으로 고려하였다.

한국군의 형성과정에서 1950년대는 매우 중요한 시기였다. 이 시기 한국군은 독립국가의 군대로서 조직과 제도를 이제 막 만들어가기 시작하면서, 동시에 전쟁으로 인하여 매우 급격한 확대·재편의 과정을 겪었다. 이때 미국은 군사유학을 매개로 한국군 운영 전반에 개입할 수 있고, 한국군의 탈식민화는 미국이 주도하는 질서로 편입되는 결과를 가져왔다.

그러나 이러한 상황 속에서도 한국 정부와 한국군은 주도적으로 국방정책을 이끌어가고자 노력하였고, 인적·물적 자원의 제한을 극복할 수 있는 하나의 방편으로서 군사유학을 적극적으로 시행하였다. 한국군이 군사교육 체계를 정비하고 장교단의 전문성을 향상시켜 나갈수록, 유학을 제공하는 미국의 의도와 그것을 수용하는 한국군 장교들의 인식에는 점차 균열이 나타나기 시작하였다. 이는 1950년대 한국군의 형성과정을 미국의 국가만들기(nation-building) 측면이 아닌 한국 정부와 한국군의 능동적인 대응이라는 관점으로 분석해야 한다는 사실을 시사한다. 비록 이 시기 미국의 영향력은 압도적이었으나, 한국 정부와 한국군은 미국의 헤게모니에 순응과 갈등을 반복하며 주체로서 이를 수용해 나갔다.

트럼프 행정부의 제3차 상쇄전략 조정분석

-4차 산업혁명과 전략 환경 변화에 대한 대응을 중심으로-

| 정경두 |

1 머리말

미국이 냉전 시기를 거쳐 탈냉전 이후 오늘날에 이르기까지 우월적 지위를 유지할 수 있었던 것은 군사혁신(RMA: Revolution in Military Affairs)을 핵심으로 하는 제2차 상쇄전략의 성공적인 결과에서 기인한다. 미국은 1970년대부터 첨단과학기술을 바탕으로, 정보 · 감시 · 정찰(ISR: Intelligence, Surveillance, Reconnaissance)과 정밀타격무기(PGM: Precision Guided Munitions)를 첨단 지휘통제통신체계(Advanced C4I)로 연결함으로써 하나의 복합시스템을 구성하였다.

미국은 첨단기술을 군사적으로 응용하였을 뿐만 아니라 새로운 군사 조직과 작전교리를 모색하였고, 육 · 해 · 공군과 미사일 전력, 정보자산이 네트워크를 형성하여 최대의 효과를 창출하는 전쟁수행방식인 '네트워크 중심전(NCW: Network Centric Warfare)'으로 압도적인 군사적 효과성을 발휘해 왔다. 이처럼 미국이 수행하는 네트워크화된 전쟁수행방식과 기술·조직·작전적 측면의 군사적 우월성은 오늘날까지 미국 중심의 국제질서 유지에 중요한 기반이 되어 왔다.

오늘날 국제 안보상황은 과거와 현저하게 달라지고 있다. 미국은 극도로 우세한 기술력을 바탕으로 세계 최강의 군사강국의 지위를 유지해 왔으나, 중국 및 러시아의 반접근 지역거부(Anti Access Area Denial, 이하 A2AD) 능력과 하이브리드 위협이 노골화됨에 따라 강대국 경쟁의 양상이 드러나고 있다. 2014년 11월, 전 미 국방장관 척 헤이글(Chuck Hagel)은 국가안보포럼 연설 도중 '제3차 상쇄전략(3rd offset strategy)'을 천명하였다. 그는 "첨단기술의 확산에 따라 미국의 군사적 우위가 쇠퇴하고 있으며, 미국의 첨단기술을 도용한 적대 세력은 대량 양산을 통한 수적 우위 향유하고 있음"을 강조하였다. 그는 "미국의 군사적 우위와 글로벌 리더십을 유지"하기 위한 국방전략으로서 제3차 상쇄전략을 제시하였다(Chuck Hagel 2014.).[1] 최근의 과학기술 발전의 양상은 4차 산업혁명 시대를 맞이하여 새로운 기술과 경쟁영역이 등장하였을 뿐만 아니라 기술의 수직·수평적 확산이 매우 빠르게 이루어지고 있다. 그 파급효과의 범위와 깊이는 기하급수적으로 증가하면서 예측할 수 없는 안보환경을 조성하고 있다.

제3차 상쇄전략에 대한 기존의 연구는 대부분 제3차 상쇄전략을 추진하기 위한 첨단과학기술에 초점을 맞추어 기술결정론적 관점에서 이를 고찰하고 있다(Sadler 2016; Dombrowski 2015; Robert 2014; 김종열, 2016). 그리고 크로닌(Patrick M. Cronin), 설인효, 박준혁, 박휘락은 미국의 제3차 상쇄전략 추진배경과 이에 따른 국방분

---

1) 헤이글은 미국이 처한 안보환경을 "예산의 불확실성, 지속적인 자원의 감소를 비롯한 국제질서의 재편"으로 평가하면서, 미국이 중동의 불안정성을 비롯한 러시아, 중국 등 강대국의 위협과 아프리카의 에볼라 바이러스에 의한 보건안보 창발 등의 다양한 안보 도전에 적극적으로 대응해야 함을 천명하였다.

야의 함의 및 동맹국의 대응방안을 중점으로 고찰하고 있다(Patrick M. Cronin ed. 2016; 설인효, 박원곤 2017; 박준혁 2017; 박휘락 2015). 그 외에 이와 유사한 맥락의 미중 군사전략과 경쟁에 대한 연구는 중국의 A2AD전략과 공해전(ASB: Air-Sea Battel) 및 국제공역에 대한 접근 및 기동을 위한 합동개념(JAM-GC: Joint Concept of Access and Maneuver in Global Commons)의 수행개념 분석, 향후 미중경쟁의 전망을 주로 다루고 있다(설인효 2017; 김재엽 2012; 김대성 2016). 이와 같은 기존연구들의 한계는 제3차 상쇄전략의 추진배경으로서 중국의 위협과 제3차 상쇄전략에서 추진되고 있는 작전개념 및 핵심기술요소에 치우친 분석을 함으로써 미국의 '국방혁신구상'(Defense Innovation Initiative) 및 국방전략으로써 제3차 상쇄전략이 추진되고 있는 구조와 과정의 맥락에서 발생하는 상호작용을 포함하지 않았다. 미국이 제3차 상쇄전략을 채택하고, 이를 추진함에 있어 정보혁명에서 4차 산업혁명으로 이어지는 물적, 지적 기반, 그리고 오늘날 전략 환경의 구조적 변화 및 상호작용에 대한 고찰이 결여됨으로써 새로운 상쇄전략의 근본적 동기와 목적을 세찰하지 못하였다.

이러한 문제의식을 바탕으로 본 연구에서는 제3차 상쇄전략의 추진배경으로서 정보혁명에서 4차 산업혁명으로 이어지는 일련의 기술혁신 과정과 구조적으로 변화하는 전략환경과의 상호작용을 고찰함으로써 미국이 추진하고 있는 제3차 상쇄전략을 고찰하고자 한다. 이러한 분석은 제3차 상쇄전략의 객관적인 동기와 목적을 밝힘으로써 변화하는 국제안보환경의 구조와 과정의 맥락에서 상호작용하며 대응하는 미국의 국방전략과 국제안보환경을 가늠할 수 있을 것이다.

이를 위한 본고의 구성은 다음과 같다. 먼저 2장은 미 트럼프 행정부의 상쇄전략 조정 분석으로 기존의 제1, 2차 상쇄전략이 추진되었던 각 시기의 전략적 환경과 제3차 상쇄전략을 분석할 것이다. 3장에서는 상쇄전략에 대한 4차 산업혁명의 요구로서 전략 환경의 변화를 구조적, 과정적 맥락에서 살펴보고, 정보혁명에서 4차 산업혁명으로 이어지는 기술혁신과 이로 인한 파급효과를 고찰할 것이다. 4장에서는 트럼프 행정부의 상쇄전략 추진방향을 여태까지 제기된 작전개념과 새로운 전쟁수행개념을 통해 살펴봄으로써 기술의 혁신적 변화와 전략 환경 변화에 조응하는 국방전략으로서의 모습을 고찰할 것이다. 5장은 결론으로서 본 연구의 핵심내용을 요약하여 제시하고, 4차 산업혁명과 국제적 안보환경의 변화 등 새롭게 부상하는 구조-과정의 상호작용으로 인해 나타나는 '위기와 기회'의 측면에서 우리 한국군에게 미치는 함의를 제시할 것이다.

2 미국의 상쇄전략 고찰

(1) 제1, 2차 상쇄전략과 전략 환경

냉전시기 미국의 제 1, 2차 상쇄전략은 소련의 대규모 재래식 전력을 상대로 군사력 우위를 확보하기 위한 전략이었다. 제 1차 상쇄전략은 1950년대 초 아이젠하워(Dwight D. Eisenhower) 행정부가 소련을 비롯한 공산진영의 위협에 대응하기 위해 '미국이 경제적인 파산을 피하면서 가장 적은비용으로 공산주의 위협에 대응'하고자 '뉴룩(New Look)'을 새로운 국가안보전략으로서 제시한 것이다(Office of the Historian 1984, 577~597). 당시 미국이 26개 사단을 보유하였던 반면에 서유럽을 위협하는 소련은 175개 사단을 보유함으로써 미국이 소련의 수적 우위를 상쇄하기 위한 대책을 마련해야 했다. 1954년 1월 12일 미 국무장관 덜레스(John F. Dulles)는 뉴욕의 대외관계협의회 연설을 통해서 '대량보복(massive retaliation)'으로 알려진 독트린을 발표하였다(John F. Dulles 1954). 그는 "공산진영의 강력한 지상전력을 억제하기 위해서는 단순히 지역적인 방어만으로는 부족하며 대량보복능력을 갖춘 핵무기 사용이 필요하다"고 밝힌 것이다.[2)]

1950년대 미국은 한국전쟁 개입과 반 소련 동맹결성을 위한 동맹국에 대한 군사·경제지원 확대 등으로 반공비용 부담이 큰 폭으로 증가하는 한편, 저성장으로 국가경쟁력이 약화되고 있었다. 이와 같이 어려움이 가중되고 있는 상황에서 미국은 국방비의 막대한 부담을 초래할 수 있는 재래식 전력을 전술핵무기 및 ICBM, 전략공군 등의 전략핵무기로 대체함으로써 소련에 대한 상대적 우위와 억제를 달성할 수 있었다(Martinage 2014, 5~12). 이처럼 미국은 제1차 상쇄전략을 추진하면서 대량보복수단인 핵무기를 적극적으로 사용하기 위한 과학기술과 혁신에 투자하였다. 이는 미국이 핵전력의 질적 우위로써 소련이 가진 재래식 전력의 수적 우위를 상쇄하여 억제력을 강화할 뿐만 아니라 경제적인 유용성을 추구하는 전략이었다.

그러나 1970년대에 이르러 미·소간 핵 교착상태(nuclear parity)에 이르게 된 미국은 한번 더 현대화된 소련의 재래식 전력의 우위를 상쇄할 필요성을 느끼게 되었다. 1978년 의회 연례보고서에서 미 국방부 장관 해롤드 브라운(Harold Brown)은 당시 "미국에게 가장 중요한 위협을 중부 유럽에서 소련이 차지하고 있는 재래식 군비 우위"로 확정하면서, "이를 '상쇄'하기 위한 국방프로그램(defense program)과 국방예산 증액의 필요성"을 역설했다(Harold Brown

2) 이는 미국의 국익이 관계된 지역에 대해 소련이 핵공격을 할 경우는 물론이고 소련이나 공산권이 재래식 군사력으로 공격할 경우에도 핵무기로 대응한다는 전략이다. NSC 162/2는 스탈린의 죽음에도 불구하고 소련정부의 권위가 약화되지 않고 오히려 핵무기를 대량생산함으로써 미국을 공격할 수 있는 능력이 점차 증가함에 따라 대량보복이 가능하도록 강력한 핵무장을 추구했다. 뿐만 아니라 국지전을 포함한 다양한 분쟁에서 핵무기를 사용할 수 있는 근거를 제시하였다.

1978). 당시 소련은 미사일과 핵탄두 생산을 늘리면서, 핵능력에 기반을 둔 미국의 억제력을 약화시키고 있었고, 빠른 속도의 군 현대화를 통해 재래식 군사력의 우위를 점하였다. 당시 미국의 재래식 군사력으로는 소련 기갑전력의 전면적인 공격을 막는 것은 불가능했고, 일련의 연구를 통해 현존기술이 소련의 위협을 극복할 수 없음[3]을 확인하였다(Keeper 2017. 351~358).

압도적인 수적 우위를 점한 소련의 위협을 상쇄하기 위해서는 군사력이 수 배 이상 증가(force multiplier)되어야 하는 상황과 국방 예산 감축 및 모병제로 인한 병력 감소가 불가피했던 상황에서 기술적 우위를 바탕으로 한 군사력의 질적 혁신은 소련의 재래식 위협을 극복할 수 있는 유일한 방안이었다. 브라운 장관은 소련의 대공방어체계를 우회할 수 있는 스텔스 능력과 정밀유도 무기(precision-guided munition)를 확보하고 미 지상군과 공군이 소련군에 대응할 수 있는 새로운 작전교리를 마련하고자 하였다(William J. Perry 1983, 559~560). 그 결과 미 국방연구기술국장 페리(William J. Perry)와 고등국방연구소(Defense Advanced Research Projects Agency, 이하 DARPA)을 중심으로 소련의 위협을 극복할 수 있는 기술적 · 작전적 대안으로 '어썰트 브레이커(Assault Breaker)'라는 작전수행개념이 도출되었고, 이를 구현하기 위한 기술과 군사교리[4]가 개발되었다

---

3) 당시 논의되었던 미국에게 가능한 대안은 막대한 물량의 B-52 폭격기 확보와 고속비행능력으로 피격확률을 감소시킬 수 있는 B1-B 전략폭격기의 개발 및 도입이었다. 그러나 국방부의 연구 끝에 가격 대비 효과를 고려시 B1-B 도입과 폭격기의 고속능력이 소련의 대공시스템을 극복할 수 있는 수단이 아닌 것으로 결론냈다(Edward C. Keefer 2016, 575~577).

4) 당시 소련은 미국과 비슷한 수준의 지대지 및 지대공 정밀 유도 무기를 보유하였고, 미국의 정밀 타격 능력을 무력화시키기 위한 정찰-타격 복합 체계(reconnaissance-strike complex system) 개념을 미국보다 먼저 모색하고 있었다. 따라서 미국이 단순히 무기 기술을 소련보다 첨단화시킨다고 군사적 우위를 점하는 것은 불가능했다. 이에 미국은 새로운 기술과 더불어 소련의 작전방식을 극복할 수 있는 새로운 작전개념을 모색하였다.

(Edward C. Keefer 2017, 586; Peter S. Rosen 2017, 44).

1980년대 후반에 이르러 미국은 정밀유도무기체계와 스텔스 전투기, 정보 · 감시 · 정찰자산(ISR: Intelligence, Surveillance and Reconnaissance) 등을 전력화하였다. 동시에 이와 같은 첨단 재래식 전력을 전장에서 효과적으로 통합 운용하기 위해 '공지전투'(Air-Land Battle)의 작전개념을 발전시킴으로써 소련에 대한 미국의 상대적 군사력 우위를 유지할 수 있었다(Walton 2016, 6~7). 제2차 상쇄전략으로서 추진된 미국의 군사혁신은 소련의 붕괴로 상쇄의 효과를 직접적으로 검증하지 못하였다. 그러나 미국은 1991년 걸프전쟁을 수행하면서 군사적 효과성(military effectiveness)을 과시하였고, 새로운 기술을 사용하는 무기체계의 효과와 정확성을 극적으로 향상시킴으로써 전 세계적 수준에서 군사적 우위를 유지할 수 있음을 입증하였다.

〈표 1〉 제1, 2차 상쇄전략과 당시 전략 환경 평가

구 분	위협	경제 여건	기타 전략 환경
제1차 상쇄전략 추진 전·후 (1950년대)	소련의 대규모 재래식 전력 (최우선 안보위협)	미국 경제 악화 (대외원조, 군비지출) ⬇ * 국방예산 감축 (경제적인 핵전력에 의존, 재래식 전력 대체)	* 병력 감소 (경제여건을 고려한 감축정책의 결과)
제2차 상쇄전략 추진 전·후 (1970년대)	* 핵 기반 억제력 약화 (소련 핵 증강)	미국 경제 악화 (전비지출, 국제수지 적자) ⬇ * 국방예산 증액 (국방력 기반 외교활동: 평화적 분쟁 해결, 군비통제)	* 병력 감소 (모병제 전환) * 기존 전투수행방식의 취약성 (베트남전 경험)

지금까지 살펴본 바와 같이 제1, 2차 상쇄전략은 기본적으로 핵전력 및 첨단과학기술의 우위을 바탕으로 적국의 수적 우위를 질적 우위로 상쇄(offset)하는 혁신으로 나타났다. 제2차 상쇄전략에 이르러서 미국은 단지 적대국의 우위를 상쇄하는데 그치지 않고, 국방과학기술 분야를 선도하고, 새로운 전쟁수행방식을 창출함으로써 미래의 전쟁에서 승리를 보장할 수 있는 혁신을 달성하였다(Rosen 1994, 39~52; Boyd and Kimball 2017, 7~10; Martinage 2014, 5~14). 이러한 맥락에서 단순히 기술적 우위를 확보함으로써 달성할 수 있는 군사적 우위는 분명한 한계가 있으며, 새로운 기술 혹은 기술의 조합 및 융합을 효과적으로 활용할 수 있는 작전교리의 모색과 조직혁신 등의 노력이 추가적으로 요구됨을 확인할 수 있다. 역사적 서사에서 드러나듯이 제1, 2차 상쇄전략이 추진되었던 전략 환경은 기술의 발달로 인해 새로운 경쟁영역이 등장하고, 다양한 안보 요소와 행위자들의 영향력이 커지는 등 복잡성을 더해가는 모습이었다.

(2) 제3차 상쇄전략

‘3차 상쇄전략’(Third Offset Strategy)은 2014년 미 국방부장관 척 헤이글(Chuck Hagel)이 발표한 ‘국방혁신 구상(Defense Innovation Initiative)’을 통해 등장했다. 그는 “국방 분야에서 로보틱 기술, 자동화 체계, 소형화, 빅데이터, 3D 프린터 기술과 같은 최첨단기술 및 시스템의 기술적 우위를 선점해야 하며, 미래전쟁에서 미국의 군사력 우위를 보장하기 위한 혁신을 추구”해야 함을 강조했다. 그는 미국이 직면한 상황을 “예산의 불확실성, 지속적인 자원의 감소를 비롯한 국제질서의 재편”으로 평가하면서, 미국이 다양한 안보 도전에 적극적으로 대응하고 미국 중심의 기존 질서를 유지할 수 있는 군사적 우위를 유지하고 발전시켜야 함을 천명하였다(Chuck Hagel 2014).

오늘날에 이르러 정밀유도탄과 네트워크화된 전쟁수행방식은 더 이상 미군만이 가진 특권이 아니며, 다양한 영역에서 경쟁국들과의 기술적 격차는 줄어들고 있다. 경쟁국들이 유사한 기술과 능력에 접근함에 따라 미국은 점차 군사적 비교 우위를 잃고 있다. '제3차 상쇄'라는 용어는 그 자체로서 미국이 직면한 위협의 중대성을 의미하며, 과거의 '제1, 2차 상쇄전략'과 평행하게 제시됨으로써 위태로워진 미국의 우위에 대한 경각심을 자극하고 있다.

〈표 2〉 국방혁신구상에 명시된 안보환경 평가(Chuck Hagel 2014)

구 분	안보 환경 평가	대응 방안
제3차 상쇄전략 추진 전·후 (2010년대)	* 기술·무기체계 확산 * 적대국의 군 현대화 (미국의 군 현대화 미흡) * 동맹 네트워크 약화 우려 (미 군사력 투사능력 약화) * 국방예산 삭감, 자원 감소 ⇨ **병력 증강·현 시스템 우위로는 장기적 대응 한계**	**게임체인저(Game Changing) 로서의 제3차 상쇄전략 추진** - 초당적 기반(의회) 하 혁신재원 마련 - 새로운 전투수행방식·시스템 개발 - 장기연구개발프로젝트 수행 - 전투실험, 군사교육, 리더십 개발 - 조직 쇄신을 통한 혁신 속도 증가 - 민간부문의 협조, 군 제도·관행 개선

기술의 수직·수평적 확산은 중국으로 하여금 미국의 군사혁신을 모방하려는 강한 유인을 제공하였고, 중국은 급성장을 거듭해온 경제력을 바탕으로 미국 군사혁신의 성과를 적극적으로 수용할 수 있었다. 뿐만 아니라 미국의 적대세력들은 미국이 군사력을 활용하여 대응하는 수준 이하에서 새로운 경쟁영역의 다양한 수단을 통해 하이브리드 위협을 가하고 있다(Frank G. Hoffman 2007, 7~10). 오늘날 안보환경은 점차 복합적으로 재구성되고 있으며, 위협의 범주 간 경계가 흐려지고, 다양한 수단들이 단일 영역에서 동시에 운용되고 있

다(박상연 2019, 77). 이와 같은 환경에서 새로운 강대국의 급격한 부상과 새로운 경쟁영역의 등장으로 인해 미국이 누려왔던 '군사력 우위의 기간'이 점차 줄어들고 있다.

오바마 행정부 2기에 발표된 제3차 상쇄전략으로 시작된 미국의 군사혁신은 트럼프 행정부에 들어서 더욱 본격화되고 있다고 평가된다(DoD 2018; Kelly Grieco 2018, 3~4; 강석율 2018, 2~3). 미 행정부와 국방부는 현재의 군사력으로는 더 이상 미국의 군사적 우위를 보장할 수 없을 것으로 예상하였다(The White House 2017, 2~3; US DoD 2018, 1~3). 실제로 미국의 전쟁수행전략인 네트워크화된 전쟁수행방식의 핵심역량은 중국의 항공모함 타격능력과 위성 요격능력에 의해 무력화된다면 전 영역에서 마비를 초래할 수 있다. 뿐만 아니라 중국의 A2AD 능력은 중국 인근 지역에서 미 항모전단을 포함한 미군 전력의 접근을 차단하고, 진입한 전력의 효과적 기동을 방해함으로써 미국의 동맹 네트워크를 위협하고 나아가 미국 중심의 국제질서에까지 영향을 미칠 수 있다는 점에서 미국에게 매우 심각한 위협으로 작용하고 있다.

미국이 추구하는 상쇄전략은 당면한 혹은 가까운 미래에 직면할 위협을 기술의 가능성을 포착함과 동시에 이에 기초한 군사력 건설, 다양한 경쟁영역에서의 대안 마련, 조직 및 작전적 혁신을 통한 새로운 전쟁수행방식을 창출함으로써 잠재적 도전자들을 압도하는 것이다. 이를 위해 미국은 "향후 수십 년간 미군과 동맹국의 경쟁력을 강화"할 수 있는 목표의 장기 프로그램을 추진하면서(Robert Work 2015; William T. Eliason 2017, 6) 21세기 안보 도전에 대한 대응능력을 제고할 수 있는 기회를 마련하고 있다.

정보혁명으로 일컬어지는 3차 산업혁명과 오늘날의 4차 산업혁명이 교차하는 시기에 제기된 제3차 상쇄전략은 신기술과 기술의 융합을 기회로 포착하여 위협의 특성에 따라 작전적·전략적 승리를 거둘 수 있는 기술 개념을 만들어내는 것이다. 그러나 4차 산업혁명이 추동하는 현재에도 기술은 기회의 차원에서 제공될 뿐, 기술만으로 작전과 조직 차원의 혁신을 이끌어낼 수 없다. 이에 미국은 기술혁신과 더불어 작전분야와 조직의 혁신을 병행함으로써 새로운 미국의 우위의 가능성을 포착하려는 모습이다(박상연 2019, 79~80). 이러한 관점에서 제3차 상쇄전략은 기술, 작전, 조직 중 특정 요소를 중심으로 추진되는 것이 아니라, 위협을 극복하기 위한 기술의 군사적 활용성 모색과 더불어 작전개념의 변화와 조직적 혁신의 과정이 복합적으로 상호작용하면서 추진되는 군사전략으로 볼 수 있다.

3 제3차 상쇄전략에 대한 4차 산업혁명의 요구

(1) 기술발전이 초래한 구조적 변화

탈냉전 이후 21세기까지 세계적 위상을 계속 유지해 온 미국은 종래의 분쟁에서 기후 변화에 이르기까지, 더 다양한 범위의 안보 도전을 다루고자 그에 걸맞는 역량을 유지하기 위해 노력해왔다. 실제로 미국의 기술적 우위는 미국 군사력의 특징이며 국방부의 기능을 뒷받침하는 데 중요한 역할을 수행하였다. 그러나 미국이 가진 압도적인 기술적 우위와 격차는 지속적으로 줄어들고 있으며, 이는 정보혁명에서 4차 산업혁명으로 이어지는 일련의 혁신적 기술발전에서 기인한다.

정보혁명은 컴퓨터, 인터넷을 통한 초국가적 교류, 세계화 등의 변화를 수반하며 국경을 초월하는 네트워크를 구축하고 세계화를 촉진시켰다. 이는 기존 경쟁영역을 통합, 확장하는 등 새로운 전장영역과 안보개념을 등장시켰으나, 탈냉전 직후까지도 실제 전략의 운용에 있어서는 경쟁에서 비롯되는 '전쟁위기'(war crisis)에 주목함으로써 전통적인 입장에서 벗어나지 못하였다. 특히 군사혁신으로 지칭되는 미국의 제2차 상쇄전략은 첨단기술의 수용을 기반으로 조직, 작전의 혁신을 이루고자 했고, 걸프전쟁에서 나름의 성공을 거두었다. 그러나 이러한 기술 발전은 그 자체에 내재된 한계로 인해 실질적으로 전략 영역에서 괄목할만한 혁신적 성과를 이끌어 내지 못하고 막대한 재원과 시간의 소모를 감당하지 못하는 모습이 나타나기도 했다.[5)]

그러나 최근 언급되고 있는 4차 산업혁명은 그 자체로 인해 초래될 기술적 · 산업적 파급 효과가 광범위하게 확산될 것이라는 시대적 추세를 반영하고 있으며, 빅데이터, 인공지능, 로봇, 자율주행 등 여러 혁신이 통합되어 상호 연결됨으로써 생산 및 사회 시스템 전반에 파격적인 변화를 초래할 것이다(Klaus Schwab 2016). 이로 인해 4차 산업혁명이 이전과는 차원이 다르게 기존 삶의 방식을 근본적으로 바꿀 것으로 전망하고 있으며, 다른 기술 발전의 양상과 현저히 구별됨을 강조한다. 먼저, 속도(Velocity)이다. 이전의 산업혁명들과는 달리 4차 산업혁명은 기하급수적 속도로 전개 중이다. 이는 우리가 살고 있는 세계가 다면적이고 서로 깊게 연결되어 있으며, 신기술이 융합을 거쳐 더 새롭고 뛰어난 역량의 기술을 만들어낼 수 있다. 둘째, 범위와 깊이(Breadth and Depth)이다. 4차 산업혁명은 다양한 과학기술을 융합하여 개인뿐만 아니라 경제, 기업, 사회를 완전히 새로운 패러다임 전환으로 유도한다. 마지막으로, 시스템 충격(Systems Impact)이다. 4차 산업혁명은 국가 간, 기업 간, 산업 간, 그리고 사회 전체 시스템의 변화를 수반한다(Klaus Schwab 2016).[6)]

---

5) 미군의 미래전투체계(FCS: Future Combat System) 추진의 실패는 기술을 중심으로 해법을 찾고자 했던 미국의 군사혁신이 드러내는 한계의 대표적인 사례로 볼 수 있다. (William M. Donnelly, 2007, 5~8; Christopher G. Pernin et al., 2012, 23~28.)

6) 클라우스 슈밥은 4차 산업혁명으로 인해 평등하지 않은 여건의 세계 및 사회, 개인이

이미 4차 산업혁명으로 인하여 사회 전반에 걸친 유례없는 변화가 시작되었고 주요국들을 중심으로 우위를 장악하기 위한 경쟁이 벌어지고 있다. 4차 산업혁명은 개인부터 국제질서에 이르기까지 다양하고 복합적인 차원에서 전략 환경의 변화를 이끌어내고 있으며, 현재와 미래의 기술변화에 대한 경쟁을 초래하고 있다(김상배 2018). 이는 다시 새로운 경쟁영역과 수단을 창발함으로써 안보, 국내정치 및 사회 분야 등 전략 환경의 변화를 초래하고 있다(최계영 2016). 이와 같이 기술의 수직·수평적 확산이 매우 빠르고, 그 파급효과의 범위와 깊이가 증가하는 정보혁명과 4차 산업혁명이 교차하는 과정에서 중국은 미국 군사혁신의 산물을 적극적으로 수용하였다. 그 결과 중국은 미국과 대등한 전쟁수행능력에 빠르게 근접하고 있다. 뿐만 아니라 중국은 네트워크화된 전쟁수행방식의 취약성을 겨냥한 비대칭적 수단을 마련하고 A2AD 능력을 구축함으로써 안보환경의 변화를 추동하였다. 반면에 미국은 이 시기 중동문제에 깊게 관여함으로써 중국의 부상을 묵과하고 스스로의 혁신과 군 현대화를 방치하였다. 그 결과 4차 산업혁명으로 이어지는 혁신적 기술변화에 대응하지 못함으로써 '위기'를 자초하였다.

최근 일련의 기술 발전과 혁신은 정치적 환경과 사회·문화적 환경의 변화를 수반하고 있다. 먼저 군사혁신이 수반하는 막대한 시간과 재원의 소모는 정치적으로 군사혁신에 대한 투자를 꺼리게 하는 계기로 작용한 바 있다. 2008년 금융위기를 경험 이후, 미 의회가 2011년 도입한 연방정부 자동 지출삭감(sequester)은 국방예산에도 적용되어 정체된 미국의 군 현대화를 더욱 더디게 할 처지에 놓여

극단적으로 연결되면서(hyperconnected), 사회불안을 증가시키고 폭력적 극단주의의 상황을 조성하는 가능성에 우려를 표한다. 4차 산업혁명의 이동성(Mobility) 향상은 시간과 공간의 제한을 초월함으로써 개인 및 가족 정체성과 노동시장, 삶의 열망 실현기회 등을 부여함으로써 위기와 기회를 동시에 제공할 수 있다.

있었다. 그러나 직면한 중국의 위협에 대응하기 위해 미 의회는 다시금 기술혁신의 여건을 보장하기 위한 초당적 합의를 이루었고, 국방예산 삭감을 최소화할 수 있었다. 이러한 정치적 움직임은 더욱 심화되어 국제사회에서 미국이 가진 우위를 유지하기 위한 제3차 상쇄전략의 추진에 막대한 예산이 투입될 수 있는 여건을 마련하고 있다.

마지막으로 사회·문화적 환경은 정보혁명으로 네트워크화, 세계화된 사회에서 정보의 교환 속도와 범위가 급격히 증가한(hyperconnected) 영향을 크게 받고 있었다. 2001년 9.11 테러로 말미암은 '테러와의 전쟁'은 청년들의 애국심을 자극하고 이러한 경향은 소셜 네트워크를 통해 확산되어 미군에 양질의 병력자원을 제공할 수 있었다. 그러나 전쟁의 장기화는 미국민들의 의식을 변화시켰고, 이는 다시 네트워크를 통해 급격히 확산되었다. 이러한 경향은 기술발달과 생활수준 향상에서 기인한 고령화, 만혼 및 비혼문화의 확산으로 인한 저출산 사회로의 진입과 함께 병역을 희망하는 청년들의 감소세를 더욱 가파르게 만드는 원인으로 작용하였다. 뿐만 아니라 '초연결' 사회에서 마약 등 범죄에 대한 접근이 보다 용이해졌고, 청년들의 범죄경력 증가는 입대자격 미충족자를 대량으로 양산하였다. 결국 기술발전은 사회, 문화적 환경에까지 영향을 미쳐 병역자원의 양적, 질적 감소를 초래하였고 미국은 미래전에서 제한된 병역자원을 더 효율적이고 효과적으로 활용할 대책을 마련해야 할 현실에 직면하였다.

미국은 기술의 발전과 혁신으로 인해 중국이라는 강대국의 도전을 비롯한 다양한 전략 환경의 변화에 직면하였다. 그러나 다른 한편으로 미국은 4차 산업혁명이 초래할 일련의 기술혁신을 비롯한 다양한 차원의 혁신을 통해 제3차 상쇄전략을 추진함으로써 새로운 기술적 우위와 군사력의 질적 우위를 확보하고자 한다. 아직 4차 산업혁명의 핵심 기술이 완전히 구현되지 않았음에도, 미국은 '초연결, 초지능'을 표방하는 인공지능, 빅데이터 등의 기술을 핵심 축으로 삼아 국방개혁을 추진해 나가고 있다. 4차 산업혁명이 초래할 신기술이 가지는 군사적 잠재성과 전쟁수행방식에 미칠 영향은 불명확하지만, 기술혁신의 잠재성은 그 자체의 속성과 당대의 군사전략적 맥락의 군사적 요구에 따라 발전될 수 있다는 측면에서 전쟁수행방식의 근본적인 변화를 초래할 가능성을 엿볼 수 있다.

이에 더하여 획기적인 변화를 수반하는 4차 산업혁명의 특성을 고려할 때, 우리가 예상하지 못하는 새로운 경쟁영역의 등장을 예견할 수 있다. 향후 기술전쟁은 해저에서 잠수함과 같은 기존 플랫폼간 경쟁이 아닌 5G 및 해저 광케이블의 인프라 갈등[7]으로 발생할 수 있다. 또한 최근 미국이 제기하고 있는 중국기업에 의한 위협은 네트워크 서버, 드론, CCTV와 같은 저가의 전자제품, 장비들이 이미 차지한 상당한 점유율을 바탕으로 스파이 및 기술 절도의 수단으로 혹은 안보위협 자체로 활용될 수 있는 것이다. 이러한 양상은 사이버·인지영역에서 빅데이터를 활용한 정보전, 사이버영역에서의 정보와 그 흐름을 통제하는 경쟁으로 기존에 경험하지 못한 형태의 경쟁으로 드러나고 있다. 하루가 다르게 신기술이 등장하는 전략 환경하에서 새로운 경쟁영역의 우위를 점하기 위해 적 위협에 대한 우위(dominance) 혹은 치명성(lethality)을 바탕으로 한 대응이 요구되고 있다.

(2) 안보환경의 변화

4차 산업혁명으로 이어지는 기술환경의 혁신적 변화와 제3차 상쇄

7) 해저케이블은 외장 덮개에 싸여 해저에 놓인 광섬유 선로로서, 월스트리트 저널에 따르면 해저케이블이 대륙간 음성 및 데이터 트래픽의 약 95 %를 차지함에 따라 대부분 국가의 경제 및 안보에 중요하다고 볼 수 있다(*Wall Street Journal* 2019/3/12)).

전략의 혁신은 국제안보환경 및 국내 정치, 사회 · 문화적 환경과 상호작용하고 있다. 이러한 상호작용의 주체인 미국이 4차 산업혁명의 환경에서 기술적합력과 기술창생력을 추동함으로써 구조적 변화를 수용하고, 국가의 현재와 미래에 이르는 사활적 이익에 부합하는 방향으로 전략을 추진해야 한다(김상배 2014, 208~210). 이러한 맥락에서 국제안보환경과 정치, 사회 · 문화적 환경의 구조적 변화에 대한 고찰은 상술한 기술의 혁신적 변화와 제3차 상쇄전략의 정책적 고려와의 상호관계와 상호작용을 규명할 수 있을 것이다.

중국은 1990년대부터 급속한 경제발전에 힘입어 국방 분야에 막대한 예산을 투입해왔다. 이러한 투자와 기술의 도입은 중국이 미국 수준의 정밀타격능력과 네트워크화된 전쟁수행역량, 스텔스 전력을 보유할 수 있게 하였고, 잠수함, 대공방어체계, 우주 · 사이버 공격능력 등의 비대칭 전력을 발전시켰다. 특히 중국이 비대칭전(점혈전)의 수단으로서 갖춘 위성요격능력(ASAT, Anti-satellite)과 SLR(Satellite Laser Raging)능력은 여태껏 미국의 군사적 우위를 보장해온 네트워크화된 전쟁수행방식의 핵심능력을 무력화시키고 전략적 마비를 초래할 수 있다는 점에서 충격적이었다(Joan Johnson-Freese 2016, 42).[8] 중국의 A2AD 역량은 중국 연안으로 접근하는 미국의 공중 및 해상전력을 '대함탄도미사일(DF-21D)'을 비롯한 중국의 정밀타격체계로 대응함으로써 미국의 해상, 공중 우위와 정보 · 정찰능력이 무력화될 수 있었다.[9] 반면에 중국은 대함 탄도미사일 수 발로 미 항모전

8) 2007년 1월 11일 중국은 SC-19 탄도미사일을 발사하여 자국의 'FY-1C' 위성을 요격하는데 성공한 바 있으며, 이어 2010년 1월과 2014년 7월에도 SC-19, SC-18미사일을 이용한 요격 실험을 진행함으로써 그 능력을 입증하였다. 당시 미국은 미중 경제안보위원회에서도 "중국이 미국의 위성 50여기에 기습적인 공격이 초래할 수 있는 파멸적인 영향을 우려"하였다(*BBC News*. 2007/1/23.; *The Guardian*. 2007/1/23).

9) 중국은 네트워크화된 전쟁수행방식의 개념을 중국 연안지방에 적용시킴으로써 대공방어망과 이동식 발사대를 갖춘 탄도미사일 전력을 중국 해안지대에 집중 배치하고

단에 대응이 가능함에 따라 미중 간 군사력 경쟁에서 상대적인 경제성을 취하고 있다.

한편, 이와는 또 다른 차원에서 부상한 하이브리드 위협은 전·평시의 모호성, 공격주체의 모호성, 그리고 수단의 모호성을 복합적으로 활용할 수 있는 회색지대(gray zone)에서 드러났다. 중국에 의한 하이브리드 위협이 남중국해와 동중국해 등지에서 목격되었으나, 그들은 개입 여부를 합리적으로 부인함으로써(reasonable denial) 대응을 어렵게 하고 있다.10) 이러한 위협의 양상은 정치적, 법적 측면에서 전쟁의 경계를 넘나들며 미국이 작전방식을 선택하는 데 모호성을 가중시키고 억제기반을 약화시켰다(Frank G. Hoffman 2009, 2~4; Antulio J Echevarria II 2016, 6~7).

이처럼 다양하게 제기되는 위협에 대한 대응을 위해 미국은 현존 기술과 전쟁수행방식에서 감당할 수 없는 비용을 지불해야 했다. 특히 하이브리드 위협은 미국이 이전과 본질적으로 다르게 대응해야 했으며, 심화된 경쟁영역으로서 사이버영역과 인지영역은 전·평시를 아우르는 통합적인 군사전략적 접근을 요구하였다(Joint Chief of Staff 2015, 4~6). 제3차 상쇄전략은 새로운 기술의 군사적 잠재성을 모색함으로써 위협에 효과적으로 대응할 수 있는 전쟁수행방식의 근본적이고 혁신적인 변화를 이끌고 있으며, 새로운 안보환경에서의 위기와 경쟁에 대한 국가차원의 인식과 대응을 촉구하고 있다.

그럼에도 불구하고 중국의 위협이 갖는 한계는 분명하다. 기술혁

이들을 C4I체계로 연결하였다. 미 국방부 군수차관 프랭크 켄달(Frank Kendall)은 2010년 외국 군사력 개발 정보보고서를 보고 "미래의 적대 세력들이 미국의 군사력 투사능력을 무력화하기 위한 정교한 무기체계들을 개발하고 있으며, 이는 매우 심각한 문제"라고 언급하였다(DoD 2017, 92~95).

10) 중국은 남중국해와 동중국해에서 훈련된 민간인들을 영토 분쟁 발생 지역에 상륙시킨 후 영유권을 주장하는 형태의 위협을 가하고 있으며, 인공섬을 건설하여 영유권을 주장하고 이를 군사 기지화시키고 있다.

신은 양적 축적과 새로운 패러다임의 전환으로 나눌 수 있는데, 중국은 정보혁명과 미국이 방치한 영역에서 기술을 모방 및 수용함으로써 상당한 수준의 성과를 달성하였다. 그러나 4차 산업혁명으로 표방되는 현재는 기술의 새로운 가능성을 포착하기 위해 패러다임의 전환이 필요한 시기이고, 단순한 기술 개발을 넘어 총체적 신기술들을 결합하여 기존과 전혀 다른 작전 및 전략의 수행방법을 도출해 낼 수 있어야 한다.[11)] 이러한 맥락에서 4차 산업혁명의 기술과 시스템은 미국을 비롯한 모든 국가들에게 새로운 '기회의 장'을 제공한다. 미국이 추구하는 새로운 질적, 기술적 우위는 앞서 '위기'를 초래하는 배경인 기술환경에서 4차 산업혁명의 새로운 기술혁신과 변화하는 사회시스템에 효과적으로 대응함으로써 달성 가능할 것이다.

(3) 미국의 인식: 정치적 선택과 사회·문화적 자율성

미국에서 중국의 군사적 부상에 대한 대응은 여러 가지 이유로 상당히 지체되었다. 미국은 당시 인력 위주의 '인민전쟁론'을 고수해왔던 중국이 현대적 군사력을 갖추는 데는 많은 시간이 소요될 것으로 예상하였다. 또한 미국은 10여년 이상에 걸친 테러와의 전쟁으로 말미암은 대규모 재정적자와 2008년 국제 금융위기로 인해 중국을 상대로 한 혁신과 전략 수립이 지연되었다. 이와 같이 중국 위협에 대한 위기의식의 결여와 국가재정의 어려움은 미 국방부가 신속하고 예방적인 혁신을 추구하기 어려운 여건에 처하게 하였다. 미국은

---

11) 리처드 V 스펜서 (Richard V. Spencer) 해군 장관은 월스트리트 저널의 보고서에서 "러시아와 중국은 아무 것도 발명 할 필요가 없고, 그들은 모든 것을 훔쳐보는 데 아주 능숙하며, 엄청난 지적 재산권과 군사 기밀 정보 도용은 미국의 군사력을 위협"한다고 언급하였다. 본고에서는 근본적인 기술력이 부재한 가운데 도용 및 모방을 통한 혁신은 한계가 있다는 관점에서 서술한다(*Wall Street Journal* (March 12, 2019); Richard H. Van Atta et al., 2003).

국내정치적으로 국방분야의 혁신을 추진하고 국방분야의 극적인 진전과 변화를 이루어 낼 재정적 기반을 마련해야 한다는 인식을 공유해야 했고, 이는 제3차 상쇄전략을 통해 그 계기를 마련할 수 있었다.

10년 걸친 '테러와의 전쟁'이 마무리되면서 미국은 국방정책의 기조를 비정규전에 대한 대비로부터 미래의 잠재적 적대국에 대한 대비로 전환하였다. 방위전략지침 발표 이후 채택된 2013년부터 2015년에 이르는 국방예산은 재정적인 어려움에도 불구하고 장거리 정밀타격능력, 핵잠수함 전력, 미사일방어 등 미래전력에 대한 투자를 최대한 보호하고자 노력하였다. 미 의회는 복잡한 갈등상황에도 불구하고 양당이 증가하는 잠재적 위협에 대한 인식에 공감함으로써 합의에 이를 수 있었다. 미 의회는 자동 예산삭감의 영향을 상당수준 완화한 2014년도 국방예산안을 통과시켰다. 재정적 어려움에도 불구하고 중국의 A2AD 능력을 극복하고 군사력 투사능력을 유지하는데 필수적인 대잠작전능력, 장거리 공격능력, 정찰탐지능력, 사이버우주능력, 미사일방어 등에 필요한 첨단 전력에 대한 투자에 공감대를 형성한 것이다. 이는 위협을 충분히 관리할 만한, 기술 발전의 추세에 발맞출 수 있는 합리적 수준의 국방예산 유지에 대한 강한 초당적 합의가 존재함을 드러내는 것이었다(Office of the under Secretary of Defense. 2013).

그럼에도 불구하고 미국의 재정적인 어려움과 재정확보의 불확실성은 미국이 제3차 상쇄전략을 추진하며 미래 전쟁을 대비하는데 상당한 장애로 작용할 수 있다. 미국이 추진해야할 차세대 핵심기술 개발은 현존 기술만으로는 한계를 가지며, 그 비용과 시간소요를 가늠하기 어렵다는 측면에서 당면 위협에 대한 재원만으로는 부족했다. 특히 중국의 A2AD능력 강화와 비대칭 수단을 통한 미국의 전쟁수행능력 약화라는 군사적 도전은 미국이 현재와 미래의 경쟁에서 이

점을 유지하기 위해 더 큰 투자와 노력을 요구하였다. 이러한 맥락에서 제3차 상쇄전략은 재정적으로 어려운 여건 하에서도 혁신을 위한 충분하고도 지속적인 국방재원을 마련하기 위한 논리를 제공하는 출구전략으로 볼 수 있다.

기술 발전의 영향은 초연결성으로 말미암아 생각과 공감, 행동의 네트워크를 구성하면서 사회·문화적 환경에 지대한 영향을 미치며, 국방분야에서는 병역자원의 양적, 질적 감소 현상으로 나타나고 있다. 이는 고령화와 저출산의 전 세계적 추세가 생산인구의 감소로 직결됨과 함께 사회 전반적인 문제를 발생시키고 있다. 실제 병역자원의 입대현황은 아래 그래프에서 확인할 수 있듯이 2010년 11,827,000명 이후 2017년 10,652,000명으로 감소추세에 있으며, 이러한 감소현상은 미 육군에서 두드러지게 나타난다(Defense Manpower Data Center 2017; CNA 2018).

이는 중장기적으로 미 육군의 문제만이 아니다. 뿐만 아니라 지원인원의 감소에도 불구하고 선발률이 증가하는 양상은 군 모집기준이 점차 완화됨을 방증하고 있다. 미국 내 병역 지원이 감소하고 군 모집기준이 완화되는 양상은 병역자원의 양적·질적 저하를 초래할 수 있다는 점에서 우려할 만하다. 실제 2018년 미 육군은 약 76,500명의 모병 목표를 수립하였으나, 다양한 추가 재정적 조치와 모병 기준 완화 조치에도 불구하고 6,500명의 모집을 실패하였다. 군은 신병모집과 홍보에 많은 재원을 투자하고 있으며, 과거 약물사용 등의 결격조항을 지속적으로 완화하고 있다. 그럼에도 불구하고 최근 정책변화와 기술 및 제조업혁신 등의 영향으로 인한 리쇼어링(reshoring) 현상으로 인한 미국의 경제호황은 군 입대보다 취업을 택하는 경향을 증가시켰다. 이로 인해 병역자원의 수급률은 지속 감소 추세를 보이고 있으며, 병역자원의 부족을 야기하고 있다(Stephen Calson 2018). 이에 더하여 나이, 학력, 범죄이력, 영주권, 체력 등 모집대상이 충족

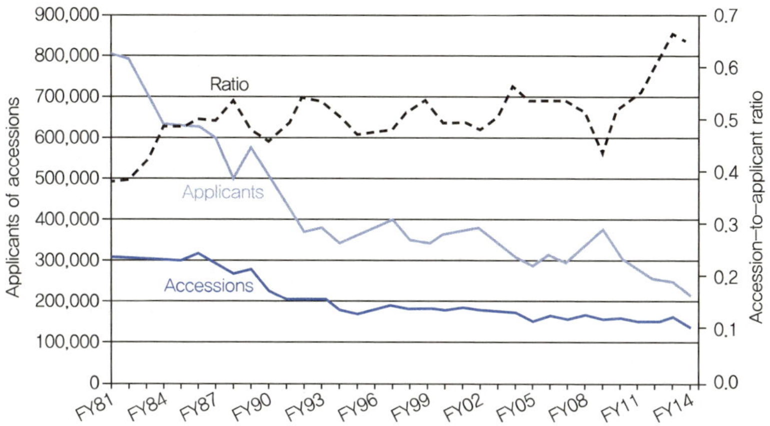

출처: Defense Manpower Data Center, *2015 CNA Annual Report: Population Representation in the Military Services*, Office of under Secretary Defense, Personnel and Readness. (2015), p.15. https://www.cna.org/pop-rep/2015/summary/summary.pdf (검색일: 2019. 11. 10).

[그림 1] 현역 지원-선발 현황 및 선발율

해야 할 입대기준 역시 군 복무에 대한 접근성을 감소시키고 있다(Stephen Calson 2018).

한편 최근 병역자원의 질적 문제와 가치관의 문제도 병역자원의 수급에 어려움을 주는 요소이다. 미 국방무의 통계를 살펴보면, 18세에서 24세에 이르는 젊은 성인 중 71%가 신체 및 정신적 건강, 교육, 범죄로 인해 입대 지원이 불가능하다고 분석한다.[12] 결격사유가 없는 대상 중 12.5%만이 스스로 군에 입대하기를 희망하고 있다. 그러나 모병기준에 부합하는 이들 중 30%가 문맹검사, 적성검사, 체력검사 등의 입대자격시험(AFQT: Armed Forces Qualification Test)을 통과하지 못하고 배제된다. 이 뿐만 아니라 모집기준을 충족하여 입

12) 모집 해당 연령의 66%는 과체중이며, 25%는 고교 졸업기준을 충족하지 못하였다. 또한 해당 그룹의 10%는 마약 복용 및 거래 등 범죄이력을 가지고 있다.

대하더라도 문제는 이에 그치지 않는다. 2018년 입대자 7만 명 중 약 1,100명이 영주권 문제로 군 입대에 실패하였다. 그들은 합법적인 이민자였으며, 대학졸업 및 최상위 체력지수를 갖춘 우수한 병역자원이었으나, 영주권에 가로막혀 군 복무를 할 수 없었다(Dave Philipps 2018). 양질의 병역자원을 확보하기 위해 높은 수준을 유지해 온 군 모집기준은 가용한 병역자원의 감소추세와 함께 점차 완화되는 추세이다. 그러한 추세가 병역자원의 질적 저하를 초래할 수 있다는 측면에서 어려움을 가중시킬 것이다.

2001년 9·11 테러 당시의 애국심에 호소하여 군 복무에 자원하는 전반적 양상 역시 정보혁명이 형성한 공감의 네트워크를 통한 확산으로 인한 것이었다. 그러나 그때와 판이하게 다른 최근의 전쟁염증, 복무기피의 경향은 더욱 '초연결성'의 네트워크 영향 하에 놓여 있다. 미국 내 모집연령의 계층들은 60%가 미국의 전쟁수행을 지지하지만, 그들 중 85%가 스스로 군대에 입대하지는 않을 것이라고 밝혔다. 이러한 군 복무에 대한 가치관의 변화와 병영자원의 질적·양적 하락 추세는 향후 군사력 건설과 운용, 혁신의 추진에 많은 영향을 미칠 것이다(Vera Bergengruen, 2018).[13)]

제3차 상쇄전략은 새로운 전쟁수행방식에서 인간요소의 활용에 대한 고려를 반영함으로써 차세대 기술이 지향해야 할 방향과 조직 구조측면의 변화를 꾀해야 한다. 병역자원의 기반이 되는 젊은 계층의 체형변화(과체중)와 문화(마약 경험 증가), 그리고 젠더 및 인종 갈등에 대한 관리까지도 아울러 혁신을 추진해야만 향후 미래전장에서 우위를 보장할 수 있을 것이다. 이러한 맥락에서 제3차 상쇄전략은

---

13) 2017년 트럼프 행정부는 취임 당시 45만 명으로 감소한 군 규모를 더 이상 삭감하지 않고, 미 육군을 확대하는 법안에 서명하였다. 이에 병력은 483,500명으로 증대될 것으로 기대하였지만, 그럼에도 불구하고 병력의 질적 하락 및 감소추세로 인해 실제 군 규모는 이전과 크게 다르지 않은 수준으로 유지되었다.

병력자원이 감소하고 여성의 역할이 전투로까지 확대되는 등 불확실성이 증대되는 국방환경에 대응하는 전략으로써 의의가 있다. 제3차 상쇄전략이 수반하는 혁신은 인간을 보조하거나 대체할 수 있는 방식의 기술(인간-기계 결합, AI와 연계한 자동화된 무기체계 등)을 적극적으로 활용하여 인간이 충분한 제 역할을 다할 수 있는 방향으로 추진되어야 할 것이다.

4 트럼프 행정부의 상쇄전략 추진방향

(1) 국방·군사분야 기술의 도입

2017년 미 의회는 예산안 검토과정에서 미 국방부의 지출이 경쟁과 혁신의 추진에 부합하지 않는다고 국방부를 지적하였다(Defense News 2016). "우리가 투자해야 할 것이 인공지능과 인간-기계 팀워크라고 하는데, 왜 예산이 항공기에 들어가는 겁니까?" 이 질문은 차세대 기술에 대한 투자보다 기존 방산기업에 대한 계약에 더 많은 지출이 발생함을 지적한 것이었다(Andrew Hunter 2014). 그러나 미 전략예산평가센터(CSBA: Center for Strategic and Budgetary Assessments)에 따르면 'FY2017 예산안'에서 드러나는 것은 제3차 상쇄전략이 국방부의 검토를 거치면서 보다 현실적으로 변화했다는 것이다(Aaron Mehta 2016). 예산 수준에서는 보다 "혁신적인 기술을 채용한 무기의 개발뿐만 아니라, 기존 무기의 개선도 상쇄전략에 포함"시킴으로써 현실적인 사업을 채택한 것이다(Martinage 2014). 이는 과거 미국이 맹목적인 혁신을 추구함으로써 실패를 경험한 FCS(Future Combat System)의 사례와 같이 핵심기술과 혁신의 범주와 방향, 가능성의 한계를 설정하지 않고서는 오히려 혁신이 좌초될 수 있음을 반영한 것으로 볼 수 있다.

이러한 맥락에서 2009년의 공해전과 2012년의 합동작전접근개념(JOAC: Joint Operational Access Concept)이 제3차 상쇄전략의 등장과 함께 2017년의 JAM-GC와 다영역 작전(Multi Domain Operations)의 개념으로 대체 및 진화하고, 2018년에는 모자이크전쟁(Mosaic Warfare) 개념이 등장한 것은 매우 중요하다. 이 개념들은 혁신의 방향과 수준을 현실적인 차원에서 보다 분명하게 했고, 이를 구현하기 위한 국방재원을 마련하는 논리를 제공하는 것이었다. 2019년 3월 11일 미 국방부가 의회에 제출한 2020 회계연도 국방예산이 7,500억 달러(825조원)로 2019년 제정된 수준보다 5% 가량 증가하고, 국방예산 중 많은 예산을 '다영역 작전' 능력 향상에 배정하고 있다는 점이 이를 방증하고 있다(한국군사문제연구원. 2019). 특히 연구개발 예산은 70년 만에 가장 많은 규모로 투자됨으로써 현재의 위협에 대비태세를 갖추면서도 향후 미래전쟁을 준비하기 위한 재정적 기반을 제공하고 있음을 확인할 수 있다.

4차 산업혁명의 가능성은 일부 기술만의 혁신적 발전이 아닌 모바일 기기, 소셜미디어, 빅데이터, 사물인터넷, 클라우드컴퓨팅, 가상·증강현실, 인공지능(AI: Artificial Intelligence), 드론, 블록체인 등과 같이 매우 다양한 영역에서 '산업혁명' 수준의 총체적 신기술, 기술 간 결합으로 가늠할 수 있다. 특히 클라우스 슈밥은 미래 분쟁으로의 변화에서 사이버전쟁과 자율적인 전쟁수행(autonomous warfare)을 강조하고 있다. 그는 국제안보변혁을 이끌어 낼 신흥 기술들을 드론(drones)과 자율무기체계(autonomous weapons), 우주의 군사화(militarization of space), 워리어플랫폼(Wearable devices), 부가 생산력(additive manufacturing), 재생에너지(Renewable energy), 나노기술(Nanotechnology), 생물학·생화학 무기(biological weapons, biochemical weapons), 그리고 소셜미디어(Social Media)로 제시하면서, 새로운 기술혁신의 긍정적 가능성과 이면의 어두운 단면을 함께 강조하고 있다(Klaus Schwab 2016, 79~83). 국제 및 국내 안보영역에서 신기술의 잠재력은 그 가능성과 한계가 위기와 기회를 동시에 가져오는 만큼, 기술이 마련하는 기회를 작전 및 조직 차원에서 포착하고, 정치 안보환경 뿐만 아니라 경제, 사회·문화적 요소까지 포괄하는 복합적 상호과정을 통해 대응해야 하는 것이다.

미국은 제3차 상쇄전략을 통해 국방분야의 '초 연결'된 조직 및 시스템을 구현함으로써 센서-타격체간, 시스템-시스템 간의 연결성을 강화하고 기존 네트워크체계를 보강하여 네트워크 전쟁의 완성도를 향상시키고 있다. 또한 획기적인 데이터 처리 능력의 향상으로 다양한 정보를 체계적으로 구축하고 이를 공유하며 활용할 수 있는 전장 클라우드를 제공하고자 한다. '초 지능'이 갖는 빠른 속도와 영민함은 빅데이터 분석에 기반한 전투수행을 가능케 할 뿐만 아니라 결심시간을 현저하게 단축시킴으로써 새로운 속도와 개념의 마비전을 수행할 수 있는 것이다. 이와 같은 신기술과 기술 융합의 영역이 갖는 군사적 잠재성이 근본적인 전쟁수행방식의 변화로 이어져 새로운 양상의 전쟁이 나타날 가능성을 높이고 있다.

특히 드론, 인공지능이 결합한 자율무기체계와 로봇전쟁의 가능성은 점차 그 윤곽을 드러냄으로써 전쟁수행방식을 변화시킬 것이며, 인간중심의 전쟁 주체 관념에까지 영향을 미치게 될 것이다. 미국의 제3차 상쇄전략은 이러한 변화을 반영하듯 자율적 딥 러닝 시스템 개발, 인간-기계 협력의 의사결정체계, 인간 병사의 개별 전투능력 향상(Assisted human operation), 개선된 인간-무인체계의 혼합 작전, 미래 사이버 및 전자전 환경에 작동하는 부분 자율 무기의 개발의 5개 분야에서 기술적 혁신을 모색하고 있다. 뿐만 아니라 미국은 관련된 규범 경쟁에서도 적극적으로 나서면서 자율성, 무인무기 부대 편성(teaming), 스워밍(swarming) 부분에 지속적으로 예산을 투입하고 있다.

제3차 상쇄전략의 기반이 될 핵심적인 과학기술((five building block)은 이미 인공지능과 자동화시스템, 인공지능 기반의 무인로봇(Drone) 기술로 제시되었다(Robert Work 2016). 이들은 컴퓨터와 로봇, 인공지능, 자율기계 등이 군사적으로 인간을 어떻게 지원하고 보조할 것인가에 초점을 맞추고 있다. 인공지능과 자동화 시스템은 군사적으로 C4ISR(Command, Control, Communication, Computers, Intelligence, Surveillance, and Reconnaissance) 능력의 비약적 증대를 가져올 것으로 기대되며, 무인로봇 기술은 공군의 전략 및 전술폭격의 활용범위를 증대시킬 것으로 기대된다. 인간-로봇의 협업을 통해 인간 구성원의 의사결정 속도를 더 빠르게 하는 보조 시스템이 작전 전반에 결합 될 것이다. 인간의 작전역량을 보조하는 기계·시스템은 인간 전투원이 보유한 지적, 물리적 역량을 강화할 것이다. 작전수행 간 유·무인 체계가 효율적으로 결합하여 작전방식을 개선하며, 네트워크화 된 반자동화 무기는 사이버 공격 등으로 지휘통신, 위성항법장치가 마비된 상태에서도 효과적 작전이 가능한 자율, 준자율 작전체계를 제공할 것이다. 이는 나아가 기술발전에 조응하여 완전한 자율성을 가진 의사결정체계 및 지휘통제체계, 무기체계에 의한 전쟁의 가능성으로 점철된다.

4차 산업혁명의 기술적 변혁은 점차 전쟁의 문턱을 낮출 뿐만 아니라 군사 시스템에서부터 민간 인프라에 이르기까지의 초연결성으로 전·평시의 구분을 모호하게 만들고 있다. 이러한 맥락에서 제3차 상쇄전략은 전·평시를 아우르는 작전개념, 기술의 가능성과 한계를 포착하기 위한 조직적 혁신을 병행 추구하고 있다.

(2) 국방·군사차원의 조직적 혁신 추구

4차 산업혁명이 제공하는 기술적 기회와 이를 활용한 혁신의 완성은 그 목표를 달성하는데 소요되는 시간과 비용을 가늠하기 어려울 뿐만 아니라 전략적 경쟁 상태의 미중 양국 중 어느 쪽이 먼저 달성할지도 예측하기 어렵다. 게다가 새로운 무기체계와 전쟁수행방식은 전쟁 이외의 방식으로 검증할 수 없고, 큰 위험을 담보하기 때문에 이전 전쟁에서 검증된 방식을 완전히 배제하기도 어렵다. 이러한 맥락에서 제3차 상쇄전략은 새로운 기술을 통한 기존의 전쟁수행방식을 보완 및 보강하는 동시에 혁신의 방향과 수준을 가늠하고 설정하기 위해 국방 및 군사분야 조직의 혁신을 병행하고 있다.

미국은 다양하고 새로운 조직들을 활용하여 기술혁신의 방향을 설정하고 있다. 오랜 전통을 가진 DARPA는 기술의 작전적 활용 가능성과 한계를 구체적으로 연구하여 국방분야에 적용해 왔고, 2012년 설립된 전략능력실(Strategic Capabilities Office, SCO)은 혁신적인 이점을 가져올, 달성 가능한 프로그램을 구상하며 목표를 제시한다. 전략능력실은 현존 기술의 운용을 다양하게 혼합(mixing)하고 재구성함으로써 다양한 작전영역에서 새로운 상대적 우위를 모색하고 있다.

미 국방장관 카터(Carter)는 기술혁신을 위한 조직적 노력은 군 내부의 노력과 민간의 첨단기술 도입이 병행되어야 한다고 주장했다(Carter 2016). 육군·해군·공군 연구소와 같은 국방부 산하 연구소들이 방산업체와 긴밀하게 협조하여 민군간 협력을 강화하였을 뿐만 아니라 조직개혁 일환으로 국방획득절차도 간소화시키고 있다. 민간의 첨단기술을 보다 효율적으로 도입하고, 군사기술화시키기 위해 2015년 국방혁신실(DIU: Defense Innovation Unit)이 설립되었다. 이는 실리콘 밸리의 진보된 기술을 보다 신속하게 확보하기 위하여

기술 현장으로 국방부 조직을 확장 운영하는 변화의 추세를 반영하는 것이다. 이처럼 새로운 조직들이 신기술 도입 및 개발을 촉진하고 있으며, 국방획득절차의 복잡한 단계와 조직들을 과감하게 개혁함으로써 4차 산업혁명이 가져올 기술의 가능성을 포착하기 위해 노력하고 있다.

미 국방부는 이와 같은 기술 분야의 조직 개편뿐만 아니라 혁신을 주도할 수 있는 민첩성과 창의성을 발휘할 수 있는 조직으로의 변혁 역시 추구하고 있다. 국방혁신자문위원회(DIAB: Defense Innovation Advisory Board)와 국방정책위원회(DPB: Defense Policy Board), 국방사업위원회(DBB: Defense Business Board)는 인력의 관리와 운용, 조직문화 개선을 주도하고 있다. 이들은 민간기업의 혁신문화와 운용방식을 국방부 조직 내로 도입하거나 외교·정책 및 사업관련 혁신사례를 자문하고, 확산시키는 역할을 담당한다.

혁신을 추동하기 위한 조직적인 변화는 다영역 작전 등 새로운 작전개념을 구현하기 위한 작전적 차원에서도 이루어지고 있다. 이는 하이브리드 위협부터 전면전 수행에 이르기까지 전 영역에 대한 군사력 투사를 위해 동시통합적이고 회복탄력적인 부대를 구성하고 기동 및 작전을 수행한다는 것이다. 미군은 탄력적 편성(resilient formation)을 통해 군사력을 수렴(convergence)하고자 한다(TRADOC, 2017, 24~26). 탄력적으로 편성된 부대들은 반독립적(semi-independent)으로 운용되며, '교차영역기동(cross-domain maneuver)' 역량을 구축한다. 또한 이들은 전 전장영역과 시공간에서 각 군의 기능을 교차함으로써 군사력을 통합할 수 있는 것이다. 이를 위해 제반 전장영역의 정보는 실시간으로 융합되어 전투부대에 전달되어야 한다. 이와 같이 제3차 상쇄전략의 작전개념을 구현하기 위한 새로운 전력 편성은 전 영역에서 작전적 우위를 보장하기 위해 전평시를 망라한 경쟁과 무력분쟁을 포괄하도록 융통성과 적응성을 갖추어 가고 있다(박상연

2019, 71). 이러한 작전적 조직 편성의 기준은 아직 구체화되지 않았지만, 작전개념이 제시되고 발전해가는 가운데 그 방향과 구성요건을 제시하였다는 측면에서 의미를 찾을 수 있다.

(3) JAM-GC와 다영역 작전, 모자이크 전쟁의 신 작전개념

공해전 작전개념(ASB: Air-Sea Battle Concept)은 2009년에 처음 일반에 공개되어, 중국의 A2AD 위협에 대응하는 작전개념으로 존재해 왔다. 이는 2011년 합동작전접근개념(JOAC: Joint Operation Access Concept) 관련 문서들이 발간되면서 구체화되었다. 공해전 개념은 그것이 초래할 수 있는 확전 위험성에 대한 우려를 비롯한 다양한 비판에 부딪혀[14] 2015년 공식 폐기되었고, 2016년에는 JAM-GC 개념이 등장하여 육 · 해 · 공군의 합동성을 강화한 가운데 접근과 기동을 강조한 새로운 작전개념으로 제시되었다. JAM-GC는 2016년 10월에 미 합참을 통해 A2AD에 대응하기 위한 미 합참의 공식적인 군사전략의 위상을 확보하였다(Hutchens, et al., 2017). JAM-GC 개념은 공해전 개념을 포괄함으로써 적국으로 하여금 C4ISR 체계에 대한 방호 비용을 강요할 수 있을 뿐만 아니라 대중 군사전략이 수세적으로 한정될 경우 억제력이 약화될 우려를 해소하고 있다. JAM-GC는 적 위협을 상황에 맞추어 대응하면서 원해 봉쇄, 연안 차단으로 작전을 확대하고, 유사시 공해전을 병행 시행함으로써 전략적 마비를 달성한다. 또한 기동과 지역 확보를 위한 지상군의 작전을 포괄하여 전 · 평시 대비태세를 확립하고 있다.[15]

14) 미국이 공해전을 통해 중국 내 전략적 중심(지휘통제체계)을 마비시키는 과정에서 핵 전쟁으로까지 확전될 위험성을 수반한다는 점에서 많은 비판을 받았다. 확전의 위험성은 역으로 유연한 대응을 방해할 수 있으며 이는 중국의 공세적 대응을 초래하여 미국 전력의 취약성을 증가시킬 수 있다. 이에 더하여 미국이 전 영역 간 시너지를 강조하였음에도 육군과 해병대, 특수전 부대의 배제되어 있었다.

JAM-GC는 합동전력이 각 전장 영역의 상호운용성을 기반으로 교차영역 시너지(XDS: cross-domain synergy)를 발휘하여 위협에 대응하고 미 군사력 운용의 자율성을 담보하는 것을 목표로 한다 (Hutchens, et al., 2018, 139). 이는 공해전 개념에 다양한 간접접근을 포함하여 미국의 군사력 투사와 자유로운 기동을 보장할 수 있는, 가능한 모든 방식을 포함하는 유연한 개념으로 진화하고 있다. 이러한 JAM-GC 작전개념을 구현하기 위해서는 육·해·공군 전력을 전개할 수 있도록 지역 동맹국가와 우방국의 협조가 필수적이다. 유사시 미 전력을 신속히 동맹국으로 투입하여 적대국에 대한 역 A2AD를 수행하는 것이다. 미 합동전력은 신속한 전개속도와 회복탄력성(resilience), 적응성(adoptive)을 갖추어 A2AD 위협에 대응하기 위한 핵심 기술들을 구현하고 조합함으로써 대응태세를 더욱 강화하고 있다.

기술 발전과 전략 환경에 대한 대응적 작전개념으로, JAM-GC의 전쟁수행방식 및 위협대응방식을 주목해야 한다. 중국의 A2AD 위협과 비대칭적 무기체계들로 인해 미국은 중국에 대한 직접억제로서의 전·평시 억제력과 동맹국 확장억제를 보장하기 위한 군사력 투사능력을 유지해야 했다. 이를 위해 '확전의 오류'에 취약한 공해전 개념을 대체하고 중국의 위협을 확전우세에서 유연반응에 이르는 다양한 수준에서의 억제함으로써 변화된 전략 환경에 대응하고 있다. 이는 전·평시의 다양한 갈등수준에서 억제력을 증대시키는 것이다. 또한 미국은 4차 산업혁명의 기회를 활용하여 JAM-GC에 요구되는 핵심 기술을 사거리 연장, 스텔스 기능, 신속한 결심·타격, 원거리 작전

15) 군도방어란 미 동맹 및 우호국을 잇는 가상의 선을 형성하여 군도를 형성하고 강력하고 지역적인 미사일 방어를 구현하는 개념이다. 원해 봉쇄란 중국의 수출입선, 원자재 거래를 차단하기 위해 원해의 전략적 거점(말라카 해협 등)을 해공군력을 통해 차단하는 개념이다. 연안 차단이란 원해 봉쇄에 더하여 중국이 연안 지역에서도 해상활동을 못하도록 역 A2AD 작전을 펼치는 것을 의미한다.

(작전 반경 확대), 탄도미사일 방어로 설정하고 현존 기술의 진화와 차세대 기술의 조합으로 작전수행을 보장하고자 한다.

JAM-GC가 기반을 둔 교차영역 시너지를 보다 명확하게 구현하기 위해 미 육군 교육사령부는 2017년 '다영역전투'(Multi Domain Battle)의 개념을 발표했다(강석율 2018). 다영역작전은 장기적으로는 치명적 군사태세를 확보하는 혁신을 추구하면서, 현 하이브리드 위협에 대해 전 영역에서 우위를 확보하는 '경쟁' 국면과 실제 작전 지역에서 구체적인 분쟁이 발생하는 '무력분쟁(armed conflict)' 국면에서 모두 승리하고 적을 억제하겠다는 목표를 제시했다(US Army 2018, Appendix E; US DoD 2012, 14~17). 미 합참은 영역을 교차하는 동시통합적 군사력을 복수의 경쟁영역에 투사하여 비대칭적 우위를 창조하고 활용할 수 있다고 강조하였다. 이는 해당 작전개념이 경쟁영역에서 미국 우위의 기회를 창출하여 주도권을 확보·유지·활용함으로써 적들을 격퇴하고 군사적 목적을 달성한다는 것이다.

다영역작전의 개념은 경쟁영역의 취약성 증가와 새로운 경쟁영역

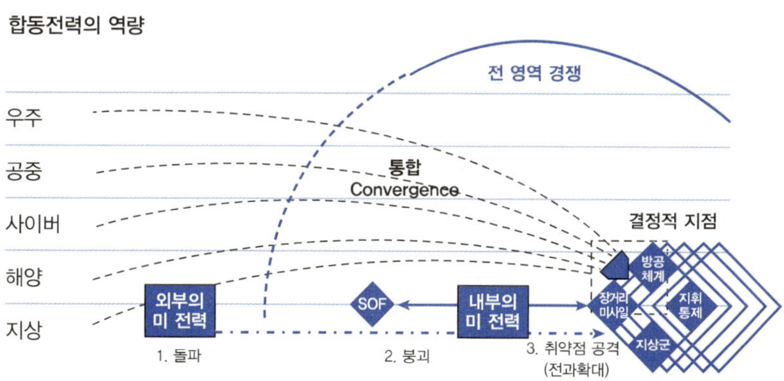

출처: US Army, *The U.S. Army in Multi-Domain Operations 2028*, Appendix E. (2018), p.26.

[그림 2] 다영역작전 개념도

의 등장에 대응함과 동시에 미국의 기술적 우위 약화를 교차영역시너지로 극복하려는, 복합 영역에 대한 접근으로 볼 수 있다. 즉 미군은 특정 경쟁영역의 약화를 영역을 교차하는 군사력 투사로 극복하며, 특히 우주 및 사이버영역에서 전·평시를 아우르는 정보심리전을 수행함으로써 전 영역에 대응한다는 것이다. 뿐만 아니라 미군이 우위를 가진 경쟁영역에서는 영역을 교차하는 군사력을 적에게 집중함으로써 교차영역시너지를 창출하고 용이하게 적 중심에 접근한다는 것이다. 이를 통해 미군은 군 전력태세 수준을 다양하게 조절, 적용함으로써 융통성 있는 대응이 가능하며, 전 전장영역을 연결하여 시·공간 및 인지적으로 전투공간을 확장시켰다.

미래의 전쟁수행개념으로 제시된 모자이크 전쟁(Mosaic Warfare)은 적응성, 신속성, 회복탄력성을 보장받기 위해 C4ISR 및 타격체계의 분산을 추구한다. 분산된 체계들이 준독립적으로 운용됨으로써 군사전략적 목표와 작전·전술적 목표에 부합되는 전투를 수행하는 것이다. 이는 기존 네트워크로 통합된 센서-타격체계들이 준독립적으로 존재하고 일정 수준의 자율성을 부여받음으로써 적국의 ASAT 전력에 의한 위성타격, 사이버 공격 등으로 인해 발생하는 취약성[16]을 해소할 수 있다는 점에서 의미가 있다.

모자이크 전쟁은 기술 플랫폼 혁신들을 개별적으로 진행하면서도 작전적으로 통합시킴으로써 미래전쟁에서 승리할 수 있는 새로운 작전 수행 방법을 개념적으로 제시하고 있다. 모자이크 전쟁에서 전장의 전 플랫폼들은 각자의 컴퓨팅능력과 통신능력을 보유함으로써 전장정보의 생산자이면서 수용자로 기능한다. 이와 같은 플랫폼으로 시스템을 분산(distribution)시킬 수 있으며, 특정 기능이 상실되어도 전

---

16) DARPA 전략기술국장인 팀 그레이슨(Tim Grayson)은 "개별 플랫폼이 시스템을 이루고, 시스템을 통합(integration)함으로서 전장우세를 달성했던 기존의 전쟁 개념은 전략적 마비에 노출되었을 때 취약성이 증가"함을 지적한다.

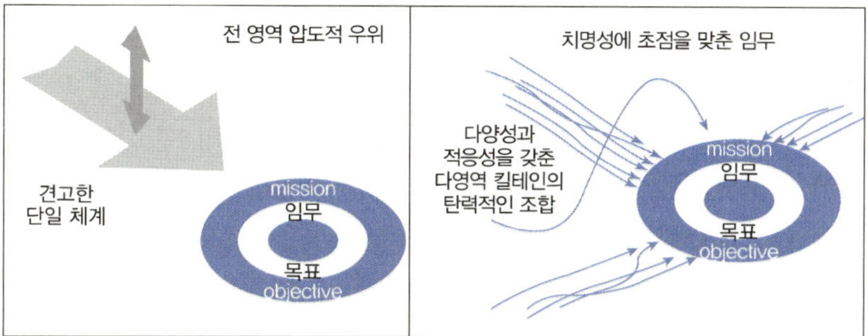

• 단일체계에 의한 위협 해결 가능성 불분명 • 현 패러다임 하 비약적 개선 시간 제약	• 다양한 옵션을 통한 치명성 발휘 • 적 행동에 대한 대가 / 처벌 강요 • 적의 선택권 박탈

출처: Tim Grayson, "Mosaic Warfare." keynote Speech delievered at the Mosaic Warfare and Multi-Domain Battle, DARPA Strategic Technology Office(Jul 2018), p.5.

[그림 3] 모자이크 전쟁: 우위에서 치명성으로 전환

반적인 전쟁 수행 능력이 유지된다. 뿐만 아니라 위협에 맞게 분산된 다양한 플랫폼들이 조응하여 효과망(effect web)을 실시간으로 구성하여 민첩한 대응이 가능해진다(Tim Grayson 2019).

DAPRA는 모자이크 전쟁의 장기적인 발전 단계를 제시했다. 현존 무기체계를 활용하여 목표물을 탐지하여 타격하는 지금의 체계를 '분산 킬 체인'(distributed kill chain)으로 명명하고, 단기적으로는 다양한 전투 방식에 맞는 무기체계들을 준비하고 상황에 맞추어 투입하는 '복합 체계'(System of Systems)를 확보한다(박상연 2019, 70~72). 중기적으로는 반자동화된 결정체계가 최대 효과를 보장하는 망을 채택하는 '적응적 살상망'(adaptive kill web)을 개발하고, 장기적으로는 모든 체계가 임무 중에 적의 행동에 대응하여 효과망을 역동적으로 재구성할 수 있는 능력을 보유한 '모자이크 전쟁'으로 진화해 나가야 한다고 보고 있다(Tim Grayson 2019). 최종 단계에서 완성된 모자이크 전쟁은 중앙의 통제를 최대한 완화하고 자율성을 부여하여 준독립적인 개별 단위들이 분산되어 자율적으로 판단하는 것이다. 이는 일부가 손실되더라도 정보를 수집 및 생산하여 중앙으로 집적시킴으로써 탈집중화된 전투 및 전쟁을 수행하여 전략목표를 달성하는 것이다. 즉 모자이크전쟁은 궁극적인 목표를 지향하는 가운데 플랫폼이 분산을 통해 작전을 수행하는 형태로 지휘통제방식이 변화하는 것이다.

모자이크 전쟁은 기존과 근본적으로 다른 전쟁수행방식을 제시함으로써 우주 위성 및 사이버 영역에 대한 의존도와 취약성을 극복할 수 있다. 또한 자동화된 의사결정체계와 전투수행체계를 제시함으로써 핵심 기술에 대한 방향성을 제시하고 있다. 이는 현존 기술의 한계을 고려하여 종국의 개념에 부합되도록 전쟁수행방식을 단계적으로 제시함으로써 지금 직면한 위협부터 완성된 '복합체계(system of systems)'와 현존 기술력을 이용하여 다양한 작전형태에서 억제력이 발휘될 수 있도록 하였다.

(4) 소결론: 트럼프 행정부의 상쇄전략 추진 분석

탈냉전 이후, 국제사회는 세계화, 정보화, 4차 산업혁명이 초래한 근본적인 변화들로 인해 국제정치의 패러다임이 변화해 왔다. 동아시아에서는 중국이 경제적 부상과 군사력 증강을 바탕으로 역내 패권 추구와 세계로의 진출을 모색하고 있고, 미국과 중국 간 경쟁이 본격화되고 있다(김상배 2015, 301). 이와 같은 국제사회의 변화와 함께 오늘날 우리가 직면하고 있는 제4차 산업혁명은 인공지능, 사물인터넷, 빅데이터, 무인자율 등 과학기술의 발달과 더불어 사회 전반에 걸쳐 전례 없는 빠른 속도와 거센 파급력의 변화를 초래하고 있다.

지금까지 살펴본 바와 같이 미국이 추진하는 제3차 상쇄전략은 미국이 직면한 강대국의 부상이라는 위협에 대응하기 위한 전략일 뿐만 아니라 4차 산업혁명을 기회로 삼아 전쟁의 수행방식을 근본적으로 변화시키기 위한 혁신적인 시도이다. 한편으로는 국가안보전략, 국방전략 및 군사전략 차원에서 변화하는 기술, 안보 및 전략 환경에 대한 상호작용으로 이해할 수 있다. 과거 미국이 적의 우위를 상쇄하고 자국의 군사·기술적 우위를 현격하게 증대시킴으로써 억제를 달성하였듯이 제3차 상쇄전략 역시 현재 미국이 처한 위기를 타개하고 미국 중심의 국제질서를 유지하기 위한 군사혁신이다. 각각의 상쇄전략은 미국의 우위를 보장하기 위해 다양한 전략 환경의 변화를 수용하고 이에 걸맞는 혁신을 추구하여야 했으며, 제3차 상쇄전략이 직면한 전략 환경은 더 이상의 압도적인 우위(dominance)를 보장하기보다는 치명성(lethality)을 발휘함으로써 미국의 우위를 확보해야 하는 현실이다.

4차 산업혁명의 혁신적 기술 확산과 사회시스템 전반의 변혁이 초래하는 파급효과는 전략 환경의 변화, 제3차 상쇄전략의 군사혁신과 상호작용하면서 복합적인 국제 및 국내환경을 조성하고 있다. 그러한 맥락에서 미국의 제3차 상쇄전략은 불확실성 속에서 기술, 작전, 조직의 혁신을 추구함으로써 기술이 드러내는 일말의 가능성을 포착하고, 위협에 대응하기 위한 작전, 미래에 대한 적응성이 향상된 조직으로의 변화를 추구하여 미래의 전쟁수행능력을 향상시키기 위한 형태로 추진되고 있다. 뿐만 아니라 민간차원의 기술을 보다 효율적으로 군 내에 도입하기 위해 국방획득절차도 단순화시키고 있다.

과거의 상쇄전략과 극명한 차이를 드러내는 4차 산업혁명의 혁신적인 기술은 오늘날 산업 및 사회 전반적인 변화를 이끌고 있다. 이러한 영향으로 미국이 과거와 같이 독보적인 기술을 개발하고, 이를 독점하는 것이 사실상 불가능해짐에 따라, 더욱 유연하고 복합적인 작전개념을 바탕으로 군사혁신을 추진하고 있다. 이는 미국이 4차 산업혁명을 기회로 삼아, 보다 근본적인 전쟁수행방식의 변화를 꾀하고

〈표 3〉 전략 환경 변화와 제3차 상쇄전략 추진방향

구조-과정 상호작용	영향	제3차 상쇄전략의 추진
기술적 환경 (4차 산업혁명)	기술적 우위 침식 (억제 실패의 위기/ 근본적 군사혁신의 기회) (신 경쟁영역·경쟁 등장)	신 기술 개발, 기술 개발·융합을 통한 기술적 우위 확보 (신 경쟁영역 대응)
국제 안보환경 (새로운 위협 부상)	군사·기술적 우위 침식 (전·평시 취약성 증가) 하이브리드 위협 (기존 경쟁영역 취약성 증가, 신 경쟁영역 등장/확장)	확전우세, 유연반응의 군사력 우위(치명성) 확보, 전장영역을 넘나드는 전력 투사능력 발휘
정치적 환경 (국방예산 감소)	군사혁신 기반 약화 (재정 기반의 불확실성)	혁신의 재정기반 마련 (혁신을 위한 투자, 민간 협력)
사회·문화적 환경 (입대유인 감소, 문화 변화)	국방역량 감소 (병역자원 양적·질적 저하)	기술을 통한 전쟁수행능력 보장 (전술~작전술적 효율성 증대)

JAM-GC	다영역 작전	Mosaic Warfare
전·평시 A2AD 및 확전에 대응함으로써 억제력 향상	교차영역시너지로 전 경쟁영역에서의 우위 추구	분산된 자율 시스템을 플랫폼에 적용하여 네트워크 마비에 대응

* 기술적으로 인간-기계 협업, 인간에 대한 기계의 보조, 자율·자동화 체계를 통해 병력자원 부족의 문제를 해소하고 더 신속한 결심·대응, 인간-기계가 결합(지원·보조)한 전투방식 구현

있음을 상술한 새로운 작전개념들을 통해 확인할 수 있다. 혁신은 새로운 기술에 의해서만 이루어지지 않으며, 기술의 조합과 융합, 이를 효과적으로 활용하고 승수효과를 극대화할 수 있는 조직과 작전적인

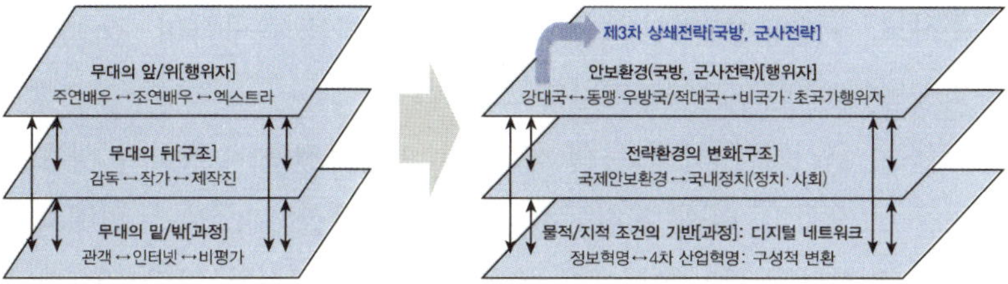

출처: 하영선, 김상배, 『네트워크 세계정치: 은유에서 분석으로』(서울: 서울대학교출판문화원, 2010), p.73을 재구성.

[그림 4] 행위자-구조-과정의 복합 프레임

변화만이 근본적으로 우세한 전쟁수행능력을 갖추게끔 할 수 있을 것이다.

모자이크전쟁과 다영역작전, JAM-GC로 이어지는 일련의 전쟁수행개념과 작전개념은 새롭게 등장한 경쟁영역과 기존 경쟁영역의 취약성에 대해 더욱 효과적으로 대응하기 위한 대안이며, 기존과 근본적으로 다른 전쟁수행체계를 갖춤으로써 경쟁국으로부터 군사·기술적 우위를 확보하고자 하는 시도이다.

5 맺음말

오늘날 불안정한 안보환경 하에서 미국이 추진하고 있는 제3차 상쇄전략은 탈냉전기에 미국이 국방개혁의 비전이자 구호로 사용해 온 '군사혁신'의 연장선에서 전쟁수행방식의 획기적인 변화를 추구하고, 동시에 적대세력에 대한 기술적, 군사적 우위의 격차를 극대화하기 위한 국방전략이다. 이를 통해 미국은 변화하는 전략 환경에 효과적으로 대응함으로써 새롭게 부상하는 위협에 대응하기 위한 역량을 구축하고, 국방분야 혁신을 위한 재원과 협력을 촉구하며, 감소하는 병역자원에 대한 대책을 마련하고자 한다.

오늘날 우리가 미국의 동맹국으로써 연합작전을 수행하며 상호운용성을 보장하고 미래 전장에서 주도권을 상실하지 않기 위해서는 미국이 추진하는 제3차 상쇄전략에 대한 동향을 보다 면밀하게 파악해야 한다. 이를 통해 한반도에 적합한 한국형 상쇄전략 및 군사혁신을 추진함으로써 혁신을 선도하는 미국에 보조를 맞추어 나가야 할 것이다. 미중 경쟁의 구도에서 우리 한국은 아시아 동맹 네트워크의 일원으로써 미사일 방어체계 및 사드 배치, 대중 경쟁 간 지원 및 협력 등을 요구받게 될 가능성이 높다. 이에 따라 중국의 영향권 내에 있는 한반도는 정치·경제·군사적으로 위태로운 상황에 놓일 가능성이 매우 높다. 우리는 4차 산업혁명을 위기가 아닌 기회로 맞이하여 혁신을 통한 정치·사회·기술적 환경의 변화에 적극적으로 적응하면서 안보를 위한 미래전 수행능력을 갖추어야 한다. 우리는 이를 기초로 보다 적극적인 대외정책을 추진함으로써 안보 불안정의 위기를 극복해 나가야 할 것이다.

본고에서는 기존의 연구들이 제3차 상쇄전략의 추진배경과 군사·기술적 우위를 점하기 위한 과학기술혁신 혹은 중국의 위협에만 집중한 것과 다르게 4차 산업혁명으로의 전환 과정과 전략 환경의 구조가 국방분야와 관계를 형성하고 상호작용이 이루어짐을 확인하였다. 특히 제3차 상쇄전략이 위협뿐만 아니라 4차 산업혁명의 기술혁신과 전략 환경의 변화에 조응하면서 추진되고 있음을 확인할 수 있었다. 4차 산업혁명으로의 전환기, 우리 군은 군사혁신을 추진하면서 전략 환경에 대한 상세한 분석과 국방분야에 미치는 영향을 고려해야 할 것이다. 그러한 방식이어야만이 4차 산업혁명, 세계화, 인구구조의 변화 등 다양한 요소에 적응하고 대응하면서 군사적 효과성을 향상시킬 수 있을 것이다.

신편 **한국 군사사**

초 판 인 쇄 2020년 5월 20일
초 판 발 행 2020년 5월 25일

인 지	저 자	박 일 송 외
	발 행 자	신 대 영
	발 행 소	양 서 각
	본문편집	장 명 옥
	표지디자인	신 동 해

주 소 : 서울시 도봉구 방학로 144
전 화 : 02) 991-6234~5
FAX : 02) 907-2114
등 록 : 1992년 4월 30일 제3-412호

ISBN 978-89-5568-508-4 **[정가 23,000원]**